从零开始

中文版

Dreamweaver CS6 基础培训教程

老虎工作室

王君学　周淑娟　陈旭　编著

人 民 邮 电 出 版 社

北　京

图书在版编目（CIP）数据

Dreamweaver CS6中文版基础培训教程 / 王君学，周淑娟，陈旭编著. -- 北京 : 人民邮电出版社，2015.1(2021.1重印)
（从零开始）
ISBN 978-7-115-37923-8

Ⅰ. ①D… Ⅱ. ①王… ②周… ③陈… Ⅲ. ①网页制作工具－技术培训－教材 Ⅳ. ①TP393.092

中国版本图书馆CIP数据核字(2014)第296631号

内 容 提 要

本书实用性强，结合实例讲解 Dreamweaver CS6 应用知识，重点培养读者的网页制作技能，提高解决实际问题的能力。

全书共 13 章，主要内容包括创建和管理站点，使用文本，使用图像和媒体，创建和设置超级链接，使用表格，使用 CSS 样式和 Div，使用框架，使用库和模板，使用行为和 Spry 布局构件，使用表单，创建 ASP 动态网页，配置 IIS 和发布站点等。

本书可供各类网页设计与制作培训班作为教材使用，也可供相关网页设计与制作人员及大学和高等职业学校的学生自学参考。

◆ 编　　著　老虎工作室　王君学　周淑娟　陈　旭
　责任编辑　李永涛
　责任印制　杨林杰

◆ 人民邮电出版社出版发行　　北京市丰台区成寿寺路 11 号
　邮编　100164　　电子邮件　315@ptpress.com.cn
　网址　http://www.ptpress.com.cn
　北京隆昌伟业印刷有限公司印刷

◆ 开本：787×1092　1/16
　印张：16.5
　字数：407 千字　　2015 年 1 月第 1 版
　印数：14 599 – 15 599 册　　2021 年 1 月北京第 21 次印刷

定价：35.00 元（附光盘）

读者服务热线：(010) 81055410　印装质量热线：(010) 81055316

反盗版热线：(010) 81055315

广告经营许可证：京东市监广登字20170147号

老虎工作室

关于本书

Dreamweaver CS6 是一款专业的网页设计与制作软件，主要用于网站、网页和 Web 应用程序的设计与开发。由于 Dreamweaver 的每次升级换代都代表了互联网的发展前沿，很多现代设计理念和方法都能较快地在新版本中得以体现，因此，Dreamweaver 在网页设计与制作领域得到了众多用户的青睐。Dreamweaver 的日益普及与广泛应用不仅提高了网页设计与制作人员的工作效率，而且也把他们从纯 HTML 代码时代解放了出来，从而使其能够将更多精力投入到提高网页设计质量上。

内容和特点

本教程突出实用性，注重培养学生的实践能力，具有以下特色。

(1) 在编排方式上充分考虑课程教学的特点，每一章基本上是按照功能讲解、范例解析、课堂实训、综合案例、小结和习题的模式组织内容，这样既便于教师在课前安排教学内容，又能实现课堂教学“边讲边练”的教学方式。

(2) 在内容组织上尽量本着易懂实用的原则，精心选取 Dreamweaver CS6 的一些常用功能及与网页设计与制作相关的知识作为主要内容，并将理论知识融入大量的实例中，使学生在实际操作过程中不知不觉地掌握理论知识，从而提高网页设计与制作技能。

(3) 在实例选取上力争满足形式新颖的要求，尽量选取日常生活中实用的例子，使学生感觉到实例的趣味性，从而使教师好教、学生易学。

(4) 在文字叙述上尽量做到言简意赅、重点突出，需要学生知道但又不是重点的内容一带而过，需要学生深入掌握的内容进行详细全面介绍。

全书分为 13 章，主要内容如下。

- 第 1 章：介绍 Dreamweaver CS6 基本界面、创建和管理站点的基本方法等。
- 第 2 章：介绍设置文本和文档的基本方法。
- 第 3 章：介绍在网页中插入图像和媒体的基本方法。
- 第 4 章：介绍设置超级链接的基本方法。
- 第 5 章：介绍使用表格布局网页的基本方法。
- 第 6 章：介绍使用 CSS 样式控制网页外观的基本方法。
- 第 7 章：介绍使用 Div 布局网页的基本方法。
- 第 8 章：介绍使用框架布局网页的基本方法。
- 第 9 章：介绍使用库和模板统一网页外观的基本方法。
- 第 10 章：介绍在网页中使用行为和 Spry 构件的基本方法。
- 第 11 章：介绍使用表单制作网页的基本方法。
- 第 12 章：介绍在可视化环境下创建 ASP 应用程序的方法。
- 第 13 章：介绍配置 IIS 服务器和发布站点的方法。

读者对象

本书将 Dreamweaver CS6 的基本知识与典型实例相结合，条理清晰，讲解透彻，易于掌握，可供各类网页设计与制作培训班作为教材使用，也可供广大网页设计与制作人员及高等院校相关专业的学生自学参考。

附盘内容

本书所附光盘内容包括范例解析、课堂实训、综合案例、课后作业、PPT 课件等。

1. 范例解析

本书所有范例解析用到的素材都收录在附盘的“范例解析\第×章\素材”文件夹下，所有范例解析的结果文件都收录在附盘的“范例解析\第×章\结果”文件夹下，所有范例解析的视频文件都收录在附盘的“范例解析\第×章\视频”文件夹下。

2. 课堂实训

本书所有课堂实训用到的素材都收录在附盘的“课堂实训\第×章\素材”文件夹下，所有课堂实训的结果文件都收录在附盘的“课堂实训\第×章\结果”文件夹下，所有课堂实训的视频文件都收录在附盘的“课堂实训\第×章\视频”文件夹下。

3. 综合案例

本书所有综合案例用到的素材都收录在附盘的“综合案例\第×章\素材”文件夹下，所有综合案例的结果文件都收录在附盘的“综合案例\第×章\结果”文件夹下，所有综合案例的视频文件都收录在附盘的“综合案例\第×章\视频”文件夹下。

4. 课后作业

本书所有课后作业用到的素材都收录在附盘的“课后作业\第×章\素材”文件夹下，所有课后作业的结果文件都收录在附盘的“课后作业\第×章\结果”文件夹下。

注意：播放文件前要安装光盘根目录下的“tscc.exe”插件。

感谢您选择了本书，也欢迎您把对本书的意见和建议告诉我们。

老虎工作室网站 http://www.ttketang.com，电子函件 ttketang@163.com。

老虎工作室

2014 年 11 月

目 录

第1章 创建站点

【学习目标】

- 了解 Dreamweaver CS6 的工作界面。
- 掌握设置首选参数的基本方法。
- 掌握新建和管理站点的基本方法。
- 掌握创建文件夹和文件的方法。

本章将介绍 Dreamweaver CS6 的工作界面、首选参数、创建和管理站点的方法等基本知识。

1.1 功能讲解

下面对 Dreamweaver CS6 的发展概况、工作流程、工作界面、工具栏、常用面板、首选参数以及新建和管理站点、创建文件夹和文件的方法、文件头标签等内容进行简要介绍。

1.1.1 发展概况

Dreamweaver 最初是由美国 Macromedia 公司（1984 年成立于美国芝加哥）于 1997 年发布的一套拥有可视化编辑界面，用于制作并编辑网站和移动应用程序的网页设计软件。由 Macromedia 公司发布的 Dreamweaver 的最后版本是 Dreamweaver 8。2005 年底，Macromedia 公司被 Adobe 公司并购。2007 年 7 月，Adobe 公司发布 Dreamweaver CS3，2008 年 9 月发布 Dreamweaver CS4，2010 年 4 月发布 Dreamweaver CS5，2011 年 4 月发布 Dreamweaver CS5.5，约一年后又发布了 Dreamweaver CS6。Dreamweaver CS6 增加了使用自适应网格版面创建页面的技术以及在发布前使用多屏幕预览审阅设计，从而可以大大提高工作效率，改善的 Ftp 性能可以更高效地传输大型文件。

可以说，从 Dreamweaver 诞生的那天起，它就是集网页制作和网站管理于一身的所见即所得的网页编辑器，是针对专业网页设计师而设计的视觉化网页开发工具，它可以让设计师轻而易举地制作出跨越平台限制和跨越浏览器限制的充满动感的网页。尤其对于初学者来说，Dreamweaver 比较容易入门，具体表现在两个方面：一是静态页面的编排，这和 Microsoft Office 等可视化办公软件是类似的；二是交互式网页的制作，利用 Dreamweaver 可以比较容易地制作交互式网页，且很容易链接到 Access、SQL Server 等数据库。因此，Dreamweaver 在网页制作领域得到了广泛的应用。

1.1.2 工作流程

通常可以使用 Dreamweaver CS6 按照下面的工作流程来创建和设计站点。

一、 规划和设置站点

首先要明确在哪里发布文件，检查站点建设要求、浏览者情况以及站点建设目标，然后还要考虑诸如用户访问以及浏览器、插件和下载限制等技术要求。在组织好站点内容并确定站点结构后，就可以开始创建 Dreamweaver 站点了。

二、 组织和管理站点文件

在 Dreamweaver CS6 中，使用【文件】面板可以方便地添加、删除、重命名文件和文件夹，以便根据需要更改站点组织结构。在【文件】面板中还有许多工具，可以利用它们管理站点，如向远程服务器或从远程服务器传输文件，设置“存回/取出”过程来防止文件被覆盖以及同步本地和远程站点上的文件等。使用【资源】面板可以方便地组织站点中的资源，可以将大多数资源直接从【资源】面板拖到 Dreamweaver 文档中。

三、 设计网页布局

确定要使用的网页布局技术，可以使用 CSS＋DIV 布局技术来设计网页，也可以使用表格工具来快速地设计页面。如果希望在浏览器中同时显示多个页面，可以使用框架技术来设计文档布局。还可以基于 Dreamweaver 模板创建页面，在模板更改时自动更新通过模板创建的页面。

四、 向页面添加内容

向页面添加资源和设计元素，如文本、图像、鼠标经过图像、图像地图、颜色、影片、声音、HTML 链接及跳转菜单等。Dreamweaver 还提供相应的行为，以便为响应特定的事件而执行任务，例如在浏览者单击具有“提交”功能的按钮时验证表单，在主页加载完毕时打开另一个浏览器窗口等。

五、 通过手动编码创建页面

手动编写代码是创建页面的另一种方法。Dreamweaver 提供了易于使用的可视化编辑工具，也提供了高级的编码环境，可以使用任一种方法或同时采用这两种方法来创建和编辑页面。

六、 针对动态内容设置 Web 应用程序

许多站点都包含了动态页，动态页使浏览者能够查看存储在数据库中的信息，并且一般会允许某些浏览者在数据库中添加新信息或编辑信息。如果要创建此类页面，就必须先设置 Web 服务器和应用程序服务器，创建或修改 Dreamweaver 站点，然后连接到数据库。

七、 创建动态页

在 Dreamweaver 中，可以定义动态内容的多种来源，其中包括从数据库提取的记录集、表单参数等。如果要在页面上添加动态内容，只需将该内容拖动到页面上即可。可以通过设置页面来同时显示一个或多个记录，显示多页记录时，可以添加用于在记录页之间来回移动的特殊链接以及创建记录计数器来帮助用户跟踪记录。

八、 测试页面和发布站点

测试页面是在整个开发周期中进行的一个持续的过程。最后，要在服务器上发布创建的站点。许多开发人员还会安排定期的维护，以确保站点保持最新并且工作正常。

1.1.3 工作界面

下面对 Dreamweaver CS6 的工作界面进行简要介绍。

一、 欢迎屏幕

当启动 Dreamweaver CS6 后通常会显示欢迎屏幕，如图 1-1 所示。欢迎屏幕主要用于打开最近使用过的文档或创建新文档。用户还可以从欢迎屏幕中，通过产品介绍或教程了解有关 Dreamweaver 的更多信息。如果希望启动时不再显示欢迎屏幕，选择底部的【不再显示】复选框即可。

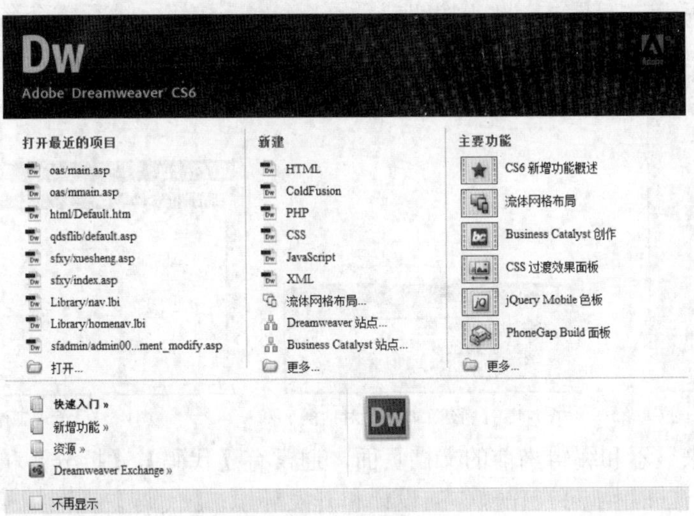

图1-1 欢迎屏幕

二、 工作窗口

在欢迎屏幕中选择【新建】/【HTML】命令新建一个文档，此时工作窗口界面如图 1-2 所示。文档编辑区上面有【文档】工具栏，下面为【属性】面板，右侧为包括【插入】/【文件】面板在内的面板组。

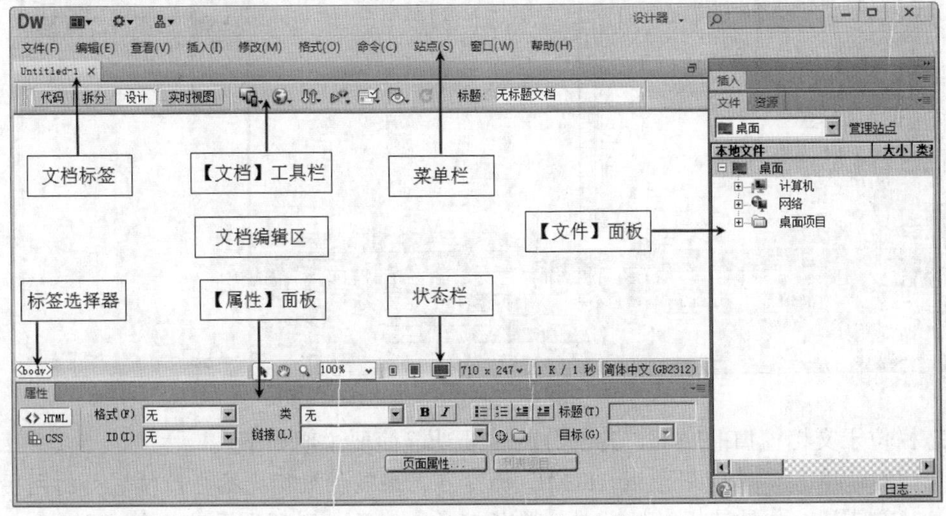

图1-2 Dreamweaver CS6 工作窗口界面

Dreamweaver CS6 的工作窗口界面有多种布局模式，图 1-2 所示为【设计器】布局模式。可以通过选择【窗口】/【工作区布局】中的相应菜单命令，如图 1-3 所示，更换 Dreamweaver CS6 的工作区布局模式。建议初学者使用【设计器】布局模式，因为它简洁直观，容易上手。

当然，读者也可以设置适合自己的工作区布局模式，然后在【工作区布局】下拉菜单中选择【新建工作区】命令，打开【新建工作区】对话框进行命名保存，如图 1-4 所示，以后启动 Dreamweaver CS6 后就可以选择自己的布局模式进行工作了。如果要对工作区布局的名称进行修改或删除，可选择【管理工作区】命令，打开【管理工作区】对话框，选择工作区布局名称，然后单击 重命名... 按钮或 删除 按钮，进行重命名或删除操作，如图 1-5 所示。

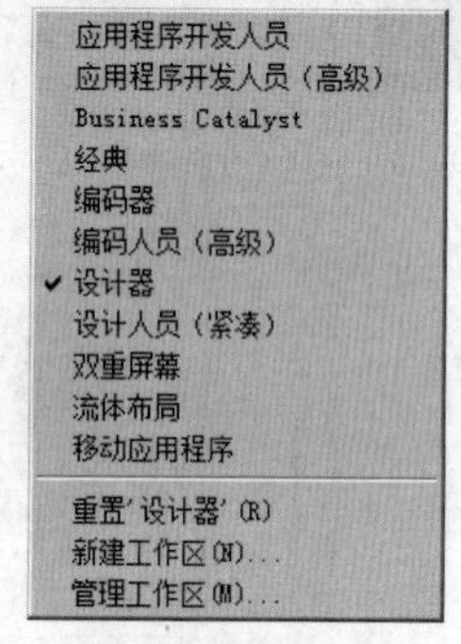

图1-3　【工作区布局】下拉菜单

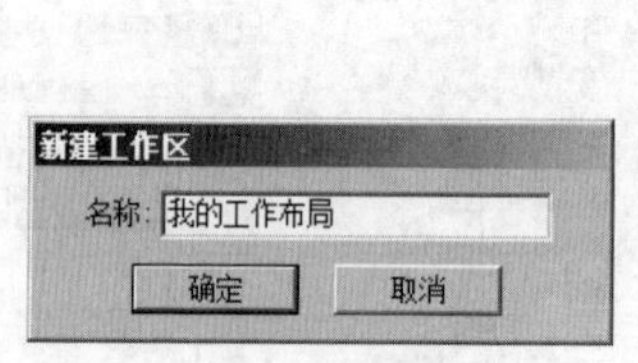

图1-4　【新建工作区】对话框

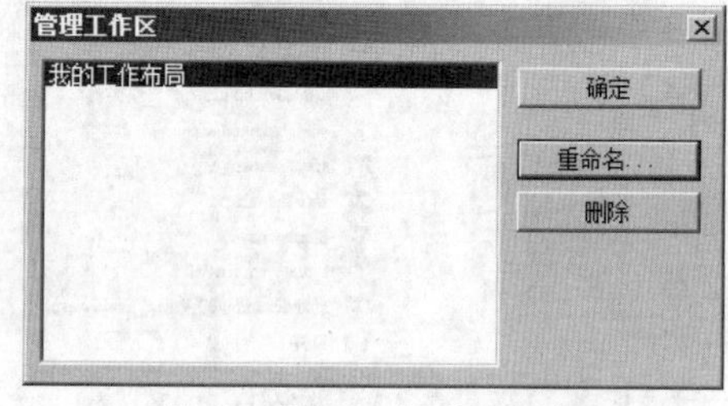

图1-5　【管理工作区】对话框

文档窗口用来显示和编辑当前的文档页面，通常有【代码】、【拆分】和【设计】3 种视图模式。【设计】视图用于可视化操作的设计和开发环境，【代码】视图用于编辑 HTML 等代码的手工编码环境，【拆分】视图可以将文档窗口拆分为【代码】视图和【设计】视图两种模式。读者既可以可视化操作，又可以随时查看源代码，如图 1-6 所示。

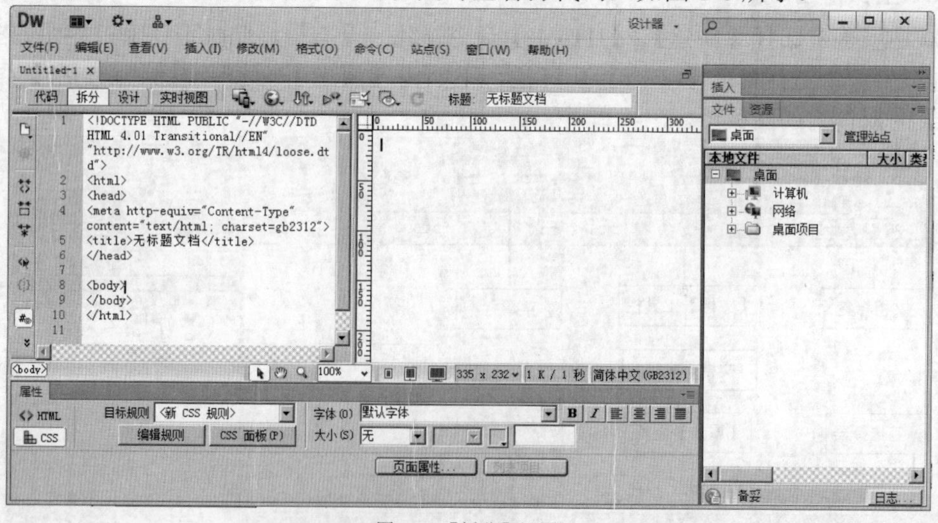

图1-6　【拆分】视图

状态栏位于文档窗口的底部，各部分的主要功能简要说明如下。

- 标签选择器<body>：用于以 HTML 标签方式来显示鼠标光标当前位置处的网页对象信息。如果鼠标光标当前位置处有多种信息，则可显示出多个 HTML 标签。单击标签选择器中的 HTML 标签，Dreamweaver 会自动选取与该标签相对应的网页对象，用户可对该对象进行编辑。

- 选取工具：在使用手形工具或缩放工具后，单击该工具按钮可以取消手形工具或缩放工具的使用，此时可以在文档中进行文档编辑操作。
- 手形工具：选取该工具后，在【文档】窗口中按住鼠标左键不放，可以上下左右拖动文档，要取消该工具的使用直接单击选取工具即可。
- 缩放工具：选取该工具后，用鼠标左键在文档窗口中每单击一次，文档窗口中的内容将放大一次进行显示，要取消该工具的使用直接单击选取工具即可。
- 设置缩放比率 100%：用于设置文档的缩放比率。
- 手机大小：以手机屏幕大小（480 × 800）预览页面。
- 平板电脑大小：以平板电脑屏幕大小（768 × 1024）预览页面。
- 桌面电脑大小：以桌面电脑屏幕大小（1000 宽）预览页面。
- 窗口大小 732 x 297：用于调整显示窗口的大小。
- 下载文件大小/下载时间 1 K / 1 秒：显示文档大小的字节数和预计下载时间。
- 文档编码 简体中文(GB2312)：用于显示当前文档的编码方式。

1.1.4 工具栏

选择菜单命令【查看】/【工具栏】可以发现，工具栏通常有【样式呈现】、【文档】和【标准】3 个，如图 1-7 所示，其中最常用的是【文档】工具栏。在【文档】工具栏中，单击 代码 按钮可以显示代码视图，在其中可以编写或修改网页源代码。单击 拆分 按钮可以显示拆分视图，其中左侧为代码视图，右侧为设计视图。单击 设计 按钮可以显示设计视图，在其中可以对网页进行可视化编辑。在【标题】文本框中可以设置显示在浏览器的标题栏中的标题。单击（多屏幕预览）按钮，在弹出的下拉菜中选择相应的选项，可以预览页面在手机、平板电脑和台式机屏幕中的显示效果，如图 1-8 所示。单击（在浏览器中预览/调试）按钮，在弹出的下拉菜单中可以选择预览网页的方式，如图 1-9 所示。

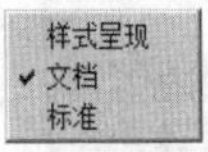

样式呈现
✔ 文档
标准

图1-7　工具栏

图1-8　选择屏幕的显示方式

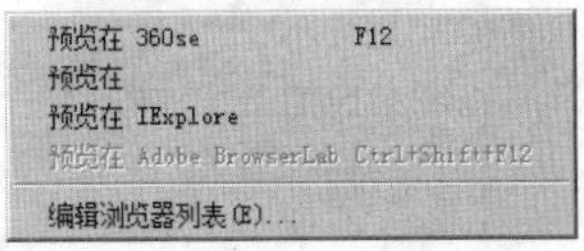

预览在 360se　F12
预览在
预览在 IExplore
预览在 Adobe BrowserLab Ctrl+Shift+F12
编辑浏览器列表(E)...

图1-9　选择预览网页的方式

在图 1-9 所示的下拉菜单中选择【编辑浏览器列表】命令，将打开【首选参数】对话框，可以在【在浏览器中预览】分类中添加其他浏览器，如图 1-10 所示。单击【浏览器】右侧的 + 按钮将打开【添加浏览器】对话框来添加已安装的其他浏览器；单击 - 按钮将删除在【浏览器】列表框中所选择的浏览器；单击 编辑(E)... 按钮将打开【编辑浏览器】对话

框，对在【浏览器】列表框中所选择的浏览器进行编辑，还可以通过设置【默认】选项为“主浏览器”或“次浏览器”来设定所添加的浏览器是主浏览器还是次浏览器。

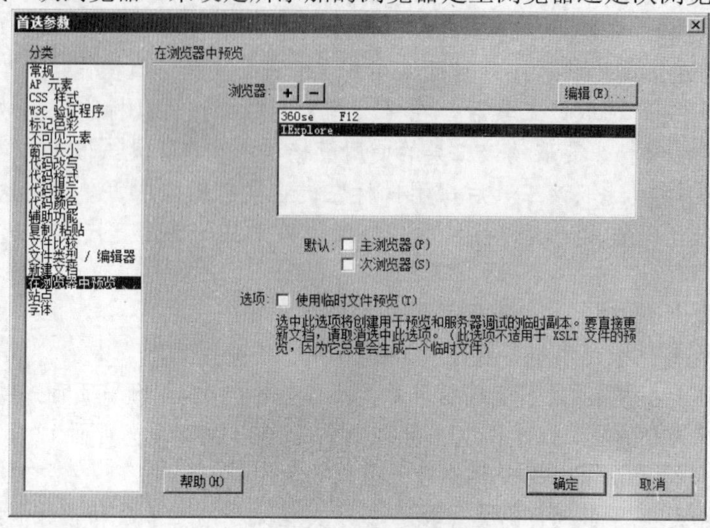

图1-10　添加浏览器

1.1.5　常用面板

面板主要集中在菜单栏的【窗口】菜单中，显示面板的方法是在菜单栏的【窗口】菜单中选择相应的面板名称即可。

一、　面板组

面板组，通常是指一个或几个放在一起显示的面板集合的统称。单击面板组右上角的▶▶按钮可以将所有面板向右侧折叠为图标，单击◀◀按钮可以向左侧展开面板。在展开面板的标题栏上单击鼠标右键，在弹出的快捷菜单中选择【最小化】命令，可将面板最小化显示。在最小化后的面板标题栏上单击鼠标右键，在弹出的快捷菜单中选择【展开标签组】命令，可将面板展开显示，如图 1-11 所示。

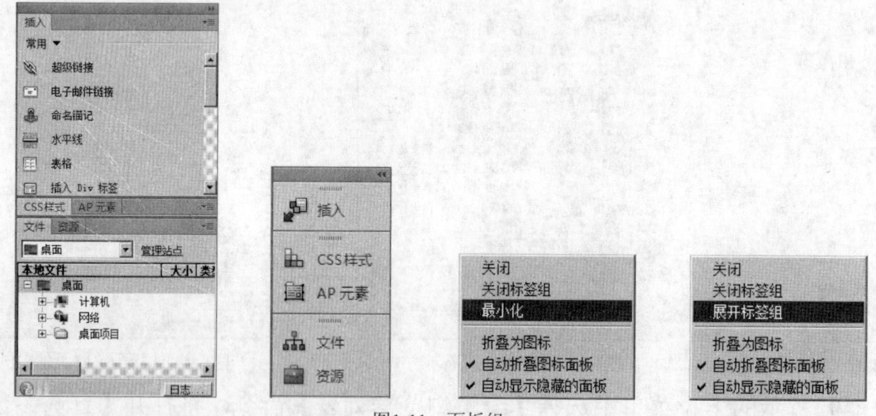

图1-11　面板组

二、　【文件】面板

【文件】面板如图 1-12 所示，其中左图是在没有创建站点时的显示状态，右图是在创建了站点后的显示状态。通过【文件】面板可以在站点中创建文件夹和文件，也可以上传和下载文件。可以说，【文件】面板是站点管理器的缩略图。

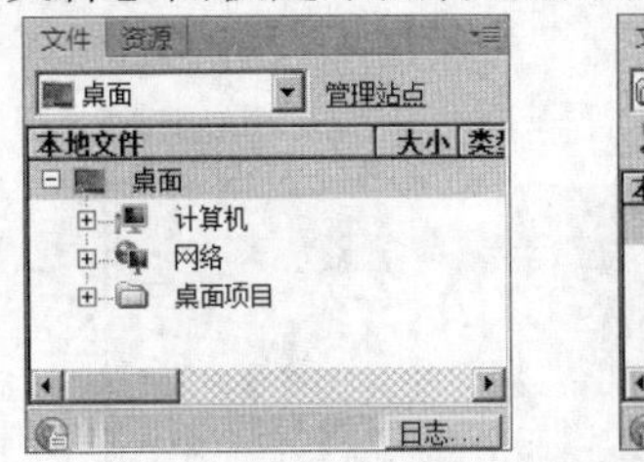

图1-12 【文件】面板

三、【属性】面板

【属性】面板通常显示在文档窗口的最下面，如果工作界面中没有显示【属性】面板，那么在菜单栏中选择【窗口】/【属性】命令即可显示。通过【属性】面板可以设置和修改所选对象的属性。选择的对象不同，【属性】面板显示的参数也不同。文本【属性】面板还提供了【HTML】和【CSS】两种类型的属性设置，如图 1-13 所示。在【属性（HTML）】面板中可以设置文本的标题和段落格式、对象的 ID 名称、列表格式、缩进和凸出、粗体和斜体以及超级链接、类样式的应用等，这些将采取 HTML 的形式进行设置。在【属性（CSS）】面板中可以设置文本的字体、大小、颜色、对齐方式等，这些将采用 CSS 样式的形式进行设置。在【属性（CSS）】面板的【目标规则】下拉列表中，选择【<新 CSS 规则>】选项后，在设置文本的字体、大小、颜色、粗体或斜体以及对齐方式时，均将打开【新建 CSS 规则】对话框，让读者设置 CSS 样式的类型、名称、保存位置等内容。

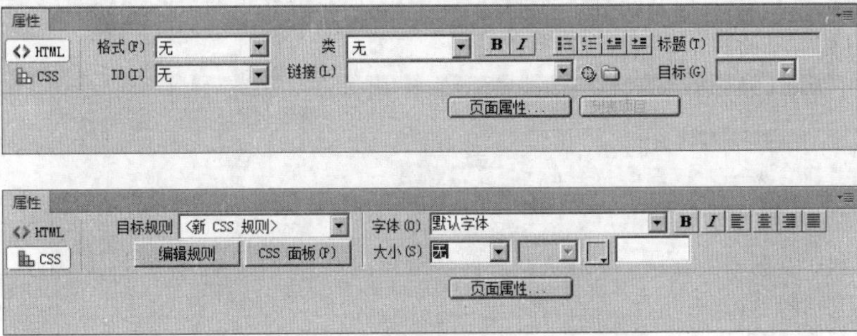

图1-13 文本【属性】面板

四、【插入】面板

【插入】面板包含各种类型的对象按钮，通过单击这些按钮，可将相应的对象插入文档中，如图 1-14 所示。【插入】面板中的按钮分为常用、布局、表单、数据等类别，如图 1-15 所示。单击相应的类别名，将在面板中显示相应类别的对象按钮。

图1-14 【插入】面板

图1-15 按钮类别

在图 1-15 中，选择【隐藏标签】命令，【插入】面板变为如图 1-16 所示的格式。此时图 1-15 中的【隐藏标签】命令变为【显示标签】命令。此时如果选择【显示标签】命令，【插入】面板就变回图 1-15 所示的格式。

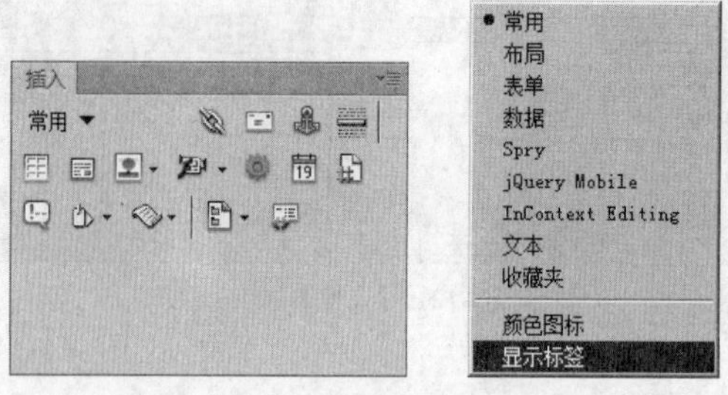

图1-16　【插入】面板【隐藏标签】格式

1.1.6 首选参数

在使用 Dreamweaver CS6 制作网页之前，应该通过【首选参数】对话框来定义使用 Dreamweaver CS6 的基本规则。选择菜单命令【编辑】/【首选参数】，弹出【首选参数】对话框，下面对【首选参数】对话框的常用分类选项进行简要说明。

一、【常规】分类

在【常规】分类中可以定义【文档选项】和【编辑选项】两部分内容，如图 1-17 所示。其中，选择【显示欢迎屏幕】复选框，表示在启动 Dreamweaver CS6 时将显示欢迎屏幕，否则将不显示；选择【允许多个连续的空格】复选框，表示允许使用 Space（空格）键来输入多个连续的空格，否则只能输入一个空格。

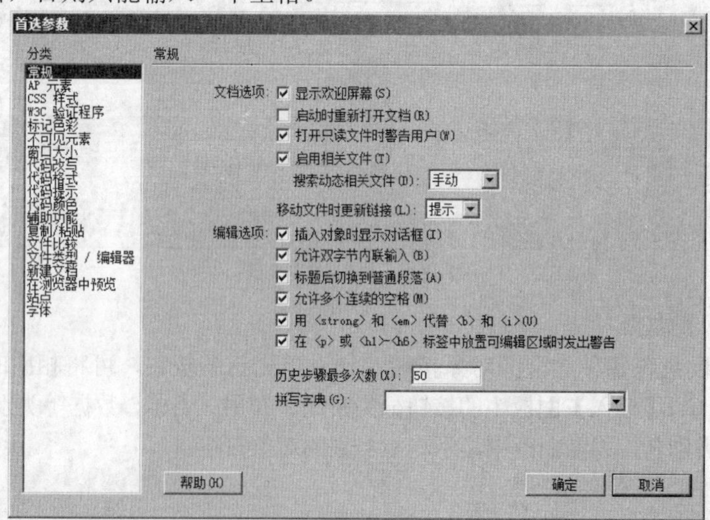

图1-17　【常规】分类

二、【不可见元素】分类

在【不可见元素】分类中可以定义不可见元素是否显示，如图 1-18 所示。在选择【不可见元素】分类后，还要确认菜单栏中的【查看】/【可视化助理】/【不可见元素】命令已经选择。在选择该命令后，包括换行符在内的不可见元素会在文档中显示出来，以帮助设计者确定它们的位置。

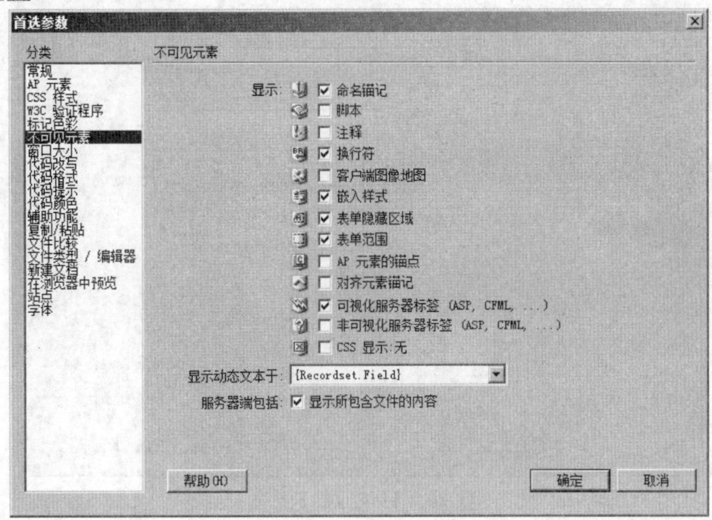

图1-18 【不可见元素】分类

三、【复制/粘贴】分类

在【复制/粘贴】分类中，可以定义粘贴到文档中的文本格式，如图 1-19 所示。在设置了一种适用的粘贴方式后，就可以直接选择菜单命令【编辑】/【粘贴】来粘贴文本，而不必每次都选择【编辑】/【选择性粘贴】命令。如果需要改变粘贴方式，再选择【选择性粘贴】命令进行粘贴即可。

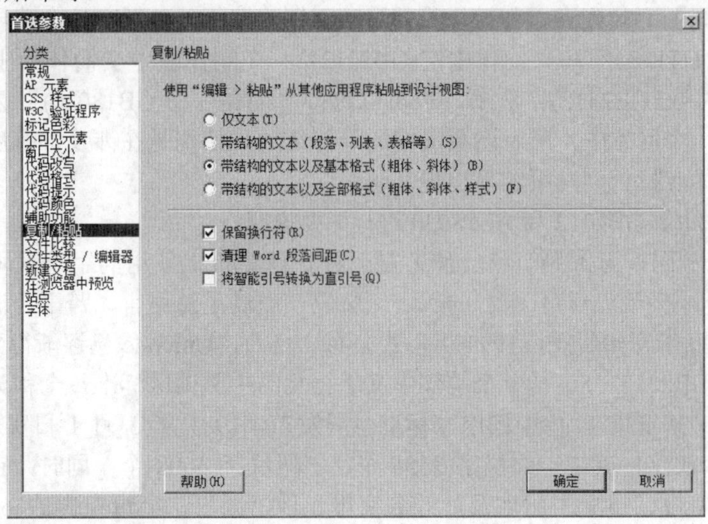

图1-19 【复制/粘贴】分类

四、【新建文档】分类

在【新建文档】分类中可以定义新建默认文档的格式、默认扩展名、默认文档类型和默认编码等，如图 1-20 所示。可以在【默认文档】下拉列表中设置默认文档，如“HTML”；在【默认扩展名】文本框中设置默认文档的扩展名，如“.htm”；在【默认文档类型】下拉列表中设置文档类型，如“HTML 5”；在【默认编码】下拉列表中设置编码类型，如“简体中文(GB2312)”。

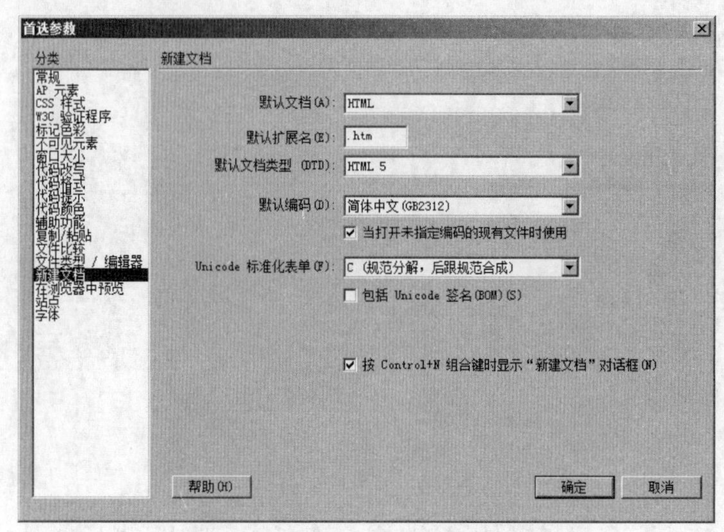

图1-20　【新建文档】分类

在【默认文档类型】下拉列表框中可以设置默认文档的类型，包括 8 个选项，除了“无”外大体可分为 HTML 和 XHTML 两类。HTML 常用版本是 HTML4，目前最新版本是 HTML5。XHTML 是在 HTML 的基础上优化和改进的，目的是基于 XML 应用。XHTML 并不是向下兼容的，它有自己严格的约束和规范。在可视化环境中制作和编辑网页，读者并不需要关心 HTML 和 XHTML 两者实质性的区别，只要选择一种文档类型，编辑器就会相应生成一个标准的 HTML 或 XHTML 文档。

在【默认编码】下拉列表框中可以设置默认文档的编码，包括 31 个选项，其中最常用的是“Unicode（UTF-8）”和“简体中文(GB2312)”。在制作以中文简体为主的网页时，基本上选择“简体中文(GB2312)”选项，也可以选择“简体中文(GB18030)”选项。另外，需要说明的是，在一个网站中，所有网页的编码最好统一，特别是在涉及含有后台数据库的交互式网页时更是如此，否则网页容易出现乱码。

下面对 Unicode、GB2312 和 GB18030 进行简要说明。

Unicode（统一码、万国码、单一码）是一种在计算机上使用的字符编码。它为每种语言中的每个字符设定了统一并且唯一的二进制编码，以满足跨语言、跨平台进行文本转换、处理的要求。1990 年开始研发，1994 年正式公布。目前，Unicode 已逐渐得到普及。

GB2312 或 GB2312－80 是一个简体中文字符集的中国国家标准，全称为《信息交换用汉字编码字符集·基本集》，由中国国家标准总局发布，1981 年 5 月 1 日实施。GB2312 标准共收录 6763 个汉字，其中一级汉字 3755 个，二级汉字 3008 个；同时，它还收录了包括拉丁字母、希腊字母、日文平假名及片假名字母、俄语西里尔字母在内的 682 个字符。目前，几乎所有的中文系统和国际化的软件都支持 GB2312。GB2312 的出现，基本满足了汉字的计算机处理需要。但对于人名、古汉语等方面出现的罕用字，GB2312 不能处理，这也是后来 GBK 及 GB18030 汉字字符集出现的原因。

GB18030，全称国家标准 GB18030－2005《信息技术中文编码字符集》，是中华人民共和国现时最新的内码字集，是 GB18030－2000《信息技术信息交换用汉字编码字符集基本集的扩充》的修订版。与 GB2312－1980 完全兼容，与 GBK 基本兼容，支持 GB13000 及 Unicode 的全部统一汉字，共收录汉字 70244 个。GB18030 主要有以下特点：与 UTF-8 相同，采用多字节编码，每个字可以由 1 个、2 个或 4 个字节组成；编码空间庞大，最多可定义 161 万个字符；支持中国国内少数民族的文字，不需要动用造字区；汉字收录范围包含繁体汉字以及日韩汉字。本标准的初版是由中华人民共和国信息产业部电子工业标准化研究所起草，由国家质量技术监督局于 2000 年 3 月 17 日发布。现行版本为国家质量监督检验总局和中国国家标准化管理委员会于 2005 年 11 月 8 日发布，2006 年 5 月 1 日实施。此标准为在中国境内所有软件产品支持的强制标准。

上面对首选参数的常用选项进行了简要介绍，建议初学者根据上面的介绍设置常用选项，其他选项最好不要随意进行修改。

1.1.7 Dreamweaver 站点

在 Dreamweaver 中，站点是指属于某个 Web 站点文档的本地或远程存储位置，是所有网站文件和资源的集合。通过 Dreamweaver 站点，用户可以组织和管理所有的 Web 文档。

在使用 Dreamweaver 制作网页时，应首先定义一个 Dreamweaver 站点。在定义 Dreamweaver 站点时，通常只需要定义一个本地站点。如果要向 Web 服务器传输文件或开发 Web 应用程序，还需要设置远程站点和测试站点。在定义 Dreamweaver 站点时，是否需要同时定义远程站点和测试站点，取决于开发环境和所开发的 Web 站点类型。在定义站点时，读者需要理解以下基本概念。

- 【本地站点】：在 Dreamweaver 中又称本地文件夹，通常位于本地计算机上，主要用于存储用户正在处理的网页文件和资源，制作者通常在本地计算机上编辑网页文件，然后将它们上传到远程站点供浏览者访问。
- 【远程站点】：在 Dreamweaver 中又称远程文件夹，通常位于运行 Web 服务器的计算机上，主要用于发布站点文件以便人们可以联机查看。
- 【测试站点】：在 Dreamweaver 中又称测试服务器文件夹，可以位于本地计算机上，也可以位于网络服务器上，主要用来测试动态网页文件，在制作静态网页时不需要设置测试站点。

通过本地站点和远程站点的结合使用，可以在本地硬盘和 Web 服务器之间传输文件，这将帮助用户轻松地管理 Web 站点中的文件。

在 Dreamweaver CS6 中，新建 Dreamweaver 站点的方法是：选择菜单命令【站点】/【新建站点】，在打开的对话框中，输入站点名称，并设置好本地站点文件夹即可，如图 1-21 所示。如果现在不需要创建动态网页文件或不需要将网页文件发布到远程站点上，可以暂时不设置【服务器】选项，在需要时再行设置即可。

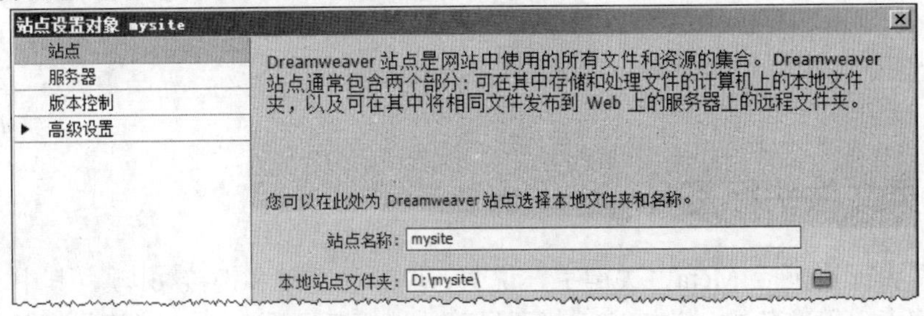

图1-21 新建本地站点

在 Dreamweaver CS6 中，可以通过【管理站点】对话框管理站点。打开【管理站点】对

话框的方法是：选择菜单命令【站点】/【管理站点】，如图 1-22 所示。

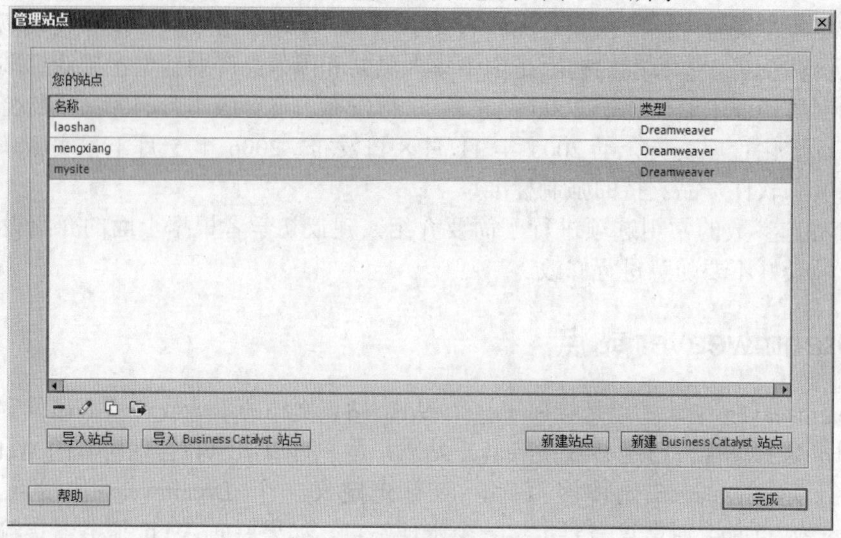

图1-22　【管理站点】对话框

在【管理站点】对话框的【您的站点】列表框中，将显示在 Dreamweaver 中创建的所有站点，包括站点名称和站点类型，用鼠标单击可以选择相应的站点。在【管理站点】对话框中，单击 按钮将删除当前选定的站点。单击 按钮将打开【站点设置对象】对话框来编辑当前选定的站点，对话框的形式与新建站点时对话框的形式是一样的。单击 按钮将复制当前选定的站点，并显示在【您的站点】列表框中。单击 按钮将打开【导出站点】对话框来导出当前选定的站点，文件的扩展名是“.ste”。单击 导入站点 按钮将从 Dreamweaver 导出的站点文件中导入站点；单击 新建站点 按钮可以打开对话框新建站点，这与菜单命令【站点】/【新建站点】的作用是相同的。

1.1.8　文件夹和文件

站点创建完毕后，需要在站点中创建文件夹和文件。在【文件】面板中创建文件夹和文件最简便的操作方法是：单击鼠标右键，在弹出的快捷菜单中选择【新建文件夹】或【新建文件】命令，如图 1-23 所示，然后输入新的文件夹或文件名称即可。此时创建的文件是没有内容的，双击鼠标左键，打开文件，添加内容并保存后才有实际意义。

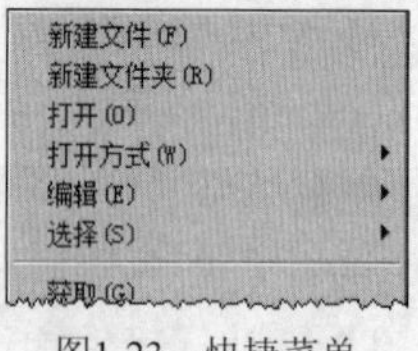

图1-23　快捷菜单

1.1.9　网页文件头标签

网页文件头标签包括 Meta、关键字、说明、刷新、基础和链接 6 项。其中，关键字是为网络中的搜索引擎准备的，关键字一般要尽可能地概括网页主题，以便浏览者在输入很少关键字的情况下，就能最大程度地搜索到网页，多个关键字之间要用半角的逗号分隔。设置网页关键字的方法是：选择菜单命令【插入】/【HTML】/【文件头标签】/【关键字】，打开【关键字】对话框，输入关键字即可，如图 1-24 所示。

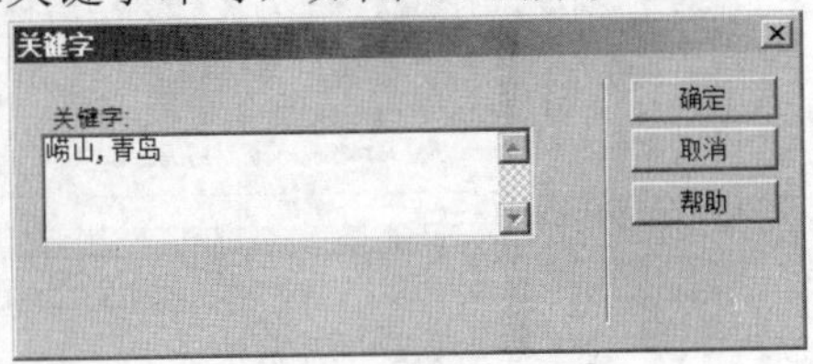

图1-24　设置关键字

定时刷新网页功能也是经常用到的。设置方法是：选择菜单命令【插入】/【HTML】/【文件头标签】/【刷新】，打开【刷新】对话框，进行参数设置即可，如图 1-25 所示。浏览器窗口中的网页显示 3 秒后，将自动刷新文档。定时刷新功能是非常有用的，在制作论坛或者聊天室时，可以实时反映在线的用户。如果选择【转到 URL】选项并设置了 URL，将在规定的时间后自动转到该 URL 指定的网址。

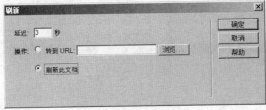

图1-25　定时刷新网页

1.2 范例解析

下面通过范例介绍在 Dreamweaver CS6 中进行站点操作和文件操作的基本方法。

1.2.1 新建和导出站点

创建一个本地站点“mysite”，然后导出站点信息，文件名为“mysite.ste”，最终效果如图 1-26 所示。

图1-26　新建站点

这是创建本地站点的一个例子，可以使用【新建站点】命令来创建站点，然后使用【管理站点】对话框的【导出】命令导出站点信息。具体操作步骤如下。

1. 首先在硬盘上创建一个文件夹“mysite”，如“D:\mysite”。
2. 在 Dreamweaver CS6 中，选择菜单命令【站点】/【新建站点】，在打开对话框的【站点名称】文本框中输入站点名称“mysite”，在【本地站点文件夹】文本框中定义站点所在位置“D:\mysite”，如图 1-27 所示。

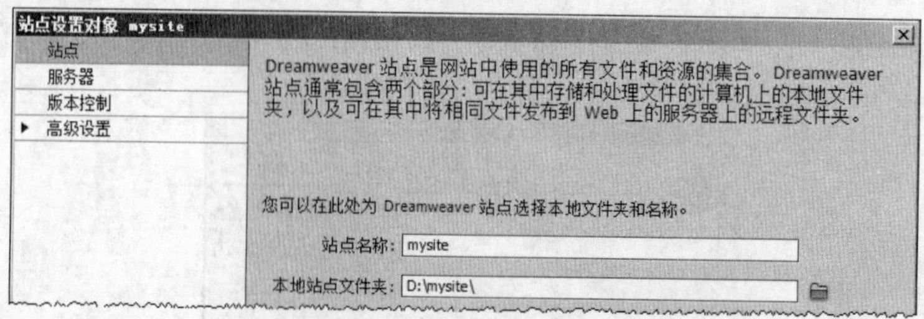

图1-27　设置站点信息

3. 单击 保存 按钮关闭对话框，创建一个静态站点的工作完成。
   下面导出站点信息。
4. 选择菜单命令【站点】/【管理站点】，打开【管理站点】对话框，选择刚才新建的站点“mysite”，如图 1-28 所示。

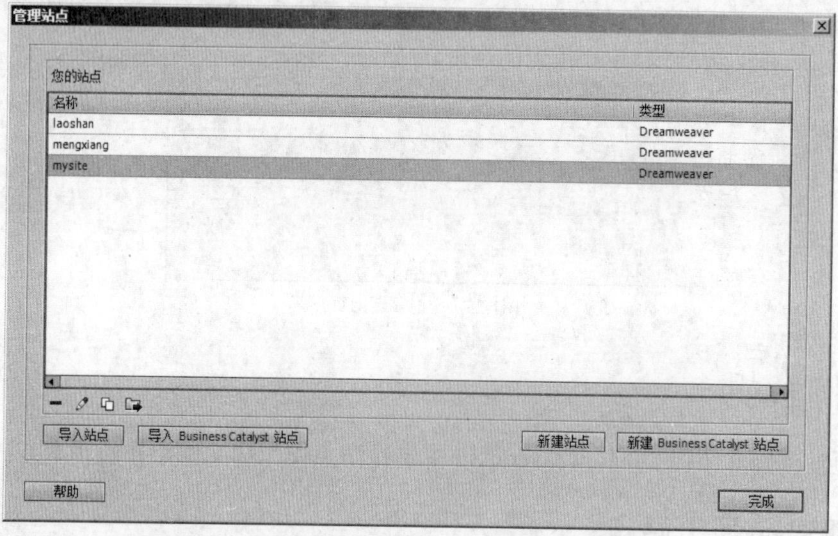

图1-28　【管理站点】对话框

5. 单击 按钮，打开【导出站点】对话框，输入导出文件名称，如图 1-29 所示。

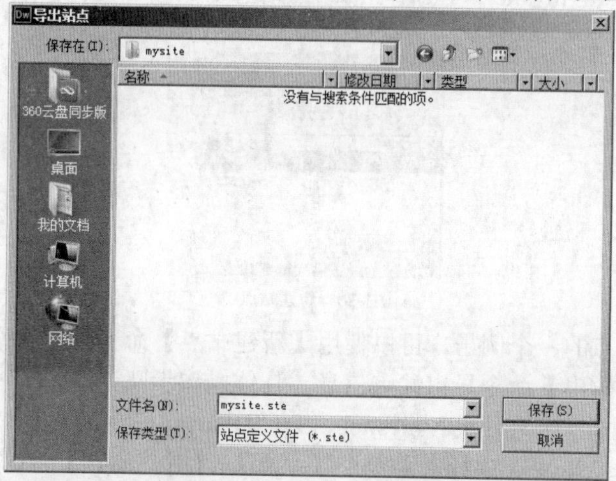

图1-29　【导出站点】对话框

6. 单击 保存(S) 按钮，返回【管理站点】对话框，然后单击 完成 按钮，关闭对话框。

这样，创建和导出站点的工作就完成了。

1.2.2 创建文件夹和文件

在站点“mysite”中创建文件夹“images”，在根文件夹下创建主页文件“index.htm”，最终效果如图 1-30 所示。

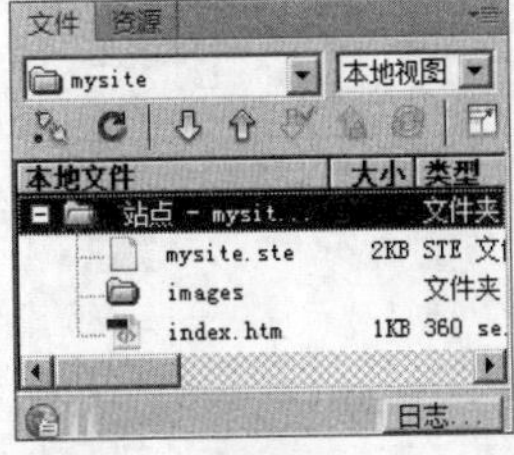

图1-30　创建文件夹和文件

这是在站点内创建文件夹和文件的一个例子，文件夹和文件可以直接在【文件】面板中使用快捷菜单命令来创建。具体操作步骤如下。

1. 在【文件】面板中用鼠标右键单击根文件夹，在弹出的快捷菜单中选择【新建文件夹】命令，然后在“untitled”处输入新的文件夹名“images”，并按 Enter 键确认，如图 1-31 所示。

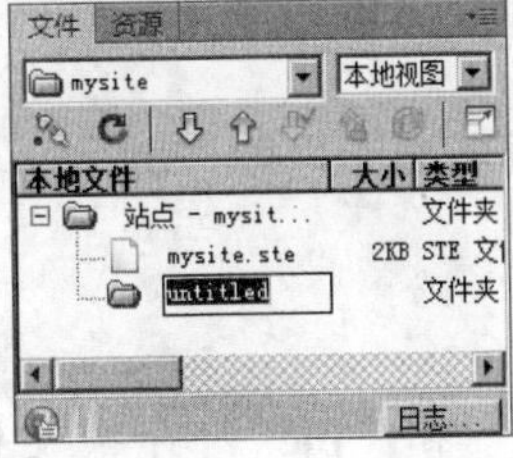

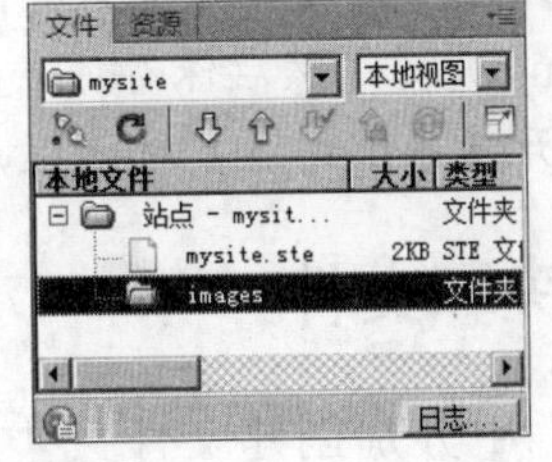

图1-31　创建文件夹

2. 在【文件】面板中用鼠标右键单击根文件夹，在弹出的快捷菜单中选择【新建文件】命令，然后在“untitled.htm”处输入新的文件名“index.htm”，并按 Enter 键确认，如图 1-32 所示。

图1-32　创建文件

至此，创建文件夹和文件的任务就完成了。

1.3 实训

下面通过实训来进一步巩固站点操作和文件操作的基本知识。

1.3.1　导入、编辑和导出站点

导入站点“mysite.ste”，然后对其进行编辑，将站点名称和站点文件夹分别修改为“myweb”和“D:\myweb”，最后导出站点信息，文件名为“myweb.ste”。最终效果如图 1-33 所示。

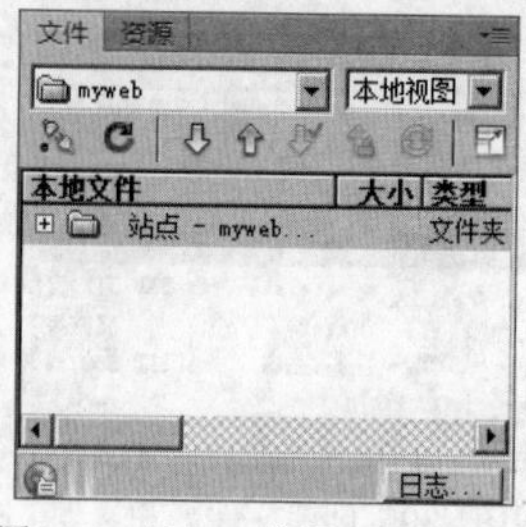

图1-33　导入、编辑和导出站点

这是导入已有站点信息并进行修改再导出的一个例子，可以使用【管理站点】对话框的导入站点按钮导入站点信息，然后使用按钮打开对话框修改站点信息，最后通过按钮导出站点信息。

1. 打开【管理站点】对话框，单击导入站点按钮导入站点“mysite.ste”。
2. 单击按钮，打开【站点设置对象】对话框，将站点名称修改为“myweb”，将站点文件夹修改为“D:\myweb”，然后保存。
3. 单击按钮，打开【导出站点】对话框，将站点导出为“myweb.ste”。

1.3.2　创建文件夹和文件

在站点“myweb”中分别创建文件夹“file”和“pic”，在根文件夹下创建主页文件“index.htm”，在文件夹“file”下创建文件“yx.htm”、“yxpic.htm”。最终效果如图 1-34 所示。

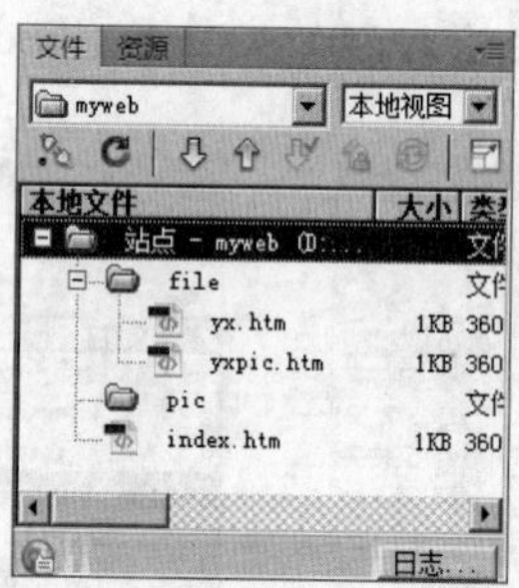

图1-34　创建文件夹和文件

这是在站点内创建文件夹和文件的一个例子，为了方便操作，可以在【文件】面板中创建所有的文件夹和文件。

1. 在【文件】面板中用鼠标右键单击根文件夹，在弹出的快捷菜单中选择【新建文件夹】命令，分别创建文件夹“file”和“pic”。
2. 在【文件】面板中用鼠标右键单击根文件夹，在弹出的快捷菜单中选择【新建文件】命令，创建主页文件“index.htm”。
3. 在【文件】面板中用鼠标右键依次单击文件夹“file”，在弹出的快捷菜单中选择【新建文件】命令，创建文件“yx.htm”、“yxpic.htm”。

1.4 综合案例——创建站点和文件

创建一个本地站点，站点名称为“luntan”，站点位置为“D:\luntan”，然后在站点中依次创建文件夹“doc”、“images”和“pics”，并创建主页文件“index.htm”，同时在文件夹“doc”中创建文件“rule.htm”。最终效果如图 1-35 所示。

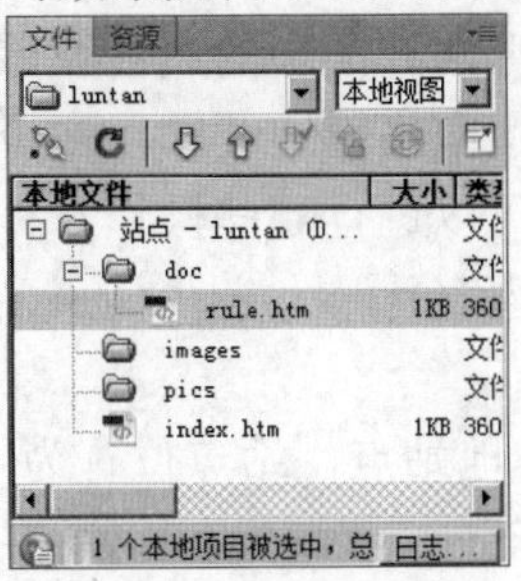

图1-35 创建站点和文件

这是一个创建站点、文件夹和文件的综合例子，可以先创建站点，然后在【文件】面板中再创建文件夹和文件。

1. 选择菜单命令【站点】/【新建站点】，打开【站点设置对象 未命名站点 2】对话框，如图 1-36 所示。

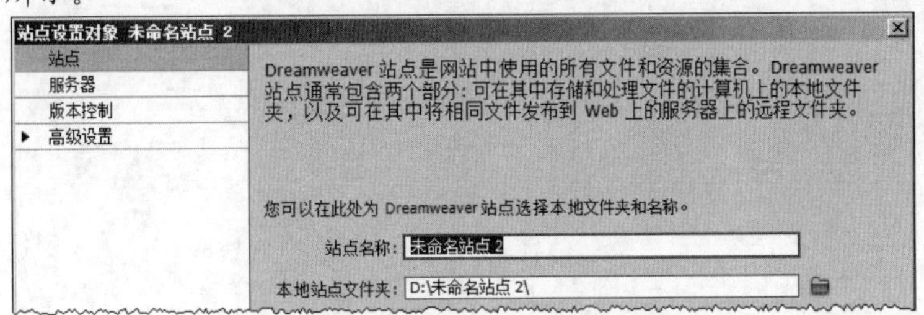

图1-36 【站点设置对象 未命名站点 2】对话框

2. 在【站点名称】文本框中输入站点名称“luntan”，然后单击【本地站点文件夹】文本框右侧的按钮定义本地站点文件夹的位置，如图 1-37 所示，然后单击 保存(S) 按钮关闭对话框。

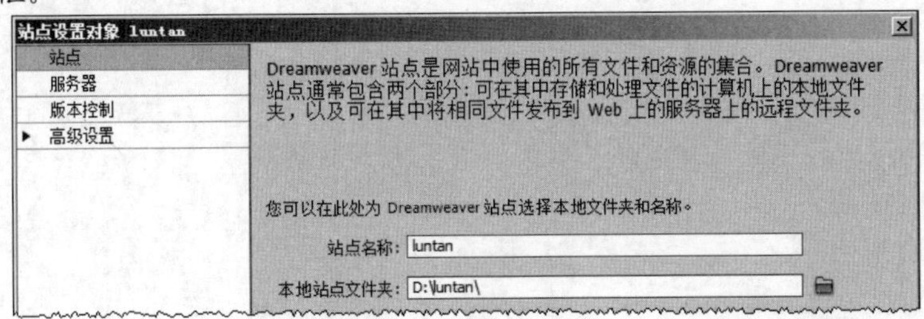

图1-37 设置站点信息

3. 在【文件】面板中用鼠标右键单击根文件夹，在弹出的快捷菜单中选择【新建文件夹】命令，然后在“untitled”处输入新的文件夹名“doc”，并按 Enter 键确认。
4. 运用同样的方法依次创建文件夹“images”和“pics”。
5. 在【文件】面板中用鼠标右键单击根文件夹，在弹出的快捷菜单中选择【新建文件】

命令，然后在“untitled.htm”处输入新的文件名“index.htm”，并按 Enter 键确认。

6. 在【文件】面板中用鼠标右键单击文件夹“doc”，在弹出的快捷菜单中选择【新建文件】命令，创建文件“rule.htm”。

1.5 习题

1. 思考题

   (1) 文本【属性】面板提供了哪两种类型的属性设置？各自有哪些功能？

   (2) 如何设置才能在文档中使用空格键连续输入多个空格？

   (3) 通过【管理站点】对话框可以进行哪些操作？

   (4) 网页文件头标签包括哪些内容？

2. 操作题

创建一个名称为“school”的本地站点，站点位置为“D:\school”，然后在站点中依次创建文件夹“lunwen”、“kejian”和“images”，并在根文件夹下创建文件“myschool.htm”。

第2章　编排文本

【学习目标】

- 掌握创建文档的方法。
- 掌握设置页面属性的方法。
- 掌握设置文本字体属性的方法。
- 掌握设置文本段落属性的方法。

文本是网页最基本的网页元素，本章将介绍创建文档和在网页中设置文本属性的基本方法。

2.1　功能讲解

下面对文本的基本知识进行简要介绍。

2.1.1　基本概念

首先介绍两个基本概念：HTML 和 CSS。HTML 是 HyperText Markup Language 的缩写，中文名为超文本标记语言。超文本标记语言是一种规范、一种标准，它通过标记符号来标记要显示的网页中的各个部分。网页文件本身是一种文本文件，通过在文本文件中添加标记符号，告诉浏览器如何显示其中的内容，如文字如何处理、画面如何安排、图片如何显示等。浏览器按顺序阅读网页文件，然后根据标记符号显示其标记的内容。不同的浏览器，对同一标记符号可能会有不完全相同的解释，因而可能会有不完全相同的显示效果。

CSS 是 Cascading Style Sheets 的缩写，中文名为层叠样式表或级联样式表，是一组格式设置规则，用于定义如何显示 HTML 元素。通过使用 CSS，可将页面的内容与表现形式分离。页面内容存放在 HTML 文档中，而用于定义表现形式的 CSS 规则存放在另一个独立的样式表文件中或 HTML 文档的某一部分，通常为文件头部分。CSS 可以称得上是 Web 设计领域的一个突破，因为它允许一个外部样式表同时控制多个页面的样式和布局，也允许一个页面同时引用多个外部样式表。如需进行网站样式全局更新，只需简单地改变样式表，网站中的所有元素就会自动更新。外部样式表文件通常以“.css”为扩展名。

2.1.2　创建文档

在 Dreamweaver CS6 中，创建文档的途径主要有以下几种。

一、　通过欢迎屏幕

在启动 Dreamweaver CS6 时，通常会显示【欢迎屏幕】，在【新建】列表中选择相应的命令，即可创建相应类型的文档，如选择【新建】/【HTML】命令，即可创建一个空白的

HTML 文档。

二、 通过【文件】面板

在【文件】面板中，用户可以通过两种方式来创建文档。在【文件】面板中单击鼠标右键，在弹出的菜单中选择【新建文件】命令。也可单击【文件】面板组标题栏右侧的按钮，在弹出的菜单中选择【文件】/【新建文件】命令。

三、 通过菜单命令

选择菜单命令【文件】/【新建】，弹出【新建文档】对话框，根据需要选择相应的选项创建文档，如图 2-1 所示。

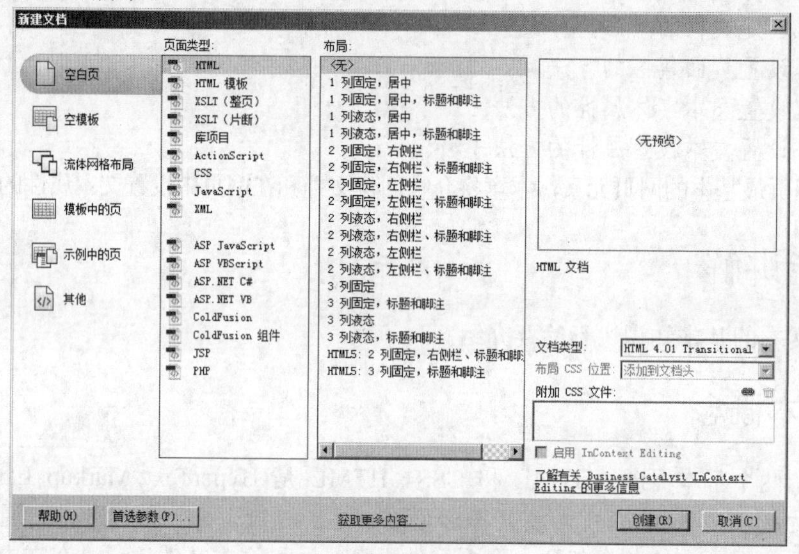

图2-1　【新建文档】对话框

2.1.3 保存文档

创建了文档后如果需要保存，就选择菜单命令【文件】/【保存】保存文件，如果是新文档还没有命名保存，此时将打开【另存为】对话框进行保存。如果对已经命名的文档换名保存，可选择菜单命令【文件】/【另存为】，也可以在【文件】面板中单击文件名使其处于修改状态来进行改名。如果想对所有打开的文档同时进行保存，可选择菜单命令【文件】/【保存全部】。在保存单个文档时，可以根据需要设置文档的保存类型。

2.1.4 页面属性

在当前文档中，选择菜单命令【修改】/【页面属性】或在【属性】面板中单击 页面属性... 按钮，则打开【页面属性】对话框，下面对其进行简要介绍。

一、 外观

外观主要包括页面的基本属性，如页面字体类型、字体大小、字体颜色、背景颜色、背景图像和页边距等。Dreamweaver CS6 的【页面属性】对话框提供了两种外观设置方式：【外观（CSS）】和【外观（HTML）】，如图 2-2 所示。

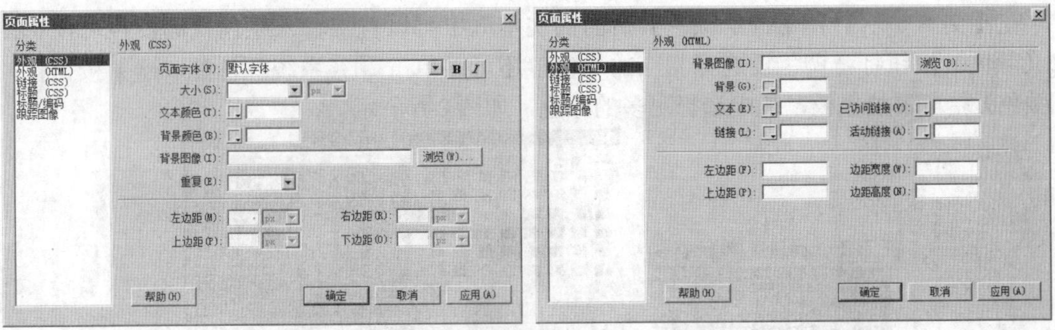

图2-2　两种外观设置方式

选择【外观（CSS）】分类将使用标准的CSS样式来进行设置，选择【外观（HTML）】分类将使用传统方式（非标准）来进行设置。例如，同样设置网页背景颜色，使用CSS样式和使用HTML方式的网页源代码是不一样的，如图2-3所示。

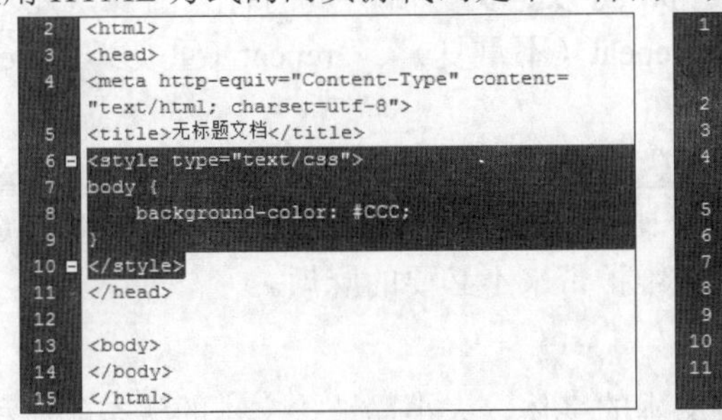

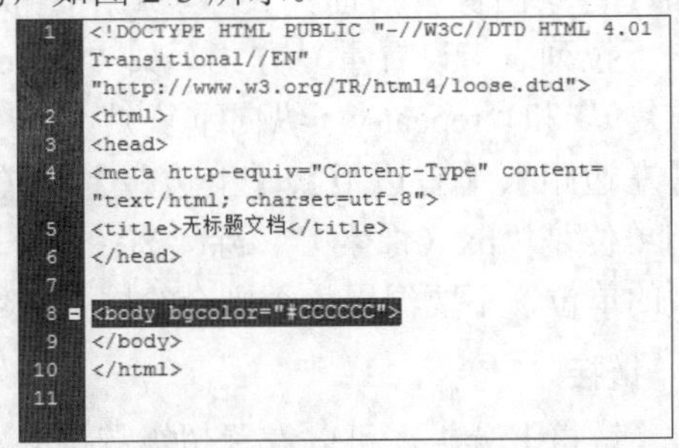

图2-3　使用CSS样式和HTML方式设置网页背景

通过【外观（CSS）】分类，可以设置页面字体类型、粗体和斜体样式、文本大小、文本颜色、背景颜色、背景图像、重复方式以及页边距等。通过【页面属性】对话框设置的字体、大小和颜色，将对当前网页中所有的文本起作用。

在【页面字体】下拉列表中，有些字体列表每行有三四种不同的字体，这些字体均以逗号隔开，如图2-4所示。浏览器在显示时，首先会寻找第1种字体，如果没有就继续寻找下一种字体，以确保计算机在缺少某种字体的情况下，网页的外观不会出现大的变化。

如果【页面字体】下拉列表中没有需要的字体，可以选择【编辑字体列表…】选项，利用弹出的【编辑字体列表】对话框进行添加，如图2-5所示。单击+按钮或-按钮，将会在【字体列表】中增加或删除字体列表；单击▲按钮或▼按钮，将会在【字体列表】中上移或下移字体列表；单击«或»按钮，将会从【选择的字体】列表框中增加或删除字体。

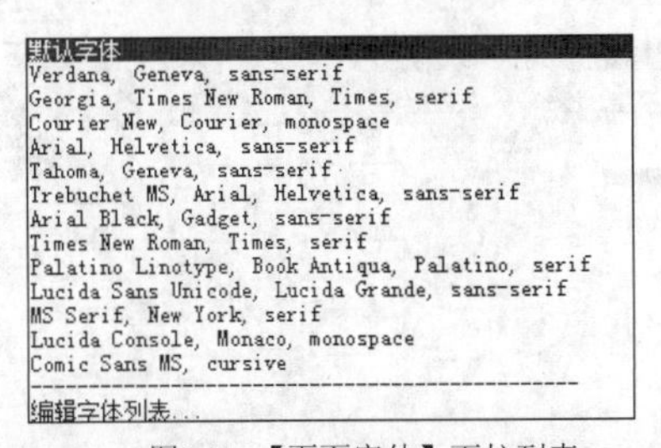

图2-4　【页面字体】下拉列表

图2-5　【编辑字体列表】对话框

在【大小】下拉列表中，文本大小有两种表示方式，一种用数字表示，另一种用中文表示。当选择数字时，其后面会出现大小单位列表，其中比较常用的是“px（像素）”。

在【文本颜色】和【背景颜色】后面的文本框中可以直接输入颜色代码，也可以单击（颜色）按钮打开调色板选择相应的颜色，还可以单击（系统颜色拾取器）按钮打开【颜色】拾取器调色板，从中选择更多的颜色，如图 2-6 所示。

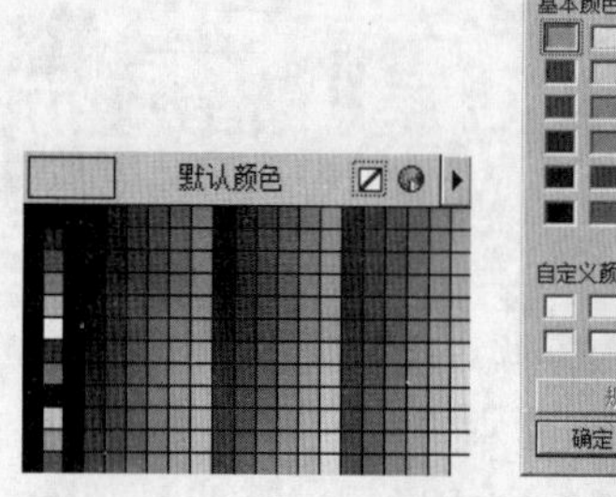

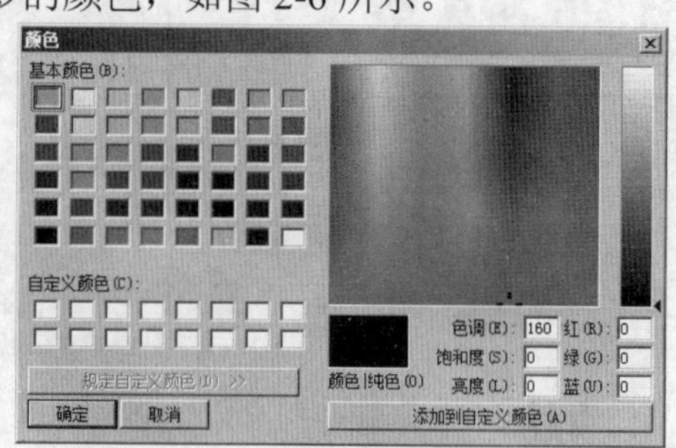

图2-6　调色板

单击【背景图像】后面的浏览(W)...按钮，可以定义当前网页的背景图像，还可以在【重复】下拉列表中设置重复方式，如“no-repeat（不重复）”、“repeat（重复）”、“repeat-x（横向重复）”和“repeat-y（纵向重复）”。

在【左边距】、【右边距】、【上边距】和【下边距】文本框中，可以输入数值定义页边距，常用单位是“px（像素）”。除“%（百分比）”以外，建议读者在制作网页时固定使用一种类型的单位，不要混用，否则会给网页的维护带来不必要的麻烦。

二、 链接

通过【链接】分类，可以设置超级链接文本的字体、大小、链接文本的状态颜色和下划线样式，如图 2-7 所示。【链接颜色】、【变换图像链接】、【已访问链接】、【活动链接】分别对应链接字体在正常时的颜色、鼠标光标经过时的颜色、鼠标单击后的颜色和鼠标单击时的颜色。默认状态下，链接文字为蓝色，已访问过的链接颜色为紫色。【下划线样式】下拉列表主要用于设置链接字体的显示样式，读者可以根据实际需要进行选择。

三、 标题

Dreamweaver 提供了 6 种标题格式“标题 1”～“标题 6”，可以在【属性】面板的【格式】下拉列表中进行选择。当将标题设置成“标题 1”～“标题 6”中的某一种时，Dreamweaver 会按其默认格式显示。但是，读者也可以通过【页面属性】对话框的【标题（CSS）】分类来重新设置“标题 1”～“标题 6”的字体、大小和颜色属性，如图 2-8 所示。设置文档标题的 HTML 标签是“<h_n>标题文字</h_n>”，其中 n 的取值为 1～6，n 越小字号越大，n 越大字号越小。

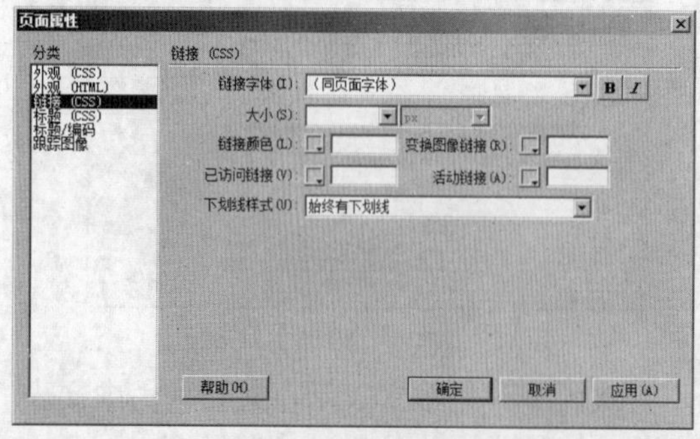

图2-7　【链接】分类

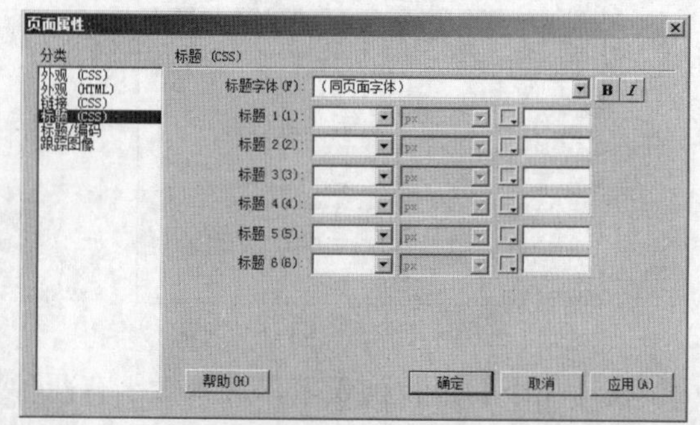

图2-8　【标题】分类

四、 标题/编码

在【标题/编码】分类中，可以设置浏览器标题、文档类型和编码方式，如图 2-9 所示。其中，浏览器标题的 HTML 标签是“<title>…</title>”，它位于 HTML 标签“<head>…</head>”之间。

五、 跟踪图像

在【跟踪图像】分类中，可以将设计草图设置成跟踪图像，铺在编辑的网页下面作为参考图，用于引导网页的设计，如图 2-10 所示。除了可以设置跟踪图像，还可以设置跟踪图像的透明度，透明度越高，跟踪图像显示得越明显。

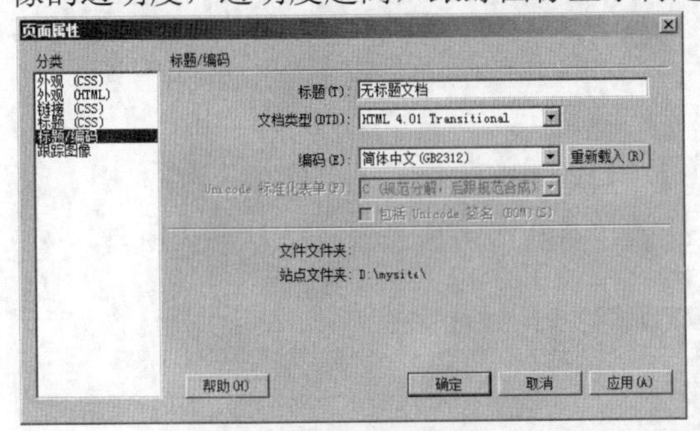

图2-9 【标题/编码】分类

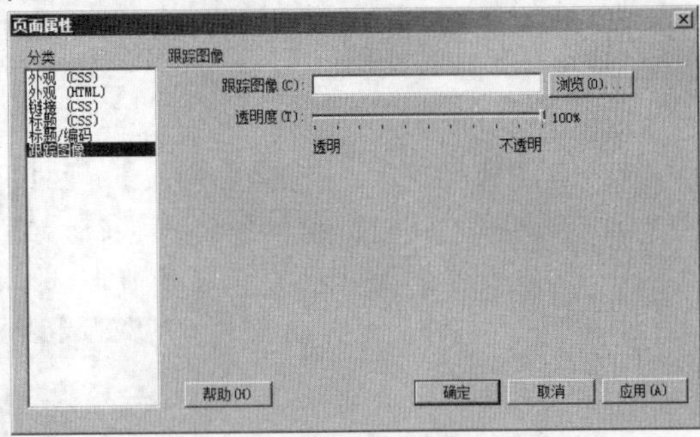

图2-10 【跟踪图像】分类

如果要显示或隐藏跟踪图像，可以选择菜单命令【查看】/【跟踪图像】/【显示】。在网页中选定一个页面元素，然后选择菜单命令【查看】/【跟踪图像】/【对齐所选范围】，可以使跟踪图像的左上角与所选页面元素的左上角对齐。选择菜单命令【查看】/【跟踪图像】/【调整位置】，可以通过设置跟踪图像的坐标值来调整跟踪图像的位置。选择菜单命令【查看】/【跟踪图像】/【重设位置】，可以使跟踪图像自动对齐编辑窗口的左上角。

2.1.5 添加文本

在网页文档中，添加文本的方法主要有以下几种。

- 输入文本：将鼠标光标定位在要输入文本的位置，使用键盘直接输入即可。
- 复制文本：使用复制/粘贴的方法从其他文档中复制/粘贴文本，此时将按【首选参数】对话框的【复制/粘贴】分类选项的格式设置进行粘贴文本，如果选择【选择性粘贴】命令，将打开【选择性粘贴】对话框，如图 2-11 所示，此时可以根据需要选择相应的选项进行粘贴。

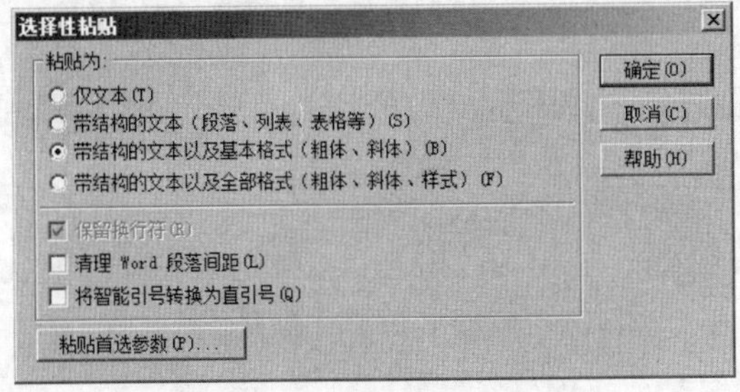

图2-11 【选择性粘贴】对话框

- 导入文本：选择菜单命令【文件】/【导入】/【Word 文档】、【Excel 文档】或

【表格式数据】，将分别打开【导入 Word 文档】、【导入 Excel 文档】或【导入表格式数据】对话框，进行参数设置后可按要求将 Word 文档、Excel 文档或表格式数据导入到网页文档中。在【导入 Word 文档】和【导入 Excel 文档】对话框的【格式化】选项中均可以设置导入格式，但在【导入 Excel 文档】对话框中，【清理 Word 段落间距】选项不可用，如图 2-12 所示。关于菜单命令【导入表格式数据】将在后续内容中进行详细介绍。

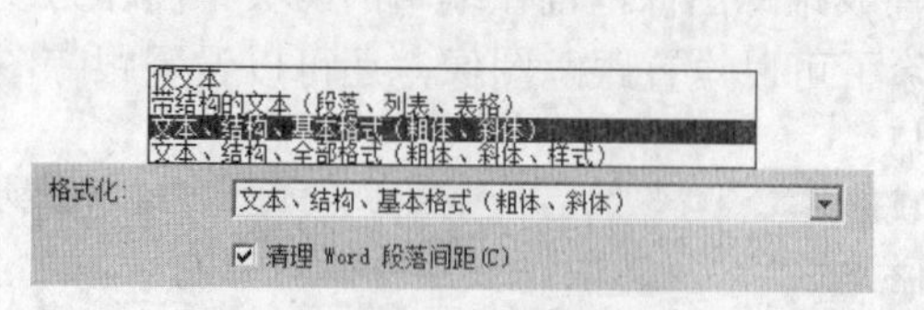

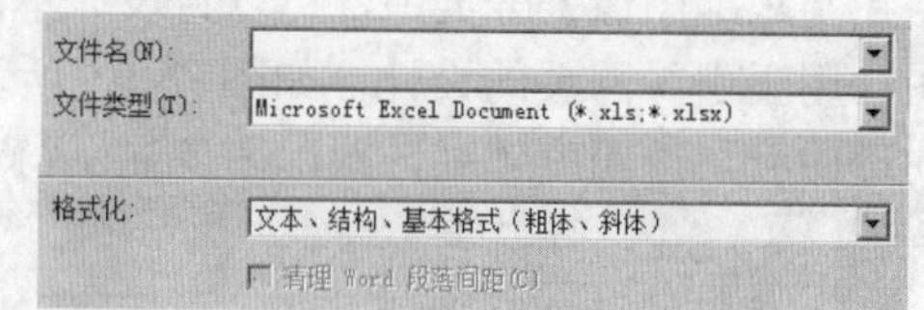

图2-12　【格式化】选项

- 添加特殊符号：选择【插入】/【HTML】/【特殊字符】菜单中的相应命令，可以插入版权、商标等特殊字符。还可以选择【其他字符】命令，打开【插入其他字符】对话框来插入其他一些特殊字符，如图 2-13 所示。

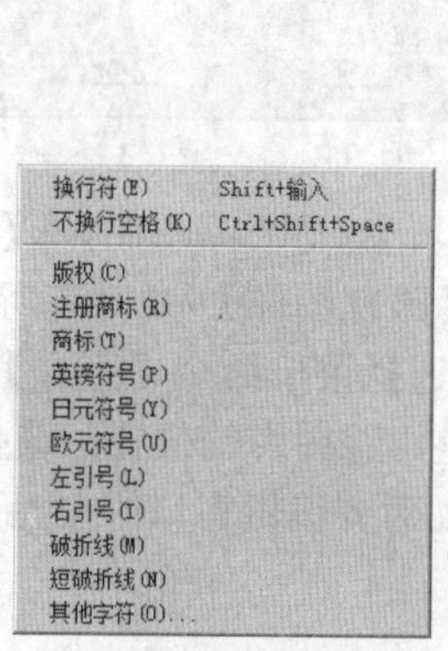

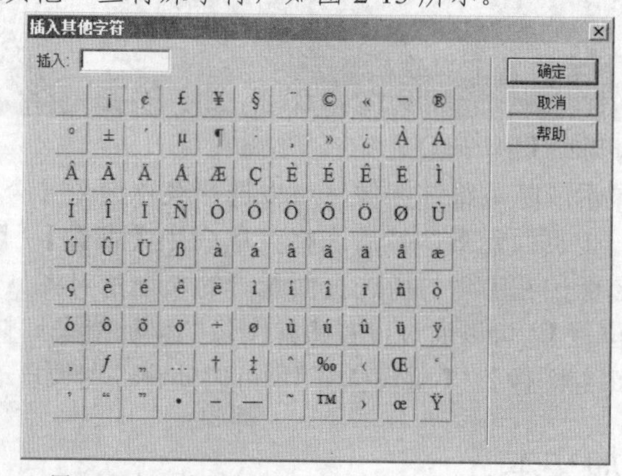

图2-13　插入特殊字符

2.1.6 字体属性

字体属性包括字体类型、颜色、大小、粗体和斜体等内容。除了可以使用【页面属性】对话框对页面中的所有文本设置字体属性外，还可以通过【属性（CSS）】面板对所选文本的字体类型、颜色、大小、粗体和斜体等属性进行设置，也可通过【格式】菜单中的相应命令对所选文本进行颜色、粗体和斜体等属性设置，如图 2-14 所示。

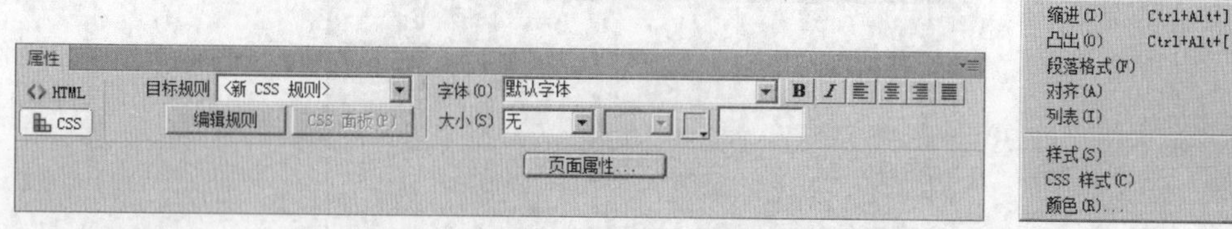

图2-14　【属性】面板和【格式】主菜单

一、 字体类型

通过【属性（CSS）】面板中的【字体】下拉列表可以设置所选文本的字体类型，如果没有适合的字体列表，可以选择【编辑字体列表】选项，打开【编辑字体列表】对话框进行

添加，如图 2-15 所示。在【字体列表】列表框中，单击按钮可以添加字体列表，单击按钮可以删除选中的字体列表，单击按钮可以上移选中的字体列表，单击按钮可以下移选中的字体列表。在添加了一个新的字体列表或在【字体列表】列表框中选择了一个字体列表后，单击按钮可以将【可用字体】列表框中选择的字体添加到【选择的字体】列表框中，单击按钮，可以将【选择的字体】列表框中选择的字体删除。一个字体列表可以添加多种字体类型，浏览器在显示网页时，将按照字体列表中字体的顺序确认使用的字体类型。如果计算机中没有第 1 种字体，将使用第 2 种字体，如果没有第 2 种字体将使用第 3 种字体，依此类推。如果一个网页没有设置字体，浏览器会使用浏览器本身设置的字体进行显示。

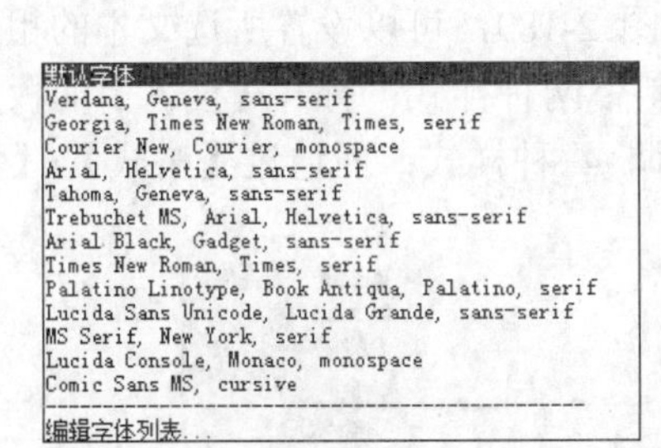

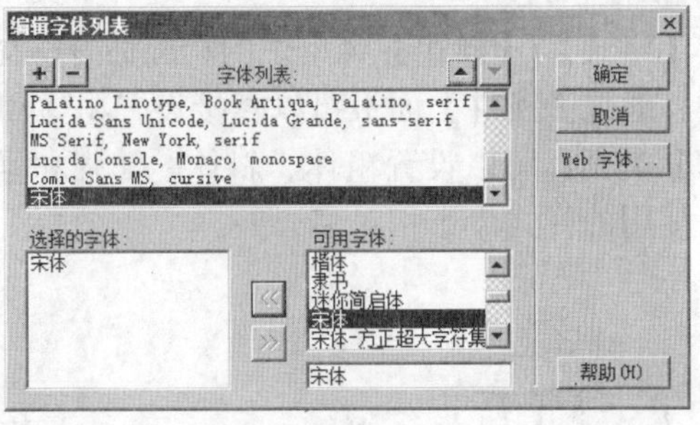

图2-15 【属性（CSS）】面板中的【字体】下拉列表

二、 字体颜色

在【属性（CSS）】面板中单击按钮，可以打开调色板，利用该调色板设置所选文本的颜色，如图 2-16 左图所示。也可以在图 2-16 左图中单击按钮或选择菜单命令【格式】/【颜色】，打开【颜色】对话框，利用该对话框自定义颜色，如图 2-16 右图所示。

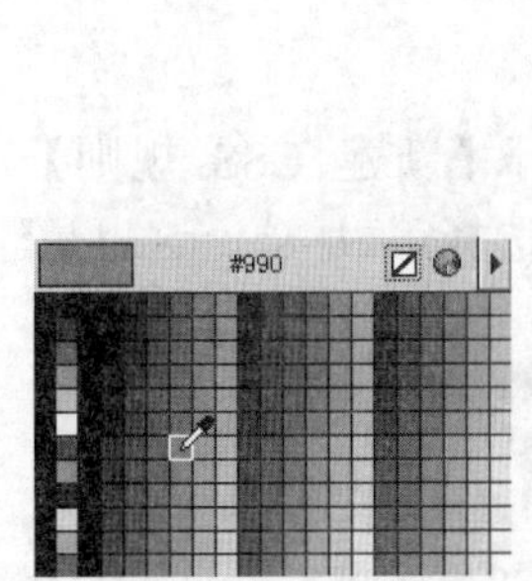

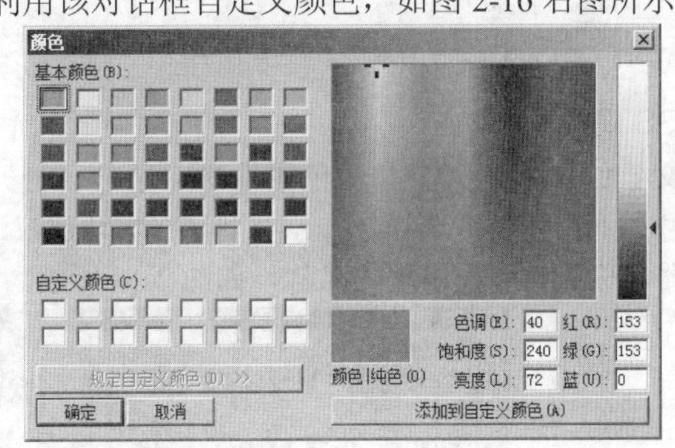

图2-16 【颜色】对话框

三、 文本大小

通过【属性（CSS）】面板的【大小】选项可以设置所选文本的大小，如图 2-17 所示。在【大小】下拉列表中可以选择已预设的选项，也可以在文本框中直接输入数字，然后在后边的下拉列表中选择单位。单位可分为“相对值”和“绝对值”两类。

相对值单位是相对于另一长度属性的单位，其通用性好一些。

- 【px（像素）】：像素，相对于屏幕的分辨率。
- 【em（字体高）】：相对于字体的高度。
- 【ex（字母 x 的高）】：相对于任意字母“x”的高度。
- 【%（百分比）】：百分比，相对于屏幕的分辨率。

绝对值单位会随显示界面的介质不同而不同，因此一般不是首选。

- 【pt（点数）】：以“点”为单位（1 点=1/72 英寸）。
- 【in（英寸）】：以“英寸”为单位（1 英寸=2.54 厘米）。
- 【cm（厘米）】：以“厘米”为单位。
- 【mm（毫米）】：以“毫米”为单位。
- 【pc（帕）】：以“帕”为单位（1 帕=12 点）。

除百分比以外，建议读者在制作网页时固定使用一种类型的单位，不要混用，否则会给网页的维护带来不必要的麻烦。

四、 粗体和斜体

通过【格式】/【样式】菜单中的相应命令（见图 2-18），可以设置所选文本的粗体、斜体等样式。通过【属性】面板可以直接设置粗体和斜体两种样式；打开【插入】面板并切换到【文本】类别，可以设置粗体、斜体、加强和强调 4 种样式；而通过【格式】/【样式】菜单可以使用的样式命令相对多一些。

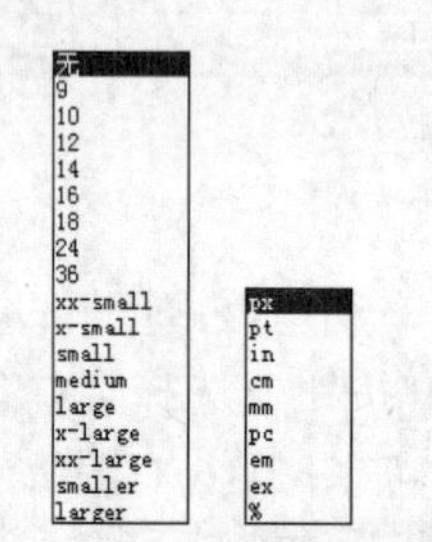

图2-17　【大小】下拉列表框

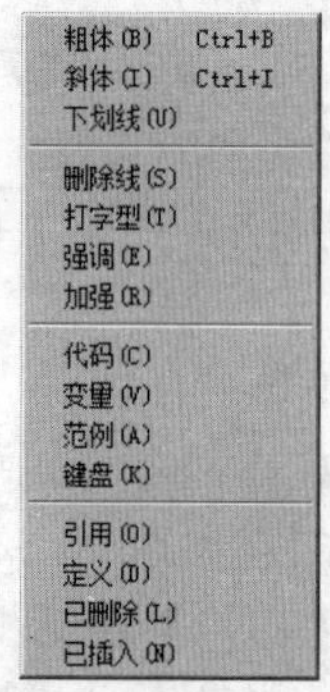

图2-18　粗体和斜体等样式

五、 CSS 规则

在设置文本的字体、大小和颜色属性时，通常会打开【新建 CSS 规则】对话框。在【选择器类型】下拉列表中选择选择器类型（在本章建议选择第 1 项，这也是默认项），然后在【选择器名称】文本框中输入名称，如图 2-19 所示。

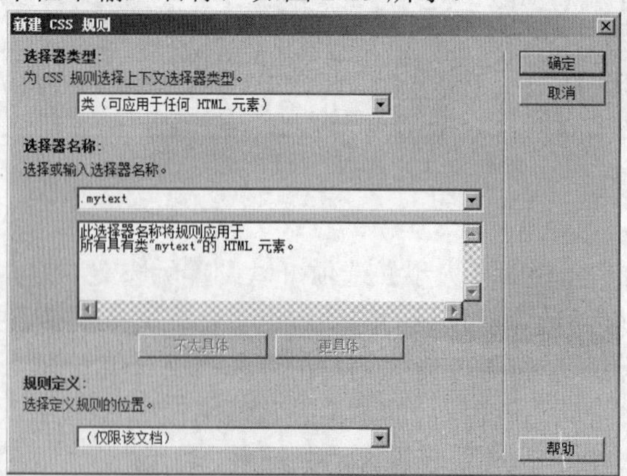

图2-19　【新建 CSS 规则】对话框

单击 确定 按钮后，在【属性（CSS）】面板的【目标规则】下拉列表中自动出现了样式名称，如图 2-20 所示，此时其他属性的定义都将在此 CSS 样式中进行，除非在【目标规则】下拉列表中选择了【<新 CSS 规则>】选项。

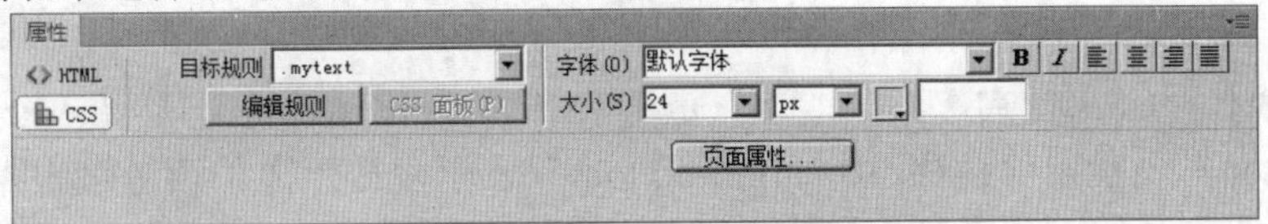

图2-20 CSS【属性】面板

如果要对其他文本应用该样式，可以先选中这些文本，然后在【属性（CSS）】面板中的【目标规则】下拉列表中选择该样式名称，也可以在【属性（HTML）】面板的【类】下拉列表中选择该样式名称。如果要取消应用该样式，先将鼠标光标置于文本上，然后在【属性（CSS）】面板中的【目标规则】下拉列表中选择【<删除类>】选项或在【属性（HTML）】面板的【类】下拉列表中选择【无】选项。

2.1.7 段落属性

段落在页面版式中占有重要的地位。下面介绍段落所涉及的基本知识，如分段与换行、文本对齐方式、文本缩进和凸出、列表、水平线等。

一、段落与换行

通过【属性（HTML）】面板的【格式】下拉列表，可以设置正文的段落格式，即HTML 标签“<p>…</p>”所包含的文本为一个段落，用户可以设置文档的标题格式为“标题 1”～“标题 6”，还可以将某一段文本按照预先格式化的样式进行显示，即选择【预先格式化的】选项，其 HTML 标签是“<pre>…</pre>”，如果要取消已设置的格式，选择【无】选项即可，如图 2-21 所示，也可以利用【格式】/【段落格式】菜单中的相应命令来进行设置。在文档中输入文本时直接按 Enter 键也可以形成一个段落，其 HTML 标签是“<P>…</P>”，如果按 Shift+Enter 组合键或选择菜单命令【插入】/【HTML】/【特殊字符】/【换行符】，则可以在段落中进行换行，其 HTML 标签是“
”，XHTML 标签是“
”。默认状态下，段与段之间是有间距的，而通过换行符进行换行不会在两行之间形成大的间距，如图 2-22 所示。

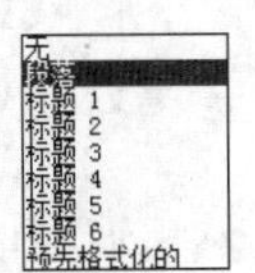

图2-21 【格式】下拉列表

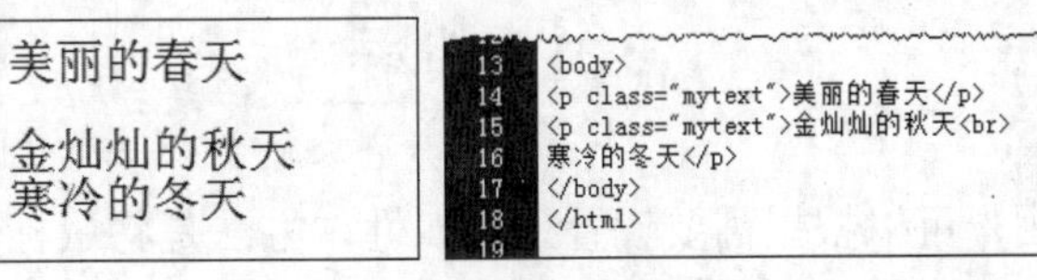

图2-22 段落与换行符

在文档中输入文本时，通常行与行之间的距离非常小，而段与段之间的距离又非常大，显得很不美观。如果学习了 CSS 样式后，可以通过标签 CSS 样式和类 CSS 样式进行设置。在没学习如何设置 CSS 样式之前，读者不妨直接在网页文档源代码的<head>和</head>标签之间添加如下代码。

```
<style type="text/css">
p {
line-height: 20px;
margin-top: 5px;
margin-bottom: 5px;
```

```
}
</style>
```

这是一段标签 CSS 样式，其中，“p”是 HTML 的段落标记符号，“line-height”表示行高，“margin-top”表示段前距离，“margin-bottom”表示段后距离。读者可根据实际需要，修改这些数字来调整行距和段落之间的距离。需要特别说明的是，段与段之间的距离等于上一个段落的段后距离加下一个段落的段前距离，再加行高。如果段前和段后距离均设置为 0，那么段与段之间的距离就等于行距。

二、 文本对齐方式

文本的对齐方式通常有 4 种：左对齐、居中对齐、右对齐和两端对齐。可以在【属性（CSS）】面板中分别单击、、和按钮来进行设置，也可以通过【格式】/【对齐】菜单中的相应命令来实现。这两种方式的效果是一样的，但使用的代码不一样。前者使用 CSS 样式进行定义，后者使用 HTML 标签进行定义。如果同时设置多个段落的对齐方式，则需要先选中这些段落。

三、 文本缩进和凸出

在文档排版过程中，有时会遇到需要使某段文本整体向内缩进或向外凸出的情况。单击【属性】面板上的按钮（或按钮），或者选择菜单命令【格式】/【缩进】（或【凸出】），可以使段落整体向内缩进（或向外凸出）。如果同时设置多个段落的缩进和凸出，则需要先选中这些段落。

四、 列表

列表的类型通常有编号列表、项目列表和定义列表等，最常用的是项目列表和编号列表。在 HTML【属性】面板中单击（项目列表）按钮或者选择菜单命令【格式】/【列表】/【项目列表】可以设置项目列表格式，在【属性】面板中单击（编号列表）按钮或者选择菜单命令【格式】/【列表】/【编号列表】可以设置编号列表格式，如图 2-23 所示。

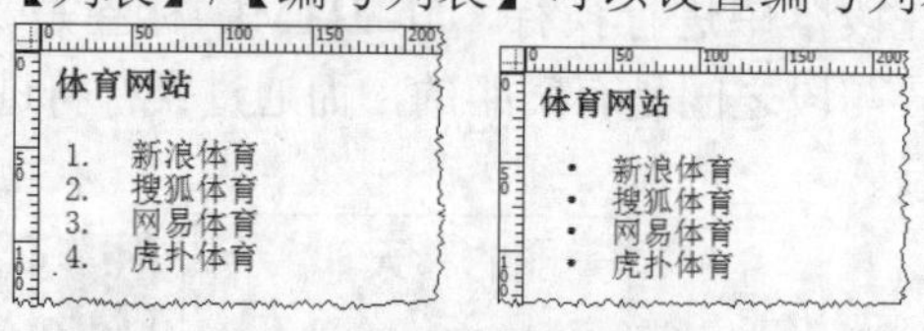

图2-23　编号列表和项目列表

用户可以根据需要设置列表属性，方法是将鼠标光标置于列表内，然后通过以下任意一种方法打开【列表属性】对话框进行设置即可，如图 2-24 所示。

- 选择菜单命令【格式】/【列表】/【属性】。
- 在鼠标右键快捷菜单中选择【列表】/【属性】命令。
- 在【属性】面板中单击 列表项目... 按钮。

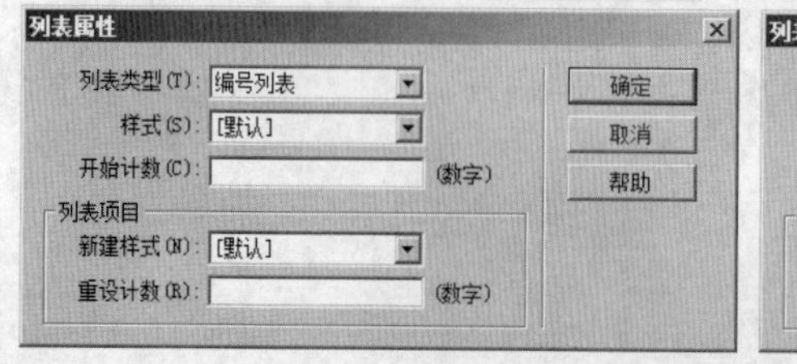

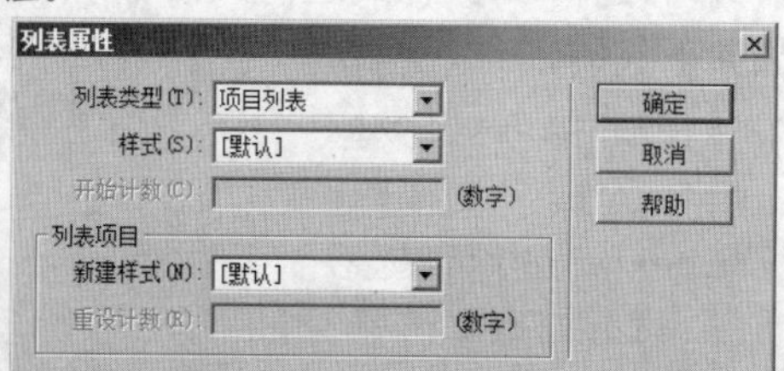

图2-24　【列表属性】对话框

列表可以嵌套，方法是首先设置 1 级列表，然后在 1 级列表中选择需要设置为 2 级列表的内容并使其缩进一次，最后根据需要重新设置缩进部分的列表类型，如图 2-25 所示。

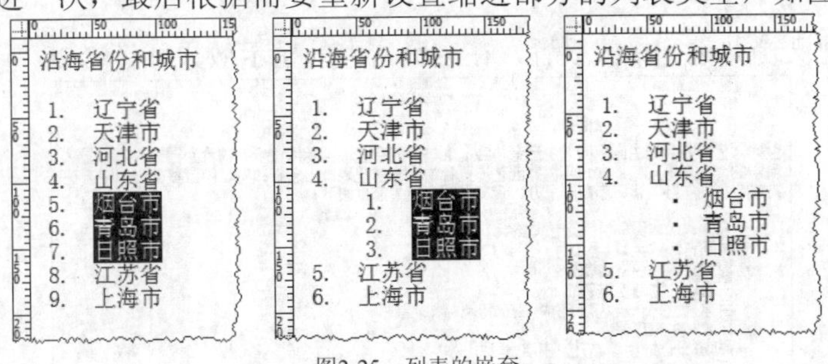

图2-25　列表的嵌套

五、 水平线

在制作网页时，经常要插入水平线来对内容进行区域分割。插入水平线的方法是：选择菜单命令【插入】/【HTML】/【水平线】。选中水平线，在【属性】面板中还可以设置水平线的 id 名称、宽度、高度、对齐方式和是否具有阴影效果等，如图 2-26 所示。

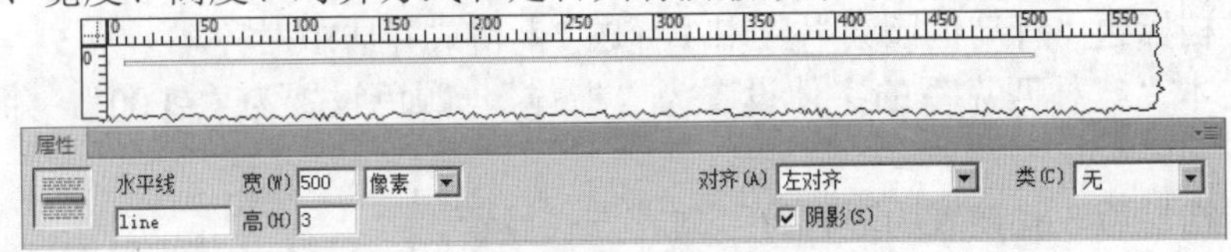

图2-26　插入水平线

2.1.8 插入日期

许多网页在页脚位置都有日期，而且每次修改保存后都会自动更新该日期，可以选择菜单命令【插入】/【日期】，打开【插入日期】对话框进行参数设置。只有在【插入日期】对话框中选中【储存时自动更新】复选框，才能在更新网页时自动更新日期，而且也只有选择了该选项，才能使单击日期时显示日期的【属性】面板，否则插入的日期仅仅是一段文本而已，如图 2-27 所示。

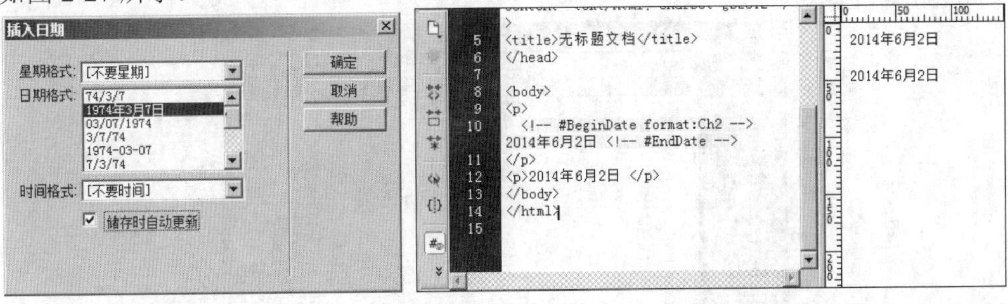

图2-27　插入日期

2.2 范例解析

下面通过具体范例来学习创建文档和设置文本格式的基本方法。

2.2.1　青岛世园会

根据要求创建文档并进行格式设置，在浏览器中的显示效果如图 2-28 所示。

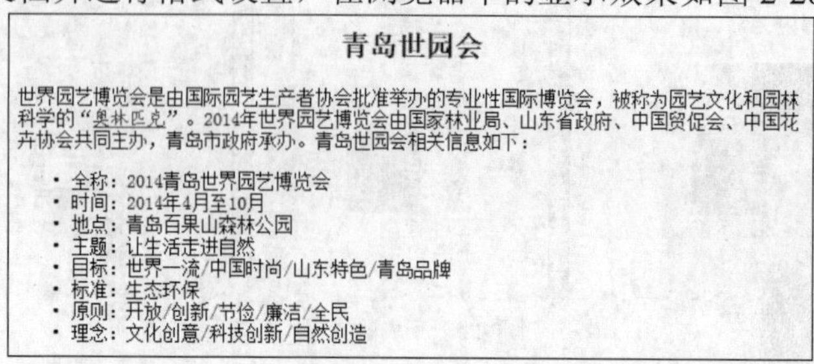

图2-28　青岛世园会

(1)　创建一个新文档并保存为“2-2-1.htm”，然后将附盘文件“青岛世园会.doc”中的内容复制并选择性粘贴到网页文档中。

(2)　设置页面字体为“宋体”，大小为“14 px”，浏览器标题为“青岛世园会”。

(3)　将文档标题“青岛世园会”应用【标题 2】格式并居中对齐。

(4)　将文本“奥林匹克”的字体设置为“楷体”，颜色设置为“#F00”，并添加下划线效果。

(5)　将文档最后 8 行设置为项目符号列表方式显示。

这是一个创建文档、设置页面属性和文本基本格式的例子，具体操作步骤如下。

1. 选择菜单命令【文件】/【新建】，弹出【新建文档】对话框，然后选择【空白页】/【HTML】/【无】选项，并单击 创建(R) 按钮创建文档，如图 2-29 所示。

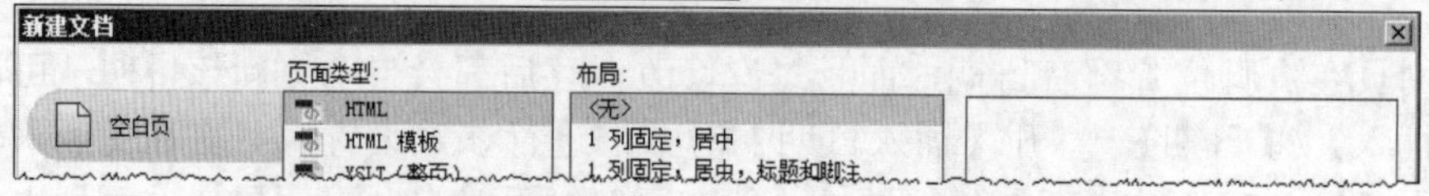

图2-29　选择【空白页】/【HTML】/【无】选项

2. 选择菜单命令【文件】/【保存】，打开【另存为】对话框，将文件保存为“2-2-1.htm”，如图 2-30 所示。

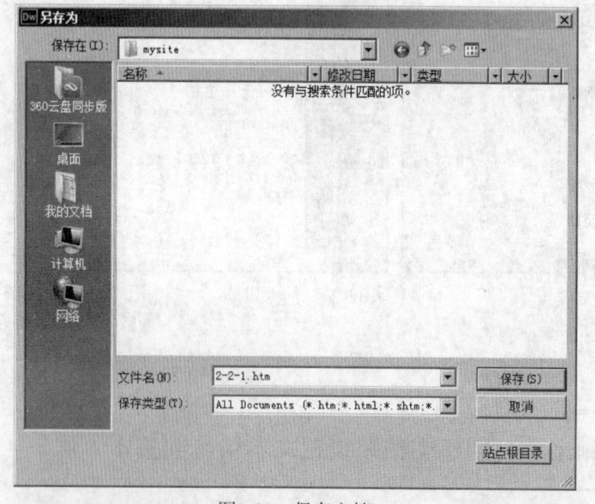

图2-30　保存文档

3. 添加内容。

(1) 打开附盘文件“青岛世园会.doc”，全选所有文本内容并进行复制，如图 2-31 所示。

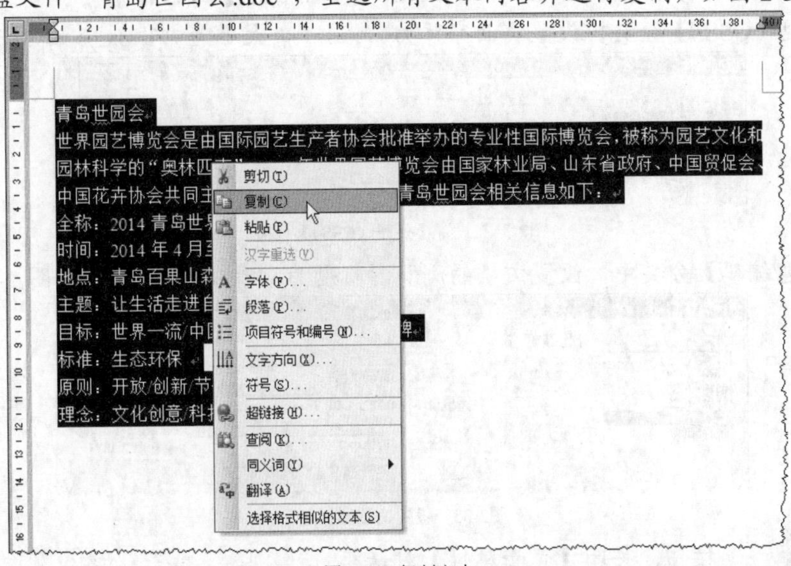

图2-31 复制文本

(2) 在 Dreamweaver 中选择菜单命令【编辑】/【选择性粘贴】，打开【选择性粘贴】对话框，参数设置如图 2-32 所示。

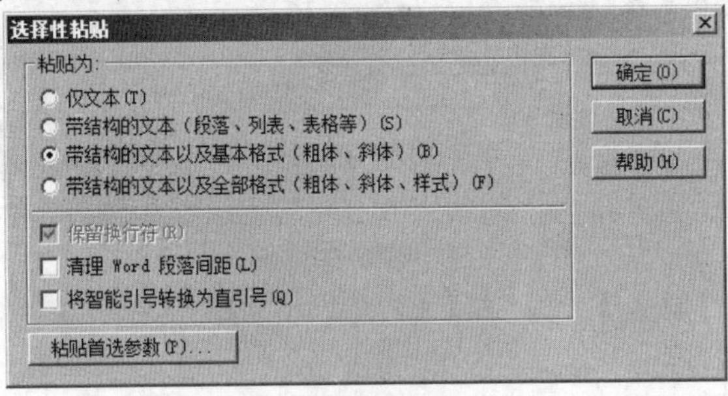

图2-32 【选择性粘贴】对话框

(3) 单击 确定(O) 按钮，粘贴文本，如图 2-33 所示。

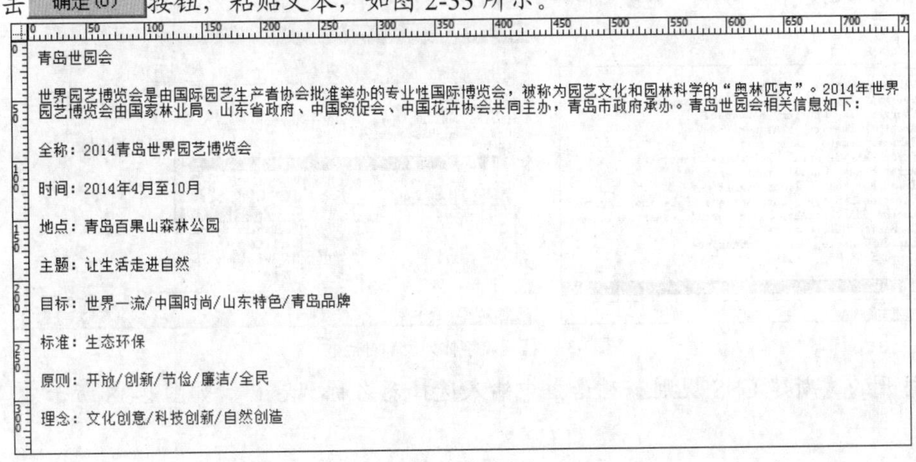

图2-33 粘贴文本

4. 设置页面属性。

(1) 选择菜单命令【修改】/【页面属性】，打开【页面属性】对话框。

(2) 在【外观（CSS）】分类中设置页面字体为“宋体”，大小为“14px”，如图 2-34 所示。

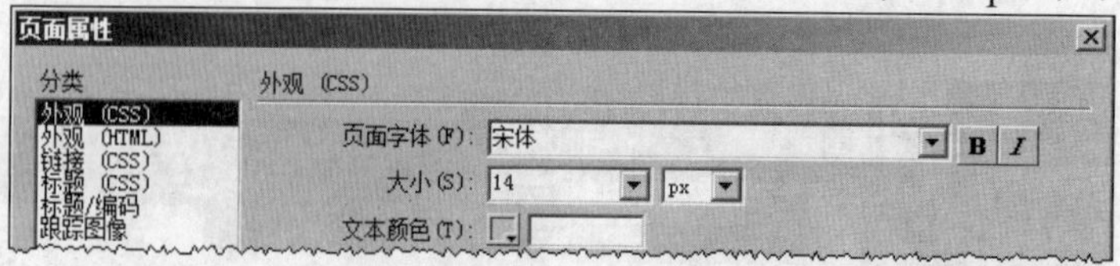

图2-34　设置【外观（CSS）】分类

(3) 在【标题/编码】分类中，设置文档的浏览器标题为“青岛世园会”，如图 2-35 所示。

图2-35　设置浏览器标题

(4) 单击 确定 按钮，关闭【页面属性】对话框。

5. 设置文档标题。

(1) 将鼠标光标置于文档标题“青岛世园会”所在行，然后在【属性（HTML）】面板的【格式】下拉列表中选择“标题 2”，如图 2-36 所示。

图2-36　设置文档标题格式

(2) 接着选择菜单命令【格式】/【对齐】/【居中对齐】，使标题居中对齐。

6. 设置正文格式。

(1) 选中文本“奥林匹克”，并在【属性（CSS）】面板的【字体】下拉列表中选择“楷体”，如果没有“楷体”需要编辑字体列表添加字体，如图 2-37 所示。

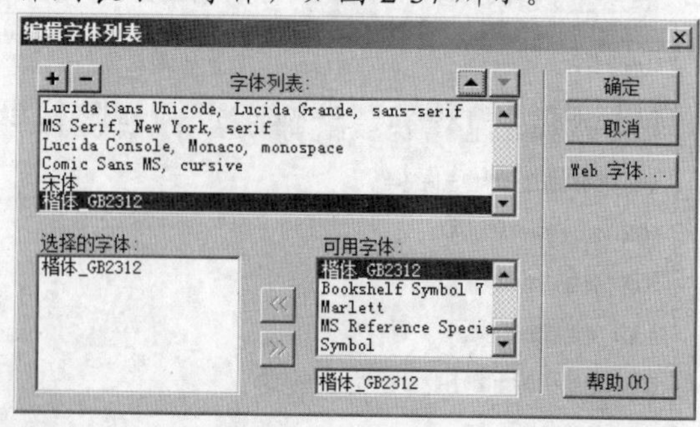

图2-37　【编辑字体列表】对话框

(2) 在打开的【新建 CSS 规则】对话框中输入选择器名称“text”，如图 2-38 所示。

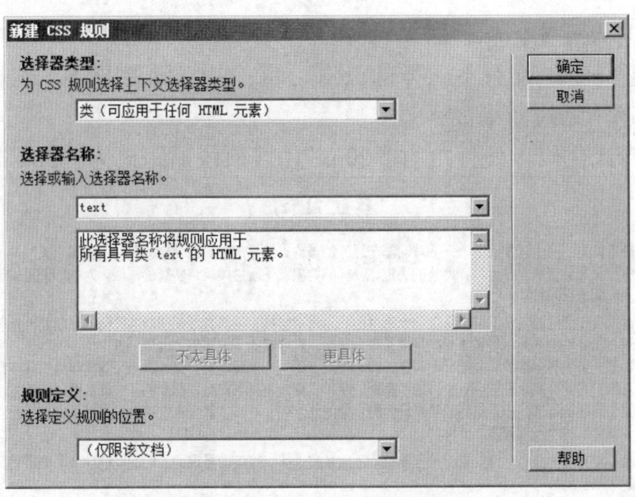

图2-38 【新建 CSS 规则】对话框

(3) 单击 确定 按钮关闭对话框，然后在【属性（CSS）】面板中单击按钮，在打开的对话框中选择红色"#FF0000"，如图 2-39 所示。

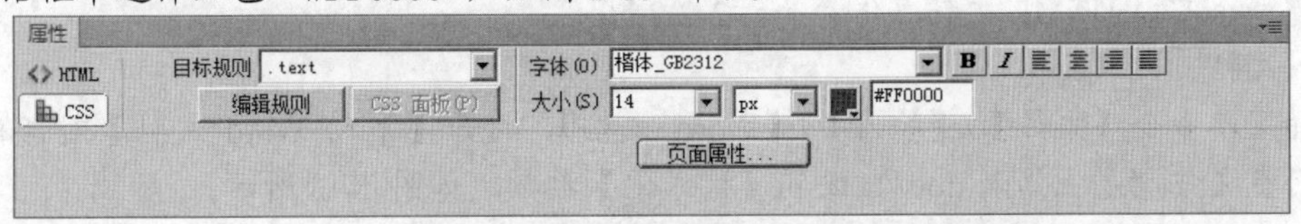

图2-39 选择颜色

(4) 选择菜单命令【格式】/【样式】/【下划线】，给所选文本添加下划线效果，如图 2-40 所示。

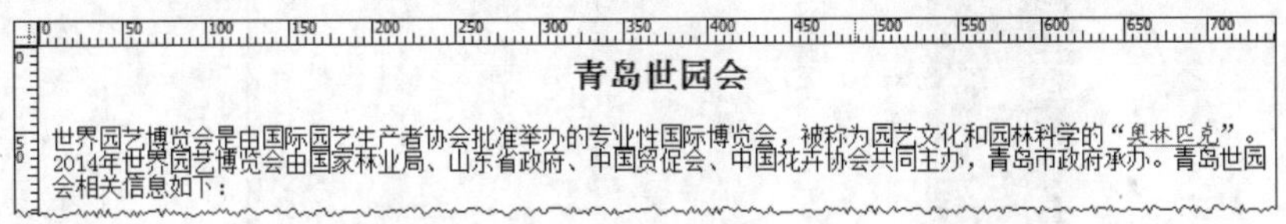

图2-40 添加下划线效果

(5) 选择文档最后 8 行文本，在【属性（HTML）】面板中单击按钮，将其设置为项目符号列表格式，如图 2-41 所示。

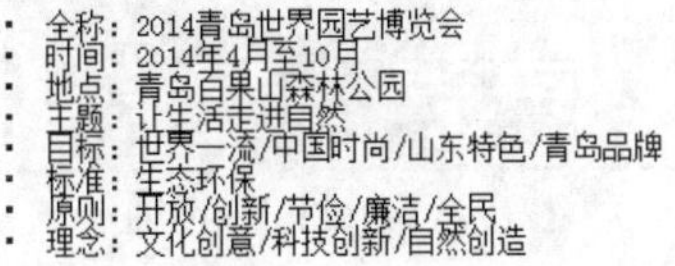

- 全称：2014青岛世界园艺博览会
- 时间：2014年4月至10月
- 地点：青岛百果山森林公园
- 主题：让生活走进自然
- 目标：世界一流/中国时尚/山东特色/青岛品牌
- 标准：生态环保
- 原则：开放/创新/节俭/廉洁/全民
- 理念：文化创意/科技创新/自然创造

图2-41 设置项目符号列表

7. 选择菜单命令【文件】/【保存】，再次保存文件。

2.2.2 塞上江南

根据要求创建和设置文档格式，在浏览器中的显示效果如图 2-42 所示。

(1) 创建一个新文档并保存为"2-2-2.htm"，然后导入附盘文件"塞上江南.doc"。
(2) 设置页面字体为"宋体"，大小为"14px"，浏览器标题为"塞上江南"。
(3) 将【标题 2】的字体修改为"黑体"，大小修改为"24px"，然后将其应用到文档标题“塞上江南”，同时设置文档标题居中对齐。

(4) 将文本“每一座山都有不一样的云海，每一片云海都是不一样的世界”的字体设置为“楷体”，并添加下划线效果。

(5) 添加 CSS 样式代码，使行距为“20px”，段前段后距离为“5px”。

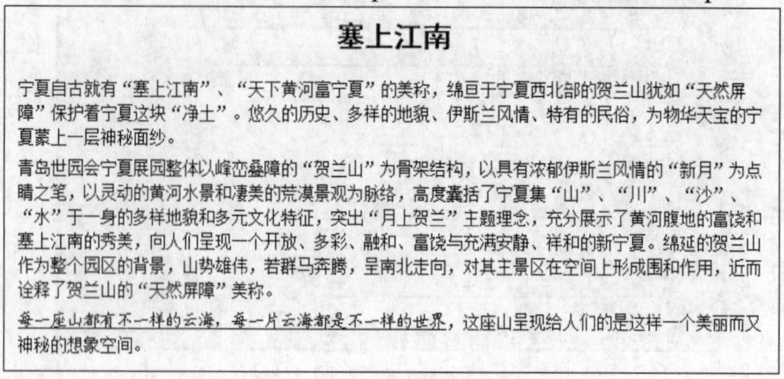

塞上江南

宁夏自古就有“塞上江南”、“天下黄河富宁夏”的美称，绵亘于宁夏西北部的贺兰山犹如“天然屏障”保护着宁夏这块“净土”。悠久的历史、多样的地貌、伊斯兰风情、特有的民俗，为物华天宝的宁夏蒙上一层神秘面纱。

青岛世园会宁夏展园整体以峰峦叠障的“贺兰山”为骨架结构，以具有浓郁伊斯兰风情的“新月”为点睛之笔，以灵动的黄河水景和凄美的荒漠景观为脉络，高度囊括了宁夏集“山”、“川”、“沙”、“水”于一身的多样地貌和多元文化特征，突出“月上贺兰”主题理念，充分展示了黄河腹地的富饶和塞上江南的秀美，向人们呈现一个开放、多彩、融和、富饶与充满安静、祥和的新宁夏。绵延的贺兰山作为整个园区的背景，山势雄伟，若群马奔腾，呈南北走向，对其主景区在空间上形成围和作用，近而诠释了贺兰山的“天然屏障”美称。

每一座山都有不一样的云海，每一片云海都是不一样的世界，这座山呈现给人们的是这样一个美丽而又神秘的想象空间。

图2-42　塞上江南

这是一个创建文档、设置页面属性和文本基本格式的例子，具体操作步骤如下。

1. 新建一个空白 HTML 文档并保存为“2-2-2.htm”。
2. 导入文档。

(1) 选择菜单命令【文件】/【导入】/【Word 文档】，打开【导入 Word 文档】对话框，选择附盘文件“塞上江南.doc”，设置【格式化】参数，如图 2-43 所示。

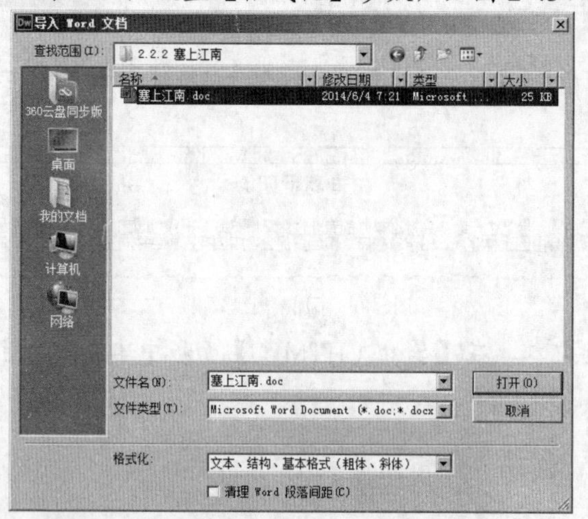

图2-43　【导入 Word 文档】对话框

(2) 单击 打开(O) 按钮，导入文档，如图 2-44 所示。

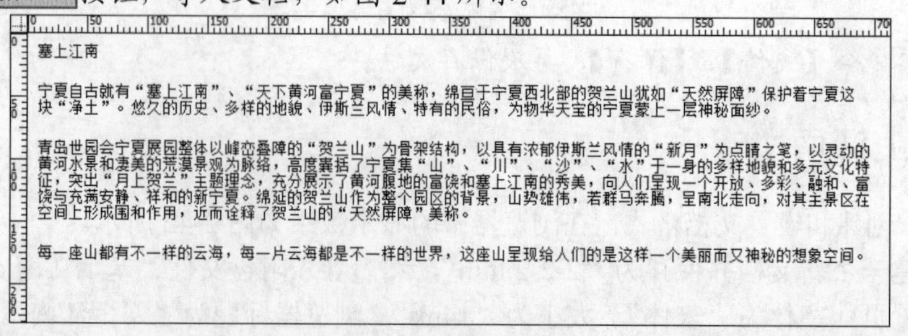

塞上江南

宁夏自古就有“塞上江南”、“天下黄河富宁夏”的美称，绵亘于宁夏西北部的贺兰山犹如“天然屏障”保护着宁夏这块“净土”。悠久的历史、多样的地貌、伊斯兰风情、特有的民俗，为物华天宝的宁夏蒙上一层神秘面纱。

青岛世园会宁夏展园整体以峰峦叠障的“贺兰山”为骨架结构，以具有浓郁伊斯兰风情的“新月”为点睛之笔，以灵动的黄河水景和凄美的荒漠景观为脉络，高度囊括了宁夏集“山”、“川”、“沙”、“水”于一身的多样地貌和多元文化特征，突出“月上贺兰”主题理念，充分展示了黄河腹地的富饶和塞上江南的秀美，向人们呈现一个开放、多彩、融和、富饶与充满安静、祥和的新宁夏。绵延的贺兰山作为整个园区的背景，山势雄伟，若群马奔腾，呈南北走向，对其主景区在空间上形成围和作用，近而诠释了贺兰山的“天然屏障”美称。

每一座山都有不一样的云海，每一片云海都是不一样的世界，这座山呈现给人们的是这样一个美丽而又神秘的想象空间。

图2-44　导入文档

3. 设置页面属性。

(1) 选择菜单命令【修改】/【页面属性】，打开【页面属性】对话框，在【外观（CSS）】分类中设置页面字体为“宋体”，大小为“14px”。

(2) 在【标题（CSS）】分类中将【标题 2】的字体修改为“黑体”，大小修改为“24px”，如图 2-45 所示。

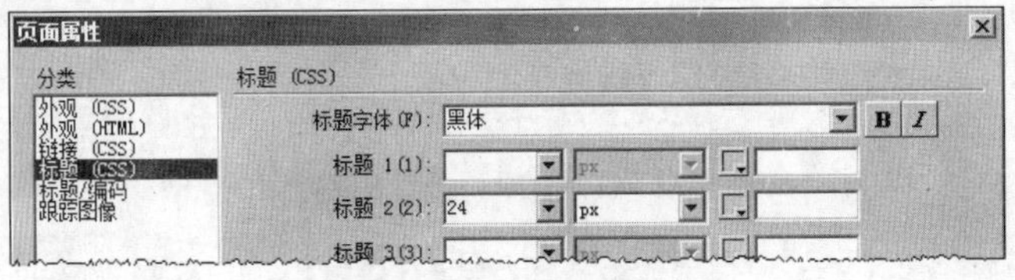

图2-45 设置【标题 2】属性

(3) 在【标题/编码】分类中，设置文档的浏览器标题为“塞上江南”。

(4) 设置完毕后单击 确定 按钮，关闭【页面属性】对话框。

4. 设置文档标题。

(1) 将鼠标光标置于文档标题“塞上江南”所在行，然后在【属性（HTML）】面板的【格式】下拉列表中选择“标题 2”。

(2) 接着选择菜单命令【格式】/【对齐】/【居中对齐】，使标题居中对齐。

5. 设置正文格式。

(1) 选中文本“每一座山都有不一样的云海，每一片云海都是不一样的世界”，并在【属性（CSS）】面板的【字体】下拉列表中选择“楷体”，在接着打开的【新建 CSS 规则】对话框中输入选择器名称“ptext”。

(2) 单击 确定 按钮关闭对话框，然后选择菜单命令【格式】/【样式】/【下划线】，给所选文本添加下划线效果。

(3) 在【文档】工具栏中单击 代码 按钮，在<head>与</head>之间添加 CSS 样式代码，使行距为“20px”，段前段后距离均为“5px”，如图 2-46 所示。

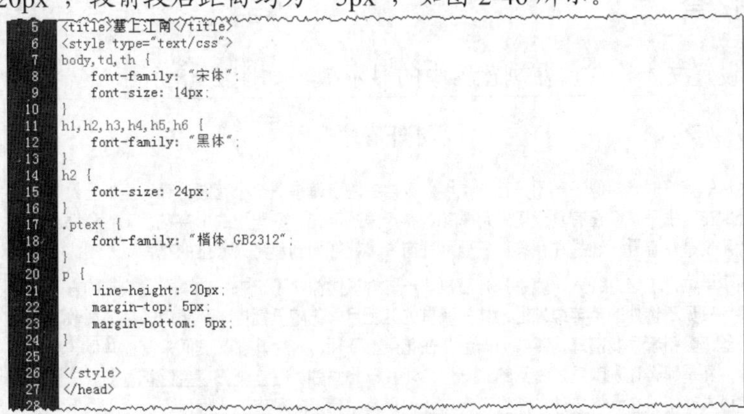

图2-46 添加代码

6. 选择菜单命令【文件】/【保存】，再次保存文件。

2.3 实训

下面通过实训来进一步巩固创建文档和设置文本格式的基本知识。

2.3.1 那时花开

创建文档并设置文本格式，在浏览器中的显示效果如图 2-47 所示。

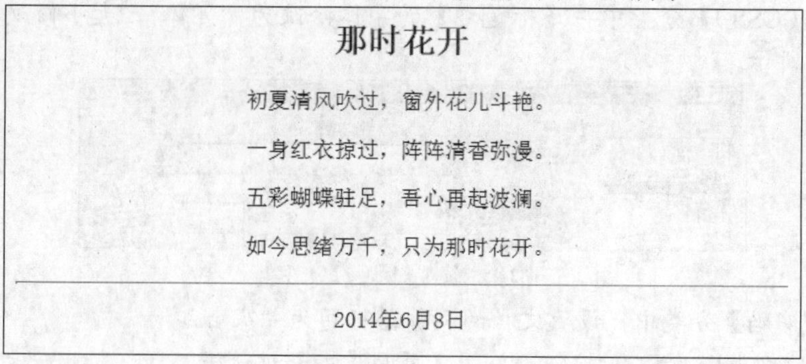

那时花开

初夏清风吹过，窗外花儿斗艳。

一身红衣掠过，阵阵清香弥漫。

五彩蝴蝶驻足，吾心再起波澜。

如今思绪万千，只为那时花开。

2014年6月8日

图2-47　那时花开

这是一个创建文档和设置文本格式的例子，步骤提示如下。

1. 创建文档并保存为“2-3-1.htm”，然后从文档“那时花开.doc”中复制并选择性粘贴文本，【粘贴为】选项选择【带结构的文本以及基本格式（粗体、斜体）】，并取消选择【清理 Word 段落间距】。
2. 将页面字体设置为“宋体”，大小设置为“18px”，页边距设为“10px”。
3. 将浏览器标题设置为“那时花开”。
4. 将文档标题应用【标题 2】格式并通过菜单命令设置居中对齐。
5. 通过菜单命令将所有正文文本设置为居中对齐。
6. 在文档最后插入一条水平线。
7. 在水平线下面插入能够自动更新的日期，同时通过菜单命令设置其居中对齐。

2.3.2 窗外花香

创建文档并设置文本格式，在浏览器中的显示效果如图 2-48 所示。

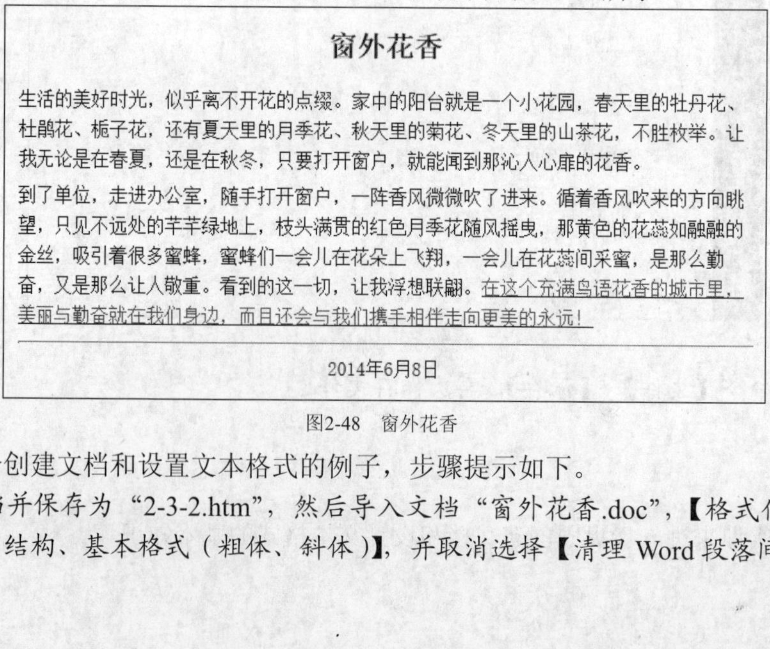

窗外花香

生活的美好时光，似乎离不开花的点缀。家中的阳台就是一个小花园，春天里的牡丹花、杜鹃花、栀子花，还有夏天里的月季花、秋天里的菊花、冬天里的山茶花，不胜枚举。让我无论是在春夏，还是在秋冬，只要打开窗户，就能闻到那沁人心扉的花香。

到了单位，走进办公室，随手打开窗户，一阵香风微微吹了进来。循着香风吹来的方向眺望，只见不远处的芊芊绿地上，枝头满贯的红色月季花随风摇曳，那黄色的花蕊如融融的金丝，吸引着很多蜜蜂，蜜蜂们一会儿在花朵上飞翔，一会儿在花蕊间采蜜，是那么勤奋，又是那么让人敬重。看到的这一切，让我浮想联翩。在这个充满鸟语花香的城市里，美丽与勤奋就在我们身边，而且还会与我们携手相伴走向更美的永远！

2014年6月8日

图2-48　窗外花香

这是一个创建文档和设置文本格式的例子，步骤提示如下。

1. 创建文档并保存为“2-3-2.htm”，然后导入文档“窗外花香.doc”，【格式化】选项选择【文本、结构、基本格式（粗体、斜体）】，并取消选择【清理 Word 段落间距】。

2. 将页面字体设置为“宋体”、大小设置为“16px”，页边距设为“10px”。
3. 将浏览器标题设置为“窗外花香”。
4. 将文档标题应用【标题 2】格式并通过菜单命令设置居中对齐。
5. 将正文中最后一句文本的颜色设置为红色“#FF0000”并添加下划线效果。
6. 添加 CSS 样式代码，使行距为“25px”，段前段后距离均为“5px”。
7. 在文档最后插入一条水平线。
8. 在水平线下面插入能够自动更新的日期，同时通过菜单命令设置其居中对齐。

2.4 综合案例——让生活走进自然

根据要求创建文档并进行格式设置，在浏览器中的显示效果如图 2-49 所示。

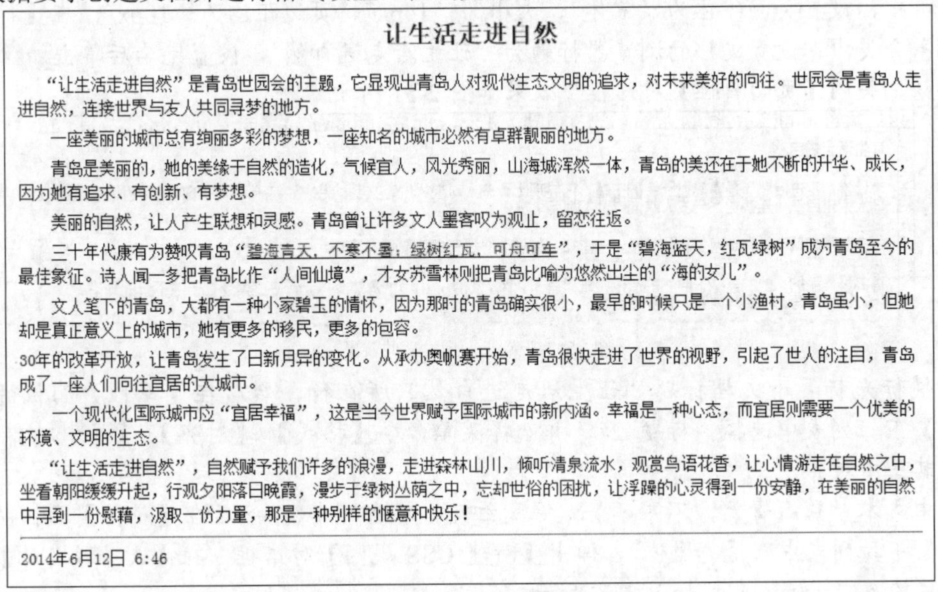

让生活走进自然

“让生活走进自然”是青岛世园会的主题，它显现出青岛人对现代生态文明的追求，对未来美好的向往。世园会是青岛人走进自然，连接世界与友人共同寻梦的地方。

一座美丽的城市总有绚丽多彩的梦想，一座知名的城市必然有卓群靓丽的地方。

青岛是美丽的，她的美缘于自然的造化，气候宜人，风光秀丽，山海城浑然一体，青岛的美还在于她不断的升华、成长，因为她有追求、有创新、有梦想。

美丽的自然，让人产生联想和灵感。青岛曾让许多文人墨客叹为观止，留恋往返。

三十年代康有为赞叹青岛“碧海青天，不寒不暑；绿树红瓦，可舟可车”，于是“碧海蓝天，红瓦绿树”成为青岛至今的最佳象征。诗人闻一多把青岛比作“人间仙境”，才女苏雪林则把青岛比喻为悠然出尘的“海的女儿”。

文人笔下的青岛，大都有一种小家碧玉的情怀，因为那时的青岛确实很小，最早的时候只是一个小渔村。青岛虽小，但她却是真正意义上的城市，她有更多的移民，更多的包容。

30年的改革开放，让青岛发生了日新月异的变化。从承办奥帆赛开始，青岛很快走进了世界的视野，引起了世人的注目，青岛成了一座人们向往宜居的大城市。

一个现代化国际城市应“宜居幸福”，这是当今世界赋予国际城市的新内涵。幸福是一种心态，而宜居则需要一个优美的环境、文明的生态。

“让生活走进自然”，自然赋予我们许多的浪漫，走进森林山川，倾听清泉流水，观赏鸟语花香，让心情游走在自然之中，坐看朝阳缓缓升起，行观夕阳落日晚霞，漫步于绿树丛荫之中，忘却世俗的困扰，让浮躁的心灵得到一份安静，在美丽的自然中寻到一份慰藉，汲取一份力量，那是一种别样的惬意和快乐！

2014年6月12日 6:46

图2-49　让生活走进自然

(1) 创建一个新文档并保存为“2-4.htm”，然后将附盘文件“让生活走进自然.doc”中的内容复制粘贴到网页文档中，【粘贴为】选项选择【带结构的文本以及基本格式（粗体、斜体）】，并取消选择【清理 Word 段落间距】。

(2) 将页面字体设置为“宋体”，大小设置为“14px”，页边距设为“10px”，将浏览器标题设置为“让生活走进自然”。

(3) 将文档标题应用【标题 2】格式并居中对齐，将正文中“碧海青天，不寒不暑；绿树红瓦，可舟可车”的字体设置为“黑体”，颜色设置为“#F00”，同时添加下划线效果。

(4) 添加 CSS 样式代码，使行与行之间的距离为“20px”，段前段后距离均为“5px”。

(5) 在每段开头空出两个汉字的位置，在文档最后插入一条水平线。

(6) 在水平线下面插入能够自动更新的日期。

这是一个创建文档和设置文本格式的例子，具体操作步骤如下。

1. 新建一个空白 HTML 文档并保存为“2-4.htm”，然后打开附盘文件“让生活走进自然.doc”，全选所有文本内容并进行复制。
2. 在 Dreamweaver 中选择菜单命令【编辑】/【选择性粘贴】，打开【选择性粘贴】对话

框，选项设置如图 2-50 所示，然后单击 确定(O) 按钮，粘贴文本。

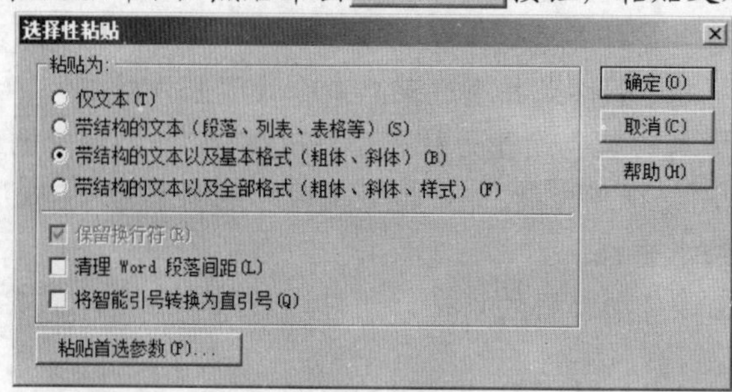

图2-50　【选择性粘贴】对话框

3. 选择菜单命令【修改】/【页面属性】，打开【页面属性】对话框，在【外观（CSS）】分类中，设置页面字体为“宋体”，大小为“14px”，页边距均为“10px”；在【标题/编码】分类中，设置文档的浏览器标题为“让生活走进自然”，设置完毕后单击 确定 按钮，关闭【页面属性】对话框，效果如图 2-51 所示。

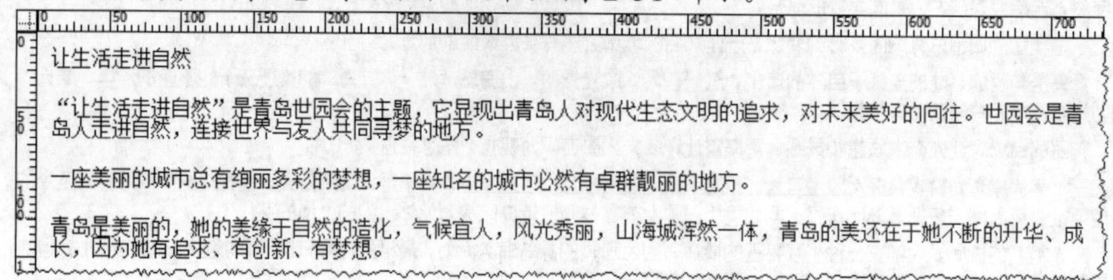

图2-51　设置页面属性后的效果

4. 将鼠标光标置于文档标题“让生活走进自然”所在行，然后在【属性】面板的【格式】下拉列表中选择“标题 2”，并选择菜单命令【格式】/【对齐】/【居中对齐】，设置其居中对齐。
5. 选中文本“碧海青天，不寒不暑；绿树红瓦，可舟可车”，然后在【属性】面板的【字体】下拉列表中选择“黑体”，弹出【新建 CSS 规则】对话框，在【选择器名称】文本框中输入“textstyle”，如图 2-52 所示。

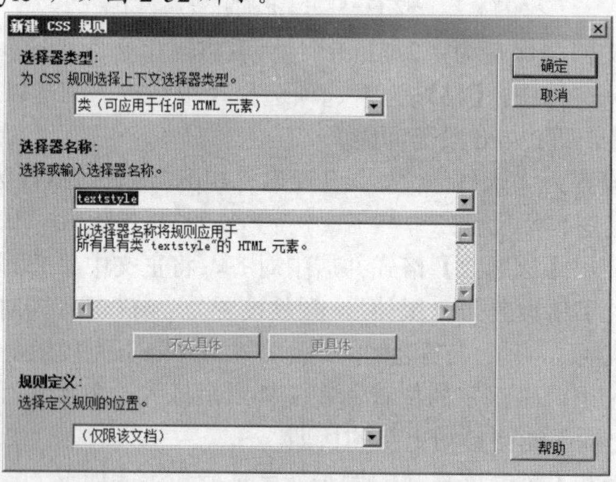

图2-52　【新建 CSS 规则】对话框

6. 单击 确定 按钮，关闭对话框，然后单击 按钮，设置文本颜色为红色“#F00”，如图 2-53 所示。

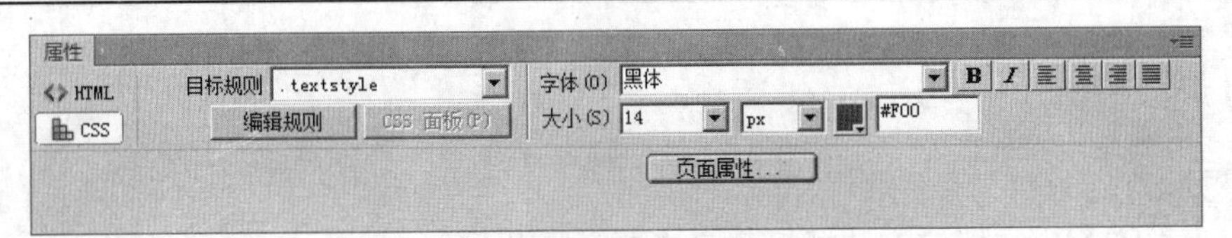

图2-53　设置文本颜色

7. 选择菜单命令【格式】/【样式】/【下划线】，给所选文本添加下划线效果，如图 2-54 所示。

三十年代康有为赞叹青岛“碧海青天，不寒不暑，绿树红瓦，可舟可车”，于是“碧海蓝天，红瓦绿树”成为青岛至今的最佳象征。诗人闻一多把青岛比作“人间仙境”，才女苏雪林则把青岛比喻为悠然出尘的“海的女儿”。

图2-54　添加下划线效果

8. 在【文档】工具栏中单击 代码 按钮，在<head>与</head>之间添加 CSS 样式代码，使行与行之间的距离为“20px”，段前、段后距离均为“5px”，如图 2-55 所示。

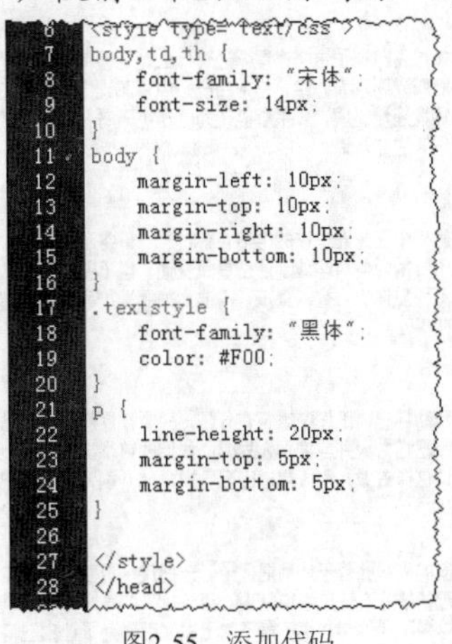

图2-55　添加代码

9. 依次在每段的开头连续按 4 次空格键，使每段开头空出两个汉字的位置。
10. 将鼠标光标置于文档最后，然后选择菜单命令【插入】/【HTML】/【水平线】，插入水平线。
11. 插入水平线后按 Enter 键，将鼠标光标移至下一段，然后选择菜单命令【插入】/【日期】，打开【插入日期】对话框进行参数设置，并选中【储存时自动更新】复选框，如图 2-56 所示。

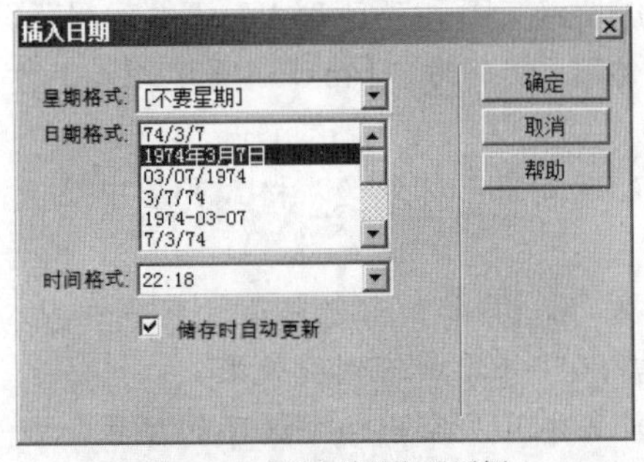

图2-56　【插入日期】对话框

12. 选择菜单命令【文件】/【保存】，保存文档。

2.5　习题

1.　思考题

(1)　创建 HTML 文档的方法概括起来主要有哪几种？

(2)　通过菜单命令和【属性】面板设置对齐方式有何区别？

(3)　在 HTML 文档中段落与换行有何区别？

(4)　如何设置行与行以及段与段之间的距离？

2.　操作题

根据提示设置文档，最终效果如图 2-57 所示。

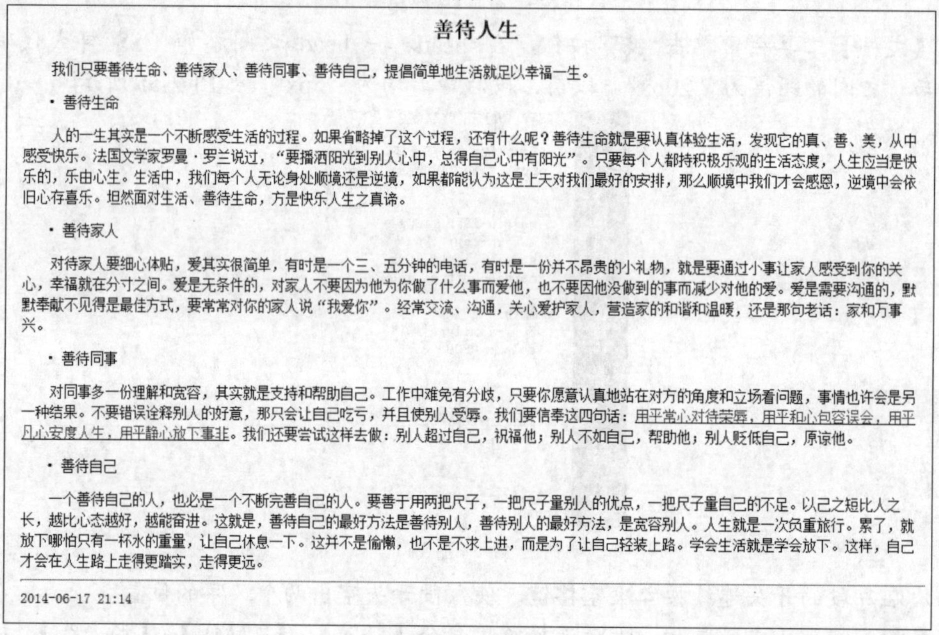

善待人生

我们只要善待生命、善待家人、善待同事、善待自己，提倡简单地生活就足以幸福一生。

- 善待生命

人的一生其实是一个不断感受生活的过程。如果省略掉了这个过程，还有什么呢？善待生命就是要认真体验生活，发现它的真、善、美，从中感受快乐。法国文学家罗曼·罗兰说过，“要播洒阳光到别人心中，总得自己心中有阳光”。只要每个人都持积极乐观的生活态度，人生应当是快乐的，乐由心生。生活中，我们每个人无论身处顺境还是逆境，如果都能认为这是上天对我们最好的安排，那么顺境中我们才会感恩，逆境中会依旧心存喜乐。坦然面对生活、善待生命，方是快乐人生之真谛。

- 善待家人

对待家人要细心体贴，爱其实很简单，有时是一个三、五分钟的电话，有时是一份并不昂贵的小礼物，就是要通过小事让家人感受到你的关心，幸福就在分寸之间。爱是无条件的，对家人不要因为他为你做了什么事而爱他，也不要因他没做到的事而减少对他的爱。爱是需要沟通的，默默奉献不见得是最佳方式，要常常对你的家人说“我爱你”。经常交流、沟通，关心爱护家人，营造家的和谐和温暖，还是那句老话：家和万事兴。

- 善待同事

对同事多一份理解和宽容，其实就是支持和帮助自己。工作中难免有分歧，只要你愿意认真地站在对方的角度和立场看问题，事情也许会是另一种结果。不要错误诠释别人的好意，那只会让自己吃亏，并且使别人受辱。我们要信奉这四句话：用平常心对待荣辱，用平和心包容误会，用平凡心安度人生，用平静心放下事非。我们还要尝试这样去做：别人超过自己，祝福他；别人不如自己，帮助他；别人贬低自己，原谅他。

- 善待自己

一个善待自己的人，也必是一个不断完善自己的人。要善于用两把尺子，一把尺子量别人的优点，一把尺子量自己的不足。以己之短比人之长，越比心态越好，越能奋进。这就是，善待自己的最好方法是善待别人，善待别人的最好方法，是宽容别人。人生就是一次负重旅行。累了，就放下哪怕只有一杯水的重量，让自己休息一下。这并不是偷懒，也不是不求上进，而是为了让自己轻装上路。学会生活就是学会放下。这样，自己才会在人生路上走得更踏实，走得更远。

2014-06-17 21:14

图2-57　善待人生

【步骤提示】

1.　创建一个新文档并保存为“lianxi.htm”。

2.　将附盘文件“善待人生.doc”的内容复制并选择性粘贴到新创建的文档中，保留文本的基本结构和格式，但不保留换行符，不清理 Word 段落间距。

3.　将页面字体设置为“宋体”，大小为“14px”，页边距均为“10px”，浏览器标题为“善待人生”。

4.　将文档标题“善待人生”设置为“标题 2”格式并居中显示，将正文中的小标题设置为项目符号排列。

5.　将文本“用平常心对待荣辱，用平和心包容误会，用平凡心安度人生，用平静心放下事非”的颜色设置为“#F00”并添加下划线效果。

6.　将每个小标题下面的每段文本开头空出两个汉字的位置。

7.　在正文最后插入一条水平线，在水平线下面插入日期，日期格式为“1974-03-07”，时间格式为“22:18”，在存储时自动更新。

8.　添加 CSS 样式代码，使行与行之间的距离为“20px”，段前段后距离均为“5px”。

第3章 使用图像和媒体

【学习目标】

- 掌握插入图像的方法。
- 掌握设置图像属性的方法。
- 掌握插入图像占位符的方法。
- 掌握插入 SWF 动画的方法。

网页中的图像和媒体不仅可以为网页增色添彩，还可以更好地配合文本传递信息。本章将介绍在网页中插入图像和媒体的基本方法。

3.1 功能讲解

下面对图像和媒体的基本知识进行简要介绍。

3.1.1 图像格式

网页中图像的作用基本上可分为两种：一种是起装饰作用，如制作网页时使用的背景图像；另一种是起传递信息的作用，如新闻图像、人物图像和风景图像等。图像与文本的地位和作用是相似的，甚至文本只有配备了相应的图像，才显得更生动形象。目前，在网页中使用的最为普遍且被各种浏览器广泛支持的图像格式主要是 GIF 和 JPG 格式，PNG 格式也在逐步地被越来越多的浏览器所接受。

一、 GIF 图像

GIF 格式（Graphics Interchange Format，图形交换格式，文件扩展名为“.gif”），是在 Web 上使用最早、应用最广泛的图像格式，具有图像文件小、下载速度快、下载时隔行显示、支持透明色以及多个图像能组成动画的特点。由于最多支持 256 种颜色，GIF 格式最适合显示色调不连续或具有大面积单一颜色的图像，如导航条、按钮、图标、徽标或其他具有统一色彩和色调的图像，不适合显示有晕光、渐变色彩等颜色细腻的图像和照片。

二、 JPEG 图像

JPEG 格式（Joint Photographic Experts Group，联合图像专家组格式，文件扩展名为“.jpg”），是目前互联网中最受欢迎的图像格式。由于 JPEG 格式支持高压缩率，因此其图像的下载速度非常快。但随着 JPEG 文件品质的提高，文件的大小和下载时间也会随之增加。不过通常可以通过压缩 JPEG 文件在图像品质和文件大小之间达到良好的平衡。由于 JPEG 格式可以包含数百万种颜色，因此非常适合显示摄影、具有连续色调或一些细腻、讲究色彩浓淡的图像。

三、 PNG 图像

PNG 格式（Portable Network Graphics，可移植网络图形，文件扩展名为“.png”），是目前使用量逐渐增多的图像格式。PNG 格式图像不仅没有压缩上的损失，能够呈现更多的颜色，支持透明色和隔行显示，而且在显示速度上比 GIF 和 JPEG 更快一些。同时，PNG 格式图像可保留所有原始层、矢量、颜色和效果信息，并且在任何时候所有元素都是可以完全编辑的。由于 PNG 格式图像具有较大的灵活性并且文件较小，因此 PNG 格式对于几乎任何类型的网页图像都是非常适合的。不过 PNG 格式还没有普及到所有的浏览器，因此，除非用户是使用支持 PNG 格式的浏览器，否则最好使用 GIF 或 JPEG 格式，以适应更多人的需求。

GIF 和 JPEG 格式的图像可以使用 Photoshop 等图像处理软件进行处理，PNG 格式的图像更适合使用 Fireworks 图像处理软件进行处理。

3.1.2 插入图像

下面介绍插入图像常用的几种方式。

一、 通过【选择图像源文件】对话框插入图像

将鼠标光标置于要插入图像的位置，然后选择菜单命令【插入】/【图像】，或者在【插入】/【常用】面板中单击图像按钮组中的 图像（图像）按钮，均将弹出【选择图像源文件】对话框，选择需要的图像并单击 确定 按钮，即可将图像插入到文档中，如图 3-1 所示。

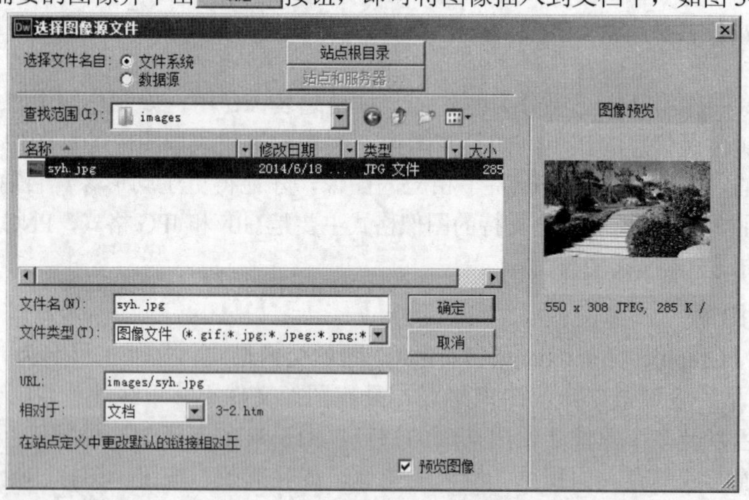

图3-1　【选择图像源文件】对话框

在【选择图像源文件】对话框中，如果选择【文件系统】单选按钮，可以通过【查找范围】下拉列表来定位图像文件的位置，然后在列表框中选择一个图像文件，这是最常用的插入图像的方式。如果要插入图像的网页文档是一个新建且未保存的文档，那么 Dreamweaver CS6 将弹出一个信息提示框，提示将生成一个对图像文件的“file://”引用，如图 3-2 所示。将文档保存在站点中的任意位置后，Dreamweaver CS6 将该引用转换为文档相对路径。

如果选择【数据源】单选按钮，可以选择一个动态图像源，通常要使用数据库，创建记录集通过动态数据的形式来实现，如图 3-3 所示。

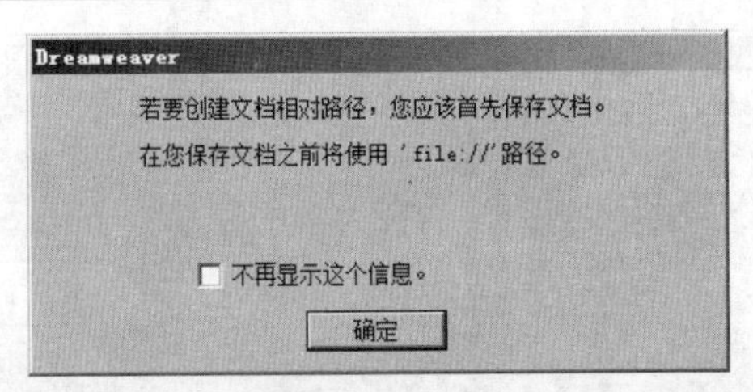

图3-2　提示信息框

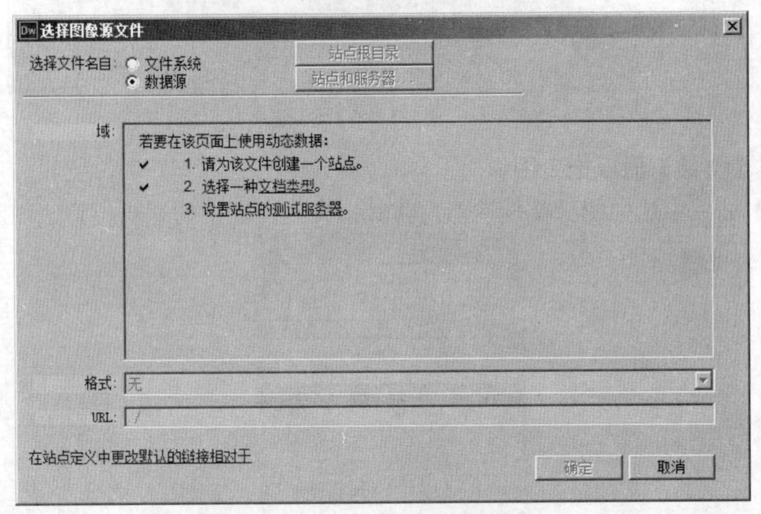

图3-3　选择【数据源】选项

在插入图像时，有时会弹出【图像标签辅助功能属性】对话框，如图 3-4 所示。在【替换文本】下拉列表框中，为图像输入一个名称或一段简短描述，屏幕阅读器会朗读在此处输入的信息。输入文本数量应限制在 50 个字符左右，对于较长的描述，可在【详细说明】文本框中提供链接，该链接指向提供有关该图像的详细信息的文件。根据实际需要，可以在其中一个或两个文本框中输入信息。屏幕阅读器会朗读图像的 Alt 属性。单击 取消 按钮时，图像也将直接插入到文档中，但 Dreamweaver CS6 不会将它与辅助功能标签或属性相关联。

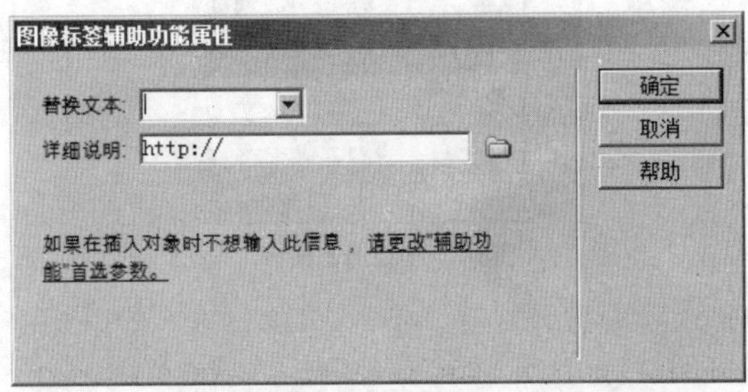

图3-4　【图像标签辅助功能属性】对话框

在【图像标签辅助功能属性】对话框中，单击提示文本中的【请更改“辅助功能”首选参数】链接，打开【首选参数】对话框，取消选中【图像】复选框，如图 3-5 所示。这样在插入图像时，就不会再弹出【图像标签辅助功能属性】对话框。当然，如果希望弹出【图像标签辅助功能属性】对话框，以便设置相关信息，就应该选中【图像】复选框。

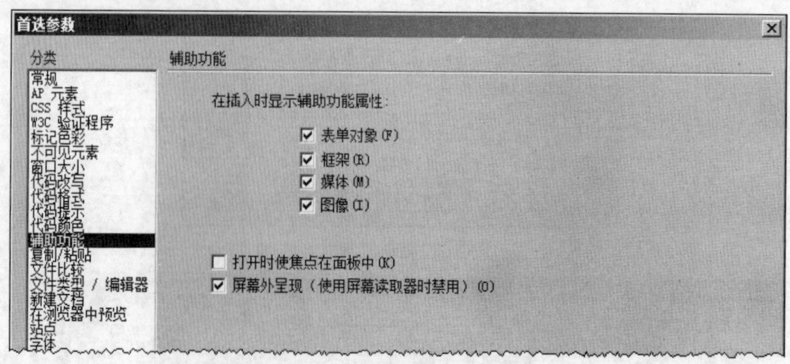

图3-5　【首选参数】对话框

二、 通过【文件】面板拖曳图像

在【文件】面板中选中图像文件，然后将其拖曳到文档中的适当位置，如图 3-6 所示。

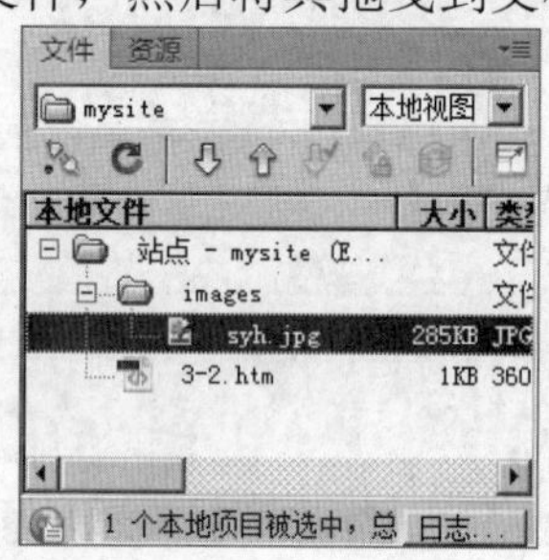

图3-6　【文件】面板

三、 通过【资源】面板插入图像

在【资源】面板中，单击按钮切换到图像分类，选中图像文件，然后单击 插入 按钮将图像插入到文档中，如图 3-7 所示。

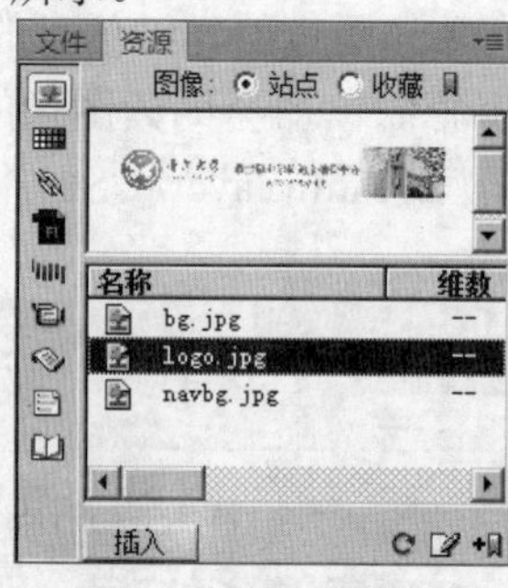

图3-7　【资源】面板

3.1.3　图像属性

在网页中插入图像后，有时还需要设置图像属性使其更符合实际需要，如图 3-8 所示。

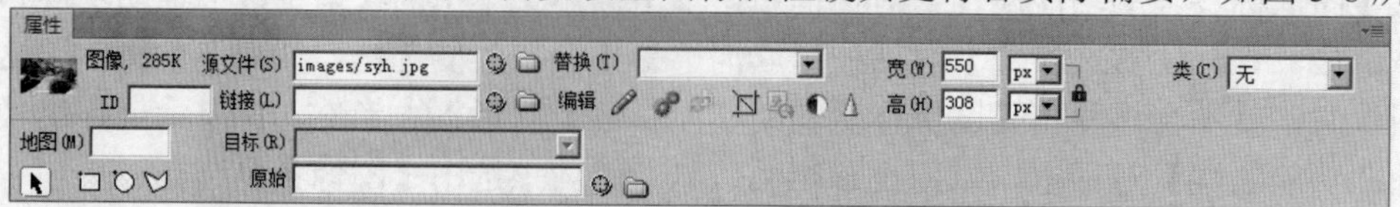

图3-8　图像【属性】面板

一、 图像名称和 ID

图像【属性】面板左上方是图像的缩略图，缩略图右侧的【ID】文本框用于设置图像的名称和 ID。

二、 源文件

图像【属性】面板的【源文件】文本框用于显示已插入图像的路径，如果要用新图像替换已插入的图像，可以在【源文件】文本框中输入新图像的文件路径，也可通过单击按钮来选择图像文件。

三、 替换文本

图像【属性】面板的【替换】下拉列表用于设置图像的描述性信息。浏览网页时，当鼠标光标移动到图像上或图像不能正常显示时，图像会显示这些信息。

四、 图像宽度和高度

图像【属性】面板的【宽】和【高】文本框用于设置图像的显示宽度和高度，其后面的按钮表示约束图像的宽度和高度，即修改了图像的宽度和高度的任一值时，另一值将自动保持等比例改变。单击按钮，其将变换成按钮，表示不再约束图像的宽度和高度之间的比例关系。在修改了图像的宽度和高度后，单击文本框后面的按钮将重置图像的原始大小，单击按钮将提交图像的大小，即永久性改变图像的实际大小。

五、 图像编辑

图像【属性】面板的【编辑】选项后面共有 7 个按钮，可以通过它们对图像进行简单编辑，也可调用在【首先参数】对话框中设置好的图像处理软件对图像进行编辑。实际上，完全可以在图像处理软件中将图像处理好，这里就不需要再对图像进行编辑了。

3.1.4 图像占位符

在制作网页时如果还没有需要的图像，可以临时插入图像占位符，等到有适合的图像后再插入图像文件。插入图像占位符的方法是：选择菜单命令【插入】/【图像对象】/【图像占位符】，或者在【插入】/【常用】面板中单击图像按钮组中的（图像占位符）按钮，弹出【图像占位符】对话框，根据需要设置相关参数即可，如图 3-9 所示。

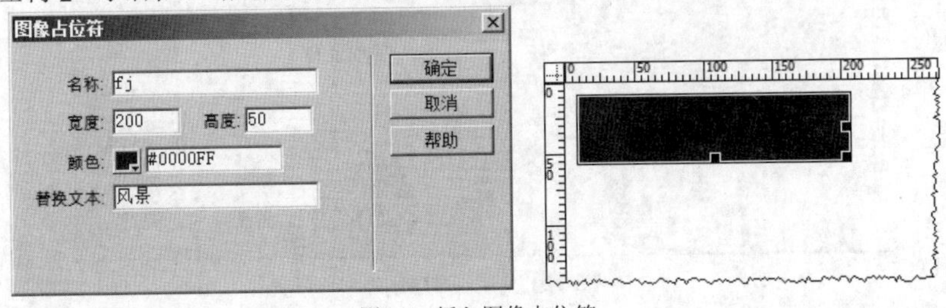

图3-9 插入图像占位符

通过【属性】面板还可以修改图像占位符的属性，如图 3-10 所示。

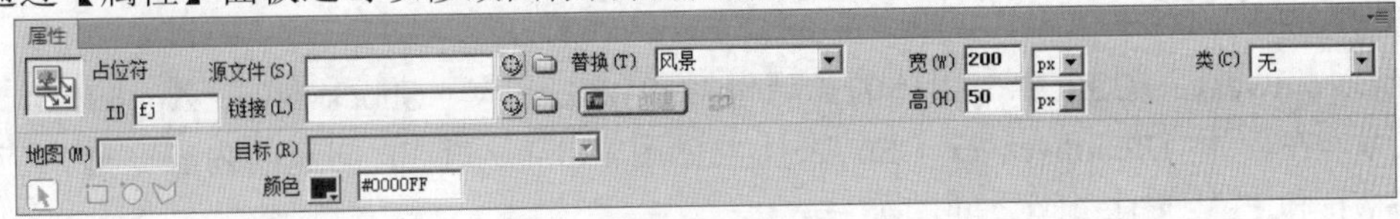

图3-10 图像占位符【属性】面板

3.1.5　设置背景

在制作网页时，经常需要设置背景图像或背景颜色。设置整个网页的背景图像或背景颜色，可通过【页面属性】对话框进行。方法是：选择菜单命令【修改】/【页面属性】或在【属性】面板中单击 页面属性... 按钮，打开【页面属性】对话框，在【外观（CSS）】分类中，可通过【背景颜色】文本框来设置网页的背景颜色，通过【背景图像】文本框来设置网页图像，通过【重复】下拉列表可设置背景图像的重复方式，如图 3-11 所示。

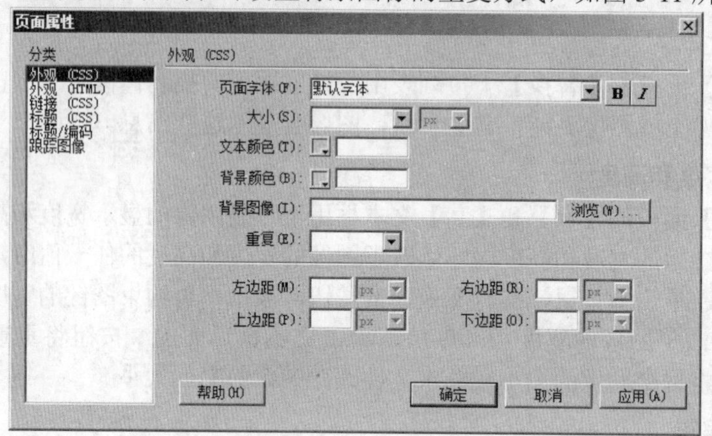

图3-11　外观（CSS）

在【外观（HTML）】分类中，也可以设置网页的背景图像和背景颜色，如图 3-12 所示。

要点提示　外观（CSS）方式是使用 CSS 方式设置背景图像和背景颜色，而外观（HTML）方式是使用 HTML 方式设置背景图像和背景颜色，但不能设置图像的重复方式。

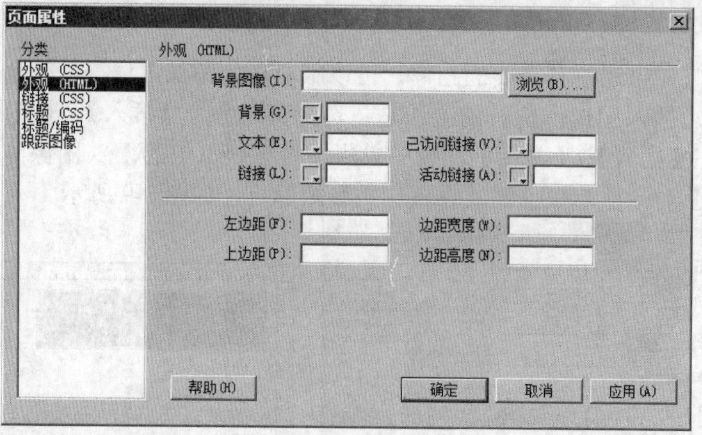

图3-12　外观（HTML）

3.1.6　媒体类型

在 Dreamweaver CS6 中，媒体的类型包括 SWF、FLV、Shockwave、Applet、ActiveX 和插件等。在使用 Dreamweaver CS6 来插入使用 Adobe Flash 创建的内容之前，应熟悉 FLA、SWF 和 FLV 文件类型之间的关系。

- FLA 文件：扩展名为“.fla”，是使用 Flash 软件创建的项目的源文件，此类型的文件只能在 Flash 中打开。因此，在网页中使用时通常在 Flash 中将它发布为 SWF 文件，这样才能在浏览器中播放。
- SWF 文件：扩展名为“.swf”，是 FLA 文件的编译版本，已进行优化，可以在网页上查看。此文件可以在浏览器中播放并且可以在 Dreamweaver 中进行预览，但不能在 Flash 中编辑此文件。
- FLV 文件：扩展名为“.flv”，是一种视频文件，它包含经过编码的音频和视频数据，用于通过 Flash Player 进行传送。例如，如果有 QuickTime 或 Windows Media 视频文件，就可以使用编码器（如 Flash CS5 Video Encoder）将视频文件转换为 FLV 文件。

3.1.7 插入 SWF 动画

Flash 技术是实现和传递矢量图像和动画的首要解决方案，其播放器是 Flash Player。在 Dreamweaver CS6 中，插入 SWF 动画的方法是：选择菜单命令【插入】/【媒体】/【SWF】，或在【插入】/【常用】面板的【媒体】按钮组中单击 SWF 按钮，当然也可以在【文件】面板中选中 SWF 动画文件直接拖动到文档中。插入 SWF 动画后，其【属性】面板如图 3-13 所示。

图3-13 【属性】面板

下面对 Flash 动画【属性】面板中的相关选项简要说明如下。

- 【FlashID】：为所插入的 SWF 动画文件命名，可以进行修改。
- 【宽】和【高】：用于定义 SWF 动画的显示尺寸。
- 【文件】：用于指定 SWF 动画文件的路径。
- 【循环】：选择该复选框，动画将在浏览器端循环播放。
- 【自动播放】：选择该复选框，SWF 动画文档在被浏览器载入时，将自动播放。
- 【垂直边距】和【水平边距】：用于定义 SWF 动画边框与该动画周围其他内容之间的距离，以像素为单位。
- 【品质】：用来设定 SWF 动画在浏览器中的播放质量。
- 【比例】：用来设定 SWF 动画的显示比例。
- 【对齐】：设置 SWF 动画与周围内容的对齐方式。
- 【Wmode】：设置 SWF 动画背景模式。
- 【背景颜色】：用于设置当前 SWF 动画的背景颜色。
- 编辑(E)：单击该按钮，将在 Flash 软件中处理源文件，当然要确保有源文件“.fla”的存在，如果没有安装 Flash 软件，该按钮将不起作用。
- 播放：单击该按钮，将在设计视图中播放 SWF 动画。
- 参数...：单击该按钮，可设置使 Flash 能够顺利运行的附加参数。

3.1.8 插入FLV视频

在开始向网页中添加FLV视频之前，必须有一个经过编码的FLV文件。在Dreamweaver CS6中向网页内插入FLV文件时将首先插入一个SWF组件，当在浏览器中查看时，此组件将显示插入的FLV文件和一组播放控件。在Dreamweaver CS6中插入FLV视频的方法是：选择菜单命令【插入】/【媒体】/【FLV】，打开【插入FLV】对话框。在【视频类型】下拉列表中选择【累进式下载视频】。Dreamweaver CS6提供了两种方式用于将FLV视频传送给站点浏览者。

- 【累进式下载视频】：将FLV文件下载到站点访问者的硬盘上，然后进行播放。但是，与传统的"下载并播放"视频传送方法不同，累进式下载允许在下载完成之前就开始播放视频文件。
- 【流视频】：对视频内容进行流式处理，并在一段可确保流畅播放的很短的缓冲时间后在网页上播放该内容。若要在网页上启用流视频，您必须具有访问Adobe® Flash® Media Server的权限。

在【URL】文本框中设置FLV文件的路径，如"images/laoshan.flv"。如果FLV文件位于当前站点内，可单击 浏览... 按钮来选定该文件。如果FLV文件位于其他站点内，可在文本框内输入该文件的URL地址，如"http://www.ls.cn/ls.flv"。在【外观】下拉列表中选择适合的选项，如"Halo Skin 3"。【外观】选项用来指定视频组件的外观，所选外观的预览会显示在【外观】下拉列表的下方。单击 检测大小 按钮来检测FLV文件的幅面大小并自动填充到【宽度】和【高度】文本框中，如图3-14所示。

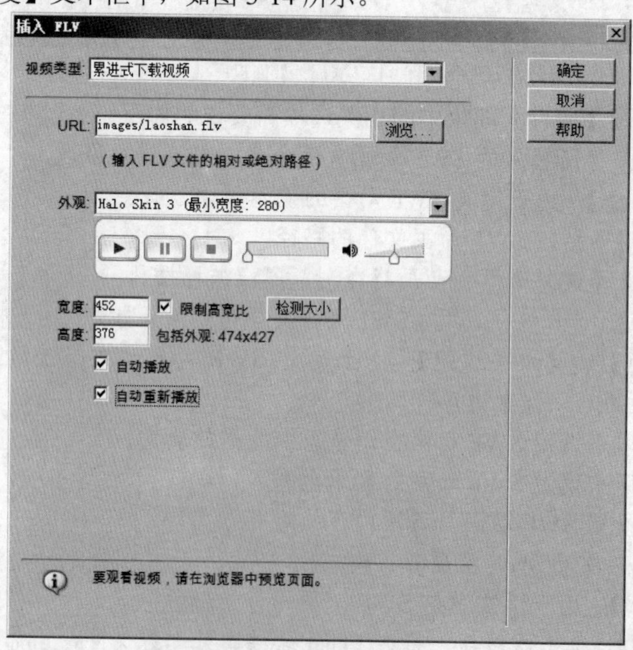

图3-14 【插入FLV】对话框

【宽度】和【高度】选项以像素为单位指定FLV文件的宽度和高度。若要让Dreamweaver CS6知道FLV文件的准确宽度和高度，需单击 检测大小 按钮。如果Dreamweaver CS6无法确定宽度和高度，必须输入宽度和高度值。【限制高宽比】用于保持

视频组件的宽度和高度之间的比例不变，默认情况下会选择此选项。【包括外观】是 FLV 文件的宽度和高度与所选外观的宽度和高度相加得出的和。【自动播放】用于设置在 Web 页面打开时是否播放视频。【自动重新播放】用于设置播放控件在视频播放完之后是否返回起始位置。设置完毕后单击 确定 按钮关闭对话框，FLV 视频将被添加到网页上，如图 3-15 所示。

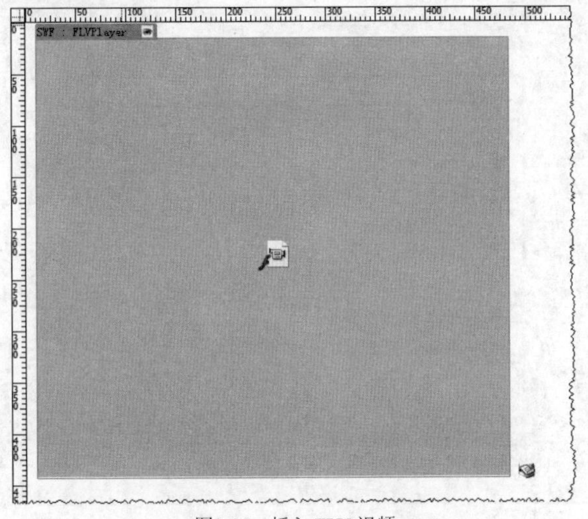

图3-15 插入 FLV 视频

插入 FLV 视频后将生成一个视频播放器 SWF 文件和一个外观 SWF 文件，它们用于在网页上显示视频内容。这些文件与视频内容所添加到的网页文件在同一文件夹中。当上传包含 FLV 文件的网页时，需要同时将相关文件上传。选中插入的 FLV 视频，其【属性】面板如图 3-16 所示，可以根据需要在【属性】面板中修改相关参数。

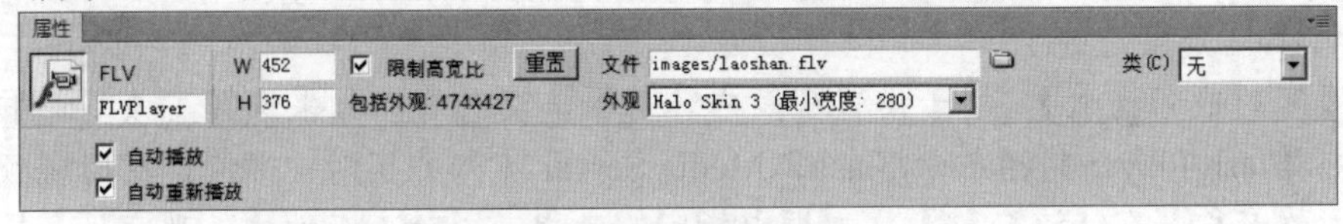

图3-16 FLV 视频【属性】面板

在浏览器中预览并播放 FLV 视频，效果如图 3-17 所示。

图3-17 播放 FLV 视频

如果在【插入 FLV】对话框的【视频类型】下拉列表中选择【流视频】，那么【插入 FLV】对话框将变为如图 3-18 所示的形式。

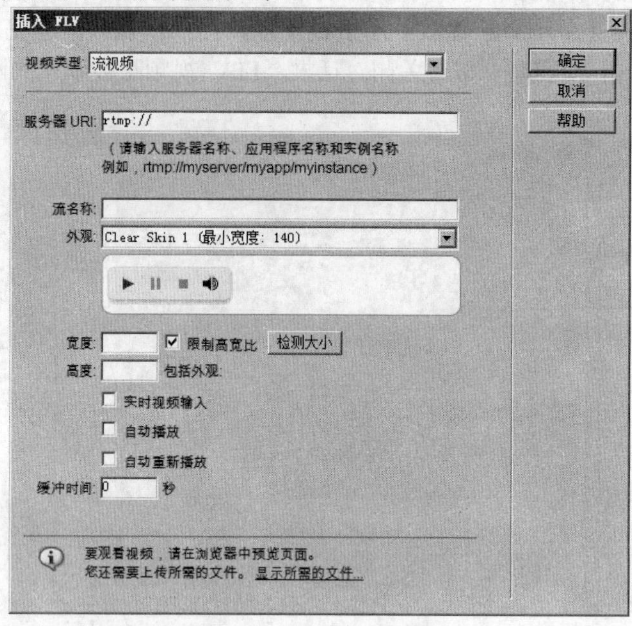

图3-18　【插入 FLV】对话框

下面对相关选项简要说明如下。

- 【服务器 URI】: 以“rtmp://www.example.com/app_name/instance_name”的格式设置服务器名称、应用程序名称和实例名称。
- 【流名称】: 用于设置要播放的 FLV 文件的名称，如“myvideo.flv”，扩展名“.flv”是可选的。
- 【实时视频输入】: 用于设置视频内容是否是实时的。如果选择了该复选框，则 Flash Player 将播放从 Flash® Media Server 流入的实时视频流，实时视频输入的名称是在【流名称】文本框中指定的名称。同时，组件的外观上只会显示音量控件，因为用户无法操纵实时视频，而且【自动播放】和【自动重新播放】选项也不起作用。
- 【缓冲时间】: 用于设置在视频开始播放之前进行缓冲处理所需的时间，以秒为单位。默认的缓冲时间设置为“0”，这样在播放视频时会立即开始播放。如果选择【自动播放】复选框，则在建立与服务器的连接后视频立即开始播放。如果要发送的视频的比特率高于站点访问者的连接速度，或者 Internet 通信可能会导致带宽或连接问题，则可能需要设置缓冲时间。例如，如果要在网页播放视频之前将 15 秒的视频发送到网页，请将缓冲时间设置为“15”秒。

插入流视频格式的 FLV 后除了生成一个视频播放器 SWF 文件和一个外观 SWF 文件外，还会生成一个“main.asc”文件，必须将该文件上传到 Flash Media Server。这些文件与视频内容所添加到的网页文件存储在同一文件夹中。上传包含 FLV 文件的网页时，必须将 SWF 文件上传到 Web 服务器，将“main.asc”文件上传到 Flash Media Server。如果服务器上已有“main.asc”文件，在上传“main.asc”文件之前需要与服务器管理员进行核实。

如果需要删除 FLV 组件，可在 Dreamweaver CS6 的文档窗口中选择 FLV 组件占位符，然后按 Delete 键即可。

3.1.9 插入 ActiveX 控件

ActiveX 控件（以前称作 OLE 控件）是功能类似于浏览器插件的可重复使用的组件，有些像微型的应用程序，主要作用是扩展浏览器的能力。如果浏览器载入了一个网页，而这个网页中有浏览器不支持的 ActiveX 控件，浏览器会自动安装所需控件。

Dreamweaver CS6 中的 ActiveX 对象使读者可为浏览器中的 ActiveX 控件提供属性和参数。在页面中插入 ActiveX 对象后，可在【属性】面板设置 object 标签的属性和 ActiveX 控件参数，单击 参数... 按钮，可输入未在【属性】面板中显示的属性名称和值。

WMV 和 RM 是网络常见的两种视频格式。其中，WMV 影片是 Windows 的视频格式，使用的播放器是 Microsoft Media Player。向网页中插入 ActiveX 来播放 WMV 视频格式文件的方法是：选择菜单命令【插入】/【媒体】/【ActiveX】，系统自动在文档中插入一个 ActiveX 占位符，确保 ActiveX 占位符处于选中状态，然后在【属性】面板中设置【宽】和【高】选项，在【ClassID】下拉列表中添加“CLSID:22D6f312-b0f6-11d0-94ab-0080c74c7e95”，并选中【嵌入】复选框，如图 3-19 所示。由于在 ActiveX【属性】面板的【ClassID】下拉列表中没有关于 Media Player 的设置，因此需要手动添加。

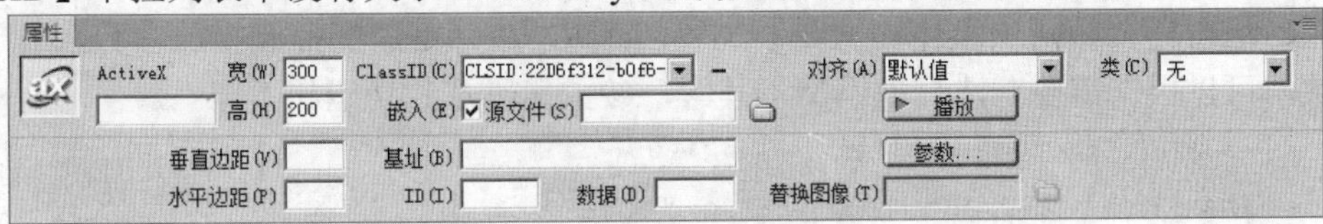

图3-19 【属性】面板

下面对【属性】面板的相关选项简要说明如下。

- 【ActiveX】：用来设置 ActiveX 对象的名称，在【属性】面板最左侧【ActiveX】下面的文本框中输入名称即可。
- 【宽】和【高】：用来设置对象的宽度和高度，以“像素”为单位。
- 【ClassID】：用于输入一个值或从弹出菜单中选择一个值，以便为浏览器标识 ActiveX 控件。在加载页面时，浏览器使用其 ID 来确定与该页面关联的 ActiveX 控件所需的 ActiveX 控件的位置。如果浏览器未找到指定的 ActiveX 控件，则它将尝试从【基址】中设置的位置下载它。
- 【嵌入】：为该 ActiveX 控件在 object 标签内添加 embed 标签。
- 【参数】：打开一个用于输入要传递给 ActiveX 对象的其他参数的对话框，许多 ActiveX 控件都受特殊参数的控制。
- 【源文件】：用于设置在启用了【嵌入】选项时用于 Netscape Navigator 插件的数据文件。如果没有输入值，则 Dreamweaver CS6 将尝试根据已输入的 ActiveX 属性确定该值。
- 【垂直边距】和【水平边距】：以像素为单位设置对象在上、下、左、右 4 个方向的空白量。
- 【基址】：用于设置包含该 ActiveX 控件的 URL。如果在访问者的系统中尚未安装该 ActiveX 控件，则 Internet Explorer 将从该位置下载它。如果没有设置

【基址】参数并且访问者尚未安装相应的 ActiveX 控件，则浏览器无法显示 ActiveX 对象。

- 【替换图像】：用于设置在浏览器不支持 object 标签的情况下要显示的图像，只有在取消选中【嵌入】复选框后此选项才可用。
- 【数据】：为要加载的 ActiveX 控件指定数据文件，许多 ActiveX 控件（如 Shockwave 和 RealPlayer）不使用此参数。

单击 参数... 按钮，打开【参数】对话框添加参数，如图 3-20 所示。参数添加完毕后单击 确定 按钮，关闭对话框。保存文件并预览，效果如图 3-21 所示。

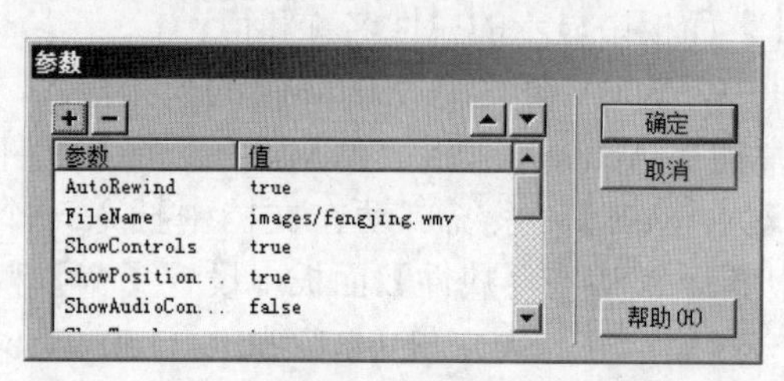

图3-20 添加参数

图3-21 WMV 视频播放效果

在 WMV 视频的 ActiveX【属性】面板中，许多参数没有设置，无法正常播放 WMV 格式的视频。这时需要做两项工作：一是添加“ClassID”；二是添加控制播放参数。对于控制播放参数，可以根据需要有选择地添加，其中，参数代码及其功能如下。

```
<!-- 播放完自动回至开始位置 -->
<param name="AutoRewind" value="true">
<!-- 设置视频文件 -->
<param name="FileName" value="images/fengjing.wmv">
<!-- 显示控制条 -->
<param name="ShowControls" value="true">
<!-- 显示前进/后退控制 -->
<param name="ShowPositionControls" value="true">
<!-- 显示音频调节 -->
<param name="ShowAudioControls" value="false">
<!-- 显示播放条 -->
<param name="ShowTracker" value="true">
<!-- 显示播放列表 -->
<param name="ShowDisplay" value="false">
<!-- 显示状态栏 -->
<param name="ShowStatusBar" value="false">
<!-- 显示字幕 -->
<param name="ShowCaptioning" value="false">
<!-- 自动播放 -->
<param name="AutoStart" value="true">
<!-- 视频音量 -->
```

```
<param name="Volume" value="0">
<!-- 允许改变显示尺寸 -->
<param name="AllowChangeDisplaySize" value="true">
<!-- 允许显示右击菜单 -->
<param name="EnableContextMenu" value="true">
<!-- 禁止双击鼠标切换至全屏方式 -->
<param name="WindowlessVideo" value="false">
```

每个参数都有两种状态："true"或"false"。它们决定当前功能为"真"或为"假"，也可以使用"1"、"0"来代替"true"、"false"。

在代码"<param name="FileName" value="images/fengjing.wmv ">"中，"value"值用来设置影片的路径，如果影片在其他远程服务器，可以使用其绝对路径，如下所示。

```
value="mms://www.ls.cn/images/fengjing.wmv"
```

MMS 协议取代 HTTP 协议，专门用来播放流媒体，当然也可以设置如下。

```
value="http://www.ls.net/images/fengjing.wmv"
```

除了当前的 WMV 视频，此种方式还可以播放 MPG、ASF 等格式的视频，但不能播放 RM、RMVB 格式。播放 RM 格式的视频不能使用 Microsoft Media Player 播放器，必须使用 RealPlayer 播放器。设置方法是：在【属性】面板的【ClassID】下拉列表中选择【RealPlayer/clsid:CFCDAA03-8BE4-11cf-B84B-0020AFBBCCFA】，选择【嵌入】复选框，然后在【属性】面板中单击 参数... 按钮，打开【参数】对话框，并根据本章附盘文件"RM.txt"中的提示添加参数，最后设置【宽】和【高】为固定尺寸。

其中，参数代码简要说明如下。

```
<!-- 设置自动播放 -->
<param name="AUTOSTART" value="true">
<!-- 设置视频文件 -->
<param name="SRC" value="fengjing.rm">
<!-- 设置视频窗口,控制条,状态条的显示状态 -->
<param name="CONTROLS" value="Imagewindow,ControlPanel,StatusBar">
<!-- 设置循环播放 -->
<param name="LOOP" value="true">
<!-- 设置循环次数 -->
<param name="NUMLOOP" value="2">
<!-- 设置居中 -->
<param name="CENTER" value="true">
<!-- 设置保持原始尺寸 -->
<param name="MAINTAINASPECT" value="true">
<!-- 设置背景颜色 -->
<param name="BACKGROUNDCOLOR" value="#000000">
```

对于 RM 格式的视频，使用绝对路径的格式稍有不同，下面是几种可用的形式。

```
<param name="FileName" value="rtsp://www.ls.cn/fengjing.rm">
<param name="FileName" value="http://www.ls.cn/fengjing.rm">
```

```
src="rtsp:// www.ls.cn/fengjing.rm"
src="http://www.ls.cn/fengjing.rm"
```

在播放 WMV 格式的视频时，可以不设置具体的尺寸，但是 RM 格式的视频必须要设置一个具体的尺寸。当然，这个尺寸可能不是影片的原始比例尺寸，可以通过将参数“MAINTAINASPECT”设置为“true”，来恢复影片的原始比例尺寸。

3.2　范例解析——国际园

将附盘文件复制到站点文件夹下，然后根据如图 3-22 所示插入图像和 SWF 动画。

(1)　插入图像“gjy.jpg”，设置替换文本为“国际园”，宽度为“250px”，高度自动按比例变化。

(2)　插入 SWF 动画“syh.swf”，并设置循环自动播放。

国际园

同一片天空下，变换着不同的风景；同样的空气中，弥漫着不同的气息；同一缕月光里，回荡着不同的歌声……

人类拥有一个共同的地球。然而，不同的地方，不同的国家，不同的城镇，上演着不同的精彩。

从陆地到海洋，从赤道到两极，自然在天地之间集聚了无穷魅力，自然的，人文的，古老的，现代的……他们是如此真实地存在着，或完整或美好的呈现。

在世园会，就有这样一个地方，会让我们真实而快速地了解大千世界，了解地球的不同地方，有着怎样的奇妙与壮丽。它们以不同的生活方式与人类和谐共存，生生不息。

中西合璧的国际园位于主题区的西南部。主题为“万国园艺的舞台”，按照“绿橄榄”的布局肌理，设置国家展园，国际城市展园，国际组织展园等，向游客呈现缤纷多姿的异域园艺文化。汇集35个展园，涉及37个国家，1个国际竹藤组织。

图3-22　芭提雅

这是一个插入和设置图像及 SWF 动画的例子，可以分别插入图像和 SWF 动画，然后通过【属性】面板设置其相关属性，具体操作步骤如下。

1.　打开附盘文件“3-2.htm”，如图 3-23 所示。

国际园

同一片天空下，变换着不同的风景；同样的空气中，弥漫着不同的气息；同一缕月光里，回荡着不同的歌声……

人类拥有一个共同的地球。然而，不同的地方，不同的国家，不同的城镇，上演着不同的精彩。

从陆地到海洋，从赤道到两极，自然在天地之间集聚了无穷魅力，自然的，人文的，古老的，现代的……他们是如此真实地存在着，或完整或美好的呈现。

在世园会，就有这样一个地方，会让我们真实而快速地了解大千世界，了解地球的不同地方，有着怎样的奇妙与壮丽。它们以不同的生活方式与人类和谐共存，生生不息。

中西合璧的国际园位于主题区的西南部。主题为“万国园艺的舞台”，按照“绿橄榄”的布局肌理，设置国家展园，国际城市展园，国际组织展园等，向游客呈现缤纷多姿的异域园艺文化。汇集35个展园，涉及37个国家，1个国际竹藤组织。

图3-23　打开文档

2. 将鼠标光标置于正文第1段的开头，按 Enter 键将文本下移一段。
3. 将鼠标光标置于上一段空白处，然后选择菜单命令【插入】/【图像】，弹出【选择图像源文件】对话框，选择图像“syh.jpg”，如图 3-24 所示。

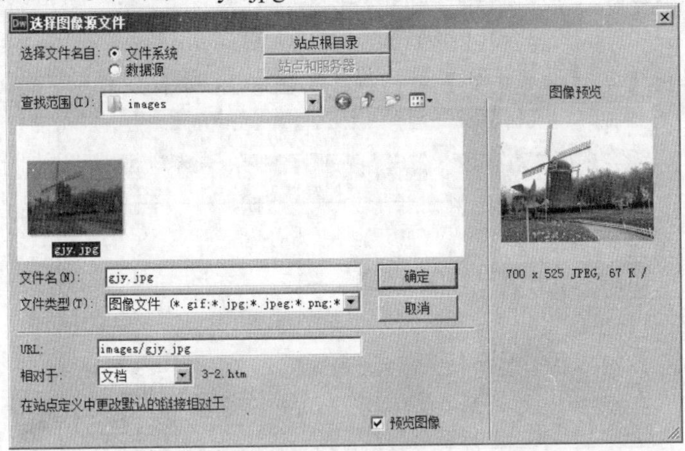

图3-24 选择图像

4. 单击 确定 按钮，将图像插入到文档中，然后将图像的宽度设置为“250px”，高度自动按比例变化，将图像替换文本设置为“国际园”，如图 3-25 所示。

图3-25 设置图像属性

5. 将鼠标光标置于正文最后一段的末尾，按 Enter 键，然后选择菜单命令【插入】/【媒体】/【SWF】，打开【选择 SWF】对话框，选择要插入的 SWF 动画文件“syh.swf”，如图 3-26 所示。

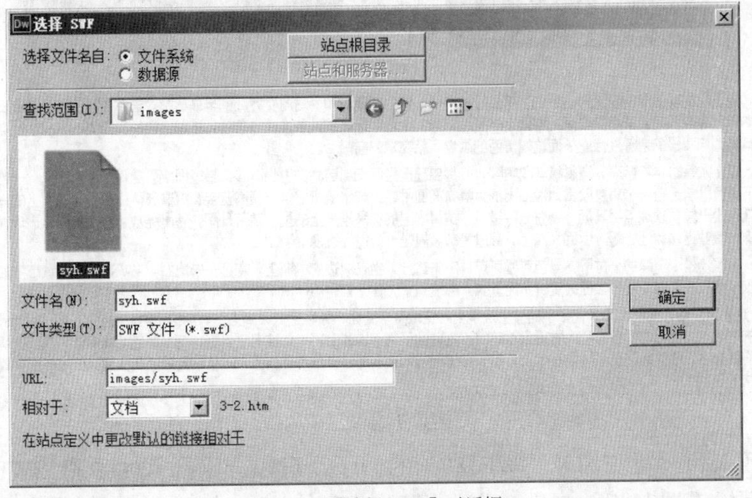

图3-26 【选择 SWF】对话框

6. 单击 确定 按钮，将 SWF 动画插入到文档中，然后在【属性】面板中选择【循环】和【自动播放】复选框，如图 3-27 所示。

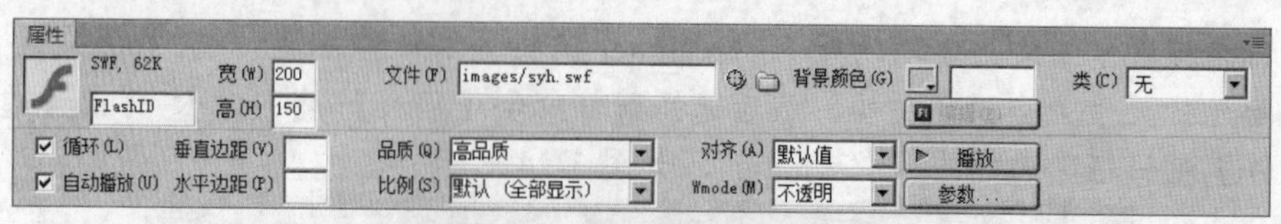

图3-27　设置 SWF 动画属性

7. 保存文件，弹出【复制相关文件】对话框，如图 3-28 所示，单击 确定 按钮确认。

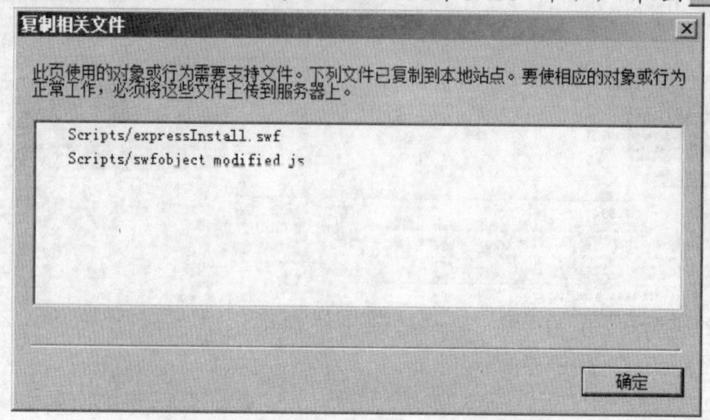

图3-28　【复制相关文件】对话框

3.3 实训——泸沽湖

将附盘文件复制到站点文件夹下，然后根据如图 3-29 所示插入图像和 SWF 动画。

游泸沽湖

欢迎到泸沽湖来游玩！

坐上开往泸沽湖的车，到达后去之前订好的客栈。客栈在草海和泸沽湖交界处的半岛尽端，虽然今年的草还没有长好，但已经可以嗅到草海的美丽。湖面上一丛丛翠绿的水草，远处的芦苇连成一条线，泛起金色的光泽，一只只木船点缀其间，与落日的余晖并行……而这幅美丽的画卷，就在我的窗前。

晚上入睡时伴着蛙声，清晨被鸟鸣叫醒，好像自己已经回归到自然的生物链中。看过日出，启程前往赵家湾。一路走下来可以从远近各个角度欣赏到泸沽湖的美景，湖面平静，湖水湛蓝，像一颗海蓝宝石镶嵌在群山中，而湖面上的海藻花则是一颗颗珍珠点缀其间。还有一种错觉，觉得水里的花朵是天上的星，跌落凡间，遇水绽放。可能是在水边玩的入神，险些迷路，还好即时返回大路上，翻过垭口，就是一处世外桃源。

赵家湾是个宁静的小村子，景色可圈可点。中午时分，坐在湖边的木板上，吃上一碗泡面，滋味甚至胜过城市中的满汉全席。在那时，吃什么已经变得不再重要，心境到了，什么都是山珍海味。

从赵家湾坐船，船老大带我们抄小路登上观景台，俯瞰整个湖面，顿时感觉海阔天空，烦恼不再。再乘船到里务必岛上的喇嘛寺，靠近这里都会让人觉得肃然起敬。泛舟回草海，被群山环抱，被湖水包围，离水面是如此的近，我可以切实的触摸她，感受她的美；横躺在船上，抬头仰望天空，和水面一样是清透的蓝，白色的云朵挂在头顶，好像伸出手就可以采下。

图3-29　泸沽湖

这是一个插入和设置图像及 SWF 动画的例子，可以分别插入图像和 SWF 动画，然后通过【属性】面板设置其相关属性，步骤提示如下。

1. 插入图像“luguhu.jpg”，设置其宽度为“250px”，高度自动按比例变化，替换文本为“泸沽湖”。

2. 插入 SWF 动画“luguhu.swf”，循环自动播放。

3.4 综合案例——袖珍小国

将附盘文件复制到站点文件夹下，然后根据如图 3-30 所示插入图像和 SWF 动画。

(1) 设置网页的背景图像为“bg.jpg”。

(2) 插入图像“monage.jpg”，并设置其宽度为“250px”，高度自动按比例变化，替换文本为“摩纳哥”。

(3) 插入 SWF 动画“monage.swf”，循环自动播放。

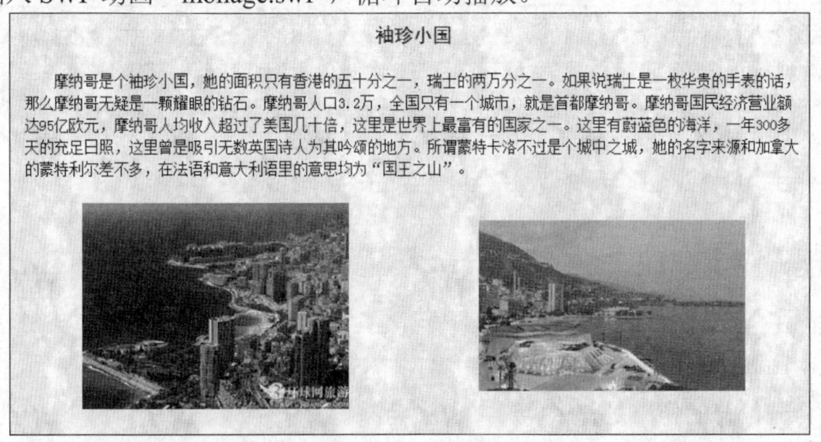

图3-30 袖珍小国

这是一个插入和设置图像及 SWF 动画的例子，可以分别插入图像和 SWF 动画，然后通过【属性】面板设置其相关属性，具体操作步骤如下。

1. 打开附盘文件“3-4.htm”，然后选择菜单命令【修改】/【页面属性】，打开【页面属性】对话框，在【外观（CSS）】分类中设置背景图像为“bg.jpg”，重复方式设置为“repeat”，如图 3-31 所示。

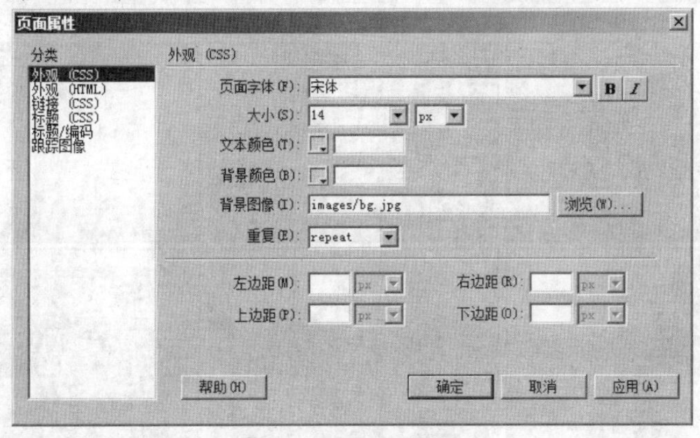

图3-31 设置背景图像

2. 将鼠标光标置于图像插入位置，选择菜单命令【插入】/【图像】，插入图像“monage.jpg”。

3. 将图像的宽度设置为“250px”，高度自动按比例变化，将图像的替换文本设置为“袖珍小国”，如图 3-32 所示。

图3-32　设置图像属性

4. 将鼠标光标置于 SWF 动画插入位置，然后选择菜单命令【插入】/【媒体】/【SWF】，插入 SWF 动画文件“monage.swf”。
5. 在【属性】面板中，选择【循环】和【自动播放】复选框，如图 3-33 所示。

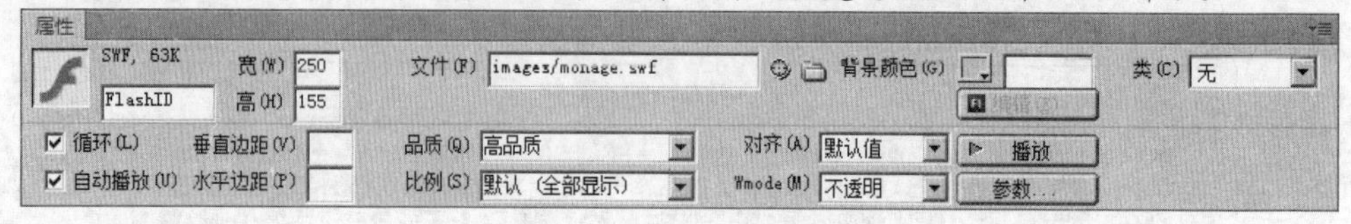

图3-33　设置 SWF 动画属性

6. 保存文件。

3.5 习题

1. 思考题
   (1) 网页中常用的图像格式有哪些？
   (2) 图像占位符的作用是什么？
2. 操作题
   将附盘文件复制到站点根目录下，然后根据提示插入图像，最终效果如图 3-34 所示。

图3-34　海洋岛

【步骤提示】

1. 在表格的 6 个单元格内依次插入图像“haiyangdao01.jpg”～“haiyangdao06.jpg”。
2. 设置图像的替换文本依次为“海洋岛 01”～“海洋岛 06”。

第4章　设置超级链接

【学习目标】

- 掌握超级链接的类型和设置方法。
- 掌握文本超级链接状态的设置方法。
- 掌握图像和热点超级链接的区别与联系。

超级链接使互联网形成了一个内容翔实而丰富的立体结构。本章将介绍在网页中创建和设置超级链接的基本方法。

4.1　功能讲解

下面介绍超级链接的基本知识和设置方法。

4.1.1　超级链接的概念

超级链接是指从一个网页指向一个目标的连接关系，这个目标可以是另一个网页，也可以是相同网页上的不同位置，还可以是一个图片、一个电子邮件地址、一个文件，甚至是一个应用程序。超级链接由网页上的文本、图像等元素，赋予了可以链接到其他网页的 Web 地址而形成，让网页之间形成一种互相关联的关系。Dreamweaver CS6 提供了多种创建超级链接的方法，可创建到文档、图像、多媒体文件或可下载软件的超级链接，可以建立到文档内任意位置的任何文本或图像的超级链接。

在因特网中，每个网页都有唯一的地址，通常称为 URL（Uniform Resource Locator，统一资源定位符）。URL 的书写格式通常为“协议://主机名/路径/文件名”，例如，“http://www.wyx.net/bbs/index.htm”便是网站论坛的 URL，而“http://www.wyx.net”省略了路径和文件名，但服务器会将首页文件回传给浏览器。由此可以看出，URL 主要用来指明通信协议和地址，以便取得网络上的各种服务，它包括以下几个组成部分。

- 通信协议：包括 HTTP、FTP、Telnet 和 Mailto 等几种形式。
- 主机名：指服务器在网络中的 IP 地址或域名，在因特网中使用的多是域名。
- 路径和文件名：主机名与路径及文件名之间以“/”分隔。

在创建到同一站点内文档的链接时，通常不指定作为链接目标的文档的完整 URL，而是指定一个始于当前文档或站点根文件夹的相对路径。通常有以下 3 种类型的链接路径。

(1) 绝对路径。

绝对路径提供所链接文档的完整的 URL，其中包括所使用的协议，例如，“http://www.adobe.com/support/dreamweaver/contents.html”。对于图像文件，完整的 URL 可能会类似于“http://www.adobe.com/support/dreamweaver/images/image1.jpg”。在一个站点链

接其他站点上的文档时，通常使用绝对路径。

(2)　文档相对路径。

文档相对路径的基本思想是省略对于当前文档和所链接的文档都相同的绝对路径部分，而只提供不同的路径部分，例如，“dreamweaver/contents.html”。对于大多数站点的本地链接来说，文档相对路径通常是最合适的路径。

(3)　站点根目录相对路径。

站点根目录相对路径描述从站点的根文件夹到文档的路径，站点根目录相对路径以“/”开始，“/”表示站点根文件夹。例如，“/support/dreamweaver/contents.html”是文件“contents.html”的站点根目录相对路径。在处理使用多个服务器的大型站点或者在使用承载多个站点的服务器时，可能需要使用这种路径。如果需要经常在站点的不同文件夹之间移动 HTML 文件，那么使用站点根目录相对路径通常也是最佳的方法。

在 Dreamweaver CS6 中，单击【属性（HTML）】面板【链接】列表框后面的按钮，可打开【选择文件】对话框，通过【相对于】下拉列表设置链接的路径类型，如图 4-1 所示。

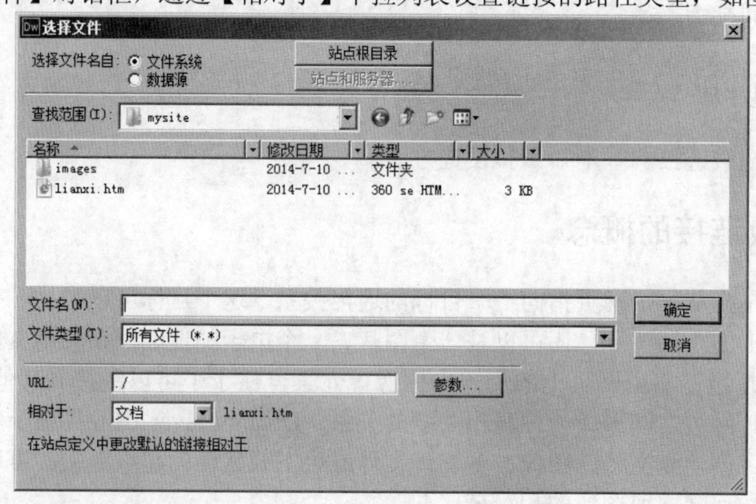

图4-1　【选择文件】对话框

4.1.2　超级链接的分类

根据链接载体形式的不同，超级链接可分为以下 3 种。

- 文本超级链接：以文本作为超级链接载体。
- 图像超级链接：以图像作为超级链接形体。
- 表单超级链接：当填写完表单后，单击相应按钮会自动跳转到目标页。

根据链接目标位置的不同，超级链接可分为以下两种。

- 内部超级链接：链接目标位于同一站点内的超级链接形式。
- 外部超级链接：链接目标位于站点外的超级链接形式。外部超级链接可以实现网站之间的跳转，从而将浏览范围扩大到整个网络。

根据链接目标形式的不同，超级链接可分为以下 6 种。

- 网页超级链接：链接到 HTML、ASP、PHP 等格式的网页文档的链接，这是网站最常见的超链接形式。

- 下载超级链接：链接到图像、影片、音频、DOC、PPT、PDF 等资源文件或 RAR、ZIP 等压缩文件的链接。
- 锚记超级链接：可以跳转到当前网页或其他网页中的某一指定位置的链接，这个网页可以位于当前站点内，也可以位于其他站点内。
- 电子邮件超级链接：将会启动邮件客户端程序，可以写邮件并发送到链接的邮箱中。
- 空链接：链接目标形式上为“#”，主要用于在对象上附加行为等。
- 脚本链接：用于创建执行 JavaScript 代码的链接。

4.1.3 设置默认的链接相对路径

默认情况下，Dreamweaver CS6 使用文档相对路径创建指向站点中其他页面的链接。在创建超级链接时，如果是新建文件最好先保存，然后再创建文档相对路径的超级链接。如果在保存文件之前创建文档相对路径的超级链接，Dreamweaver CS6 将临时使用以“file://”开头的绝对路径，当保存文件时自动将“file://”路径转换为文档相对路径。

如果要使用站点根目录相对路径创建超级链接，必须首先在 Dreamweaver CS6 中定义一个本地文件夹，作为 Web 服务器上文档根目录的等效目录，Dreamweaver CS6 使用该文件夹确定文件的站点根目录相对路径。同时，在【管理站点】对话框中双击打开要设置的站点，展开【高级设置】选项，然后在【本地信息】类别中选择【站点根目录】单选按钮，如图 4-2 所示。

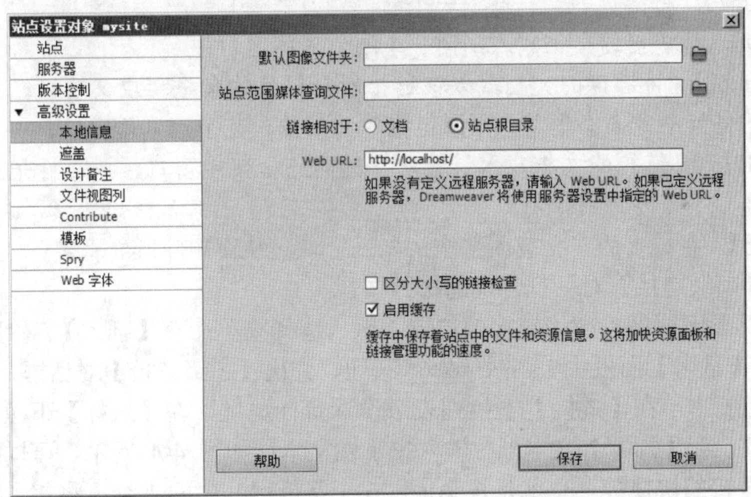

图4-2 设置链接的相对路径

更改此处设置将不会转换现有链接的路径，该设置只影响使用 Dreamweaver CS6 创建的新链接的默认相对路径。而且此处设置并不影响其他站点，其他站点如果也需要使用站点根目录相对路径创建超级链接，需要单独再进行设置。

使用本地浏览器预览文档时，除非指定了测试服务器，或在【编辑】/【首选参数】/【在浏览器中预览】中选择【使用临时文件预览】选项，否则文档中用站点根目录相对路径链接的内容将不会被显示。这是因为浏览器无法识别站点根目录，而服务器能够识别。预览站点根目录相对路径所链接内容的快速方法是：将文件上传到远程服务器上，然后选择【文

件】/【在浏览器中预览】命令。

4.1.4　文本超级链接

在浏览网页的过程中，当鼠标光标经过某些文本时，这些文本会出现下划线或文本的颜色、字体会发生改变，这通常意味着它们是带链接的文本。用文本做链接载体，这就是通常意义上的文本超级链接，它是最常见的超级链接类型。

创建文本超级链接以及设置其状态的方法如下。

(1)　通过【属性（HTML）】面板创建超级链接。

首先选中文本，然后在【属性（HTML）】面板的【链接】文本框中输入链接目标地址，如果是同一站点内的文件，可以单击文本框后的按钮，在弹出的【选择文件】对话框中选择目标文件，也可以将【链接】文本框右侧的图标拖曳到【文件】面板中的目标文件上，最后在【属性（HTML）】面板的【目标】下拉列表中选择窗口打开方式，还可以根据需要在【标题】文本框中输入提示性内容，如图 4-3 所示。

图4-3　【属性】面板

【目标】下拉列表中主要有以下选项。

- 【_blank】：将链接的文档载入一个新的浏览器窗口。
- 【new】：将链接的文档载入到同一个刚创建的窗口中。
- 【_parent】：将链接的文档载入该链接所在框架的父框架或父窗口。如果包含链接的框架不是嵌套框架，则所链接的文档载入整个浏览器窗口。
- 【_self】：将链接的文档载入链接所在的同一框架或窗口。此目标是默认的，因此通常不需要特别指定。
- 【_top】：将链接的文档载入整个浏览器窗口，从而删除所有框架。

(2) 通过【超级链接】对话框创建超级链接。

将鼠标光标置于要插入超级链接的位置，然后选择菜单命令【插入】/【超级链接】，或者在【插入】/【常用】面板中单击 超级链接 按钮，弹出【超级链接】对话框。在【文本】文本框中输入链接文本，在【链接】下拉列表中设置目标地址，在【目标】下拉列表中选择目标窗口打开方式，在【标题】文本框中输入提示性文本，如图 4-4 所示。可以在【访问键】文本框中设置链接的快捷键，也就是按 Alt＋26 个字母键其中的 1 个，将焦点切换至文本链接，还可以在【Tab 键索引】文本框中设置 Tab 键切换顺序。

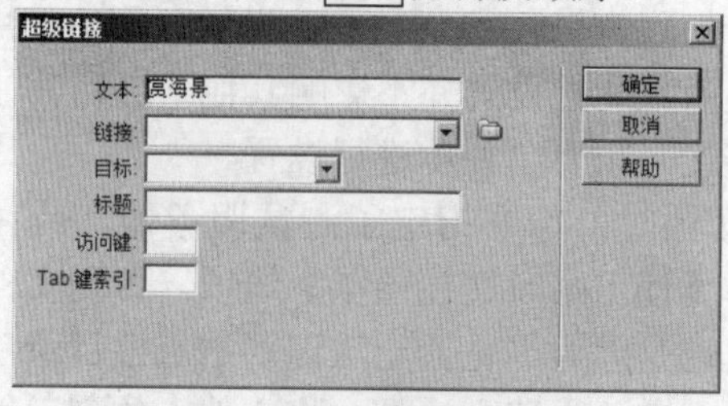

图4-4　【超级链接】对话框

(3) 设置文本超级链接的状态。

通过【页面属性】对话框的【链接（CSS）】分类，可以设置文本超级链接的状态，包括字体、大小、颜色及下划线等，如图 4-5 所示。

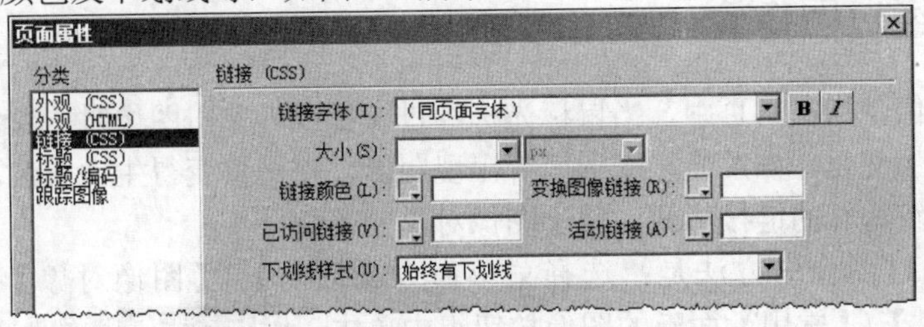

图4-5 【链接（CSS）】分类

【链接】分类中的相关选项说明如下。

- 【链接字体】：设置链接文本的字体，另外，还可以对链接的字体进行加粗和斜体的设置。
- 【大小】：设置链接文本的大小。
- 【链接颜色】：设置链接没有被单击时的静态文本颜色。
- 【已访问链接】：设置已被单击过的链接文本颜色。
- 【变换图像链接】：设置将鼠标光标移到链接上时文本的颜色。
- 【活动链接】：设置对链接文本进行单击时的颜色。
- 【下划线样式】：共有 4 种下划线样式，如果不希望链接中有下划线，可以选择【始终无下划线】选项。

4.1.5 图像超级链接

用图像作为链接载体，这就是通常意义上的图像超级链接。最简单的设置方法仍然是通过【属性】面板的【链接】文本框进行设置。实际上，了解了创建文本超级链接的方法，也就等于掌握了创建图像超级链接的方法，只是链接载体由文本变成了图像。

4.1.6 图像热点

图像热点（或称图像地图、图像热区）实际上就是为一幅图像绘制一个或几个独立区域，并为这些区域添加超级链接。创建图像热点超级链接必须使用图像热点工具，它位于图像【属性】面板的左下方，包括□（矩形热点工具）、○（椭圆形热点工具）和▽（多边形热点工具）3 种形式。

创建图像热点超级链接的方法是：选中图像，然后单击【属性】面板左下方的热点工具按钮，如□（矩形热点工具）按钮，并将鼠标光标移到图像上，按住鼠标左键并拖曳，绘制一个区域，接着在【属性】面板中设置链接地址、目标窗口和替换文本，如图 4-6 所示。

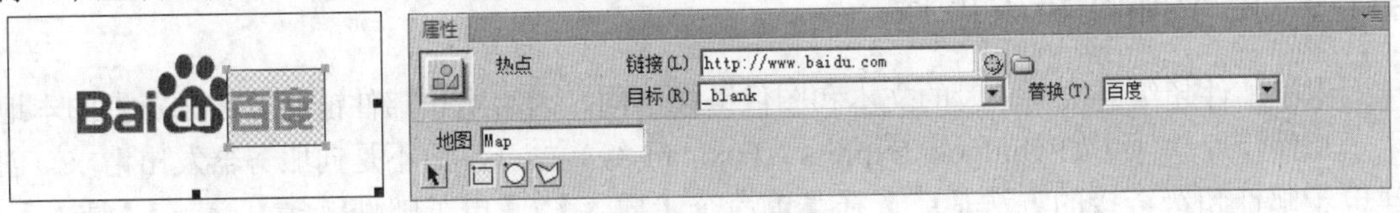

图4-6 图像热点超级链接

要编辑图像热点，可以单击【属性】面板中的（指针热点工具）按钮。该工具可以对已经创建好的图像热点进行移动和调整大小等操作。

4.1.7 鼠标经过图像

鼠标经过图像是指在网页中，当鼠标光标经过图像或者单击图像时，图像的形状、颜色等属性会随之发生变化，如发光、变形或者出现阴影，使网页变得生动活泼。鼠标经过图像是基于图像的比较特殊的链接形式，属于图像对象的范畴。

创建鼠标经过图像的方法是：选择菜单命令【插入】/【图像对象】/【鼠标经过图像】，或在【插入】/【常用】面板的图像按钮组中单击 鼠标经过图像 按钮，弹出【插入鼠标经过图像】对话框，在其中进行参数设置即可，如图 4-7 所示。

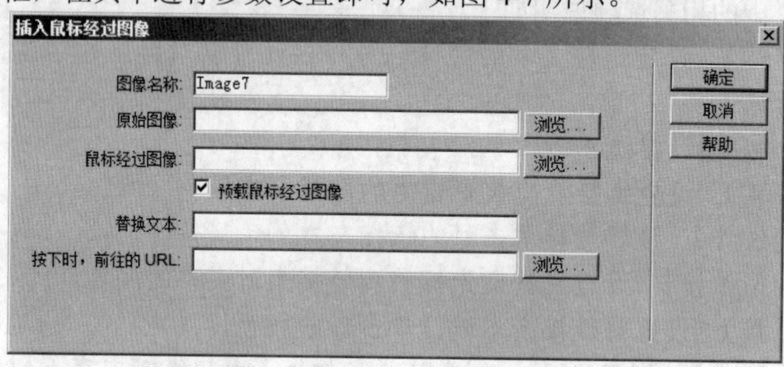

图4-7　【插入鼠标经过图像】对话框

通常使用两幅图像来创建鼠标经过图像。

- 主图像：首次加载页面时显示的图像，即原始图像。
- 次图像：鼠标光标移过主图像时显示的图像，即鼠标经过图像。

在设置鼠标经过图像时，为了保证显示效果，建议两幅图像的尺寸保持一致。如果这两幅图像大小不同，Dreamweaver CS6 将调整第 2 幅图像的大小，以与第 1 幅图像的属性匹配。

4.1.8 空链接和下载超级链接

空链接是一个未指派目标的链接。空链接用于向页面上的对象或文本附加行为。例如，可向空链接附加一个行为，以便在鼠标光标滑过该链接时会交换图像或显示绝对定位的元素（AP 元素）。设置空链接的方法很简单，选中文本或图像等链接载体后，在【属性（HTML）】面板的【链接】文本框中输入“#”即可。

在实际应用中，链接目标也可以是其他类型的文件，如压缩文件、Word 文件或 PDF 文件等。如果要在网站中提供资料下载，就需要为文件提供下载超级链接。下载超级链接并不是一种特殊的链接，只是下载超级链接所指向的文件是特殊的。

4.1.9 电子邮件超级链接

电子邮件超级链接与一般的文本和图像链接不同，因为电子邮件链接要将浏览者的本地电子邮件管理软件（如 Outlook Express、Foxmail 等）打开，而不是向服务器发出请求。创建电子邮件超级链接的方法是：选择菜单命令【插入】/【电子邮件链接】，或在【插入】/

【常用】面板中单击 电子邮件链接 按钮，弹出【电子邮件链接】对话框，在【文本】文本框中输入在文档中显示的链接文本信息，在【电子邮件】文本框中输入电子邮箱的完整地址即可，如图 4-8 所示。如果已经预先选中了文本，在【电子邮件链接】对话框的【文本】文本框中会自动出现该文本，这时只需在【电子邮件】文本框中填写电子邮件地址即可。

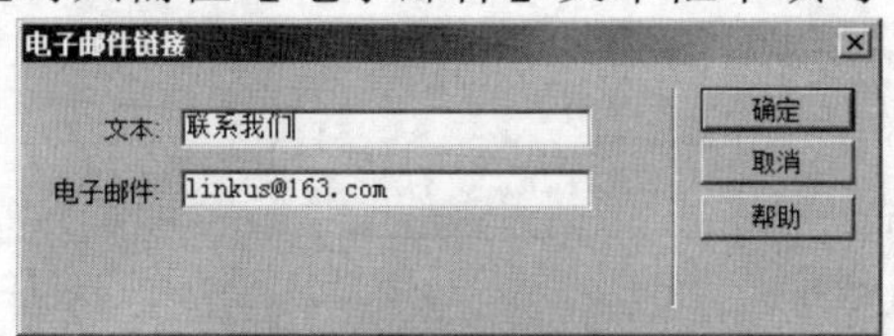

图4-8　电子邮件超级链接

如果要修改已经设置的电子邮件链接的 E-mail，可以通过【属性】面板进行重新设置。同时，通过【属性】面板也可以看出，“mailto:”、“@”和“.”这 3 个元素在电子邮件链接中是必不可少的。有了它们，才能构成一个正确的电子邮件链接。在创建电子邮件超级链接时，为了更快捷，可以先选中需要添加链接的文本或图像，然后在【属性】面板的【链接】文本框中直接输入电子邮件地址，并在其前面加一个前缀“mailto:”，最后按 Enter 键确认即可，如图 4-9 所示。

图4-9　【属性】面板

4.1.10　锚记超级链接

使用锚记超级链接不仅可以跳转到当前网页中的指定位置，还可以跳转到另一网页中指定的位置。创建锚记超级链接通常需要经过两个环节：首先需要在文档中创建命名锚记，然后再链接到命名锚记。

(1) 创建命名锚记。

将鼠标光标置于要插入锚记的位置，然后选择菜单命令【插入】/【命名锚记】，或者在【插入】/【常用】面板中单击 命名锚记 按钮，弹出【命名锚记】对话框，在其中进行设置即可，如图 4-10 所示。

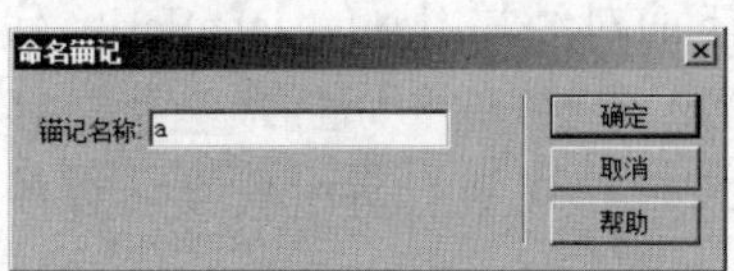

图4-10　【命名锚记】对话框

如果发现锚记名称输入错了，选中插入的锚记标志，然后在【属性】面板的【名称】文本框中修改即可，如图 4-11 所示。

图4-11　【属性】面板

(2) 创建锚记超级链接。

先选中文本，然后在【属性】面板的【链接】下拉列表中输入锚记名称，如“#a”，或者直接将【链接】下拉列表后面的图标拖曳到锚记名称上。也可选择菜单命令【插入】/【超级链接】，弹出【超级链接】对话框，在【文本】文本框中输入文本，在【链接】下拉列表中选择锚记名称，如图 4-12 所示。

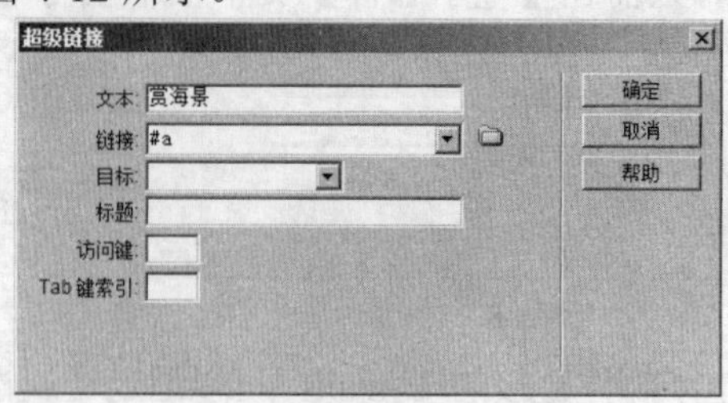

图4-12　【超级链接】对话框

关于锚记超级链接目标地址的写法应该注意以下几点。

(1) 如果链接的目标命名锚记位于同一文档中，只需在【链接】文本框中输入一个“#”符号，然后输入链接的锚记名称，如“#a”。

(2) 如果链接的目标命名锚记位于同一站点的其他网页中，则需要先输入该网页的路径和名称，然后再输入“#”符号和锚记名称，如“jingdian.htm#a”、“jingguan/jingdian.htm#a”。

(3) 如果链接的目标命名锚记位于因特网上另一站点的网页中，则需要先输入该网页的完整地址，然后再输入“#”符号和锚记名称，如“http://www.ls.com/jingguan/jingdian.htm#a”。

另外，不能在绝对定位的元素（AP 元素）中插入命名锚记，锚记名称区分大小写。

4.1.11　脚本链接

脚本链接用于执行 JavaScript 代码或调用 JavaScript 函数。它非常有用，能够在不离开当前页面的情况下为访问者提供有关某项的附加信息。脚本链接还可用于在访问者单击特定项时，执行计算、验证表单和完成其他处理任务。

创建脚本链接的方法是：首先选定文本或图像，然后在【属性（HTML）】面板的【链接】文本框中输入“JavaScript:”，后面跟一些 JavaScript 代码或函数调用即可（在冒号与代码或调用之间不能键入空格）。下面对经常用到的 JavaScript 代码进行简要说明。

- JavaScript:alert('字符串')：弹出一个只包含 确定 按钮的对话框，显示“字符串”的内容，整个文档的读取、Script 的运行都会暂停，直到用户单击 确定 按钮为止。
- JavaScript:history.go(1)：前进，与浏览器窗口上的（前进）按钮是等效的。
- JavaScript:history.go(-1)：后退，与浏览器窗口上的（后退）按钮是等效的。
- JavaScript:history.forward(1)：前进，与浏览器窗口上的（前进）按钮是等效的。
- JavaScript:history.back(1)：后退，与浏览器窗口上的（后退）按钮是等效的。
- JavaScript:history.print()：打印，与选择菜单命令【文件】/【打印】是一样的。
- JavaScript:window.external.AddFavorite('http://www.laohu.net','老虎工作室')：收

藏指定的网页。

- JavaScript:window.close(): 关闭窗口。如果该窗口有状态栏，调用该方法后浏览器会警告“网页正在试图关闭窗口，是否关闭？”，然后等待用户选择是否关闭；如果没有状态栏，调用该方法将直接关闭窗口。

4.1.12 与路径相关的文件头标签

在文件头标签中，还有两个命令与路径有关系，下面进行简要介绍。

一、 基础

【基础】命令使用<base>标记定义文档的基础 URL 地址，在文档中所有的相对地址形式的 URL 都是相对于这里定义的 URL 而言的。一篇文档中的<base>标记不能多于一个，必须放于网页文件头部，并且应该在任何包含 URL 地址的语句之前。

在 Dreamweaver CS6 中，插入页面的基础 URL 的方法是：选择菜单命令【插入】/【HTML】/【文件头标签】/【基础】，打开【基础】对话框，在该对话框中设置相关参数，如图 4-13 所示。

图4-13 【基础】对话框

其中，【HREF】和【目标】两个参数的含义如下。

- 【HREF】：为文档中的所有相对路径链接指定基础 URL。
- 【目标】：设置应该在其中打开所有链接的文档的框架或窗口。

在插入页面的基础 URL 后，如果要修改页面的基础 URL，可以选择菜单命令【查看】/【文件头内容】，然后在文档窗口顶部显示的图标中选择 （基础）标记，在【属性】面板中修改相关参数即可，如图 4-14 所示。

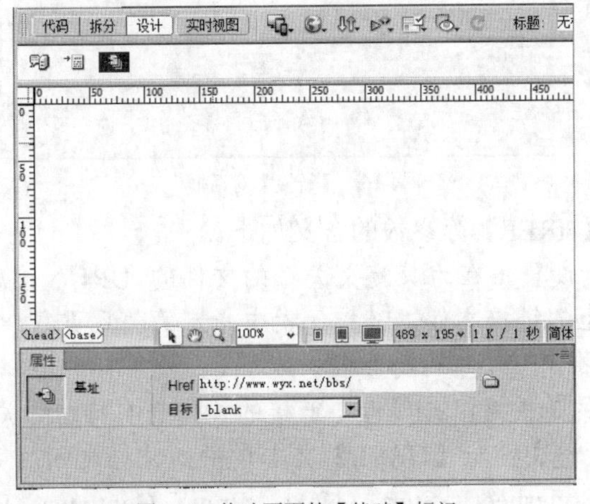

图4-14 修改页面的【基础】标记

例如，如果将文档的基础 URL 定义为“http://www.wyx.net/bbs/”，则可以使用语句：

```
<base href = "http://www.wyx.net/bbs/">
```

当定义了基础 URL 地址之后，文档中所有引用的 URL 地址都从该基础 URL 地址开始。例如，对于上面的语句，如果文档中一个超级链接指向“index.htm”，则它实际上指向的 URL 地址是“http://www.wyx.net/bbs/index.htm”。

如果在【Href】和【目标】两个参数中只设置了【目标】选项，那就意味着在当前页面中的所有超级链接都在【目标】选项设置的窗口中打开。图 4-15 所示为网易网站首页的源代码，其中【目标】选项设置为“_blank”，即该页面中所有超级链接原则上都在新窗口中打开，但单独设置了目标窗口打开方式的超级链接除外。

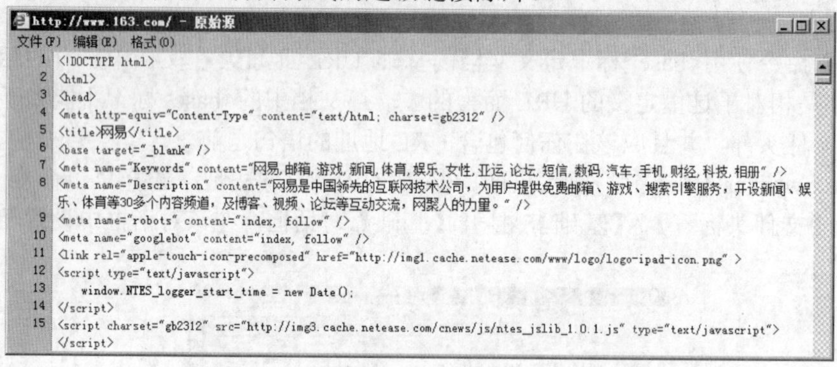


```
1  <!DOCTYPE html>
2  <html>
3  <head>
4  <meta http-equiv="Content-Type" content="text/html; charset=gb2312" />
5  <title>网易</title>
6  <base target="_blank" />
7  <meta name="Keywords" content="网易,邮箱,游戏,新闻,体育,娱乐,女性,亚运,论坛,短信,数码,汽车,手机,财经,科技,相册" />
8  <meta name="Description" content="网易是中国领先的互联网技术公司，为用户提供免费邮箱、游戏、搜索引擎服务，开设新闻、娱
   乐、体育等30多个内容频道，及博客、视频、论坛等互动交流，网聚人的力量。" />
9  <meta name="robots" content="index, follow" />
10 <meta name="googlebot" content="index, follow" />
11 <link rel="apple-touch-icon-precomposed" href="http://img1.cache.netease.com/www/logo/logo-ipad-icon.png" >
12 <script type="text/javascript">
13     window.NTES_logger_start_time = new Date();
14 </script>
15 <script charset="gb2312" src="http://img3.cache.netease.com/cnews/js/ntes_jslib_1.0.1.js" type="text/javascript">
   </script>
```

图4-15　页面的基础 URL

二、 链接

使用<link>标记可以定义当前文档与其他文件之间的关系。head 部分中的<link>标记与 body 部分中的文档之间的 HTML 链接是不一样的。

在 Dreamweaver CS6 中，添加链接<link>标记的方法是：选择菜单命令【插入】/【HTML】/【文件头标签】/【链接】，打开【链接】对话框，在该对话框中设置相关参数，如图 4-16 所示。

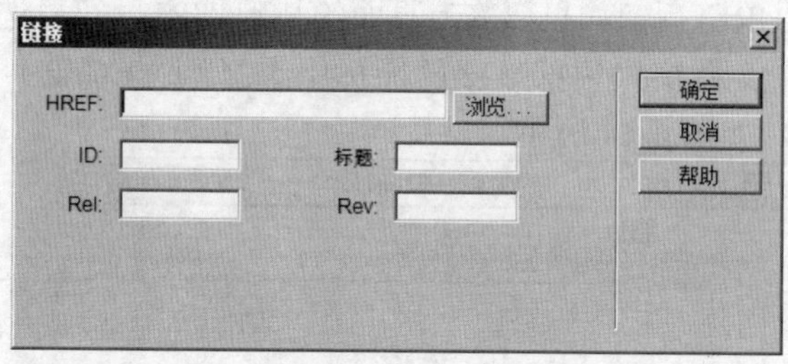

图4-16　【链接】对话框

【链接】对话框中【HREF】等参数的含义如下。

- 【HREF】：用于设置正在为其定义关系的文件的 URL，该属性并不表示通常的 HTML 意义上的链接文件，链接元素中指定的关系更复杂。
- 【ID】：为链接指定一个唯一标识符。
- 【标题】：描述的是关系，此属性与链接的样式表有特别的关系。
- 【Rel】：指定当前文档与【HREF】文本框中的文档之间的关系。可能的值包括 Alternate、Stylesheet、Start、Next、Prev、Contents、Index、Glossary、Copyright、Chapter、Section、Subsection、Appendix、Help 和 Bookmark。若要指定多个关系，则用空格将各个值隔开。

- 【Rev】：指定当前文档与【HREF】文本框中的文档之间的反向关系（与 Rel 相对）。其可能值与 Rel 的可能值相同。

在插入<link>标记后，如果要修改页面的<link>标记，可以选择菜单命令【查看】/【文件头内容】，然后在文档窗口顶部显示的图标中选择（链接）标记，在【属性】面板中修改相关参数即可，如图 4-17 所示。

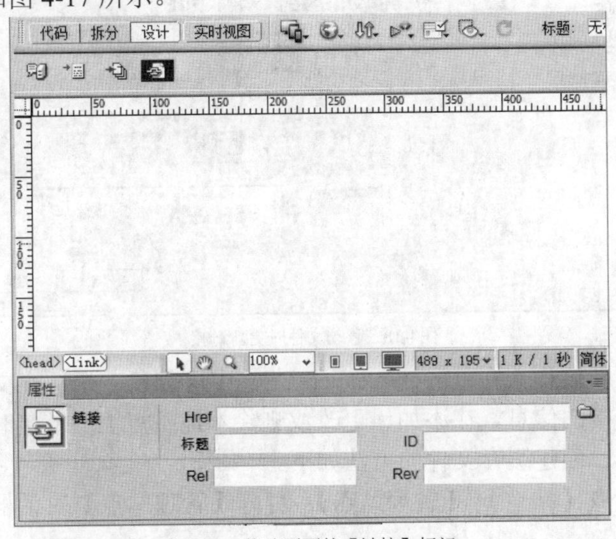

图4-17 修改页面的【链接】标记

在图 4-15 所示的网易网站首页的源代码中，链接<link>标记设置了【HREF】和【Rel】两个选项。也就是说，不是所有选项必须都设置，可根据需要而定。

4.1.13 更新、测试和维护超级链接

下面简要介绍在 Dreamweaver CS6 中更新、测试和维护超级链接的主要方法。

一、 自动更新链接

每当在本地站点内移动或重命名文档时，Dreamweaver CS6 都可自动更新与该文档有关的超级链接。在将整个站点或其中完全独立的一个部分存储在本地磁盘上时，此项功能最适用。Dreamweaver CS6 不会更改远程文件夹中的文件，除非将这些本地文件放在或者存回到远程服务器上。设置自动更新链接的方法如下。

(1) 选择菜单命令【编辑】/【首选参数】，打开【首选参数】对话框。

(2) 在【常规】分类的【文档选项】部分，从【移动文件时更新链接】下拉列表中根据需要选择一个选项即可，如图 4-18 所示。

- 【总是】：当移动或重命名选定文档时，自动更新与该文档有关的链接。
- 【从不】：当移动或重命名选定文档时，不自动更新与该文档有关的链接。
- 【提示】：显示一个提示对话框询问是否需要更新与该文档有关的链接，同时列出此更改影响到的所有文件。

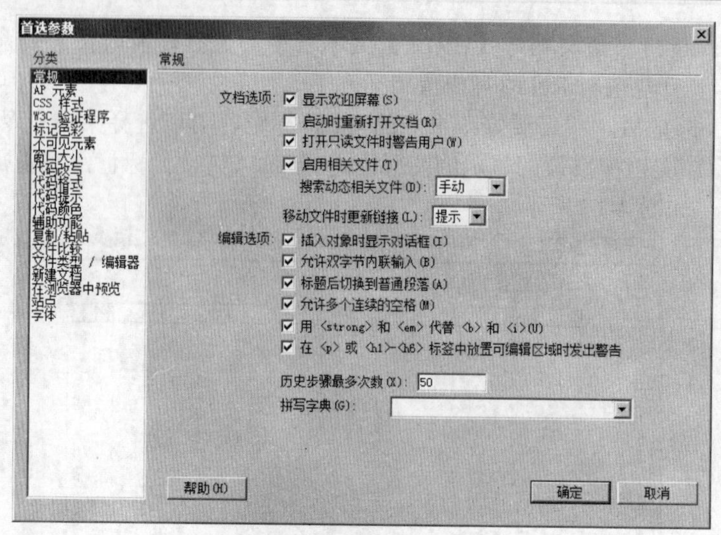

图4-18　移动文件时更新链接

为了加快链接更新过程，在 Dreamweaver CS6 中可创建一个缓存文件，用以存储有关本地文件夹中所有链接的信息。在添加、更改或删除本地站点上的链接时，该缓存文件以不可见的方式进行更新。创建缓存文件的方法如下。

(1) 选择菜单命令【站点】/【管理站点】，打开【管理站点】对话框，选择并打开一个站点。

(2) 在【站点设置】对话框中，展开【高级设置】并选择【本地信息】类别，然后选择【启用缓存】选项即可。

启动 Dreamweaver CS6 之后，第 1 次更改或删除指向本地文件夹中文件的链接时，Dreamweaver 会提示是否加载缓存。如果用户同意，则 Dreamweaver CS6 会加载缓存，并更新指向刚刚更改的文件的所有链接。如果用户不同意，则所做更改会记入缓存中，但 Dreamweaver CS6 并不加载该缓存，也不更新链接。

在较大型的站点上，加载此缓存可能需要几分钟的时间，因为 Dreamweaver CS6 必须将本地站点上文件的时间戳与缓存中记录的时间戳进行比较，从而确定缓存中的信息是否是最新的。重新创建缓存的方法是：在【文件】面板中切换到要重新创建缓存的站点，然后选择菜单命令【站点】/【高级】/【重建站点缓存】即可。

二、 手工更改链接

除每次移动或重命名文件时让 Dreamweaver CS6 自动更新链接外，用户还可以手动更改所有链接（包括电子邮件链接、FTP 链接、空链接和脚本链接），使它们指向其他位置。在整个站点范围内手动更改链接的操作方法如下。

(1) 在【文件】面板的【本地视图】中选择一个文件（如果更改的是电子邮件链接、FTP 链接、空链接或脚本链接，则不需要选择文件）。

(2) 选择菜单命令【站点】/【改变站点范围的链接】，打开【更改整个站点链接】对话框，如图 4-19 所示。

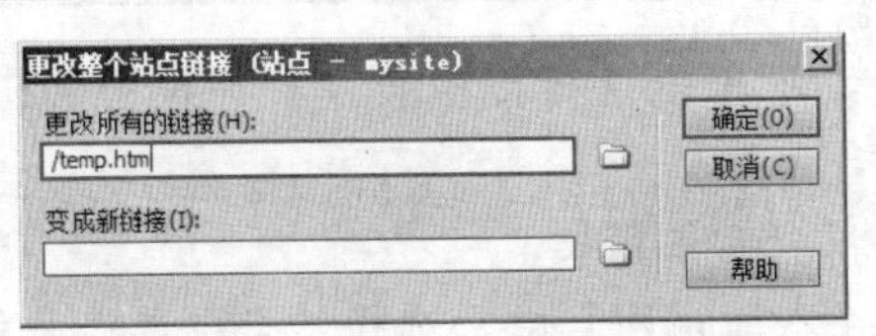

图4-19 【更改整个站点链接】对话框

(3) 利用【更改所有的链接】文本框浏览到并选择要取消链接的目标文件，利用【变成新链接】文本框浏览到并选择要链接到的新文件。如果更改的是电子邮件链接、FTP 链接、空链接或脚本链接，需要键入要更改的链接的完整路径。

Dreamweaver CS6 更新链接到选定文件的所有文档，使这些文档指向新文件，并沿用文档已经使用的路径格式（例如，如果旧路径为文档相对路径，则新路径也为文档相对路径）。在整个站点范围内更改某个链接后，所选文件就成为独立文件（即本地硬盘上没有任何文件指向该文件）。这时可安全地删除此文件，而不会破坏本地 Dreamweaver CS6 站点中的任何链接。

三、 测试超级链接

在 Dreamweaver CS6 中，无法通过在文档窗口中直接单击超级链接打开其所指向的文档，但是可以通过以下方法来测试链接。

- 在文档窗口中选中超级链接，然后选择菜单命令【修改】/【打开链接页面】，此时将在窗口中打开超级链接所指向的文档。
- 按住 Ctrl 键，同时双击选中的超级链接，也将在窗口中打开超级链接所指向的文档。

当然，通过上述方法打开超级链接所指向的文档，必须保证该文档是在本地磁盘上。

四、 查找问题链接

检查链接功能用于搜索断开的链接和孤立文件（文件仍然位于站点中，但站点中没有任何其他文件链接到该文件）。可以检查当前文档、本地站点的某一部分或者整个本地站点中的链接。Dreamweaver CS6 仅检查验证指向站点内文档的链接，并将出现在选定文档中的外部链接编辑成一个列表，但并不检查验证它们，还可以标识和删除站点中其他文件不再使用的文件。

(1) 检查当前文档中的链接。

- 在 Dreamweaver CS6 本地站点中，打开要检查的文档。
- 选择菜单命令【文件】/【检查页】/【链接】，“断掉的链接”报告出现在【链接检查器】面板中，如图 4-20 所示。

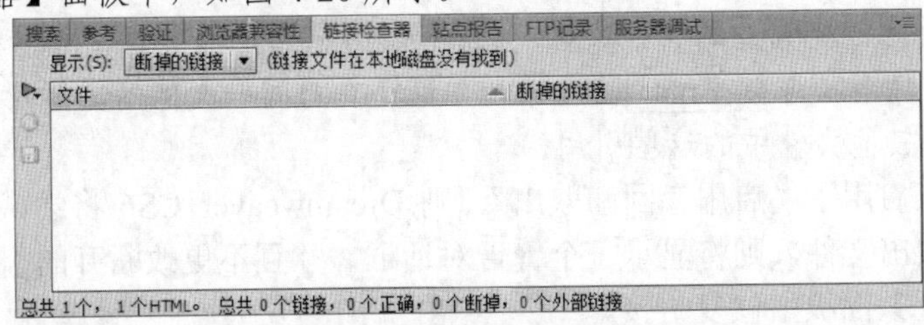

图4-20 【链接检查器】面板

- 在【链接检查器】面板中，从【显示】下拉列表中选择【外部链接】可查看“外部链接”报告。

- 如果要保存此报告，可单击【链接检查器】面板中的▣按钮。报告为临时文件，如果不保存将会丢失。

(2) 检查本地站点某一部分中的链接。

- 在【文件】面板的【本地视图】中，选择站点中要检查的文件或文件夹。
- 选择菜单命令【文件】/【检查页】/【链接】，“断掉的链接”报告出现在【链接检查器】面板中。
- 在【链接检查器】面板中，从【显示】下拉列表中选择【外部链接】可查看“外部链接”报告。
- 如果要保存此报告，可单击【链接检查器】面板中的▣按钮。

(3) 检查整个站点中的链接。

- 在【文件】面板中，确定要检查的当前站点。
- 选择菜单命令【站点】/【检查站点范围的链接】，“断掉的链接”报告出现在【链接检查器】面板中。
- 在【链接检查器】面板中，从【显示】下拉列表中选择【外部链接】或【孤立的文件】，可查看相应的报告。一个适合所选报告类型的文件列表出现在【链接检查器】面板中。如果选择的报告类型为【孤立的文件】，可以直接从【链接检查器】面板中删除孤立文件，方法是从该列表中选中一个文件后按 Delete 键。
- 如果要保存此报告，可单击【链接检查器】面板中的▣按钮。

五、 修复问题链接

在运行链接报告之后，可直接在【链接检查器】面板中修复断开的链接和图像引用，也可以从此列表中打开文件，然后在【属性】面板中修复链接。

(1) 在【链接检查器】面板中修复链接。

- 在【链接检查器】面板的【断掉的链接】列，选择要修复的断开的链接，一个文件夹图标出现在此断开的链接旁边，如图 4-21 所示。

图4-21　【链接检查器】面板

- 单击断开的链接旁边的文件夹图标▭，以浏览到正确文件，或者键入正确的路径和文件名，并按 Enter 键确认。如果还有对同一文件的其他断开引用，会提示修复其他文件中的这些引用。

如果为此站点启用了“启用存回和取出”，则 Dreamweaver CS6 将尝试取出需要更改的文件。如果不能取出文件，则将显示一个警告对话框，并且不更改断开的引用。

(2) 在【属性】面板中修复链接。

- 在【链接检查器】面板中，双击【文件】列中的某个条目。
- Dreamweaver CS6 打开该文档，选择断开的图像或链接，在【属性】面板中高亮显示路径和文件名。

- 可在【属性】面板中设置新路径和文件名，或者在突出显示的文本上直接键入。如果正在更新一个图像引用，而显示的新图像的大小不正确，就单击【属性】面板中的“W”和“H”标签，或者单击按钮，重置高度和宽度值。
- 最后保存此文件。

链接修复后，该链接的条目在【链接检查器】面板的列表中不再显示。如果在【链接检查器】面板中输入新的路径或文件名后（或者在【属性】面板中保存更改后），某一条目依然显示在列表中，则说明 Dreamweaver CS6 找不到新文件，仍然认为该链接是断开的。

4.2 范例解析——名胜古迹

将附盘文件复制到站点文件夹下，然后根据要求设置超级链接，效果如图 4-22 所示。

图4-22　名胜古迹

(1)　设置文本“百度”的链接地址为“http://www.baidu.com”，打开目标窗口的方式为在新窗口中打开，提示文本为“到百度检索”。

(2)　设置网页中第 1 幅图像“01.jpg”的链接目标文件为“changcheng.htm”，打开目标窗口的方式为在新窗口中打开，替换文本为“长城”。

(3)　给文本“联系我们”添加电子邮件超级链接，链接地址为“us@163.com”。

(4)　在正文中每个小标题的后面依次添加命名锚记“a”、“b”、“c”、“d”、“e”、“f”、“g”、“h”、“i”和“j”，然后给文档标题“名胜古迹”下面的导航文本依次添加锚记超级链接，分别链接到正文中相同内容部分。

(5)　设置链接颜色和已访问链接颜色均为“#036”，变换图像链接颜色为“#F00”，且仅在变换图像时显示下划线。

这是一个设置超级链接的例子，可以通过【属性（HTML）】面板、菜单命令以及【页面属性】对话框进行设置，具体操作步骤如下。

1. 打开附盘文件“4-2.htm”，然后选中文本“百度”，在【属性（HTML）】面板的【链接】文本框中输入链接地址“http://www.baidu.com”，在【目标】下拉列表中选择【_blank】选项，在【标题】文本框中输入“到百度检索”，如图 4-23 所示。

图4-23　设置文本超级链接

2. 选中第 1 幅图像“01.jpg”，然后在【属性】面板的【链接】文本框中定义链接目标文件“changcheng.htm”，目标窗口打开方式为“_blank”，替换文本为“长城”，如图 4-24 所示。

图4-24　设置图像超级链接

3. 用鼠标光标选中最后一行文本中的“联系我们”，然后选择菜单命令【插入】/【电子邮件链接】，弹出【电子邮件链接】对话框，在【电子邮件】文本框中输入电子邮件地址“us@163.com”，单击 确定 按钮，如图 4-25 所示。

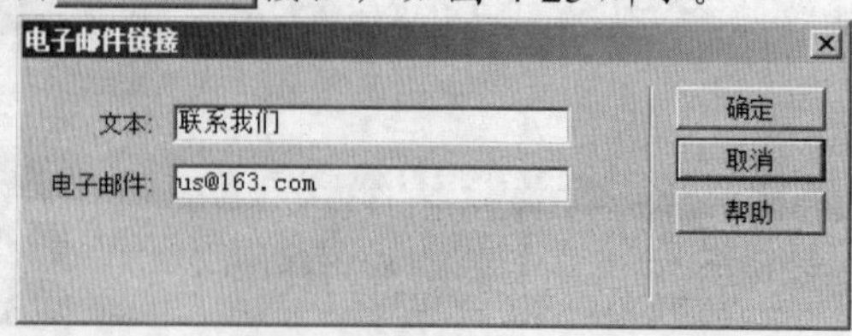

图4-25　创建电子邮件链接

4. 将鼠标光标置于正文中小标题“1、万里长城”处，然后选择菜单命令【插入】/【命名锚记】，弹出【命名锚记】对话框，在【锚记名称】文本框中输入名称“a”，单击 确定 按钮插入锚记，如图 4-26 所示。

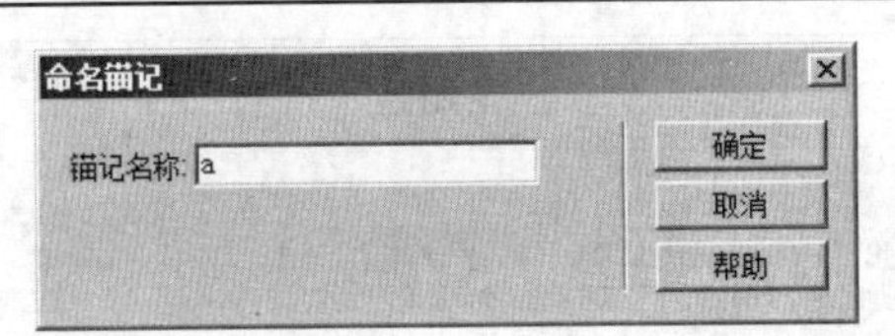

图4-26 插入命名锚记

5. 利用相同的方法，依次在正文中其他小标题处分别插入锚记名称“b”、“c”、“d”、“e”、“f”、“g”、“h”、“i”和“j”。
6. 选中文档标题“名胜古迹”下面的导航文本“万里长城”，然后在【属性（HTML）】面板的【链接】下拉列表框中输入锚记名称“#a”，如图4-27所示。

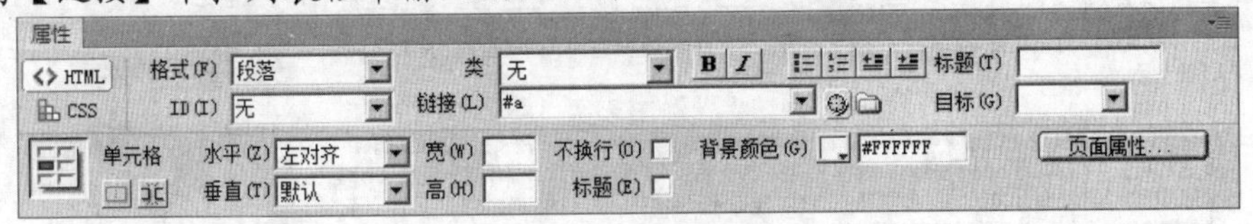

图4-27 创建锚记超级链接

7. 利用相同的方法依次给其他导航文本建立锚记超级链接，分别指到相应锚记处。
8. 选择菜单命令【修改】/【页面属性】，打开【页面属性】对话框，切换到【链接（CSS）】分类，设置链接颜色和已访问链接颜色均为“#036”，变换图像链接颜色为“#F00”，在【下划线样式】下拉列表中选择【仅在变换图像时显示下划线】选项，如图4-28所示。

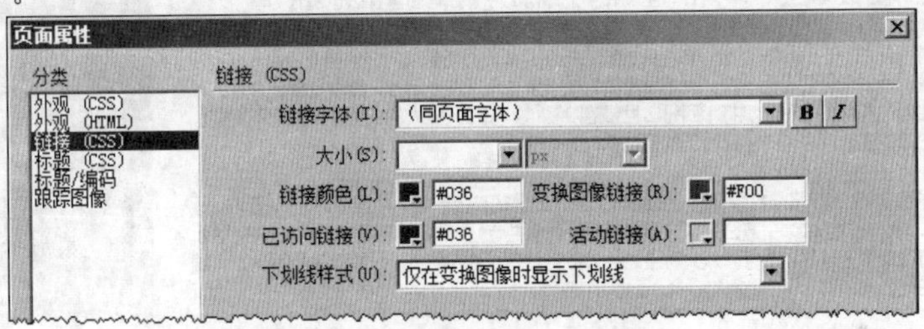

图4-28 设置超级链接状态

9. 保存文件。

4.3 实训——世界奇迹

将附盘文件复制到站点文件夹下，然后根据要求设置超级链接，效果如图4-29所示。

这是一个设置超级链接的例子，可以通过【属性（HTML）】面板、菜单命令以及【页面属性】对话框进行设置，步骤提示如下。

1. 设置文本“详细...”的链接目标为“huayuan.htm”，目标窗口打开方式均为“_blank”。
2. 将文本“搜索”删除，然后插入鼠标经过图像，图像名称为“baidu”，原始图像和鼠标经过图像分别为“baidu01.gif”、“baidu02.gif”，替换文本为“百度”，链接地址为“http://www.baidu.com”。
3. 在文本“您的建议和意见：”后面插入电子邮件超级链接，链接文本和地址均为“youandme@tom.com”。
4. 设置超级链接状态。链接颜色和已访问链接颜色均为“#090”，变换图像链接颜色为“#F00”，且仅在变换图像时显示下划线。

世界奇迹

搜索

世界八大奇迹指的是巴比伦空中花园、亚历山大港灯塔、罗德港巨人雕像、奥林匹亚宙斯神像、阿尔忒米斯神庙、摩索拉斯陵墓、埃及的金字塔和秦始皇兵马俑。

巴比伦空中花园 由古巴比伦国王尼布甲尼撒二世为他最爱的王后而建造。王后是米底人，尼布甲尼撒二世为她建造了这座奇幻的高大建筑以便使她可以经常望乡。空中花园上栽满了许多奇花异草，并有完整的供水系统。当时看到它的古希腊人称之为世界奇迹。由于花园比宫墙还要高，给人感觉像是整个御花园悬挂在空中，因此被称为“空中花园”。[详细...]

亚历山大港灯塔 亚历山大灯塔的烛光在晚上照耀着整个亚历山大港，保护着海上的过往的船只，它亦是当时世上最高的建筑物。 实际上，这座高大壮观的灯塔并非真在岛上，而是建在距该岛还有七米的一个大礁石上。石礁随海潮的起落而时隐时现，使整个灯塔建筑长年经受着海浪的拍打冲刷，好似在大海中拔起一座冲大天厦。塔上有一盏形体巨大、光芒四射、长年不熄的灯塔火炬。

罗德港巨人雕像 历史上，马其顿侵略者德米特里带领军队包围了罗德港。经过艰苦战争，罗德岛人击败了侵略者。为了庆祝这次胜利，他们决定用敌人遗弃的青铜兵器修建一座雕像。雕像修筑了十二年，有110英尺高。雕像是中空的，里面用复杂的石头和铁的支柱加固。但这个伟大的雕像建成仅仅56年后就被强烈地震毁坏了。

奥林匹亚宙斯神像 宙斯希腊众神之神，是奥林匹亚的主神，为表崇拜而兴建的宙斯神像是当世最大的室内雕像，宙斯神像所在的宙斯神殿则是奥林匹克运动会的发源地。在古希腊时期，其四周环绕翠谷和清冽溪水，景境幽雅，不远处更有一座密林，绿意浓郁，林中小径两旁更是花木扶疏，争奇斗妍，美不胜收

阿尔忒米斯月神庙 神庙建筑以大理石为基础，上面覆盖着木制屋顶。整个建筑的最大特色是内部有两排，至少106根立柱，每根大约40至60英尺高。公元前356年7月21日的深夜，这座壮丽的神殿在一场大火中变成了废墟，在原址后建起的庙于公元262年再罹火难。这座神殿的遗址位于今天土耳其的爱奥尼亚海滨。现在，呈现在人们眼前的除了残垣断壁什么也没有。

摩索拉斯陵墓 在公元前4世纪，在今天的安纳托利亚高原西南部有一个卡里亚帝国，在摩索拉斯国王统治下，卡里亚盛极一时，罗德斯港就曾是卡里亚帝国的一部分。摩索拉斯还在世的时候，就开始为他和他的王后阿尔特米西娅二世修建陵墓了。如今，强大的卡里亚帝国已不复存在，只有王陵的遗迹向世人讲述着帝国的传说。

埃及的金字塔 金字塔是古埃及法老的陵寝，最大的是胡夫金字塔，共用了230万块石块，平均每块重2.5吨，占地52000平方公尺。在那里走一圈大概要走1千米。埃及金字塔是埃及古代奴隶社会的方锥形帝王陵墓，是世界八大奇迹之一。数量众多，分布广泛。开罗西南尼罗河西古城孟菲斯一带最为集中。

图4-29　世界奇迹

4.4　综合案例——风景这边独好

将附盘文件复制到站点文件夹下，然后根据要求设置网页中的超级链接，最终效果如图 4-30 所示。

(1) 在图像“huangguoshu.jpg”上创建 4 个圆形热点超级链接，分别指向文件“dapubu.htm”、“tianxingqiao.htm”、“doupotang.htm”和“shitouzhai.htm”，打开目标窗口的方式均为在新窗口中打开，并设置相应的替换文本。

(2) 给“黄果树瀑布群”等导航文本添加超级链接，仍然分别指向文件“dapubu.htm”、“tianxingqiao.htm”、“doupotang.htm”和“shitouzhai.htm”，打开目标窗口的方式均为在新窗口中打开。

(3) 给图像“hgshu.jpg”添加超级链接，目标文件为“hgshu.htm”，打开目标窗口的方式为在新窗口中打开。

(4) 在文本“联系我们：”后添加电子邮件超级链接，链接文本和地址均为“wjx@tom.com”。

(5) 设置链接颜色和已访问链接颜色均为“#000”，变换图像链接颜色为“#F00”，且仅在变换图像时显示下划线。

图4-30 风景这边独好

这是一个设置超级链接的例子，可以通过【属性】面板、菜单命令以及【页面属性】对话框进行设置，具体操作步骤如下。

1. 打开网页文档“4-4.htm”，然后用鼠标光标选中图像“huangguoshu.jpg”。
2. 单击【属性】面板左下方的热点工具按钮○，并将鼠标光标移到图像上，按住鼠标左键拖曳绘制一个圆形区域，如图 4-31 所示。

图4-31 创建圆形区域

3. 接着在【属性】面板中设置链接地址、目标窗口和替换文本，如图 4-32 所示。

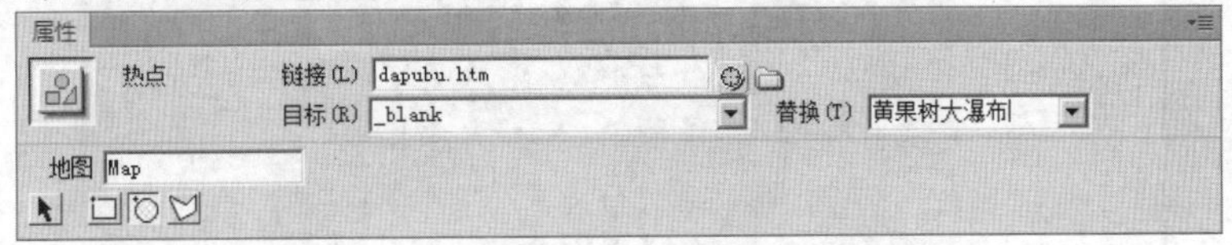

图4-32 设置热点超级链接

4. 利用同样的方法依次创建其他 3 个热点超级链接，分别指向文件“tianxingqiao.htm”、“doupotang.htm”和“shitouzhai.htm”。
5. 选中文本“黄果树瀑布群”，在【属性（HTML）】面板的【链接】下拉列表框中定义链接地址“dapubu.htm”，在【目标】下拉列表中选择【_blank】选项，如图 4-33 所示。

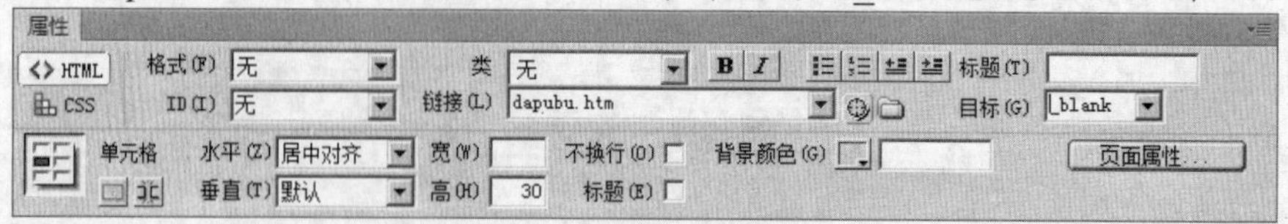

图4-33　设置文本超级链接

6. 利用同样的方法给其他导航文本创建超级链接，分别指向文件“tianxingqiao.htm”、“doupotang.htm”和“shitouzhai.htm”。
7. 选中图像“hgshu.jpg”，在【属性】面板的【链接】下拉列表框中定义链接地址“hgshu.htm”，在【目标】下拉列表中选择【_blank】选项，如图 4-34 所示。

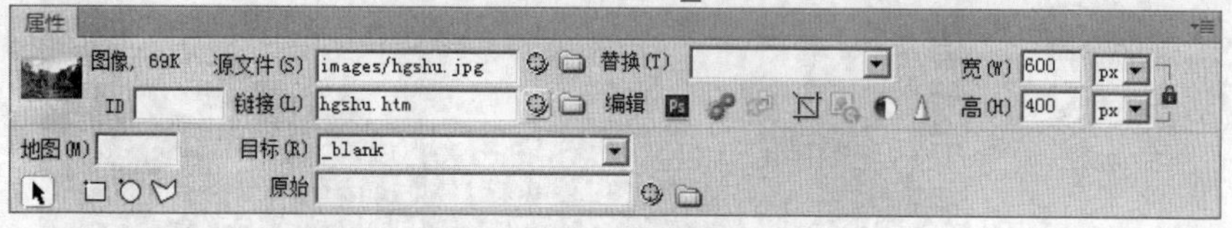

图4-34　设置图像超级链接

8. 将鼠标光标置于文本“联系我们:”的后面，然后选择菜单命令【插入】/【电子邮件】，打开【电子邮件链接】对话框，在【文本】和【电子邮件】文本框中均输入电子邮箱地址“wjx@tom.com”，如图 4-35 所示。

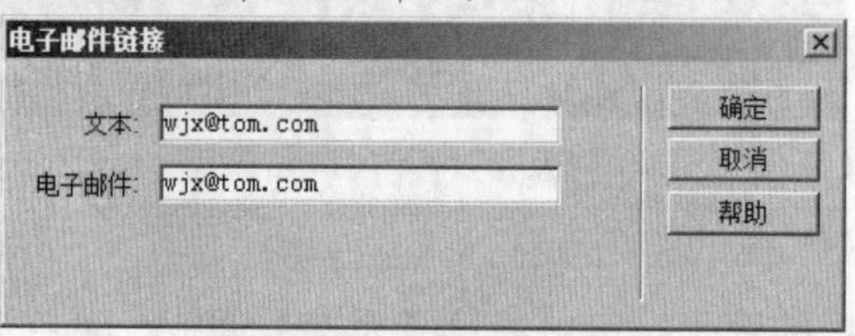

图4-35　创建电子邮件超级链接

9. 选择菜单命令【修改】/【页面属性】，打开【页面属性】对话框，在【链接（CSS）】分类的【链接颜色】和【已访问链接】右侧的文本框中输入颜色代码“#000”，在【变换图像链接】右侧的文本框中输入颜色代码“#F00”，在【下划线样式】下拉列表中选择【仅在变换图像时显示下划线】选项，如图 4-36 所示。

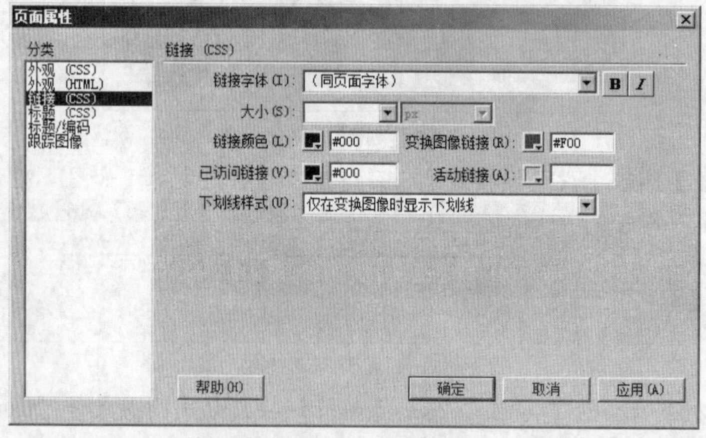

图4-36　设置文本链接状态

10. 保存文件。

4.5 习题

1. 思考题

   (1) 超级链接的路径通常有哪 3 种类型？

   (2) 就本章所学知识简要说明文本和图像超级链接有什么不同。

2. 操作题

   将附盘文件复制到站点文件夹下，并根据提示设置超级链接，效果如图 4-37 所示。

【步骤提示】

1. 设置文本“更多内容”的链接地址为“http://www.baidu.com”，打开目标窗口的方式均为在新窗口中打开。
2. 给文本“联系我们”添加电子邮件超级链接，链接地址为“us@tom.com”。
3. 设置网页中所有图像的链接目标文件均为“picture.htm”，打开目标窗口的方式均为在新窗口中打开。
4. 在正文中的“地理”、“风景”和“传说”处依次添加命名锚记“a”、“b”和“c”。
5. 给文档顶端的文本“地理”、“风景”和“传说”依次添加锚记超级链接。

日月潭
地理　风景　传说　联系我们　更多内容

日月潭又称龙湖，亦为闻名遐迩之山水佳胜，地处玉山山脉之北、能高瀑布之南，介於集集大山(潭之西)与水社大山(潭之东)之间。潭面辽阔，海拔约760公尺(2,495呎)，面积约900馀公顷。旧称水沙连、龙湖、水社大湖、珠潭、双潭，亦名水里社。潭中有小岛名拉鲁岛（旧名珠屿岛、光华岛），以此岛为界，潭面北半部形如日轮，南半部形似月钩，故名日月潭。潭水碧蓝无垠，青山葱翠倒映，环山抱水，形势天然。该潭除可泛舟游湖、赏心悦目外，其环湖胜景殊多，诸如涵碧楼、慈恩塔(9层塔，高约45公尺（148呎），建於海拔955公尺（3,133呎）之青龙山上，为环湖风景区之最高点)、玄奘寺、文武庙、德化社、山地文化村及孔雀园等。
日月潭湖周35公里，水域9平方公里多，为全省最大的天然湖泊，也是全国少数著名的高山湖泊之一。其地环湖皆山，湖水澄碧，湖中有天然小岛浮现，圆若明珠，形成“青山拥碧水，明潭抱绿珠”的美丽景观。清人曾作霖说它是“山中有水水中山，山自凌空水自闲”；陈书游湖，也说是“但觉水环山以外，居然山在水之中”。300年来，日月潭就凭着这“万山丛中，突现明潭”的奇景而成为宝岛诸胜之冠，驰名于五洲四海。
地理
旧称水沙连，又名水社里和龙湖，位于阿里山以北、能高山之南的南投县鱼池乡水社村。是台湾最大的天然淡水湖泊，堪称明珠之冠。在清朝时即被选为台湾八大景之一，有“海外别一洞天”之称。区内依特色规划有六处主题公园，包括景观、自然、孔雀及蝴蝶、水鸟、宗教等六个主题公园，还有八个特殊景点，以及水社、德化社两大服务区。
日月潭由玉山和阿里山漳的断裂盆地积水而成。环潭周长35公里，平均水深30米，水域面积达900多公顷，比杭州西湖大三分之一左右。日月潭是台湾著名的风景区，是台湾八景中的绝胜，也是台湾岛上唯一的天然湖泊，其天然风姿可与杭州西湖媲美。湖面海拔740米，面积7.73平方公里，潭中有一小岛名珠仔屿，亦名珠仔山，海拔745米。以此岛为界，北半湖形状如圆日，南半湖形状如一弯新月，日月潭因此而得名。
日月潭本来是两个单独的湖泊，后来因为发电需要，在下游筑坝，水位上升，两湖就连为一体了。潭中有一个小岛，远看好像浮在水面上的一颗珠子，故名珠仔岛，现在叫光华岛或拉鲁岛。以此岛为界，北半湖形如日轮，南半状似上弦之月，因名日月潭。旧台湾八景之一的「双潭秋月」就是由此而来。

图4-37　日月潭

第5章　使用表格

【学习目标】

- 掌握插入表格的方法。
- 掌握设置表格属性的方法。
- 掌握编辑表格的方法。
- 掌握使用表格布局网页的方法。

表格不仅可以有序地排列数据，还可以精确地定位网页元素，即网页布局。本章将介绍表格的基本知识。

5.1　功能讲解

下面介绍创建、编辑和设置表格的基本方法。

5.1.1　表格结构

表格是用于在网页上显示表格式数据以及对文本和图形进行布局的强有力的工具。表格可以将文本等内容按特定的行、列规则进行排列。表格是由行和列组成的，行和列又是由单元格组成的，因此单元格是组成表格的最基本单位。图 5-1 所示为一个 4 行 4 列的表格。要真正理解表格的概念，必须掌握下面几个关于表格的常用术语。

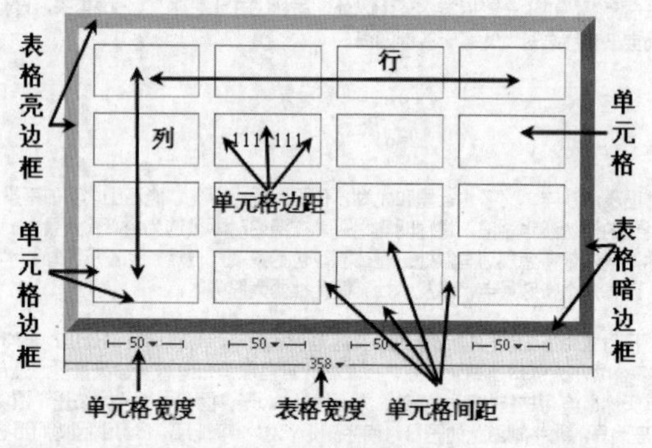

图5-1　表格结构

- 行：水平方向的一组单元格。
- 列：垂直方向的一组单元格。
- 单元格：表格中一行与一列相交的、单元格边框及以内的区域。
- 单元格间距：单元格之间的间隔。
- 单元格边距（也称填充）：单元格内容与单元格边框之间的间隔。
- 表格边框：由两部分组成，一部分是亮边框，另一部分是暗边框，可以设置边框的粗细、颜色等属性。

- 单元格边框：包括亮边框和暗边框两部分，粗细不可设置（默认 1px），颜色可以设置。

在网页制作中，表格不仅可以组织数据，还可以定位网页元素，甚至还可以用来制作一些特殊效果。组织数据是表格最基本的作用，如成绩单、工资表、销售表等。页面布局是表格组织数据作用的延伸，由简单地组织一些数据发展成定位网页元素，进行版面布局。制作特殊效果，如制作细线边框等，若结合 CSS 样式会制作出更多的效果。

5.1.2 数据表格

Dreamweaver 能够与外部软件交换数据，以方便用户快速导入或导出数据，同时还可以对数据表格进行排序。

一、 导入表格数据

可以将 Excel 表格和以分隔文本的格式（其中的项以制表符、逗号、分号或其他分隔符）保存的表格式数据导入到 Dreamweaver CS6 中。方法是：选择菜单命令【文件】/【导入】/【表格式数据】或【Excel 文档】。导入 Excel 文档与导入 Word 文档打开的对话框是相似的，而导入表格式数据打开的对话框如图 5-2 所示。在导入表格式数据时，数据中的定界符须是半角。另外，【导入表格式数据】对话框中的定界符指的是要导入的数据文件中使用的定界符。

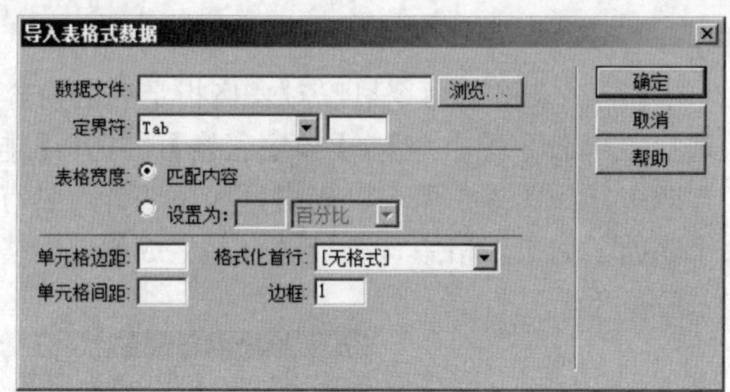

图5-2 【导入表格式数据】对话框

下面对【导入表格式数据】对话框中的相关参数进行简要说明。

- 【数据文件】：设置要导入的文件的名称。
- 【定界符】：设置要导入的文件中所使用的分隔符，如果列表中没有适合的选项，这时需要选择【其他】，然后在下拉列表右侧的文本框内输入导入文件中使用的分隔符。将分隔符设置为先前保存数据文件时所使用的分隔符，否则无法正确导入文件，也无法在表格中对数据进行正确的格式设置。
- 【表格宽度】：设置表格的宽度，选择【匹配内容】使每个列足够宽，以适应该列中最长的文本字符串，选择【设置为】以“像素”为单位指定固定的表格宽度，或按占浏览器窗口宽度的“百分比”指定表格宽度。
- 【单元格边距】：设置单元格内容与单元格边框之间的像素数。
- 【单元格间距】：设置相邻的表格单元格之间的像素数。
- 【格式化首行】：确定应用于表格首行的格式设置（如果存在），从 4 个格式

设置选项中进行选择：无格式、粗体、斜体或加粗斜体。

- 【边框】：设置表格边框的宽度，以“像素”为单位。

图 5-3 所示为分别将 Excel 数据和表格式数据导入 Dreamweaver CS6 中的效果。

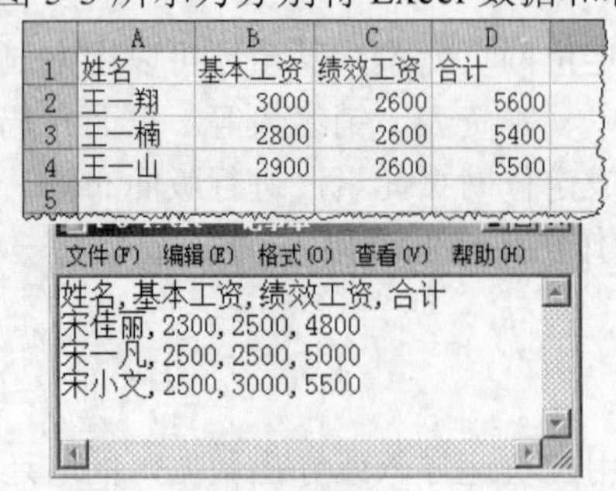

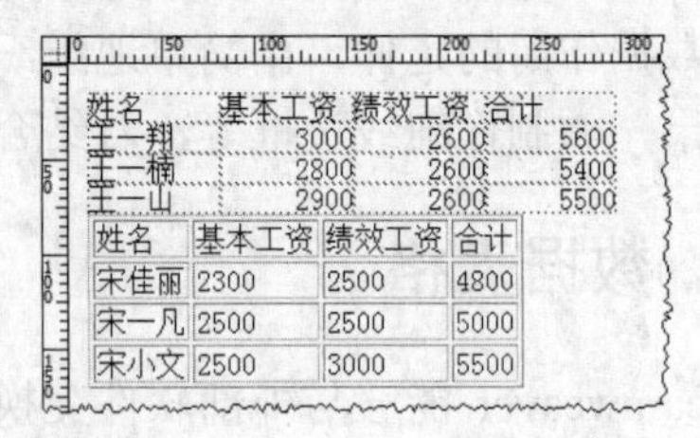

图5-3　导入 Excel 数据和表格式数据

二、 导出表格数据

在 Dreamweaver CS6 中的表格数据也可以进行导出。方法是：将鼠标光标置于表格中，然后选择菜单命令【文件】/【导出】/【表格】，打开【导出表格】对话框，如图 5-4 所示，在【定界符】下拉列表中选择要在导出的结果文件中使用的分隔符类型（包括“Tab”、“空白键”、“逗点”、“分号”和“引号”），在【换行符】下拉列表中选择打开文件的操作系统（包括“Windows”、“Mac”和“UNIX”），最后单击 导出 按钮，打开【表格导出为】对话框，设置文件的保存位置和名称即可。

三、 排序表格数据

利用 Dreamweaver 的【排序表格】命令可以对表格指定列的内容进行排序。方法是：先选中整个表格，然后选择菜单命令【命令】/【排序表格】，打开【排序表格】对话框，在该对话框中进行参数设置即可，如图 5-5 所示。表格排序主要针对具有格式数据的表格，是根据表格列中的数据来排序的。如果表格中含有经过合并生成的单元格，则表格将无法使用排序功能。

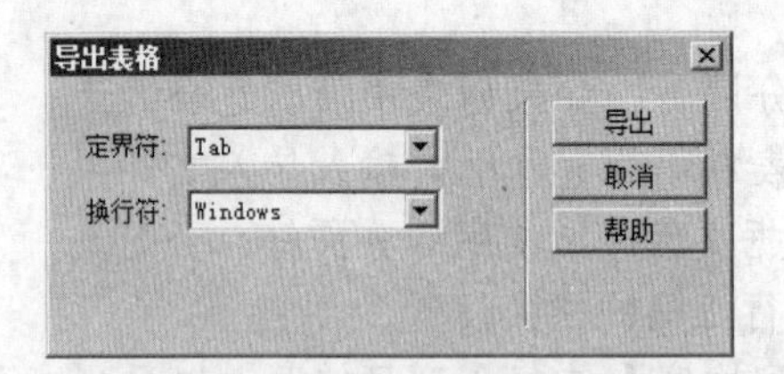

图5-4　【导出表格】对话框

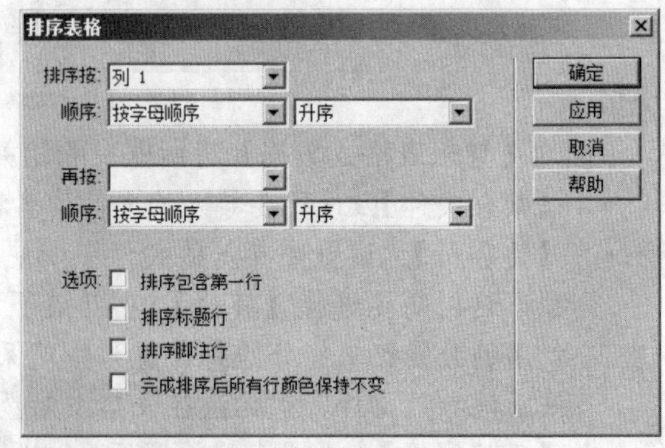

图5-5　【排序表格】对话框

下面对【排序表格】对话框中的相关参数进行简要说明。

- 【排序按】：设置使用哪个列的值对表格的行进行排序。
- 【顺序】：设置是按字母还是按数字顺序以及是以升序（A 到 Z，数字从小到大）还是以降序对列进行排序。当列的内容是数字时，选择【按数字顺序】。如果按字母顺序对一组由一位或两位数组成的数字进行排序，则会将这些数字

作为单词进行排序（排序结果如 1、10、2、20、3、30），而不是将它们作为数字进行排序（排序结果如 1、2、3、10、20、30）。

- 【再按】和【顺序】：设置将在另一列上应用的第 2 种排序方法的排序顺序。在【再按】中指定将应用第 2 种排序方法的列，并在【顺序】中指定第 2 种排序方法的排序顺序。
- 【选项】：共有 4 个复选框，【排序包含第一行】用于设置将表格的第一行包括在排序中，如果第一行是标题类型则不选择此选项。【排序标题行】用于设置使用与主体行相同的条件对表格的 thead 部分（如果有）中的所有行进行排序。不过，即使在排序后，thead 行也将保留在 thead 部分并仍显示在表格的顶部。【排序脚注行】用于设置按照与主体行相同的条件对表格的 tfoot 部分（如果有）中的所有行进行排序。不过，即使在排序后，tfoot 行仍将保留在 tfoot 部分并仍显示在表格的底部。【完成排序后所有行颜色保持不变】用于设置排序之后表格行属性（如颜色）应该与同一内容保持关联。如果表格行使用两种交替的颜色，则不要选择此选项以确保排序后的表格仍具有颜色交替的行。如果行属性特定于每行的内容，则选择此选项以确保这些属性保持与排序后表格中正确的行关联在一起。

5.1.3 插入表格

在网页文档中，将鼠标光标置于要插入表格的位置，然后采用以下方式打开【表格】对话框进行参数设置即可，如图 5-6 所示。【表格】对话框中显示的各项参数值是最近一次所设置的数值大小，系统会将最近一次设置的参数保存到下一次打开这个对话框时为止。

- 选择菜单命令【插入】/【表格】。
- 在【插入】/【常用】面板中单击 表格 按钮。
- 在【插入】/【布局】面板中单击 表格 按钮。

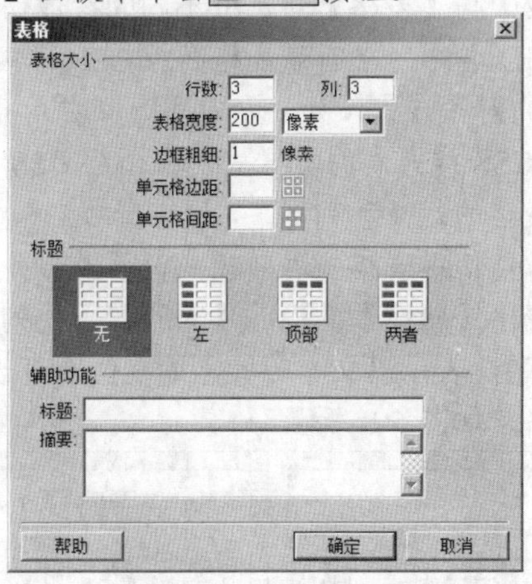

图5-6 【表格】对话框

【表格】对话框分为 3 个部分：【表格大小】栏、【标题】栏和【辅助功能】栏。在【表格大小】栏可以设置表格基本参数，其中表格宽度的单位有“像素”和“百分比”两种。以“像素”为单位设置表格宽度，表格的绝对宽度将保持不变。以“百分比”为单位设置表格宽度，表格的宽度将随浏览器的大小变化而变化。边框粗细、单元格边距和单元格间距均以“像素”为单位。在【标题】栏中可以对表格的标题进行设置，因为在组织数据表格时，通常有一行或一列是标题文字，然后才是相应的数据，在现实生活中是很常见的。在【辅助功能】栏中可以设置整个表格的标题和表格的说明文字。

在【表格】对话框中如果没有明确设置边框粗细、单元格间距和单元格边距的值，则大多数浏览器都按边框粗细和单元格边距设置为“1”、单元格间距设置为“2”来显示表格。如果要确保浏览器显示表格时不显示边距或间距，应该将单元格边距和单元格间距设置为“0”，如果不显示边框，同样需要将边框设置为“0”。

嵌套表格是指在表格的单元格内再插入表格，其宽度受所在单元格的宽度限制。在进行网页布局时，常使用嵌套表格来排版页面元素，此时表格的边框粗细通常设置为“0”。在使用表格布局页面时，建议从上到下使用多个表格布局页面，而不主张将整个页面全部使用一个表格套起来。因为网页在显示时，需要将表格内的所有内容下载完毕才能显示。如果要在一个表格的后面继续插入表格，首先需要将鼠标光标置于该表格的后面，或者先选中该表格，然后再利用插入表格的命令插入表格即可。

5.1.4 表格属性

创建表格后，在表格的【属性】面板中会显示所创建表格的基本属性，如行数、列数、宽度、填充、间距、边框及对齐方式等，此时可以进一步修改这些属性使表格更完美。插入表格后会自动显示表格【属性】面板，如图 5-7 所示。

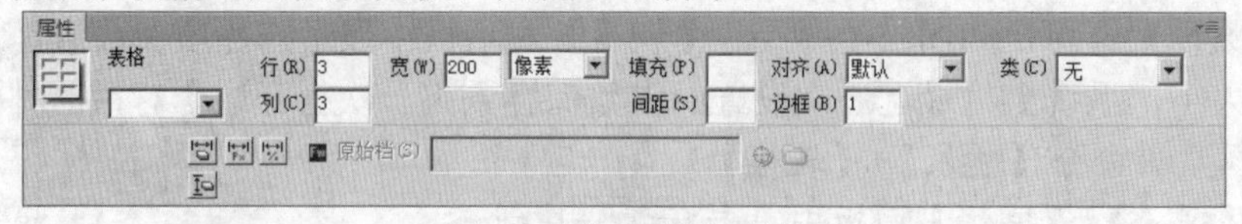

图5-7　表格【属性】面板

下面对表格【属性】面板中与【表格】对话框不同的参数作简要说明。

- 【表格】：设置表格 ID 名称，在创建表格高级 CSS 样式时会用到。
- 【对齐】：设置表格的对齐方式，如“左对齐”、“右对齐”和“居中对齐”。
- 【类】：设置表格的 CSS 样式表的类样式，在介绍 CSS 样式时会详细介绍。
- 和按钮：清除表格的行高和列宽。
- 和按钮：根据当前值将表格宽度转换成像素或百分比。

如果表格外有文本，在表格【属性】面板的【对齐】下拉列表中选择不同的选项，其效果是不一样的。选择【左对齐】，表示沿文本等元素的左侧对齐表格；选择【右对齐】，表示沿文本等元素的右侧对齐表格，如图 5-8 所示。

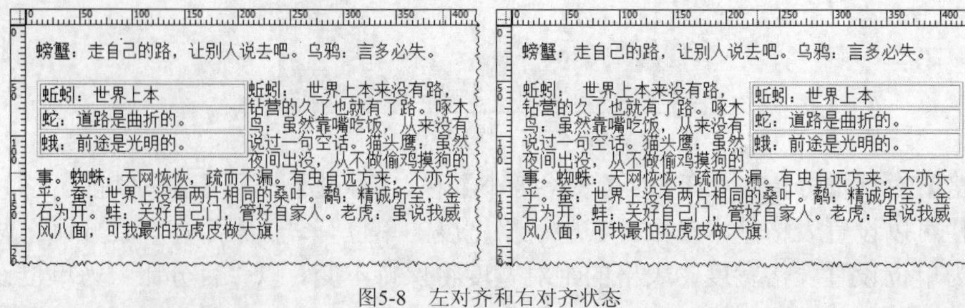
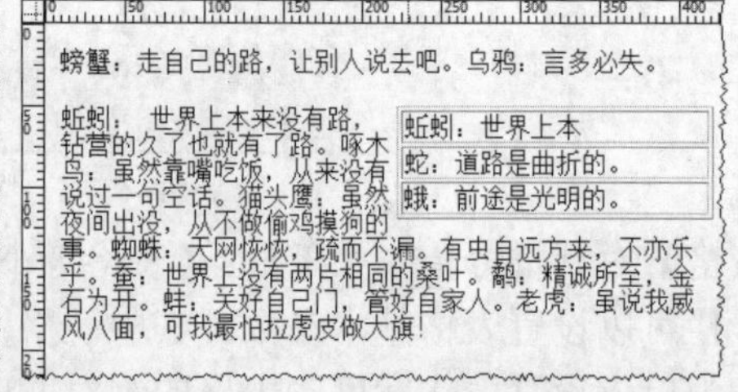

图5-8　左对齐和右对齐状态

如果选择【居中对齐】，则表格将居中显示，而文本将显示在表格的上方和下方；如果选择【默认】，文本不会显示在表格的两侧，如图 5-9 所示。

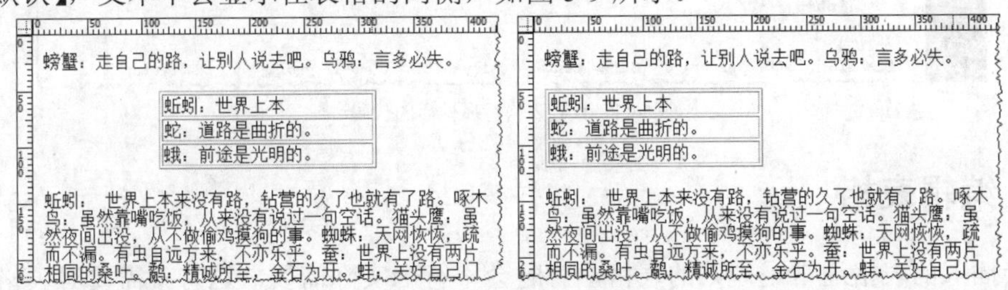

图5-9　居中对齐和默认状态

5.1.5　单元格属性

设置表格的行、列或单元格属性要先选择行、列或单元格，然后在【属性（HTML）】面板中进行设置。行、列、单元格的【属性（HTML）】面板都是一样的，惟一不同的是左下角的名称。图 5-10 所示为单元格的【属性（HTML）】面板。

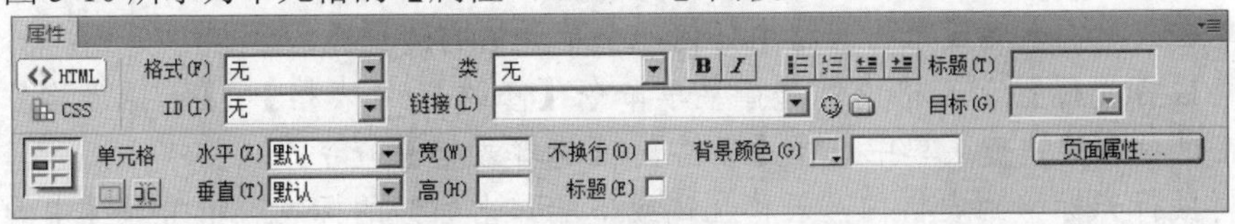

图5-10　单元格【属性（HTML）】面板

【属性（HTML）】面板主要分为上下两个部分，上面部分主要用于设置单元格中文本的属性，下面部分主要用于设置行、列或单元格本身的属性。下面对单元格【属性（HTML）】面板中下半部分的相关参数说明如下。

- 【水平】：设置单元格的内容在水平方向上的对齐方式，通常情况下常规单元格为左对齐，标题单元格为居中对齐。
- 【垂直】：设置单元格的内容在垂直方向上的对齐方式。
- 【宽】和【高】：设置被选择单元格的宽度和高度。
- 【不换行】：防止换行，从而使给定单元格中的所有文本都在一行上。
- 【标题】：将所选的单元格设置为表格标题单元格，标题文本呈粗体并居中。
- 【背景颜色】：设置单元格的背景色。
- 【合并单元格】：将所选的单元格、行或列合并为一个单元格。只有当单元格形成矩形或直线的块时才可以合并这些单元格。
- 【拆分单元格】：将一个单元格分成两个或更多个单元格。一次只能拆分一个单元格，如果选择的单元格多于一个，则此按钮将禁用。

如果设置表格列的属性，Dreamweaver CS6 将更改对应于该列中每个单元格的 td 标签的属性。如果设置表格行的属性，Dreamweaver CS6 将更改 tr 标签的属性，而不是更改行中每个 td 标签的属性。在将同一种格式应用于行中的所有单元格时，将格式应用于 tr 标签会生成更加简明清晰的 HTML 代码，如图 5-11 所示。可以通过设置表格及单元格的属性或将预先设计的 CSS 样式应用于表格、行或单元格，来更改表格的外观。在设置表格和单元格的属性时，属性设置的优先顺序为单元格、行和表格。

```
18 <table width="960" border="0" align="center" cellpadding="0" cellspacing="0" id="mainbody">
19   <tr align="left" valign="top" bgcolor="#FFFFFF">
20     <td width="180"> </td>
21     <td> </td>
22   </tr>
23 </table>
24 <table width="960" border="0" align="center" cellpadding="0" cellspacing="0" id="footer">
```

图5-11 设置表格行属性后的代码

5.1.6 编辑表格

直接插入的表格通常是规则的表格，有时会不符合实际需要，这时就需要对表格进行编辑。由于篇幅限制，下面只介绍编辑表格最常用的方法。

一、 选择表格

要对表格进行编辑，首先必须选定表格。因为表格包括行、列和单元格，所以选择表格的操作通常包括选择整个表格、选择行或列、选择单元格 3 个方面。

(1) 选择整个表格。

选择整个表格最常用的方法有以下几种。

- 单击表格左上角或单击表格中任何一个单元格的边框线。
- 将鼠标光标置于表格内，选择菜单命令【修改】/【表格】/【选择表格】，或在鼠标右键快捷菜单中选择【表格】/【选择表格】命令。
- 将鼠标光标移到表格内，表格上端或下端弹出绿线的标志，单击绿线中的▾按钮，从弹出的下拉菜单中选择【选择表格】命令。
- 将鼠标光标移到表格内，单击文档窗口左下角相应的“<table>”标签。

(2) 选择行或列。

选择表格的行或列最常用的方法有以下几种。

- 当鼠标光标位于欲选择的行首或列顶时，变成黑色箭头形状，这时单击鼠标左键，便可选择行或列，如图 5-12 所示。如果按住鼠标左键并拖曳，可以选择连续的行或列，也可以按住 Ctrl 键依次单击欲选择的行或列，这样可以选择不连续的多行或多列。

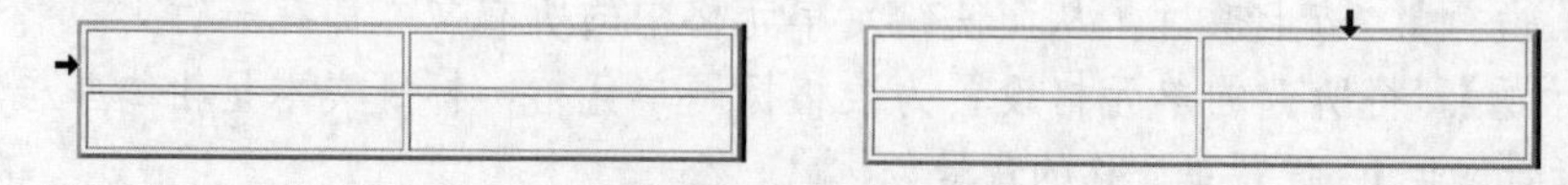

图5-12 通过单击选择行或列

- 按住鼠标左键从左至右或从上至下拖曳，将选择相应的行或列，如图 5-13 所示。

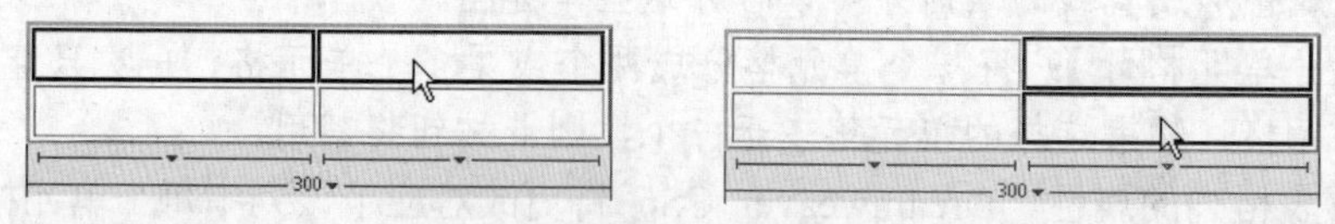

图5-13 通过拖曳选择行或列

- 将鼠标光标移到欲选择的行中，单击文档窗口左下角的“<tr>”标签选择该行，如图 5-14 所示。

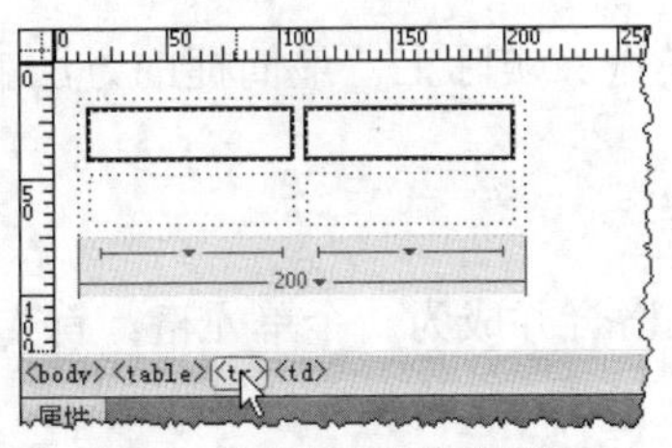

图5-14 通过<tr>标签选择行

(3) 选择单元格。

选择单个单元格的方法有以下两种。

- 将鼠标光标置于单元格内，然后按住Ctrl键，单击单元格可以将其选择。
- 将鼠标光标置于单元格内，然后单击文档窗口左下角的<td>标签将其选择。

选择相邻单元格的方法有以下两种。

- 在开始的单元格中按住鼠标左键并拖曳到最后的单元格。
- 将鼠标光标置于开始的单元格内，然后按住Shift键不放单击最后的单元格。

选择不相邻单元格的方法有以下两种。

- 按住Ctrl键，依次单击欲选择的单元格。
- 按住Ctrl键，在已选择的连续单元格中依次单击欲去除的单元格。

二、 增加行或列

首先将鼠标光标移到欲插入行或列的单元格内，然后采取以下最常用的方法进行操作。

- 选择菜单命令【修改】/【表格】/【插入行】，则在鼠标光标所在单元格的上面增加 1 行。同样，选择菜单命令【修改】/【表格】/【插入列】，则在鼠标光标所在单元格的左侧增加 1 列。也可使用右键快捷菜单命令【表格】/【插入行】或【表格】/【插入列】进行操作。
- 选择菜单命令【修改】/【表格】/【插入行或列】，在弹出的【插入行或列】对话框中进行设置，如图 5-15 所示，加以确认后即可完成插入操作。也可在右键快捷菜单命令中选择【表格】/【插入行或列】，弹出该对话框。

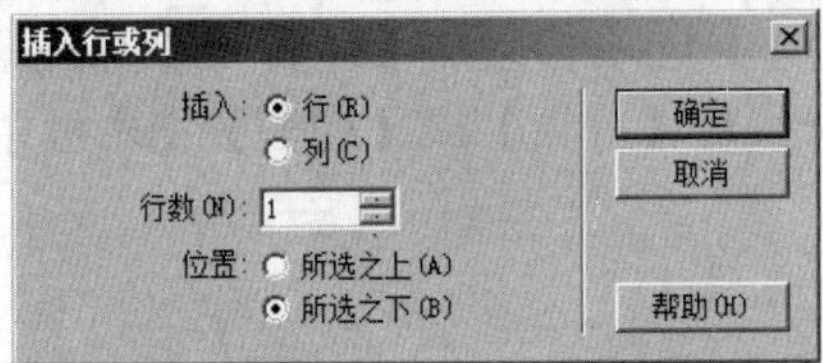

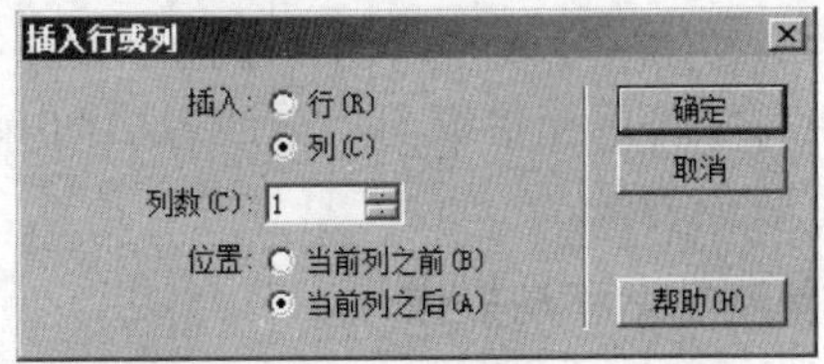

图5-15 【插入行或列】对话框

在图 5-15 所示的对话框中，【插入】选项组包括【行】和【列】两个单选按钮，其默认选择的是【行】单选按钮，因此下面的选项就是【行数】，在【行数】选项的文本框内可以定义预插入的行数，在【位置】选项组中可以定义插入行的位置是【所选之上】还是【所选之下】。在【插入】选项组中如果选择的是【列】单选按钮，那么下面的选项就变成了【列数】，【位置】选项组后面的两个单选按钮就变成了【当前列之前】和【当前列之后】。

三、 删除行或列

如果要删除行或列，首先需要将鼠标光标置于要删除的行或列中，或者将要删除的行或列选中，然后选择菜单命令【修改】/【表格】中的【删除行】或【删除列】进行删除。也

可使用右键快捷菜单命令进行操作。实际上，最简捷的方法就是先选定要删除的行或列，然后按 Delete 键。

四、合并单元格

合并单元格是指将多个单元格合并成为一个单元格。首先选择欲合并的单元格，然后可采取以下方法进行操作。

- 选择菜单命令【修改】/【表格】/【合并单元格】。
- 单击鼠标右键，在弹出的快捷菜单中选择【表格】/【合并单元格】命令。
- 单击【属性（HTML）】面板左下角的按钮。

合并单元格后的效果如图 5-16 所示。

1	2	3
4	5	6
7	8	9
10	11	12

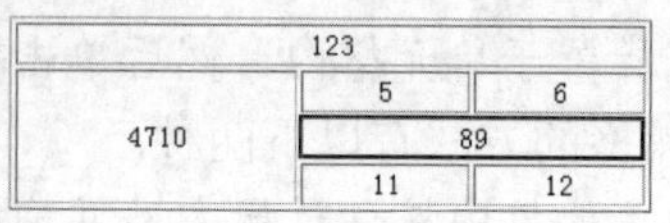

图5-16　合并单元格

五、拆分单元格

拆分单元格是针对单个单元格而言的，可看成是合并单元格的逆操作。首先需要将鼠标光标定位到要拆分的单元格中，然后采取以下方法进行操作。

- 选择菜单命令【修改】/【表格】/【拆分单元格】。
- 单击鼠标右键，在弹出的快捷菜单中选择【表格】/【拆分单元格】命令。
- 单击【属性（HTML）】面板左下角的按钮，弹出【拆分单元格】对话框。

拆分单元格的效果如图 5-17 所示。

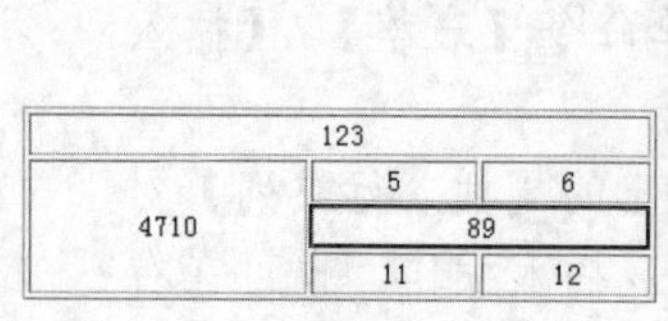

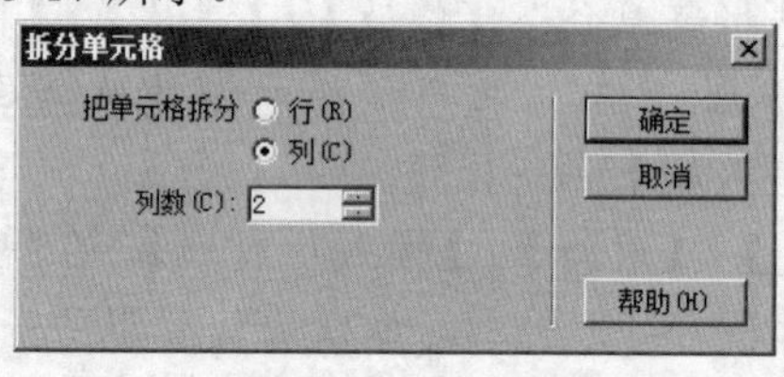

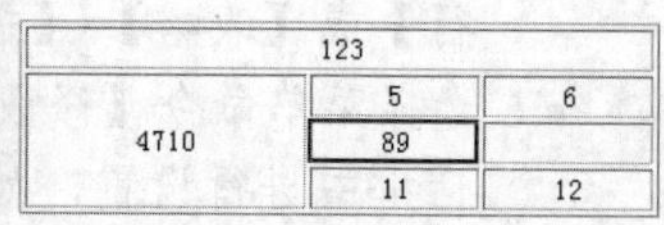

图5-17　拆分单元格

在【拆分单元格】对话框中，【把单元格拆分】选项组包括【行】和【列】两个单选按钮，这表明可以将单元格纵向拆分或者横向拆分。在【行数】或【列数】文本框中可以定义要拆分的行数或列数。

六、复制粘贴移动操作

选择了整个表格、某行、某列或单元格后，选择【编辑】菜单中的【拷贝】命令，可以将其中的内容复制或剪切。将鼠标光标置于要粘贴表格的位置，然后选择【编辑】/【粘贴】命令，便可将所复制或剪切的表格、行、列或单元格等粘贴到鼠标光标所在的位置。

(1) 复制/粘贴表格。

当鼠标光标位于单个单元格内时，粘贴整个表格后，将在单元格内插入一个嵌套的表格。如果鼠标光标位于表格外，那么将粘贴一个新的表格。

(2) 复制/粘贴行或列。

选择与所复制内容结构相同的行或列，然后使用粘贴命令，复制的内容将取代行或列中原有的内容，如图 5-18 所示。若不选择行或列，将鼠标光标置于单元格内，粘贴后将自动添加 1 行或 1 列，如图 5-19 所示。若鼠标光标位于表格外，粘贴后将自动生成一个新的表格，如图 5-20 所示。

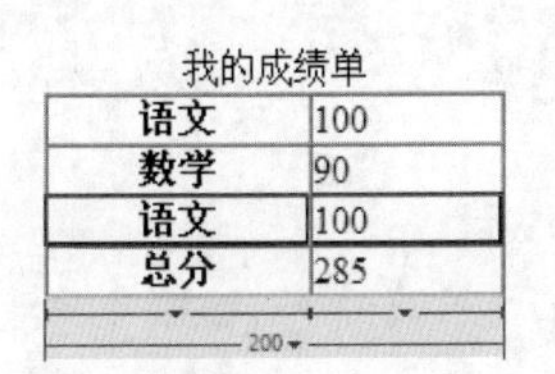

我的成绩单

语文	100
数学	90
语文	100
总分	285

图5-18　粘贴相同结构的行或列

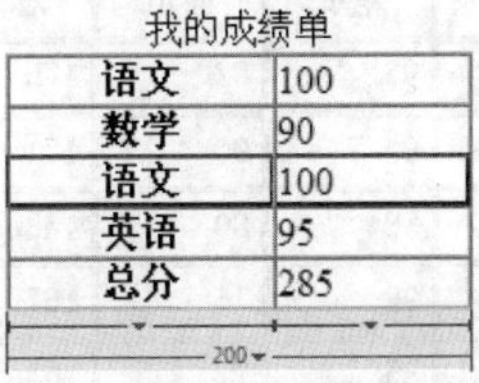

我的成绩单

语文	100
数学	90
语文	100
英语	95
总分	285

图5-19　不选择行或列并粘贴

我的成绩单

语文	100
数学	90
英语	95
总分	285

我的成绩单

语文	100

图5-20　在表格外粘贴

(3)　复制/粘贴单元格。

若被复制的内容是一部分单元格，并将其粘贴到被选择的单元格上，则被选择的单元格内容将被复制的内容替换，前提是复制和粘贴前后的单元格结构要相同，如图 5-21 所示。若鼠标光标在表格外，则粘贴后将生成一个新的表格，如图 5-22 所示。

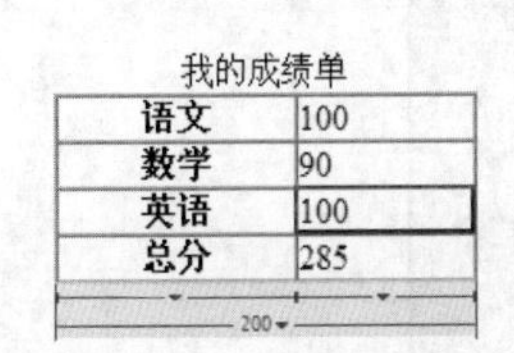

我的成绩单

语文	100
数学	90
英语	100
总分	285

图5-21　粘贴单元格

我的成绩单

语文	100
数学	90
英语	95
总分	285

我的成绩单

100

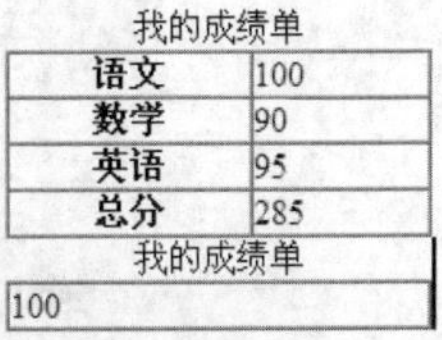

图5-22　在表格外粘贴单元格

(4)　移动行或列。

有时需要移动表格中的数据位置才能更符合实际需要。在 Dreamweaver 中可以整行或整列地移动数据。首先需要选择要移动的行或列，接着选择菜单命令【编辑】/【剪切】，然后将鼠标光标定位到目标位置，选择菜单命令【编辑】/【粘贴】。粘贴的内容将位于插入点所在行的上方或插入点所在列的左方，如图 5-23 所示。

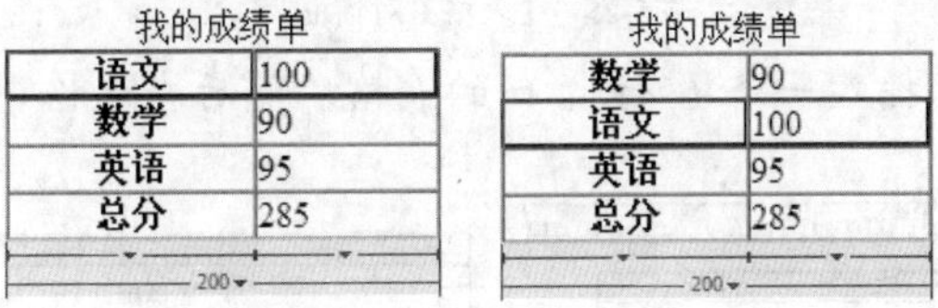

我的成绩单

语文	100
数学	90
英语	95
总分	285

我的成绩单

数学	90
语文	100
英语	95
总分	285

图5-23　移动表格内容

5.2　范例解析

下面通过具体范例来学习创建和设置表格的基本方法。

5.2.1　成绩单

使用表格制作一个成绩单，然后按总分由高到低进行排序，最终效果如图 5-24 所示。

这是一个设置数据表格的例子，可以先插入表格并输入数据，然后通过【属性（HTML）】面板设置属性使其更美观，最后使用【排序表格】命令对表格进行排序。具体操作步骤如下。

成绩单

姓名	笔试	面试	总分
李小宝	93	82	175
陈佳丽	81	90	171
王一鸣	88	80	168
宋一超	92	75	167
王一凡	85	77	163

图5-24　成绩单

1. 创建一个新文档并保存为“5-2-1.htm”。
2. 选择菜单命令【插入】/【表格】，打开【表格】对话框，参数设置如图 5-25 所示。

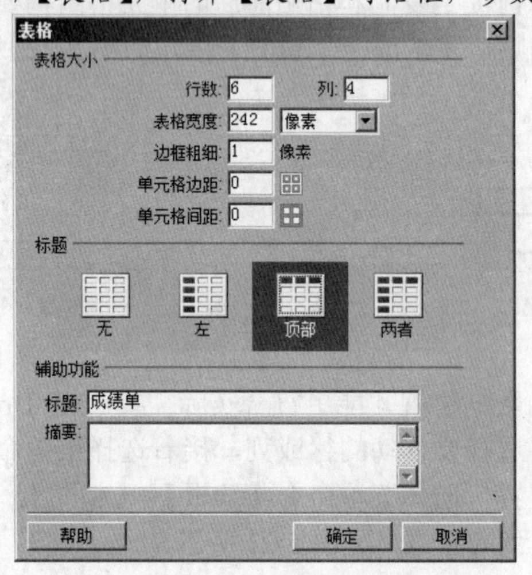

图5-25　【表格】对话框

3. 单击 确定 按钮，插入一个 6 行 4 列的表格，然后在表格中输入相应的数据，如图 5-26 所示。

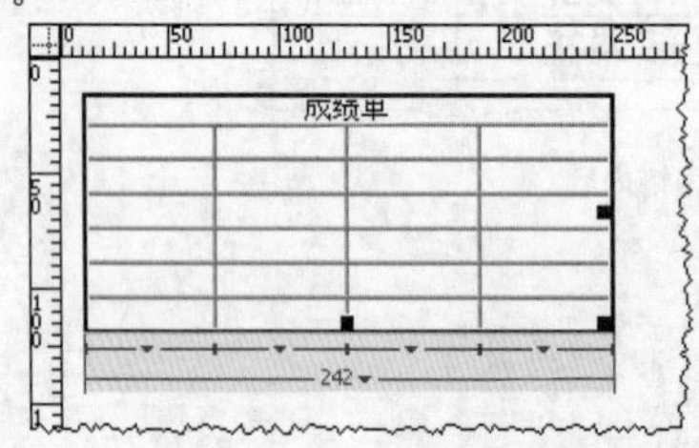

成绩单

姓名	笔试	面试	总分
王一凡	85	77	163
宋一超	92	75	167
王一鸣	88	80	168
李小宝	93	82	175
陈佳丽	81	90	171

图5-26　插入表格并输入数据

4. 在【属性】面板中单击 页面属性... 按钮，打开【页面属性】对话框，在【外观（CSS）】分类中将页面字体设置为“宋体”，大小设置为“16 px”，如图 5-27 所示。

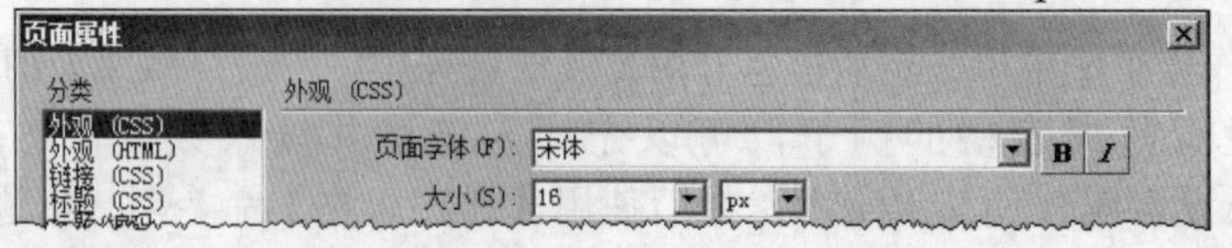

图5-27　设置页面字体

5. 选中表格，取消表格的宽度设置，并将表格的填充设置为“5”，间距设置为“1”，如图 5-28 所示。

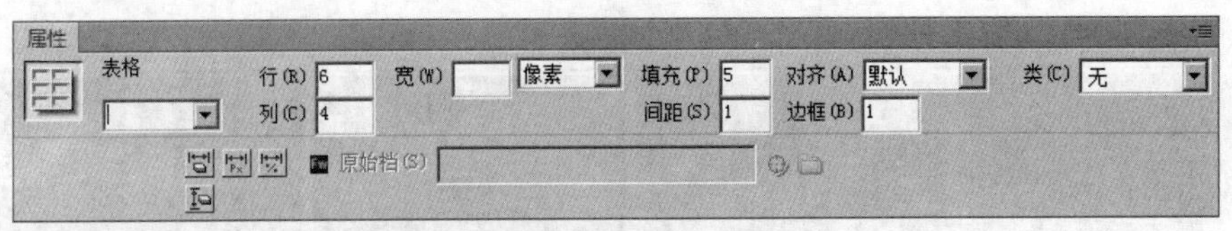

图5-28　修改表格属性

6. 选中表格第 1 行单元格，将单元格宽度设置为“60”，如图 5-29 所示。

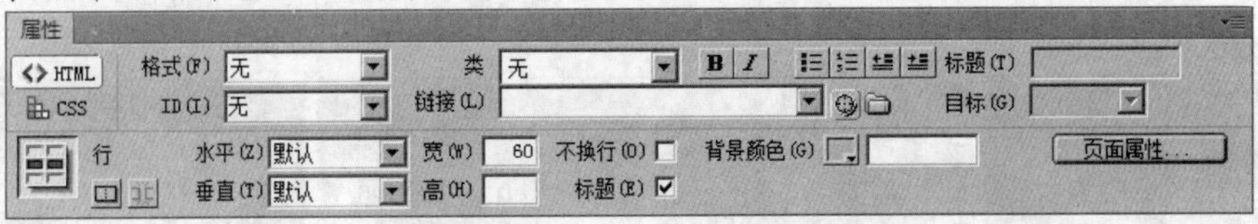

图5-29　设置单元格宽度

7. 选中整个表格，然后选择菜单命令【命令】/【排序表格】，打开【排序表格】对话框，参数设置如图 5-30 所示。

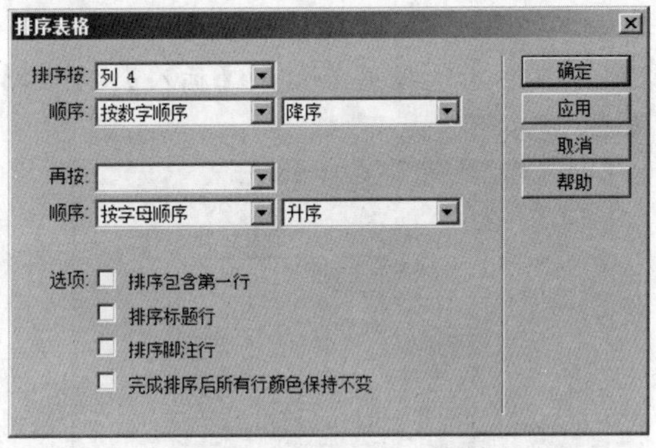

图5-30　【排序表格】对话框

8. 单击 确定 按钮，关闭对话框，并保存文档，如图 5-31 所示。

成绩单

姓名	笔试	面试	总分
李小宝	93	82	175
陈佳丽	81	90	171
王一鸣	88	80	168
宋一超	92	75	167
王一凡	85	77	163

图5-31　表格的应用

5.2.2 花卉展

将附盘文件复制到站点文件夹下，然后使用表格布局图片，最终效果如图 5-32 所示。

这是使用表格进行页面布局的一个例子，可以先插入表格，然后通过【属性】面板对表格和单元格进行属性设置，最后在单元格中输入内容即可。具体操作步骤如下。

图5-32　花卉展

1. 打开附盘文件“5-2-2.htm”，然后选择菜单命令【插入】/【表格】，打开【表格】对话框并进行参数设置，如图 5-33 所示。

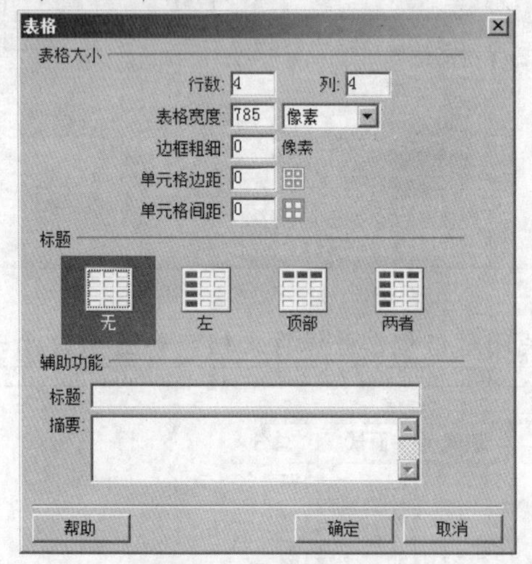

图5-33　【表格】对话框

2. 单击 确定 按钮，插入一个 4 行 4 列的表格，如图 5-34 所示。

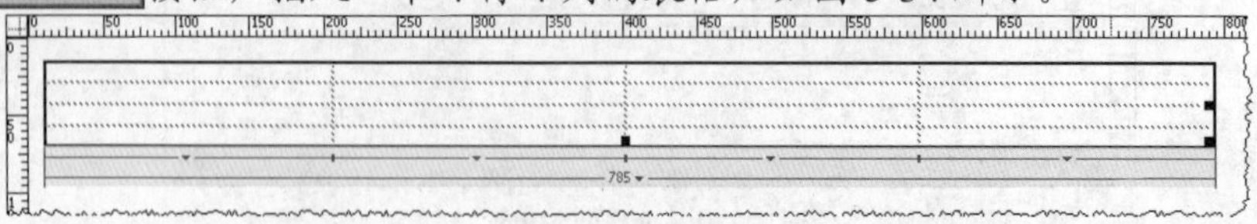

图5-34　插入表格

3. 在表格【属性】面板中，将表格的对齐方式设置为“居中对齐”，间距设置为“1”，如图 5-35 所示。

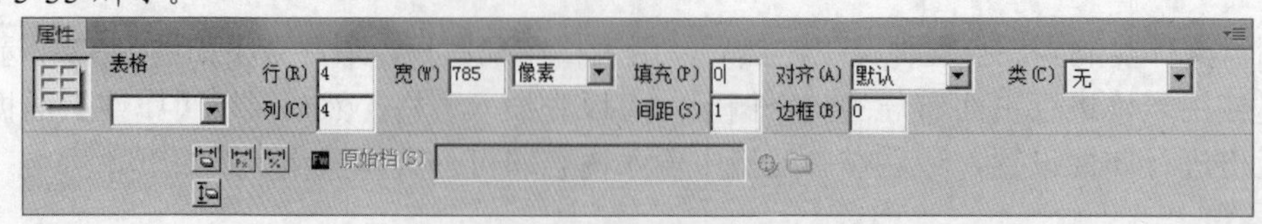

图5-35　设置表格对齐方式

4. 选中第 1 行的所有单元格，然后在【属性】面板中单击按钮进行行单元格合并，利用同样的方法将第 3 行的所有单元格也进行合并。
5. 分别选中第 2 行和第 4 行的所有单元格，然后进行属性设置，如图 5-36 所示。

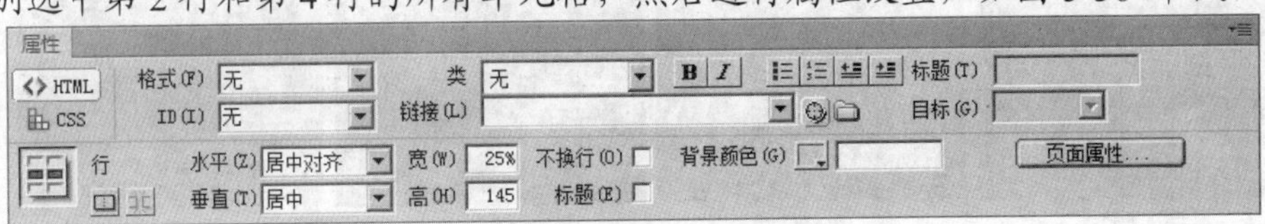

图5-36 设置单元格属性

6. 在第 1 行单元格中插入图像“line01.jpg”，然后在第 2 行单元格中依次插入图像“ss1.jpg”、“ss2.jpg”、“ss3.jpg”和“ss4.jpg”。
7. 在第 3 行单元格中插入图像“line02.jpg”，然后在第 4 行单元格中依次插入图像“cl1.jpg”、“cl2.jpg”、“cl3.jpg”和“cl4.jpg”，如图 5-37 所示。

图5-37 插入图像

8. 用鼠标选中第 3 行单元格，然后选择菜单命令【修改】/【表格】/【插入行】，在“常绿花木”所在行的上面增加 1 行。
9. 将鼠标光标置于新增加的行中，选择菜单命令【修改】/【表格】/【拆分单元格】，将新增加的行拆分为 4 个单元格，如图 5-38 所示。

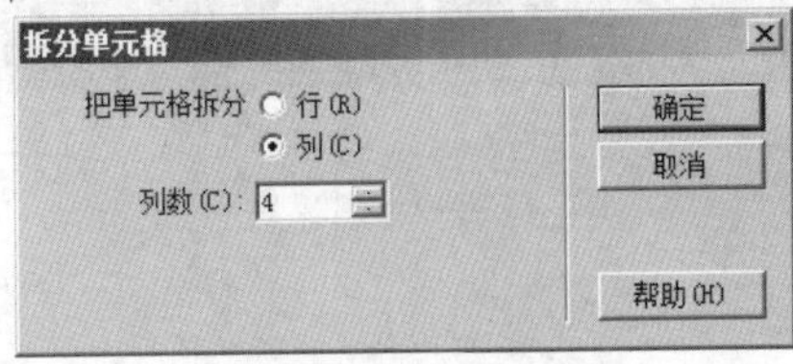

图5-38 拆分单元格

10. 选中新增加行所有单元格并进行属性设置，如图 5-39 所示。

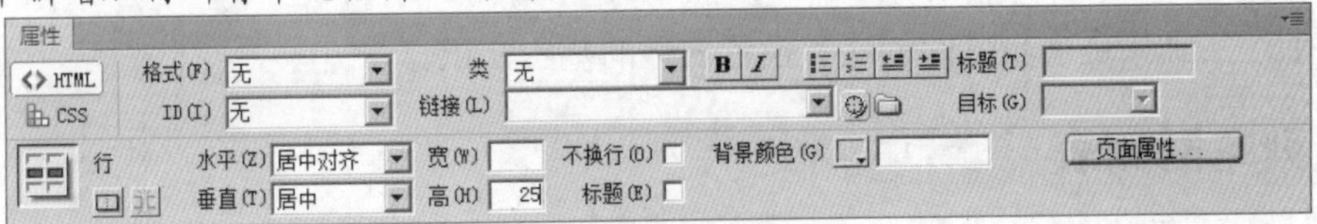

图5-39 设置单元格属性

11. 在单元格输入图片说明文字，如图 5-40 所示。

图5-40　输入图片说明文字

12. 将鼠标光标置于最后一行单元格中，然后选择菜单命令【修改】/【表格】/【插入行或列】，弹出【插入行或列】对话框，参数设置如图 5-41 所示。

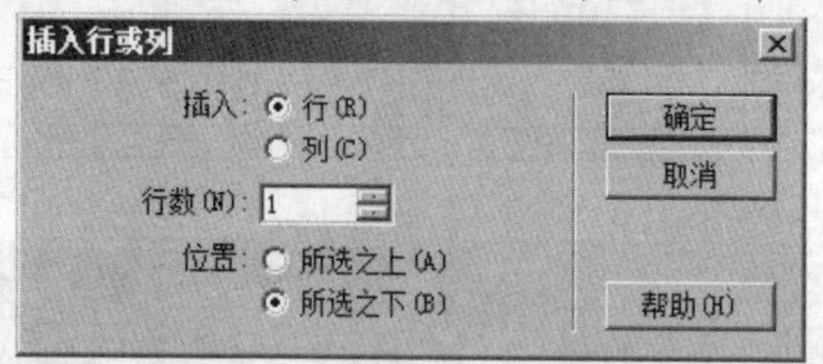

图5-41　【插入行或列】对话框

13. 选中新增加的行，在【属性】面板中修改单元格高度为“25”，并输入图片说明文字，结果如图 5-42 所示。

图5-42　输入说明文字

14. 保存文件。

5.3 实训

下面通过实训来进一步巩固创建和设置表格的基本知识。

5.3.1 列车时刻表

使用表格制作一个列车时刻表，最终效果如图 5-43 所示。

列车时刻表

车次	发站	到站	开车时间	到站时间
K8252	青岛	烟台	6:00	10:12
D6064	青岛	泰山	6:10	9:28
K694	青岛	合肥	6:17	22:20
D60	青岛	北京南	7:00	12:48
D6072	青岛	济南	7:30	9:55
T162	青岛	广州东	7:50	12:45
D58	青岛	北京南	8:00	13:38

图5-43 列车时刻表

这是使用表格组织数据的一个例子，步骤提示如下。

1. 创建文档并保存为“5-3-1.htm”，然后将页面字体设置为“宋体”，大小设置为“16px”。
2. 插入一个8行5列的表格，表格标题为“列车时刻表”，第1行为标题行，填充和间距均设置为“2”，边框设置为“1”。
3. 将第1行单元格的宽度设置为“20%”，背景颜色设置为“#CCCCCC”，将其他行所有单元格的水平对齐方式设置为“居中对齐”。
4. 输入相应文本并保存文档。

5.3.2 日历表

使用表格制作一个日历表，最终效果如图5-44所示。

公元2010年9月						
日	一	二	三	四	五	六
			1 廿三	2 廿四	3 廿五	4 廿六
5 廿七	6 廿八	7 廿九	8 白露	9 初二	10 教师节	11 初四
12 初五	13 初六	14 初七	15 初八	16 初九	17 初十	18 十一
19 十二	20 十三	21 十四	22 中秋节	23 十六	24 二七	25 十八
26 十九	27 二十	28 廿一	29 廿二	30 廿三		

图5-44 日历表

这是使用表格组织数据的一个例子，步骤提示如下。

1. 创建文档并保存为“5-3-2.htm”，然后设置页面字体为“宋体”，大小为“14px”。
2. 插入一个7行7列的表格，设置宽度为“350像素”，填充、间距和边框均为“0”，标题行格式为“无”。
3. 对第1行所有单元格进行合并，然后设置单元格水平对齐方式为“居中对齐”，垂直对齐方式为“居中”，高度为“30”，背景颜色为“#99CCCC”，并输入文本“公元2010年9月”。
4. 设置第2行所有单元格的水平对齐方式为“居中对齐”，宽度为“50”，高度为“25”，并在单元格中输入文本“日”～“六”。
5. 设置第3行至第7行所有单元格水平对齐方式为“居中对齐”，垂直对齐方式为“居

中”，高度为“40”。

6. 在第 3 行第 4 个单元格中输入“1”，然后按 Shift+Enter 键换行，接着输入“廿三”，按照同样的方法依次在其他单元格中输入文本。
7. 保存文件。

5.4 综合案例——居家装饰

将附盘文件复制到站点文件夹下，然后使用表格布局网页，最终效果如图 5-45 所示。

图5-45　居家装饰

这是使用表格布局网页的一个例子，特别要注意嵌套表格的使用。使用表格布局网页时，边框通常设置为“0”，具体操作步骤如下。

1. 创建一个新文档并保存为“5-4.htm”，然后选择菜单命令【修改】/【页面属性】，打开【页面属性】对话框，设置页面字体为“宋体”，大小为“14px”，上边距为“0”。
   下面设置页眉部分。
2. 选择菜单命令【插入】/【表格】，插入一个 1 行 1 列的表格，设置宽度为“780 像素”，边距、间距和边框均为“0”。
3. 在表格【属性】面板中设置表格的对齐方式为“居中对齐”，然后在单元格【属性】面板中设置单元格的水平对齐方式为“居中对齐”，高度为“80”。
4. 将鼠标光标置于单元格中，然后选择菜单命令【插入】/【图像】，插入图像“logo.gif”，如图 5-46 所示。

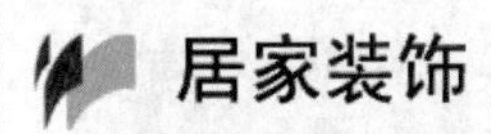

图5-46 插入图像

5. 将鼠标光标置于上一个表格的后面，然后继续插入一个 2 行 1 列的表格，属性设置如图 5-47 所示。

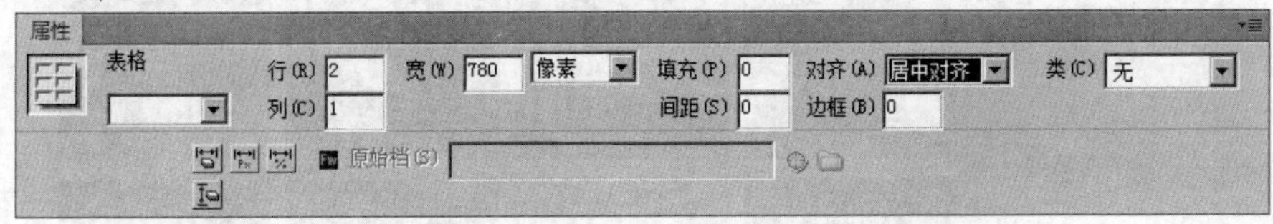

图5-47 表格属性设置

6. 将第 1 行单元格的水平对齐方式设置为“居中对齐”，高度设置为“45”，然后在单元格中插入导航图像“navigate.jpg”。
7. 将第 2 行单元格的水平对齐方式设置为“居中对齐”，高度设置为“30”，然后选择菜单命令【插入】/【HTML】/【水平线】，在单元格中插入水平线，如图 5-48 所示。

图5-48 插入水平线

下面设置主体部分。

8. 在页眉表格的外面继续插入一个 1 行 2 列的表格，设置宽度为“780 像素”，边距、间距和边框均为“0”，对齐方式为“居中对齐”。
9. 设置左侧单元格的水平对齐方式为“居中对齐”，垂直对齐方式为“顶端”，宽度为“180”，然后在其中插入一个 9 行 1 列的表格，属性设置如图 5-49 所示。

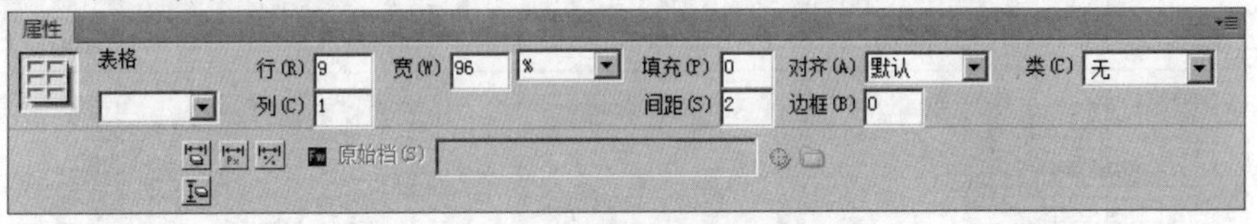

图5-49 表格属性设置

10. 设置所有单元格的水平对齐方式均为“居中对齐”，垂直对齐方式均为“居中”，高度为“30”，背景颜色为“#CCCCCC”，然后输入文本。
11. 设置右侧单元格的水平对齐方式为“居中对齐”，垂直对齐方式为“顶端”，宽度为“600”，然后在其中插入一个 3 行 4 列的表格，属性设置如图 5-50 所示。

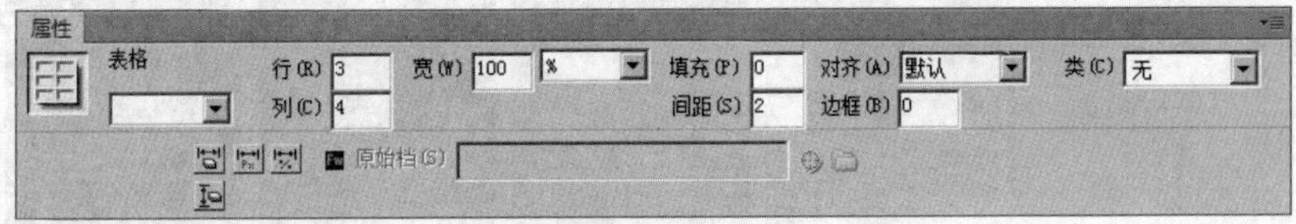

图5-50 表格属性设置

12. 将第 1 行单元格进行合并，设置其水平对齐方式为“居中对齐”，高度为“150”，然后选择菜单命令【插入】/【媒体】/【SWF】，在其中插入 Flash 动画“jujia.swf”。
13. 设置第 2 行和第 3 行的所有单元格的水平对齐方式为“居中对齐”，垂直对齐方式为“居中”，宽度为“25%”，高度为“120”，然后在单元格中依次插入图像“01.jpg”～

"08.jpg"，如图 5-51 所示。

图5-51 插入图像

下面设置页脚部分。

14. 在主体部分表格的外面继续插入一个 3 行 1 列的表格，设置宽度为"780 像素"，边距、间距和边框均为"0"，对齐方式为"居中对齐"。
15. 设置第 1 行和第 3 行单元格的水平对齐方式为"居中对齐"，高度为"30 像素"，然后在第 1 行和第 3 行单元格中输入相应的文本。
16. 设置第 2 行单元格的水平对齐方式为"居中对齐"，高度为"10 像素"，然后在单元格中插入图像"line.jpg"，如图 5-52 所示。

图5-52 设置页脚

17. 保存文件。

5.5 习题

1. 思考题

   (1) 表格的作用是什么？

   (2) 创建表格的常用方法有哪些？

   (3) 合并和拆分单元格的常用方法有哪些？

2. 操作题

   根据自己的爱好拟定一个主题，然后根据主题搜索素材并制作一个网页，要求使用表格进行页面布局。

第6章　使用 CSS 样式

【学习目标】

- 了解 CSS 样式的基本类型。
- 熟悉 CSS 样式的基本属性。
- 掌握创建 CSS 样式的方法。
- 掌握应用 CSS 样式的方法。

CSS 样式表技术是当前网页设计中非常流行的样式定义技术，主要用于控制网页中的元素或区域的外观格式。本章将介绍 CSS 样式的基本知识。

6.1　功能讲解

CSS（Cascading Style Sheet）可译为“层叠样式表”或“级联样式表”，用于控制 Web 页面的外观。下面介绍创建和应用 CSS 样式的基本方法。

6.1.1　关于 CSS 样式

下面首先对 CSS 的产生背景、层叠次序、CSS 速记格式等作简要介绍。

一、 CSS 产生背景

HTML 的初衷是用于定义网页内容，即通过使用<h1>、<p>、<table>等标签来表达“这是标题”、“这是段落”、“这是表格”等信息。至于网页布局由浏览器来完成，而不使用任何的格式化标签。由于当时盛行的两种浏览器 Netscape 和 Internet Explorer 不断将新的 HTML 标签和属性（如字体标签和颜色属性）添加到 HTML 规范中，致使创建网页内容清晰地独立于网页表现层的站点变得越来越困难。

为了解决这个问题，非营利的标准化联盟 W3C（万维网联盟）肩负起了 HTML 标准化的使命，并在 HTML 4.0 之外创造出了样式（Style）。现在，所有的主流浏览器均支持 CSS 层叠样式表。

二、 CSS 层叠次序

CSS 允许以多种方式设置样式信息。CSS 样式可以设置在单个的 HTML 标签元素中，也可以设置在 HTML 页的头元素内，或者设置在外部 CSS 文件中，甚至可以在同一个网页文档内引用多个外部样式表。当同一个 HTML 元素被不止一个样式定义时，会使用哪个样式呢？一般而言，所有的样式会根据下面的规则层叠于一个新的虚拟样式表中，其中内联样式（在 HTML 元素内部）拥有最高的优先权，然后依次是内部样式表（位于<head>标签内部）、外部样式表、浏览器默认设置。因此，这意味着内联样式（在 HTML 元素内部）将优先于以下的样式声明：<head>标签中的样式声明，外部样式表中的样式声明或者浏览器中的样式声明（默认值）。

三、 CSS 速记格式

CSS 规范支持使用速记 CSS 的简略语法格式创建 CSS 样式，可以用一个声明指定多个属性的值。例如，font 属性可以在同一行中设置 font-style、font-variant、font-weight、font-size、line-height 以及 font-family 等多个属性。但使用速记 CSS 的问题是速记 CSS 属性省略的值会被指定为属性的默认值。当两个或多个 CSS 规则指定给同一标签时，这可能会导致页面无法正确显示。例如，下面显示的“h1”规则使用了普通的 CSS 语法格式，其中已经为 font-variant、font-style、font-stretch 和 font-size-adjust 属性分配了默认值。

```
h1 {
font-weight: bold;
font-size: 16pt;
line-height: 18pt;
font-family: Arial;
font-variant: normal;
font-style: normal;
font-stretch: normal;
font-size-adjust: none
}
```

下面使用一个速记属性重写这一规则，可能的形式为：

```
h1 { font: bold 16pt/18pt Arial }
```

上述速记示例省略了 font-variant、font-style、font-stretch 和 font-size-adjust 标签，CSS 会自动将省略的值指定为它们的默认值。在 Dreamweaver CS6 中，通过【首选参数】对话框可以设置在定义 CSS 规则时是否使用速记的形式，如图 6-1 所示。

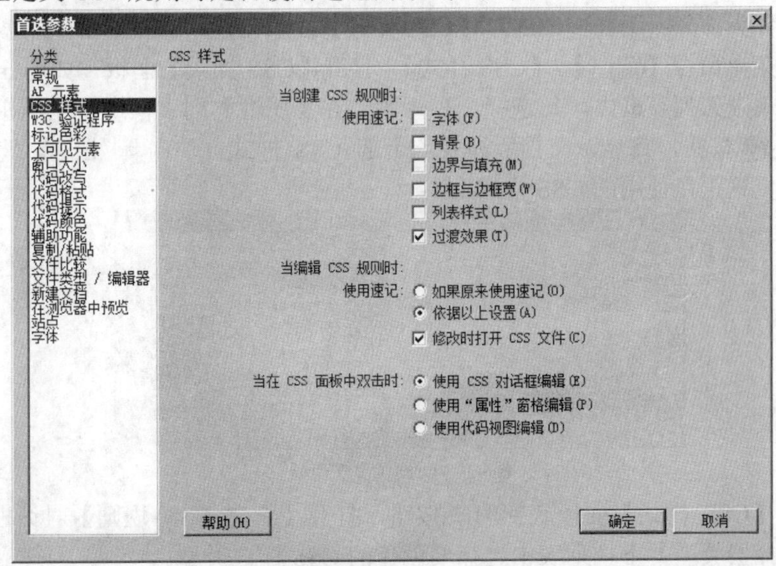

图6-1 【首选参数】对话框

如果需要使用 CSS 速记可以直接在【首选参数】对话框中选择要应用的 CSS 样式选项。

- 在【当创建 CSS 规则时】选项中，可以设置【使用速记】的几种情形，包括字体、背景、边界与填充、边框与边框宽、列表样式、过渡效果，当选中相应选项后，Dreamweaver CS6 将以速记形式编写 CSS 样式属性。

- 在【当编辑 CSS 规则时】选项中，可以设置重新编写现有样式时【使用速记】的几种情形。选择【如果原来使用速记】单选按钮，在重新编写现有样式时仍然保留原样。选择【根据以上设置】单选按钮，将根据在【使用速记】中选择的属性重新编写样式。当选中【修改时打开 CSS 文件】复选框时，如果使用的是外部样式表文件，在修改 CSS 样式时将打开该样式表文件，否则不打开。
- 在【当在 CSS 面板中双击时】选项中，可以设置用于编辑 CSS 规则的工具，包括【CSS】对话框、【属性】面板和【代码】视图 3 种。

如果使用 CSS 语法的速记格式和普通格式在多个位置定义了样式，例如，在 HTML 页面中嵌入样式并从外部样式表中导入了样式，那么速记规则中省略的属性可能会覆盖其他规则中明确设置的属性。同时，速记这种形式使用起来虽然感觉比较方便，但某些较旧版本的浏览器通常不能正确解释。因此，Dreamweaver CS6 默认情况下使用 CSS 语法的普通格式，同时也建议读者在初学时使用 CSS 语法的普通格式创建 CSS 样式。如果读者喜欢速记格式，可以在对 CSS 非常熟悉后再使用也未尝不可。

建议读者在一个站点中设计 CSS 样式时要么使用速记格式要么使用普通格式，做到 CSS 样式的格式统一，同时尽量不要在多个位置定义 CSS 样式并同时加以引用。

6.1.2　创建 CSS 样式

使用 CSS 样式，可将页面的内容与表现形式分离。页面内容存放在 HTML 文档中，而用于定义表现形式的 CSS 规则存放在另一个独立的样式表文件中或 HTML 文档的某一部分，通常为文件头部分。下面介绍通过【CSS 样式】面板创建 CSS 样式的方法。

(1) 选择菜单命令【窗口】/【CSS 样式】，打开【CSS 样式】面板，如图 6-2 所示。

在【所有规则】列表框中，每选择一种规则，在【属性】列表框中将显示相应的属性和属性值。单击全部按钮，将显示文档所涉及的全部 CSS 样式；单击当前按钮，将显示文档中鼠标光标所处位置正在使用的 CSS 样式。

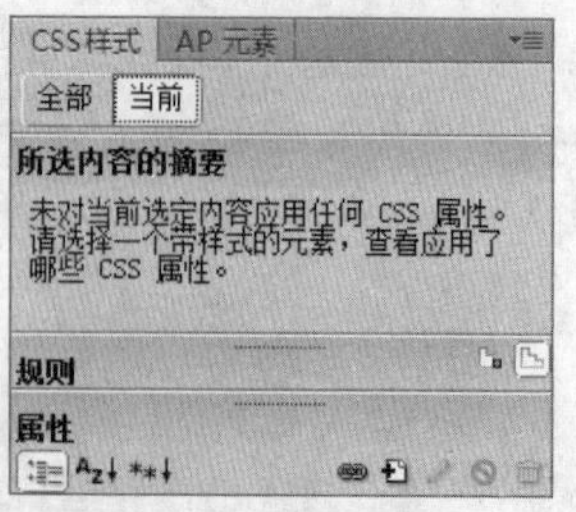

图6-2　【CSS 样式】面板

(2) 单击【CSS 样式】面板底部的按钮，打开【新建 CSS 规则】对话框，如图 6-3 所示，在【选择器类型】下拉列表中选择要创建的 CSS 样式类型。

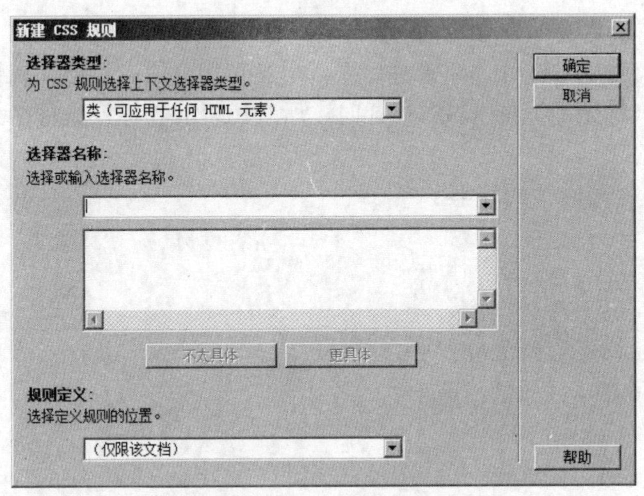

图6-3 【新建 CSS 规则】对话框

- 【类（可应用于任何 HTML 元素）】。

利用该类选择器可创建自定义名称的 CSS 样式，能够应用在网页中的任何 HTML 标签上。例如，可以在样式表中加入名为“.pstyle”的类样式，代码如下。

```
<style type="text/css">
.pstyle {
    font-family: "宋体";
    font-size: 14px;
    line-height: 20px;
    margin-top: 5px;
    margin-bottom: 5px;
}
</style>
```

在网页文档中可以使用 class 属性引用“.pstyle”类，凡是含有“class=".pstyle"”的标签都应用该样式，例子如下。

```
<p class=".pstyle">…</p>
```

- 【ID（仅应用于一个 HTML 元素）】。

利用该类选择器可以为网页中特定的 HTML 标签定义样式，即通过标签的 ID 编号来实现，如以下 CSS 规则。

```
<style type="text/css">
#mytable {
    font-family: "宋体";
    font-size: 14px;
    color: #F00;
}
</style>
```

可以通过 ID 属性应用到 HTML 中。

```
<table width="180" id="mytable">…</ table >
```

- 【标签（重新定义HTML元素）】。

利用该类选择器可对 HTML 标签进行重新定义、规范或者扩展其属性。例如，当创建或修改“h2”标签（标题 2）的 CSS 样式时，所有用“h2”标签进行格式化的文本都将被立即更新，如下面的代码。

```
<style type="text/css">
h2 {
	font-family: "黑体";
	font-size: 24px;
	color: #FF0000;
	text-align: center;
}
</style>
```

因此，重定义标签时应多加小心，因为这样做有可能会改变许多页面的布局。例如，对“table”标签进行重新定义，就会影响到其他使用表格的页面布局。

- 【复合内容（基于选择的内容）】。

利用该类选择器可以创建复杂的选择器，如“td h2”表示所有在单元格中出现“h2”的标题。而“#myStyle1 a:visited, #myStyle2 a:link, #myStyle3…”表示可以一次性定义相同属性的多个CSS样式。具体示例如下。

```
<style type="text/css">
#mytable tr td hr {
	color: #F00;
}
</style>
```

(3)　在【选择器类型】下拉列表中选择一种类型后，需要在【选择器名称】文本框中选择或输入相应的选择器名称。

类样式的名称需要在【选择器名称】文本框中输入，以点开头，如果没有输入点，Dreamweaver 将自动添加。ID 样式名称也需要在【选择器名称】文本框中输入，以“#”开头，如果没有输入“#”，Dreamweaver 将自动添加。标签样式名称直接在文本框中选择即可。复合内容样式名称在选择内容后将自动出现在文本框中，也可手动输入，如“body table tr td”。

(4)　最后需要在【规则定义】下拉列表中选择所定义规则的位置，共有【(仅限该文档)】和【(新建样式表文件)】两个选项。

如果选择【(仅限该文档)】选项，单击 确定 按钮后将打开规则定义对话框，利用该对话框进行规则定义，如果选择【(新建样式表文件)】选项，单击 确定 按钮后将打开【将样式表文件另存为】对话框，此时需要在【文件名】文本框中输入文件名，样式表文件的扩展名为“.css”，如图 6-4 所示。单击 保存(S) 按钮后将打开规则定义对话框，利用该对话框进行规则定义。

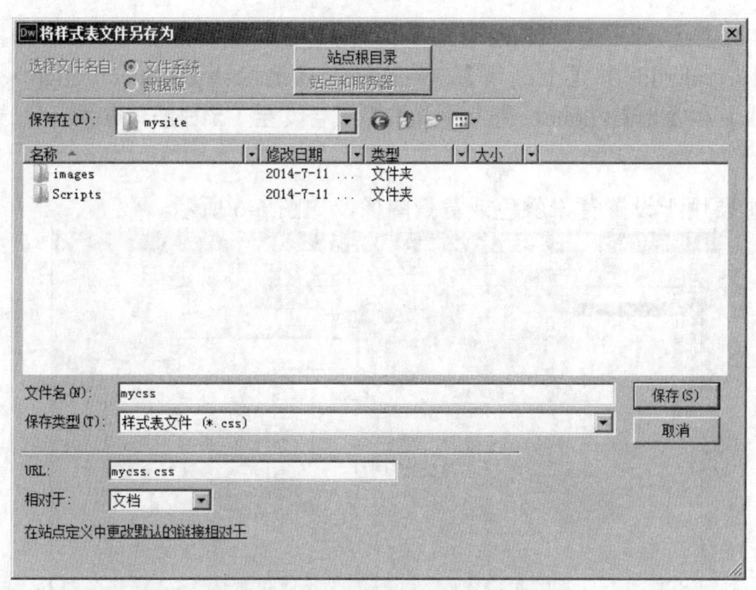

图6-4 【将样式表文件另存为】对话框

6.1.3 设置 CSS 属性

Dreamweaver 将 CSS 属性分为 9 大类：类型、背景、区块、方框、边框、列表、定位、扩展和过渡，用户可以在 CSS 规则定义对话框中进行设置。

一、 类型

类型属性主要用于定义网页中文本的字体、大小、颜色、样式、行高及文本链接的修饰效果等，如图 6-5 所示。

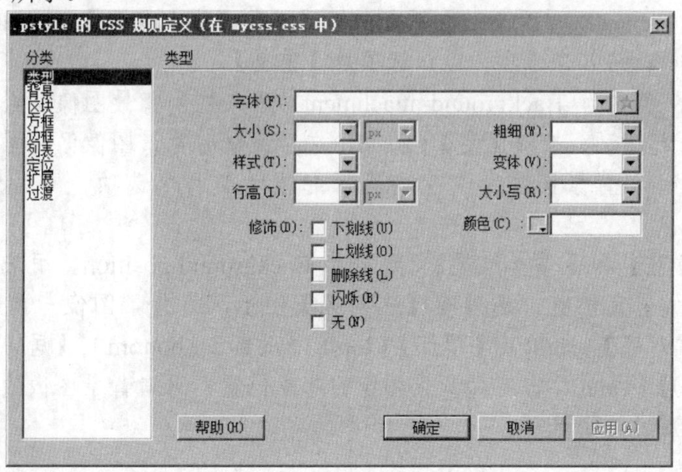

图6-5 【类型】分类

【类型】分类包含了 9 种 CSS 属性，全部是针对网页中的文本的。下面对其中的部分选项进行介绍（限于篇幅，通俗易懂的选项不再详细介绍，下同）。

- 【行高】: 英文为 Line-height，用于设置行与行之间的垂直距离，有【正常】(normal) 和【(值)】(value，常用单位为“像素(px)”) 两个选项。

- 【文本修饰】: 英文为 Text-decoration，用于控制链接文本的显示形态，有【下划线】(underline)、【上划线】(overline)、【删除线】(line-through)、【闪烁】(blink) 和【无】(none，使上述效果都不会发生) 5 种修饰方式可供选择。

二、 背景

背景属性主要用于设置背景颜色或背景图像，如图 6-6 所示。

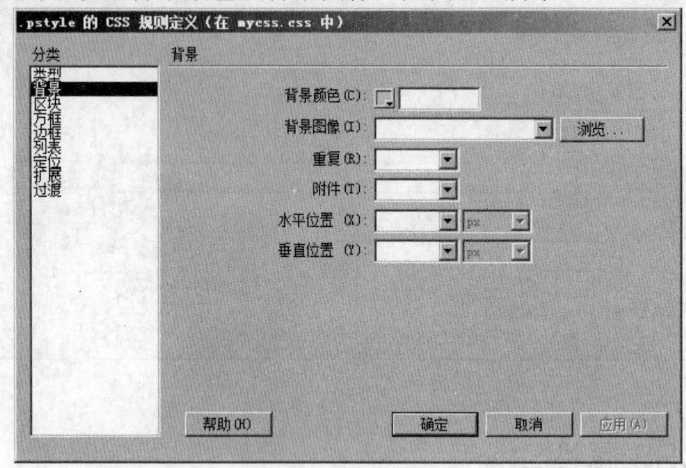

图6-6 【背景】分类

下面对【背景】分类中的选项进行介绍。

- 【背景颜色】和【背景图像】: 英文为 Background-color 和 Background-image，用于设置背景颜色和背景图像。
- 【背景重复】: 英文为 Background-repeat，用于设置背景图像的平铺方式，有【不重复】(no-repeat)、【重复】(repeat，图像沿水平、垂直方向平铺)、【横向重复】(repeat-x，图像沿水平方向平铺) 和【纵向重复】(repeat-y，图像沿垂直方向平铺) 4 个选项，默认选项是【重复】。
- 【附件】: 英文为 Background-attachment，用来控制背景图像是否会随页面的滚动而一起滚动，有【固定】(fixed，文字滚动时背景图像保持固定) 和【滚动】(scroll，背景图像随文字内容一起滚动) 两个选项，默认选项是【固定】。
- 【水平位置】和【垂直位置】: 英文为 Background-position，用来确定背景图像的水平/垂直位置。选项有【左对齐】(left，将背景图像与前景元素左对齐)、【右对齐】(right)、【顶部】(top)、【底部】(bottom)、【居中】(center) 和【(值)】(value，自定义背景图像的起点位置，可对背景图像的位置做出更精确的控制) 6 个选项。

三、 区块

区块属性主要用于控制网页元素的间距、对齐方式等，如图 6-7 所示。

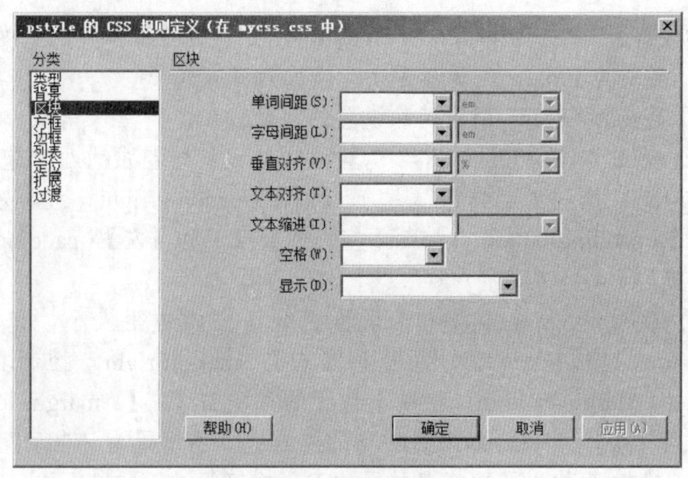

图6-7 【区块】分类

下面对【区块】分类中的部分选项进行介绍。

- 【文本对齐】：英文为 Text-align，用于设置区块的水平对齐方式，选项有【左对齐】(left)、【右对齐】(right)、【居中】(center) 和【两端对齐】(justify) 4 个选项。
- 【文字缩进】：英文为 Text-indent，用于控制区块的缩进程度。
- 【空格】：英文为 White-space，在 HTML 中，空格是被省略的，也就是说，在一个段落标签的开头无论输入多少个空格都是无效的。要输入空格有两种方法，一是直接输入空格的代码 “ ”，二是使用 “<pre>” 标签。在 CSS 中则使用属性 “white-space” 控制空格的输入。该属性有【正常】(normal)、【保留】(pre) 和【不换行】(nowrap) 3 个选项。
- 【显示】：英文为 Display，用于设置区块的显示方式，共有 19 种方式，初学者在使用该选项时，其中的【块】(block) 可能经常用到。

四、 方框

CSS 将网页中所有的块元素都看作是包含在一个方框中的。【方框】分类如图 6-8 所示，该分类中包含以下 6 种 CSS 属性。

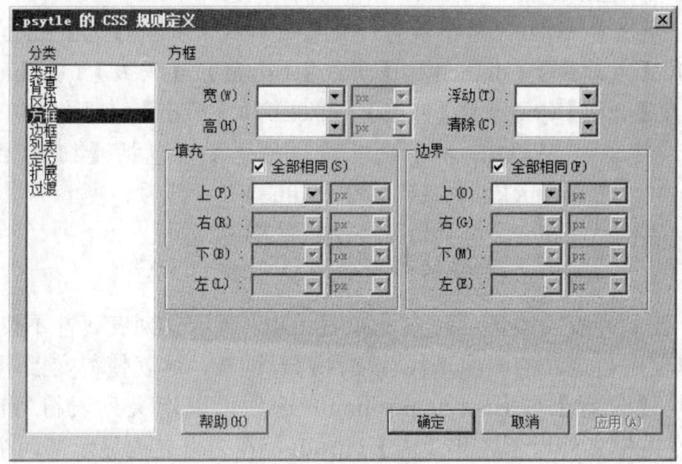

图6-8 【方框】分类

- 【宽】和【高】：英文为 Width 和 Height，用于设置方框本身的宽度和高度。
- 【浮动】：英文为 Float，用于设置块元素的对齐方式。
- 【清除】：英文为 Clear，用于清除设置的浮动效果。
- 【填充】：英文为 Padding，用于设置围绕块元素的空白大小，包含了【上】（padding-top，控制上空白的宽度）、【右】（padding-right，控制右空白的宽度）、【下】（padding-bottom，控制下空白的宽度）和【左】（padding-left，控制左空白的宽度）4 个选项。
- 【边界】：英文为 Margin，用于设置围绕边框的边距大小，包含了【上】（margin-top，控制上边距的宽度）、【右】（margin-right，控制右边距的宽度）、【下】（Margin-bottom，控制下边距的宽度）、【左】（margin-left，控制左边距的宽度）4 个选项，如果将对象的左右边界均设置为“自动”，可使对象居中显示，例如表格以及即将要学习的 Div 标签等。

五、 边框

网页元素边框的效果是在【边框】分类中进行设置的，如图 6-9 所示。

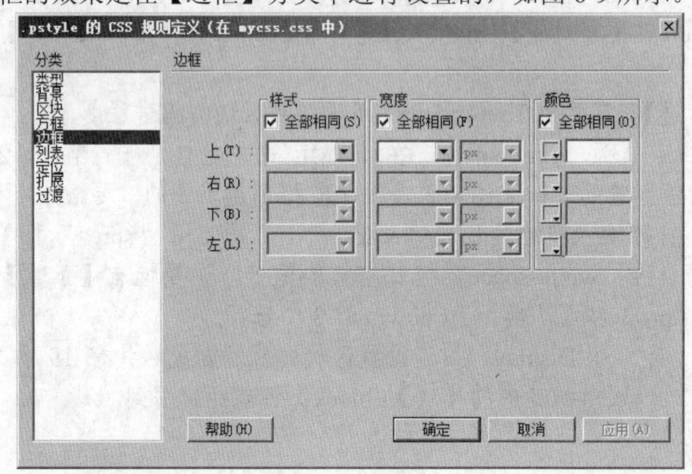

图6-9　【边框】分类

【边框】分类中共包括 3 种 CSS 属性。

- 【样式】：英文为 Style，用于设置边框线的样式，共有【无】（none）、【虚线】（dotted）、【点划线】（dashed）、【实线】（solid）、【双线】（double）、【槽状】（groove）、【脊状】（ridge）、【凹陷】（inset）和【凸出】（outset）9 个选项。
- 【宽度】：英文为 Width，用于设置边框的宽度，包括【细】（thin）、【中】（medium）、【粗】（thick）和【（值）】（value）4 个选项。
- 【颜色】：英文为 Color，用于设置各边框的颜色。

六、 列表

列表属性用于控制列表内的各项元素，如图 6-10 所示。列表属性不仅可以修改列表符号的类型，还可以使用自定义的图像来代替项目列表符号，这就使得文档中的列表格式有了更多的外观。使用【位置】（List-style-position）选项可以定义列表符号的显示位置，有【外】（outside，在方框之外显示）和【内】（inside，在方框之内显示）两个选项。

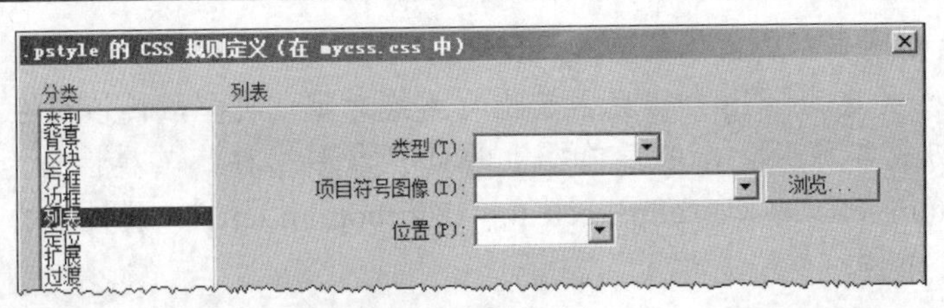

图6-10 【列表】分类

七、 定位

定位属性可以使网页元素随处浮动，这对于一些固定元素（如表格）来说，是一种功能的扩展，而对于一些浮动元素（如 AP Div）来说，却是有效地、用于精确控制其位置的方法，如图 6-11 所示。

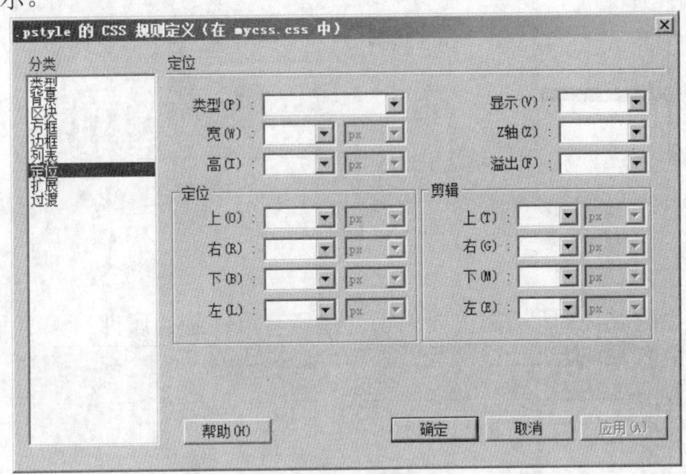

图6-11 【定位】分类

【定位】分类中主要包含以下 8 种 CSS 属性。

- 【类型】：英文为 Position，用于确定定位的类型，共有【绝对】（absolute，使用坐标来定位元素，坐标原点为页面左上角）、【相对】（relative，使用坐标来定位元素，坐标原点为当前位置）、【静态】（static，不使用坐标，只使用当前位置）和【固定】（fixed）4 个选项。
- 【显示】：英文为 Visibility，用于设置网页中的元素显示方式，共有【继承】（inherit，继承母体要素的可视性设置）、【可见】（visible）和【隐藏】（hidden）3 个选项。
- 【宽】和【高】：英文为 Width 和 Height，用于设置元素的宽度和高度。
- 【Z-轴】：英文为 Z-index，用于控制网页中块元素的叠放顺序，可以为元素设置重叠效果。该属性的参数值使用纯整数，数值大的在上，数值小的在下。
- 【溢出】：英文为 Overflow。在确定了元素的高度和宽度后，如果元素的面积不能全部显示元素中的内容时，该属性才起作用。该属性的下拉列表中共有【可见】（visible，扩大面积以显示所有内容）、【隐藏】（hidden，隐藏超出范围的内容）、【滚动】（scroll，在元素的右边显示一个滚动条）和【自动】（auto，当内容超出元素面积时，自动显示滚动条）4 个选项。
- 【定位】：英文为 Placement。为元素确定了绝对和相对定位类型后，该组属性

决定元素在网页中的具体位置。

- 【剪辑】：英文为 Clip。当元素被指定为绝对定位类型后，该属性可以把元素区域剪切成各种形状，但目前提供的只有方形一种，其属性值为"rect(top right bottom left)"，即"clip: rect(top right bottom left)"，属性值的单位为任何一种长度单位。

八、 扩展

【扩展】分类包含两部分，如图 6-12 所示。【分页】选项组中两个属性的作用是为打印的页面设置分页符。【视觉效果】选项组中两个属性的作用是为网页中的元素施加特殊效果。

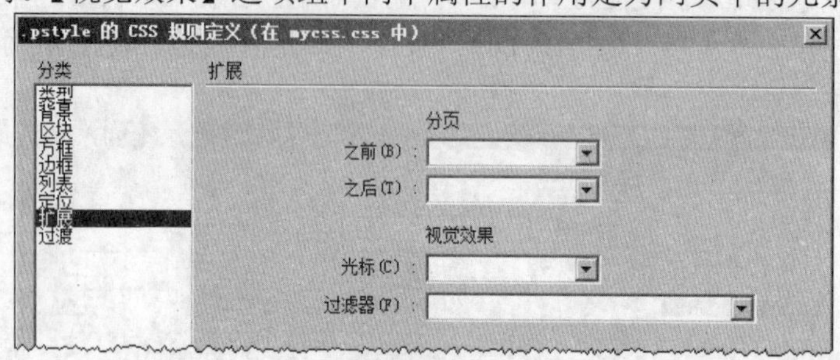

图6-12　【扩展】分类

九、 过渡

【过渡】分类如图 6-13 所示，主要用于创建所有可动画的属性。

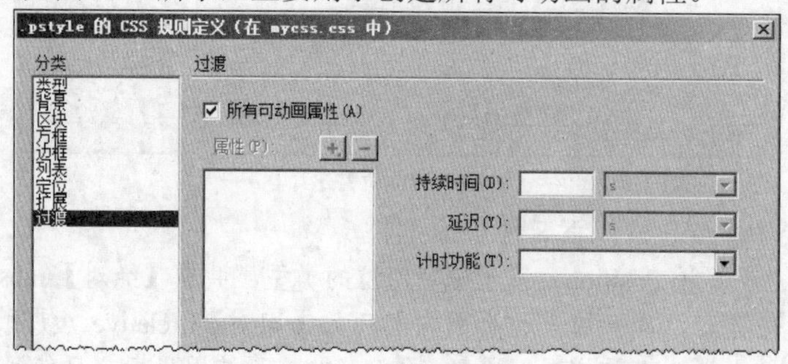

图6-13　【过渡】分类

【过渡】分类中主要包含以下几种 CSS 属性。

- 【所有可动画属性】：用于设置所有的可动画属性。
- 【属性】：用于为 CSS 过渡效果添加属性。
- 【持续时间】：用于设置 CSS 过渡效果的持续时间。
- 【延迟】：用于设置 CSS 过渡效果的延迟时间。
- 【计时功能】：用于设置动画的计时方式。

6.1.4 自动应用的 CSS 样式

在已经创建好的 CSS 样式中，标签 CSS 样式、ID 名称 CSS 样式和复合 CSS 样式基本上都是自动应用的。重新定义了标签的 CSS 样式，凡是使用该标签的内容将自动应用该标签 CSS 样式。例如，重新定义了段落标签<p>的 CSS 样式，凡是使用标签<p>的内容都将应用其样式。定义了 ID 名称 CSS 样式，拥有该 ID 名称的对象将应用该样式。复合内容 CSS

样式将自动应用到所选择的内容上。

6.1.5 单个 CSS 类的应用

通常所说的 CSS 类的应用，主要是指单个 CSS 类的应用，需要进行手动设置，方法有以下几种。

一、 通过【属性】面板

首先选中要应用 CSS 样式的内容，然后在【属性（HTML）】面板的【类】下拉列表中选择已经创建好的样式，或者在【属性（CSS）】面板的【目标规则】下拉列表中选择已经创建好的样式，如图 6-14 所示。

图6-14 通过【属性】面板应用样式

二、 通过菜单命令【格式】/【CSS 样式】

首先选中要应用 CSS 样式的内容，然后选择菜单命令【格式】/【CSS 样式】，从下拉菜单中选择预先设置好的样式名称，这样就可以将被选择的样式应用到所选的内容上，如图 6-15 所示。

三、 通过【CSS 样式】面板下拉菜单中的【套用】命令

首先选中要应用 CSS 样式的内容，然后在【CSS 样式】面板中选中要应用的样式，再在面板的右上角单击按钮，或者直接单击鼠标右键，从弹出的快捷菜单中选择【应用】命令即可应用样式，如图 6-16 所示。

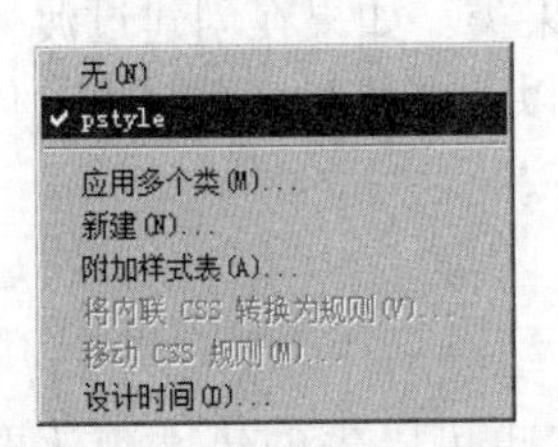

图6-15 通过菜单命令【格式】/【CSS 样式】应用样式

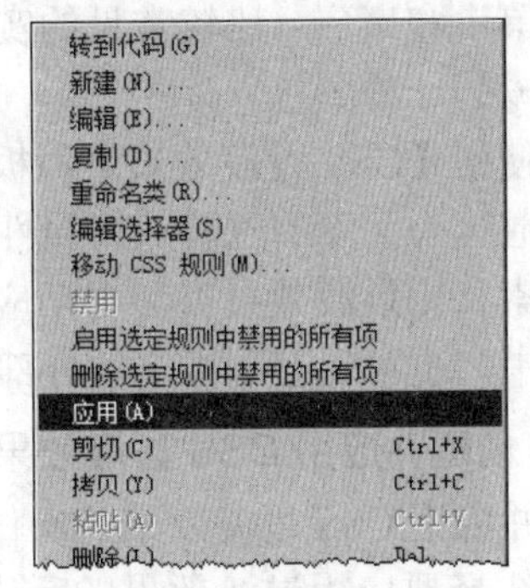

图6-16 通过【应用】命令

6.1.6 多个 CSS 类的应用

在 Dreamweaver CS6 中，可以将多个 CSS 类应用于单个元素，方法如下。

(1) 首先选择一个要应用多个类的 HTML 标签元素，如<p>。

(2) 使用以下任意一种方法打开【多类选区】对话框，并选择需要应用的类，如图 6-17 所示。

- 在【属性（HTML）】面板的【类】下拉列表或【属性（CSS）】面板的【目标

规则】下拉列表中选择【应用多个类】选项。

- 用鼠标右键单击文档窗口底部要应用类的标签选择器，在弹出的快捷菜单中选择【设置类】/【应用多个类】命令。

(3) 单击 确定(O) 按钮，将对所选择的 HTML 标签<p>应用多个类，此时的<p>变成了<p.line.pstyle>，如图 6-18 所示。

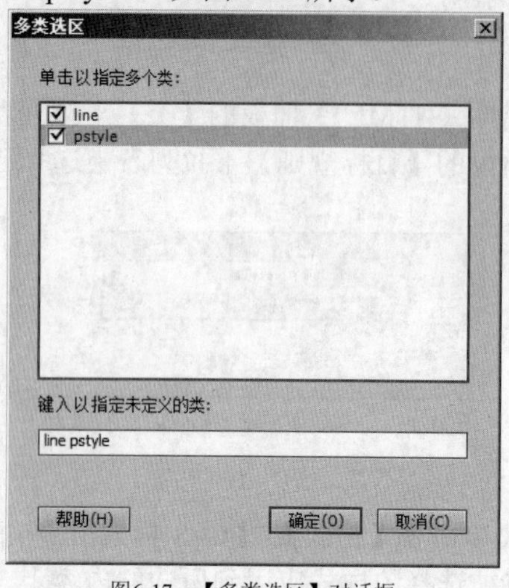

图6-17　【多类选区】对话框

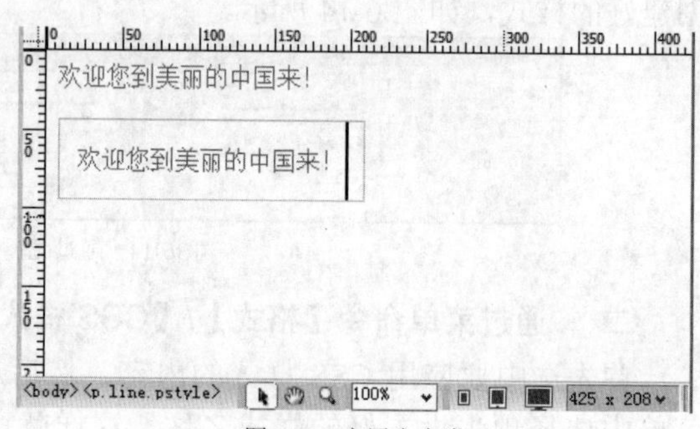

图6-18　应用多个类

6.1.7 CSS 过渡效果

除了可以使用【CSS 规则定义】对话框来定义过渡效果外，还可以使用新增的【CSS 过渡效果】面板，将平滑属性变化更改应用于基于 CSS 的页面元素，以响应触发器事件，如悬停、单击和聚焦。比较常见的实例是，当用户悬停在一个菜单栏项上时，它会逐渐从一种颜色变成另一种颜色。

可以使用【CSS 过渡效果】面板创建、修改和删除 CSS 过渡效果。要创建 CSS 过渡效果，需要通过为元素的过渡效果属性指定值来创建过渡效果类。如果在创建过渡效果类之前已选择元素，则过渡效果类会自动应用于选定的元素。可以选择将生成的 CSS 代码添加到当前文档中，也可保存到指定的外部 CSS 文件中。

一、 创建并应用 CSS 过渡效果

创建并应用 CSS 过渡效果的操作过程如下。

(1) 选择要应用过渡效果的元素，如段落、标题等（也可以先创建过渡效果稍后将其应用到元素上）。

(2) 选择菜单命令【窗口】/【CSS 过渡效果】，打开【CSS 过渡效果】面板，利用该面板来创建和编辑 CSS 过渡效果，如图 6-19 所示。

(3) 在【CSS 过渡效果】面板中，单击⊞按钮，打开【新建过渡效果】对话框，如图 6-20 所示。

图6-19 【CSS 过渡效果】面板

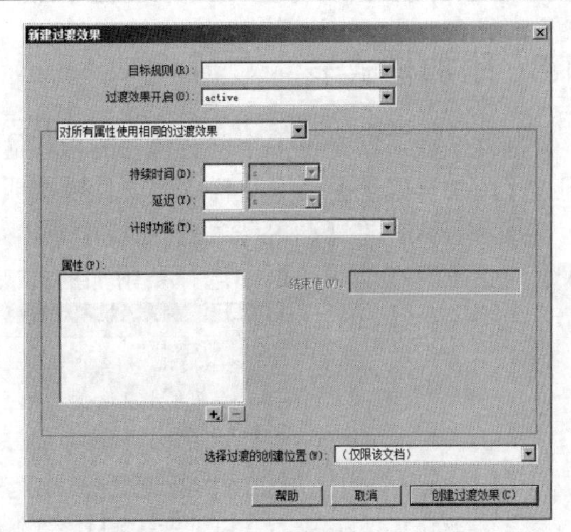

图6-20 【新建过渡效果】对话框

CSS 过渡效果是 Dreamweaver CS6 的新增功能，也是 HTML 5 的一个重要特色，在使用该功能时，建议创建的网页文档类型为 HTML 5，以保证功能的完美应用。

(4) 使用【新建过渡效果】对话框中的选项创建过渡效果类。

- 在【目标规则】下拉列表中输入目标规则名称。目标规则名称可以是任意 CSS 选择器，包括标签、规则、ID 或复合选择器等。例如，如果将过渡效果应用到所有<hr>标记，需要输入 hr。
- 在【过渡效果开启】下拉列表中选择要应用过渡效果的条件或状态。例如，如果要在鼠标光标移至元素上时应用过渡效果，需要选择【hover（悬停）】选项。
- 如果希望【对所有属性使用相同的过渡效果】，即相同的“持续时间”、“延迟”和“计时功能”，请选择此选项。如果希望【对每个属性使用不同的过渡效果】，即过渡的每个 CSS 属性指定不同的“持续时间”、“延迟”和“计时功能”，请选择此选项。
- 在【属性】列表框下侧单击按钮，在打开的菜单中选择相应的选项以向过渡效果添加 CSS 属性。持续时间和延迟时间以 s（秒）或 ms（毫秒）为单位。过渡效果的结束值是指过渡效果结束后的属性值。例如，如果想要字体大小在过渡效果的结尾增加到 40px，需要在【属性】列表框中添加“font-size”，在【结束值】文本框中输入“40 px”。
- 如果要在当前文档中嵌入样式，需要在【选择过渡的创建位置】下拉列表中选择【(仅限该文档)】。如果要为 CSS 代码创建外部样式表，需要选择【(新建样式表文件)】。单击 创建过渡效果(C) 按钮，系统会提示提供一个位置来保存新的 CSS 文件。在创建样式表之后，它将被添加到“选择过渡的创建位置”菜单中。

二、 编辑 CSS 过渡效果

在【CSS 过渡效果】面板中，选择想要编辑的过渡效果。单击按钮，打开【编辑过渡效果】对话框，利用该对话框来更改以前为过渡效果输入的值。

6.1.8　附加样式表

外部样式表通常是供多个网页使用的，其他网页文档要想使用已创建的外部样式表，必须通过【附加样式表】命令将样式表文件链接或者导入到文档中。附加样式表通常有两种途径：链接和导入。在【CSS 样式】面板中单击（附加样式表）按钮，打开【链接外部样式表】对话框，在该对话框中选择要附加的样式表文件，如图 6-21 所示。

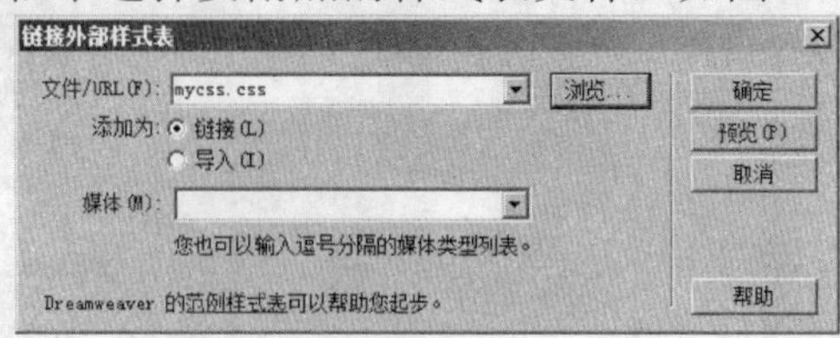

图6-21　【链接外部样式表】对话框

选择【链接】单选按钮，单击 确定 按钮将文件导入。通过查看网页的源代码可以发现，在文档的“<head>…</head>”标签之间有如下代码。

```
<link href="main.css" rel="stylesheet" type="text/css">
```

如果选择【导入】单选按钮，则代码如下。

```
@import url("main.css");
```

将 CSS 样式表引用到文档中，既可以选择【链接】方式也可以选择【导入】方式。如果要将一个 CSS 样式文件引用到另一个 CSS 样式文件当中，只能使用【导入】方式。

6.2　范例解析——八大关

将附盘文件复制到站点文件夹下，然后使用 CSS 样式控制网页外观，最终效果如图 6-22 所示。

图6-22　八大关

这是使用 CSS 样式控制网页外观的一个例子，通过【CSS 样式】面板创建标签 CSS 样式“body”来设置网页的背景图像，创建类 CSS 样式“.title”来设置第 1 行单元格的文本字体、大小和背景图像，创建 ID 名称 CSS 样式“#mytable”来设置表格的边框样式、宽度、颜色和居中显示，创建复合内容的CSS样式“#mytable tr td p”来设置第2行单元格文本的字体、大小、行距和段前段后距离。具体操作步骤如下。

1. 打开附盘文件“6-2.htm”，然后选择菜单命令【窗口】/【CSS 样式】，打开【CSS 样式】面板，单击按钮，打开【新建 CSS 规则】对话框，重新定义标签“body”的CSS样式，如图6-23所示。

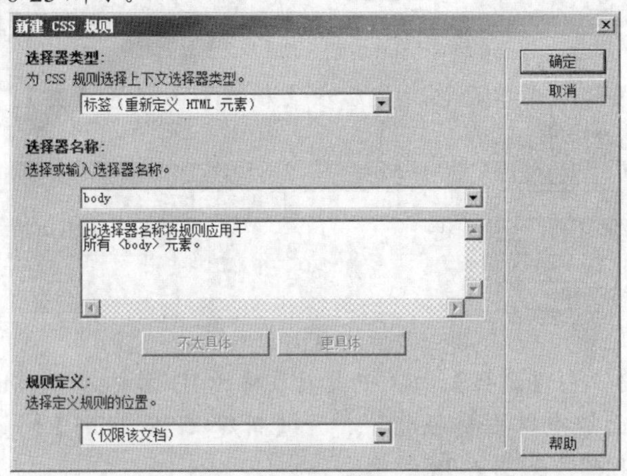

图6-23 【新建 CSS 规则】对话框

2. 单击 确定 按钮，打开【body 的 CSS 规则定义】对话框，参数设置如图6-24所示。

图6-24 定义标签“body”的CSS样式

3. 在【CSS 样式】面板中单击按钮，打开【新建 CSS 规则】对话框，创建类CSS样式“.title”，如图6-25所示。

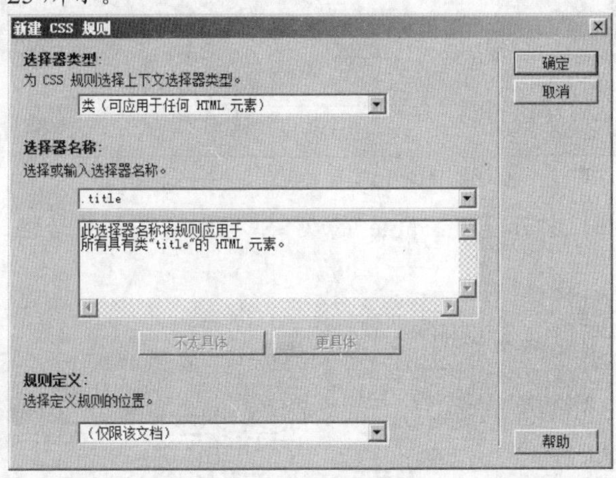

图6-25 创建类CSS样式“.title”

4. 单击 确定 按钮，打开【.title 的 CSS 规则定义】对话框，参数设置如图6-26所示。

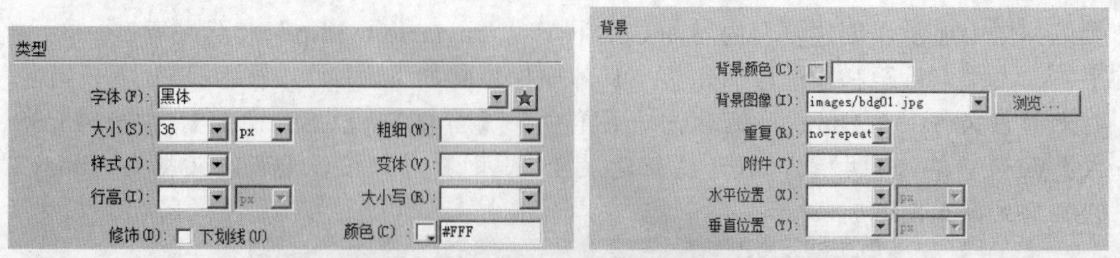

图6-26　【.title 的 CSS 规则定义】对话框

5. 选中标题“八大关”所在单元格，然后在【属性】面板的【类】下拉列表中选择类名称“title”，如图 6-27 所示。

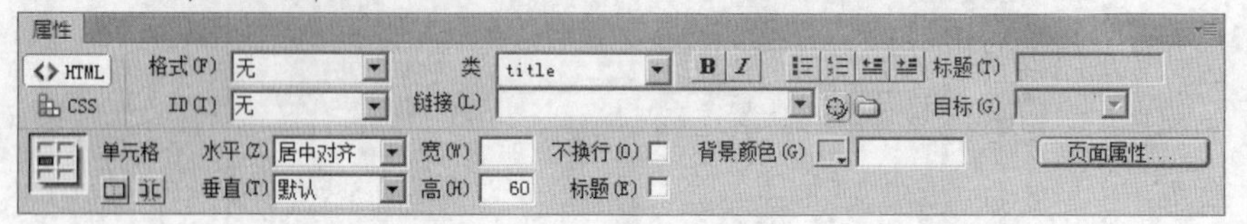

图6-27　应用类样式

6. 选中文档中的表格，在【属性】面板中设置表格的 ID 名称为“mytable”。
7. 在【CSS 样式】面板中单击按钮，打开【新建 CSS 规则】对话框，创建 ID 名称 CSS 样式“#mytable”，如图 6-28 所示。

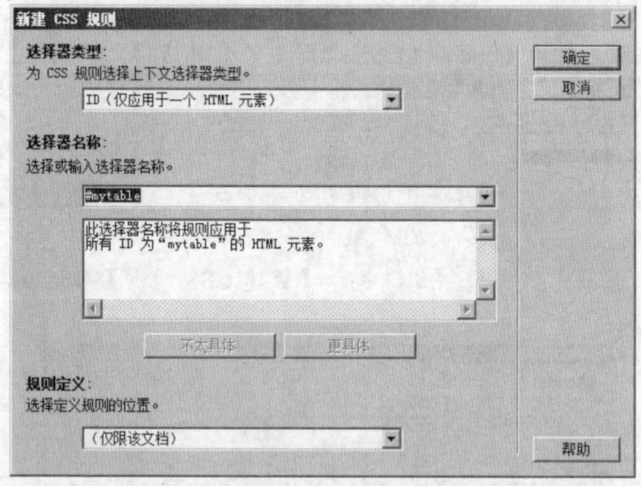

图6-28　创建 ID 名称 CSS 样式“#mytable”

8. 单击确定按钮，打开【#mytable 的 CSS 规则定义】对话框，参数设置如图 6-29 所示。

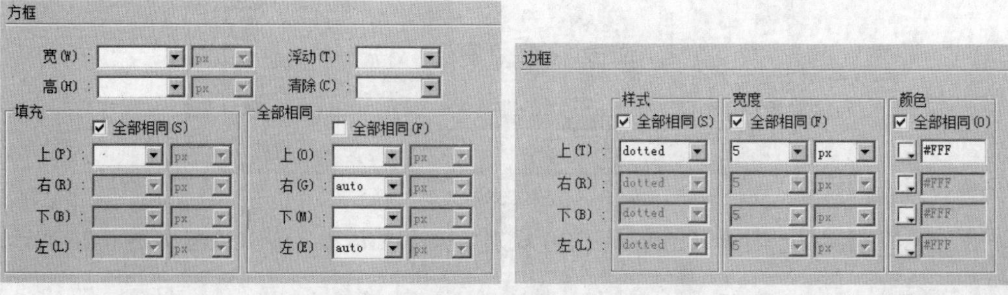

图6-29　【#mytable 的 CSS 规则定义】对话框

9. 将鼠标光标置于正文文本所在段落，并在【CSS 样式】面板中单击按钮，打开【新建 CSS 规则】对话框，创建复合内容的 CSS 样式“#mytable tr td p”，如图 6-30 所示。

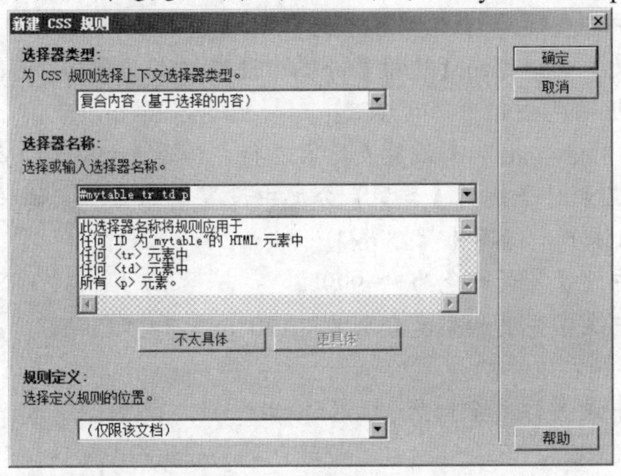

图6-30　创建复合内容的 CSS 样式“#mytable tr td p”

10. 单击 确定 按钮，打开【#mytable tr td p 的 CSS 规则定义】对话框，参数设置如图 6-31 所示。

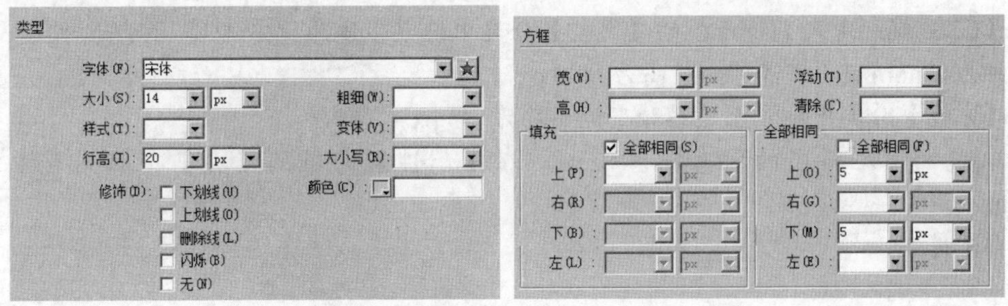

图6-31　【#mytable tr td p 的 CSS 规则定义】对话框

11. 保存文件。

6.3　实训——2014 巴西世界杯

将附盘文件复制到站点文件夹下，然后使用 CSS 样式控制网页外观，最终效果如图 6-32 所示。

图6-32　2014 巴西世界杯

这是使用 CSS 样式控制网页外观的一个例子，步骤提示如下。

1.　创建 ID 名称 CSS 样式“#mytable”来设置表格的边框样式。

(1)　在【属性】面板中将表格的 ID 名称设置为“mytable”。

(2)　在【CSS 规则定义】对话框的【边框】分类中设置样式全部为“solid（实线）”，宽度全部为“2 px”，边框颜色全部为“#CCC”。

2.　创建类 CSS 样式“.navigate”来设置表格第 2 行左侧单元格内的文本样式。

(1)　在【CSS 规则定义】对话框的【类型】分类中设置字体为“宋体”，大小为“16 px”，粗细为“bold（粗体）”，行高为“25 px”。

(2)　在【背景】分类中设置背景颜色为“#999”。

(3)　在【方框】分类中设置宽度和高度分别为“120 px”和“25 px”，上边界和下边界均为“10 px”，左边界和右边界均为“20 px”。

(4)　在【边框】分类中设置样式全部为“solid（实线）”，宽度全部为“3 px”，上边框和左边框颜色均为“#CCC”，下边框和右边框颜色均为“#666”。

(5)　选中左侧单元格内的所有段落文本，在【属性（HTML）】面板的【类】下拉列表中选择“navigate”。

3.　创建类 CSS 样式“.mytext”来设置表格第 2 行右侧单元格文本样式。

(1)　在【CSS 规则定义】对话框的【类型】分类中设置字体为“宋体”，大小为“16 px”，粗细为“normal（正常）”，行高为“20 px”。

(2)　在【方框】分类中设置上边界和下边界均为“5 px”。

(3)　选中右侧单元格内的所有段落文本，在【属性】面板的【类】下拉列表中选择“mytext”。

4.　保存文件。

6.4　综合案例——心灵寄语

将附盘文件复制到站点文件夹下，然后使用 CSS 设置网页外观，最终效果如图 6-33 所示。

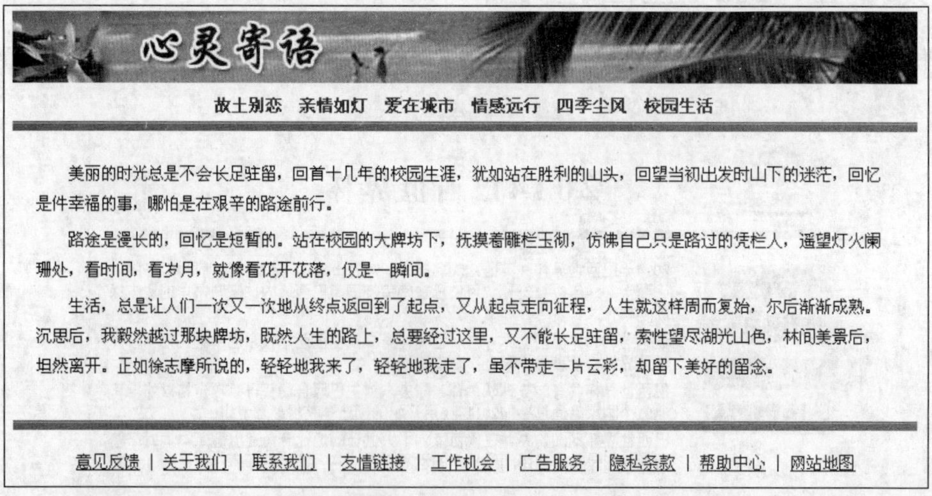

图6-33　心灵寄语

这是使用 CSS 样式控制网页外观的一个例子，通过【CSS 样式】面板创建标签 CSS 样式“body”来设置网页文本默认的字体和大小，创建 ID 名称 CSS 样式“#navigate”来设置页眉导航表格的背景图像，创建复合内容的 CSS 样式“#navigate tr td a:link, #navigate tr td a:visited”和“#navigate tr td a:hover”来设置页眉导航链接文本的样式，创建复合内容的 CSS 样式“#main tr td p”来设置表格内文本的行距和段前段后距离，创建类 CSS 样式“.bg”来设置页脚单元格的背景图像。具体操作步骤如下。

1. 打开附盘文件“6-4.htm”，在【CSS 样式】面板中单击按钮，打开【新建 CSS 规则】对话框，重新定义标签“body”的 CSS 样式，参数设置如图 6-34 所示。

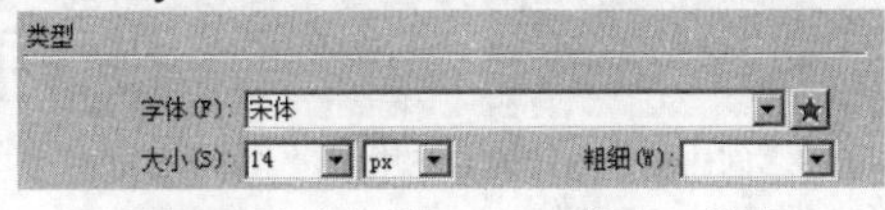

图6-34　定义标签“body”的 CSS 样式

2. 在【CSS 样式】面板中单击按钮，打开【新建 CSS 规则】对话框，创建 ID 名称 CSS 样式“#navigate”，参数设置如图 6-35 所示。

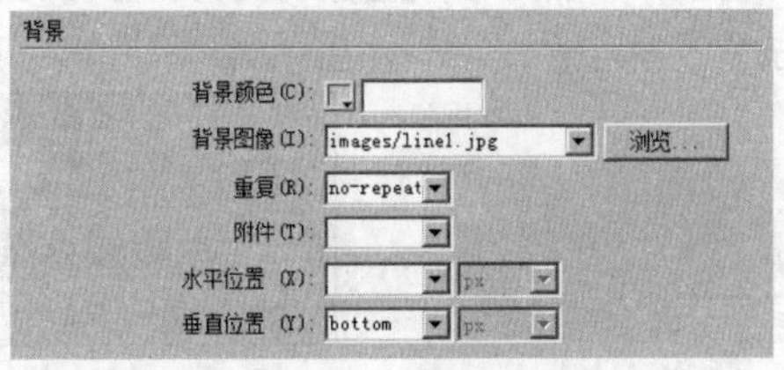

图6-35　创建 ID 名称 CSS 样式“#navigate”

3. 在【CSS 样式】面板中单击按钮，打开【新建 CSS 规则】对话框，创建复合内容的 CSS 样式“#navigate tr td a:link, #navigate tr td a:visited”来控制超级链接文本的链接样式和已访问样式，参数设置如图 6-36 所示。

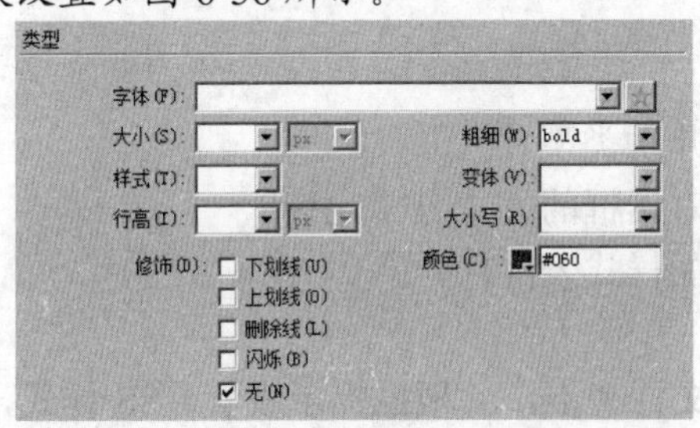

图6-36　创建样式“#navigate tr td a:link, #navigate tr td a:visited”

4. 在【CSS 样式】面板中单击按钮，打开【新建 CSS 规则】对话框，创建复合内容的 CSS 样式“#navigate tr td a:hover”来控制超级链接文本的鼠标悬停样式，参数设置如图 6-37 所示。

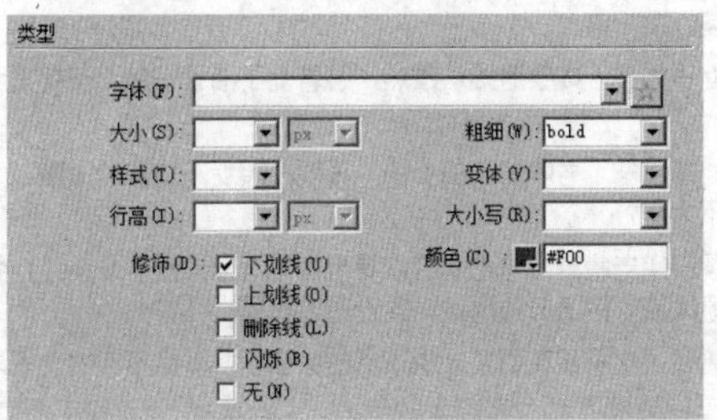

图6-37　创建样式“#navigate tr td a:hover”

5. 在【CSS 样式】面板中单击按钮，打开【新建 CSS 规则】对话框，创建复合内容的

CSS 样式“#main tr td p”，参数设置如图 6-38 所示。

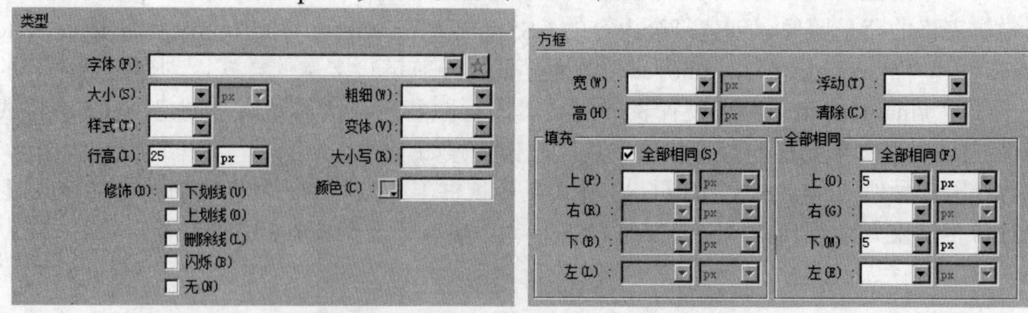

图6-38　创建复合内容的 CSS 样式“#main tr td p”

6. 在【CSS 样式】面板中单击按钮，打开【新建 CSS 规则】对话框，创建类 CSS 样式“.bg”，参数设置如图 6-39 所示。
7. 选中页脚链接文本所在单元格，然后在【属性（HTML）】面板的【类】下拉列表中选择“bg”，如图 6-40 所示。

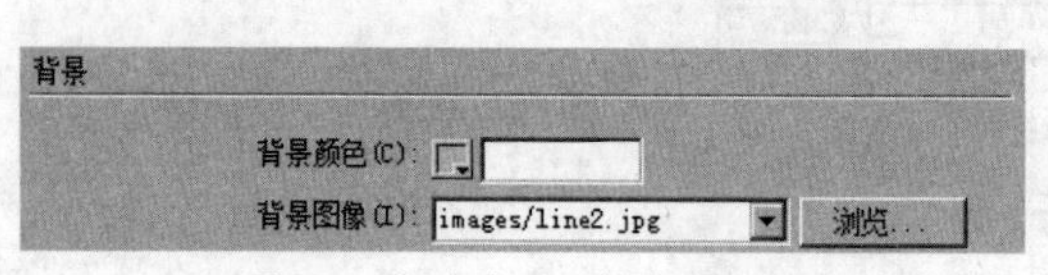

图6-39　创建类 CSS 样式“.bg”

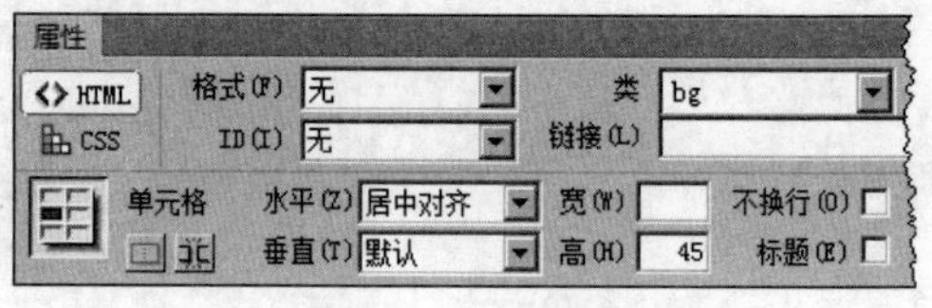

图6-40　应用类样式

8. 保存文件。

6.5 习题

1. 思考题
   (1) CSS 样式通常有哪几种类型？
   (2) 打开【多类选区】对话框的方式有哪几种？
   (3) 对新建网页如何附加样式表文件？
2. 操作题

   将附盘文件复制到站点文件夹下，并根据提示设置 CSS 样式，效果如图 6-41 所示。

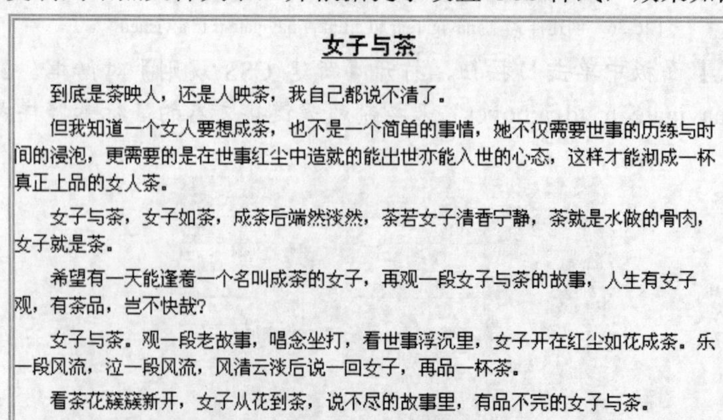
女子与茶

到底是茶映人，还是人映茶，我自己都说不清了。

但我知道一个女人要想成茶，也不是一个简单的事情，她不仅需要世事的历练与时间的浸泡，更需要的是在世事红尘中造就的能出世亦能入世的心态，这样才能沏成一杯真正上品的女人茶。

女子与茶，女子如茶，成茶后端然淡然，茶若女子清香宁静，茶就是水做的骨肉，女子就是茶。

希望有一天能逢着一个名叫成茶的女子，再观一段女子与茶的故事，人生有女子观，有茶品，岂不快哉？

女子与茶。观一段老故事，唱念坐打，看世事浮沉里，女子开在红尘如花成茶。乐一段风流，泣一段风流，风清云淡后说一回女子，再品一杯茶。

看茶花簇簇新开，女子从花到茶，说不尽的故事里，有品不完的女子与茶。

图6-41　女子与茶

【步骤提示】

1. 创建类 CSS 样式“.tstyle”来设置文档标题样式：字体为“黑体”，大小为“18px”，颜色为“#060”，有下划线，然后应用到标题所在单元格。
2. 创建标签 CSS 样式“p”来设置正文文本样式：字体为“宋体”，大小为“14px”，行高为“20px”，上边界和下边界均为“5px”。
3. 创建 ID 名称 CSS 样式“#mytable”来设置表格的边框样式：边框样式全部为“双线”，宽度全部为“2px”，边框颜色全部为“#CCC”。
4. 保存文件。

第7章 使用 Div

【学习目标】

- 掌握创建 AP Div 的方法。
- 掌握编辑 AP Div 的方法。
- 掌握设置 AP Div 属性的方法。
- 掌握插入 Div 标签的方法。
- 掌握插入流体网格布局 Div 标签的方法。
- 掌握使用 CSS+DIV 技术布局网页的方法。

Div 是网页设计中一种重要的页面布局工具。本章将介绍 Div 的基本知识以及使用 CSS+DIV 进行网页布局的基本方法。

7.1 功能讲解

下面介绍 Div 的基本知识。

7.1.1 理解基本概念

在学习 Div 的基本知识时，首先必须理解下面 3 个概念的区别与联系。

- AP 元素：是分配有绝对位置的 HTML 页面元素。例如，Div 标签、Table 标签等只要为其定义了绝对位置属性，就是 AP 元素，所有 AP 元素都将显示在【AP 元素】面板中。
- AP Div：是具有绝对定位的 Div。由于 AP Div 是一种能够随意定位的页面元素，因此可以将 AP Div 放置在页面的任何位置，页面中所有的 AP Div 都会显示在【AP 元素】面板中。
- Div 标签：是具有相对定位的 Div，用来定义页面内容中的逻辑区域。可以使用 Div 标签将内容块居中，创建列效果以及创建不同的颜色区域等。

7.1.2 【AP 元素】面板

选择菜单命令【窗口】/【AP 元素】，打开【AP 元素】面板。图 7-1 所示为一个包含多个 AP Div 的【AP 元素】面板。

【AP 元素】面板的主体部分分为 3 列。第 1 列为显示与隐藏栏，用来设置 AP Div 的显示与隐藏。第 2 列为 ID 名称栏，它与【属性】面板中【CSS-P 元素】选项的作用是相同的。第 3 列为 *z* 轴栏，它与【属性】面板中的 *z* 轴选项是相同的。在【AP 元素】面板中可以实现以下操作功能。

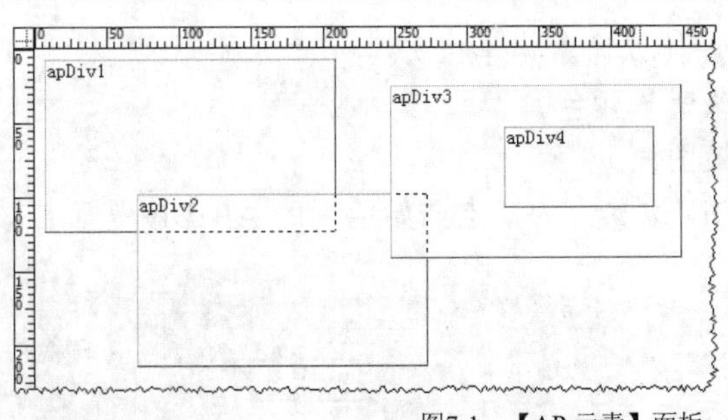

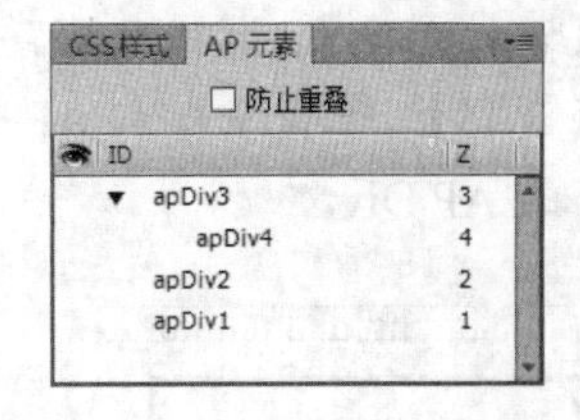

图7-1 【AP 元素】面板

- 通过双击 ID 名称可以对 AP Div 进行重命名，单击▶图标或▼图标可以伸展或收缩嵌套的 AP Div。
- 通过双击 z 轴的顺序号可以修改 AP Div 的 z 轴顺序。AP Div 的 z 轴的含义是：除了屏幕的 x、y 坐标之外，逻辑上增加了一个垂直于屏幕的 z 轴，z 轴顺序就好像 AP Div 在 z 轴上的坐标值。这个坐标值可正可负，也可以是 0，数值大的在上层，数值小的在下层。
- 通过选择【防止重叠】复选框可以禁止 AP Div 重叠。
- 通过单击栏下方的相应眼睛图标可以设置 AP Div 的可见性，若需同时改变所有 AP Div 的可见性，则单击图标列最顶端的图标，原来所有的 AP Div 均变为可见或不可见。
- 按住 Shift 键不放，依次单击可以选定多个 AP Div。
- 按住 Ctrl 键不放，将某一个 AP Div 拖动到另一个 AP Div 上，形成嵌套的 AP Div。

7.1.3 创建 AP Div

在创建 AP Div 时，可以直接插入一个默认大小的 AP Div，也可以直接绘制自定义大小的 AP Div。

一、 插入默认大小的 AP Div

将鼠标光标置于文档窗口中，选择菜单命令【插入】/【布局对象】/【AP Div】，将插入一个默认大小的 AP Div，也可以将【插入】/【布局】面板上的 绘制 AP Div 按钮拖曳到文档窗口，此时也将插入一个默认大小的 AP Div，如图 7-2 所示。

当向网页中插入 AP Div 时，AP Div 属性是默认的，如 AP Div 的大小和背景颜色等。如果希望按照自己预先定义的大小插入 AP Div，可以选择菜单命令【编辑】/【首选参数】，弹出【首选参数】对话框，在【分类】列表中选择【AP 元素】分类，根据需要对其中的参数进行设置即可，如图 7-3 所示。其中相关参数的含义说明如下。

- 【显示】：设置 AP 元素在默认情况下是否可见，其选项有“default”、“inherit”、“visible”和“hidden”4 个，“default”不指定可见性属性，当未指定可见性时，大多数浏览器都会默认为“继承”；“inherit”将继承使用 AP 元素父级的可见性设置；“visible”将显示 AP 元素的内容，而与父级的值无关；“hidden”将隐藏 AP 元素的内容，而与父级的值无关。
- 【宽】和【高】：设置使用菜单命令【插入】/【布局对象】/【AP Div】创建

的 AP 元素的默认宽度和高度（以像素为单位）。

- 【背景颜色】：设置一种默认背景颜色。
- 【背景图像】：设置默认背景图像。
- 【嵌套】：设置从现有 AP Div 边界内的某点开始绘制的 AP Div 是否应该是嵌套的 AP Div。

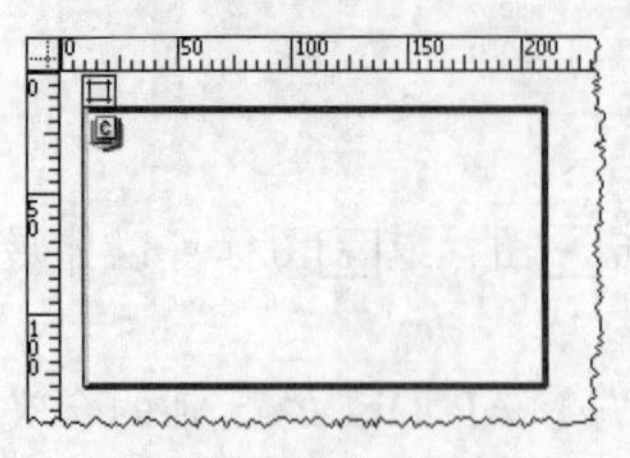

图7-2　插入默认大小的 AP Div

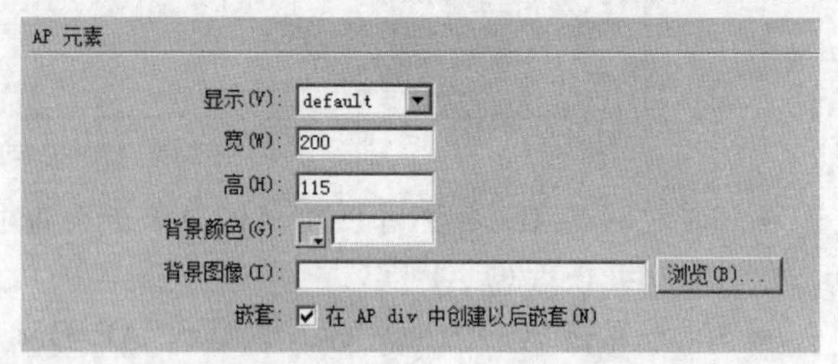

图7-3　定义【AP 元素】分类的参数

二、绘制自定义大小的 AP Div

在【插入】/【布局】面板上单击 绘制 AP Div 按钮，然后将鼠标光标移至文档窗口中，当光标变为“＋”形状时，按住鼠标左键并拖曳，到适合位置释放鼠标左键，将绘制一个自定义大小的 AP Div，如图 7-4 所示。如果想一次绘制多个 AP Div，在单击 绘制 AP Div 按钮后，按住 Ctrl 键不放，连续进行绘制即可。创建 AP Div 以后，可以在 AP Div 中添加文本、图像和表格等网页元素。

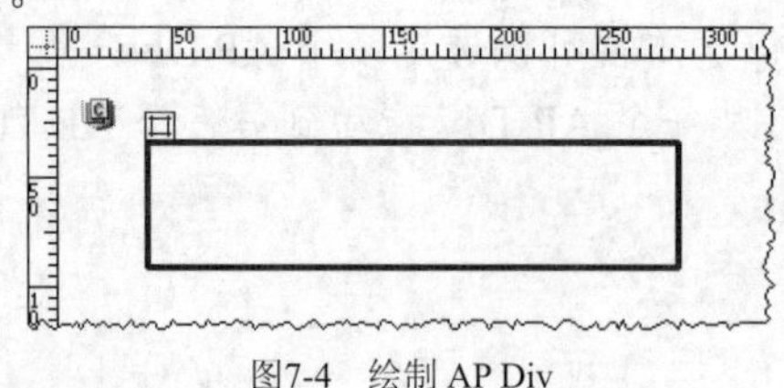

图7-4　绘制 AP Div

7.1.4　创建嵌套 AP Div

AP Div 的嵌套就是指在一个 AP Div 中创建另一个 AP Div，且包含另一个 AP Div。制作嵌套的 AP Div 通常有两种方式：一种是在 AP Div 内部新建嵌套 AP Div；另一种是将已经存在的 AP Div 添加到另外一个 AP Div 内，从而使其成为嵌套的 AP Div。

一、绘制嵌套 AP Div

在【首选参数】对话框的【AP 元素】分类中，选择【在 AP div 中创建以后嵌套】复选框，然后在【插入】/【布局】面板中单击 绘制 AP Div 按钮，在现有 AP Div 中拖曳，则绘制的 AP Div 就嵌套在现有 AP Div 中了。

二、插入嵌套 AP Div

将鼠标光标置于所要嵌套的 AP Div 中，然后选择菜单命令【插入】/【布局对象】/【AP Div】，插入一个嵌套的 AP Div。

AP Div 的嵌套和重叠不一样。嵌套的 AP Div 与父 AP Div 是有一定关系的，而重叠的 AP Div 除视觉上会有一些联系外，没有其他关系。

7.1.5 AP Div 属性

插入 AP Div 以后，在【属性】面板中可以查看和编辑 AP Div 的属性，如图 7-5 所示。其中相关参数的含义说明如下。

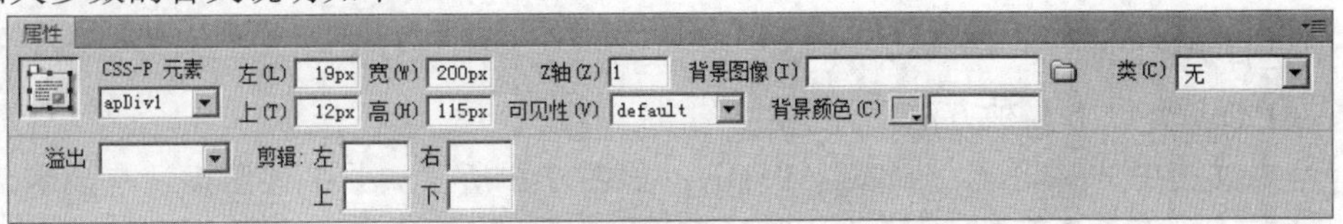

图7-5　AP Div【属性】面板

- 【CSS-P 元素】：用来设置 AP 元素的 ID 名称，此 ID 用于在【AP 元素】面板和 JavaScript 代码中标识 AP 元素，ID 应使用标准的字母和数字字符，不能使用空格、连字符、斜杠或句号等特殊字符，AP 元素必须有自己的唯一 ID。
- 【左】、【上】：设置 AP 元素的左上角相对于页面（如果嵌套，则为父 AP 元素）左上角的位置。
- 【宽】、【高】：设置 AP 元素的宽度和高度，如果 AP 元素的内容超过指定大小，AP 元素的底边（按照在 Dreamweaver 的【设计】视图中的显示）会延伸以容纳这些内容。如果“溢出”属性没有设置为【visible（可见）】，那么当 AP 元素在浏览器中出现时，底边将不会延伸。
- 【Z 轴】：设置在垂直平面的方向上 AP 元素的顺序号，在浏览器中，编号较大的 AP 元素出现在编号较小的 AP 元素的前面，值可以为正，也可以为负，当更改 AP 元素的堆叠顺序时，使用【AP 元素】面板要比输入特定的 z 轴值更为简便。
- 【可见性】：设置 AP 元素的可见性，包括“default（默认）”、“inherit（继承）”、“visible（可见）”和“hidden（隐藏）”4 个选项。
- 【背景图像】：设置 AP 元素的背景图像。
- 【背景颜色】：设置 AP 元素的背景颜色。
- 【类】：设置用于 AP 元素的样式的 CSS 类。
- 【溢出】：设置当 AP 元素的内容超过 AP 元素的指定大小时如何在浏览器中显示 AP 元素，包括 4 个选项：“visible（可见）”表示在 AP 元素中显示额外的内容，实际上，AP 元素会通过延伸来容纳额外的内容；“hidden（隐藏）”表示不在浏览器中显示额外的内容；“scroll（滚动）”表示浏览器应在 AP 元素上添加滚动条，而不管是否需要滚动条；“auto（自动）”使浏览器仅在需要时（即当 AP 元素的内容超过其边界时）才显示 AP 元素的滚动条。溢出选项在不同的浏览器中会获得不同程度的支持。
- 【剪辑】：用来设置 AP 元素的可见区域，指定左、上、右和下坐标以在 AP 元素的坐标空间中定义一个矩形（从 AP 元素的左上角开始计算），AP 元素将经过“裁剪”以使得只有指定的矩形区域才是可见的。

7.1.6　编辑 AP Div

在创建了 AP Div 以后，许多时候要根据实际需要对其进行编辑，如选择、缩放、移动和对齐 AP Div 等。

一、　选择 AP Div

选择 AP Div 有以下几种方法。

- 单击文档中的图标来选定 AP Div，如图 7-6 所示。如果该图标没有显示，可在【首选参数】/【不可见元素】分类中选择【AP 元素的锚点】复选框。
- 将鼠标光标置于 AP Div 内，然后在文档窗口底边的标签条中选择相应的 HTML 标签，如图 7-7 所示。

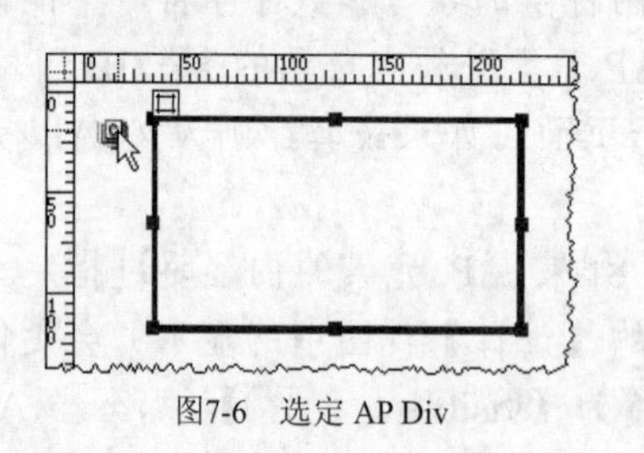

图7-6　选定 AP Div

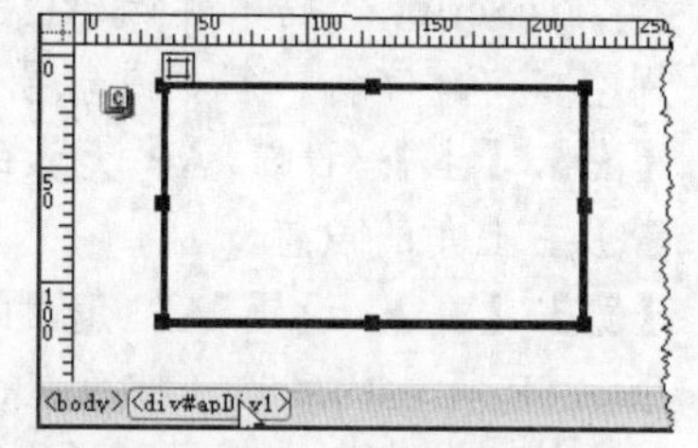

图7-7　选择“<div#apDiv1>”标签

- 单击 AP Div 的边框线，如图 7-8 所示。按住 Shift 键不放依次单击 AP Div 的边框线，可以选定多个 AP Div。
- 在【AP 元素】面板中单击 AP Div 的名称，如图 7-9 所示。

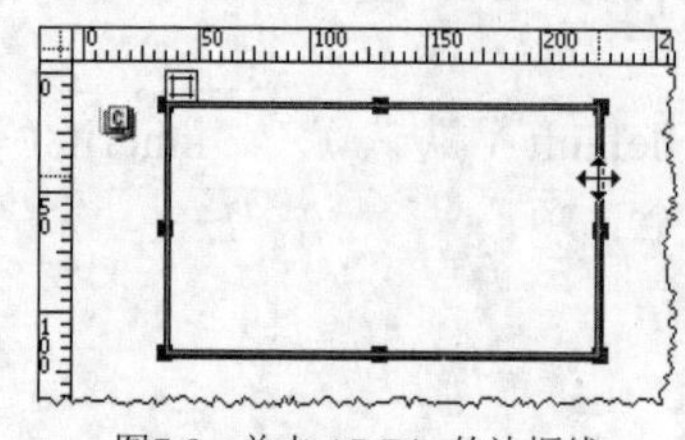

图7-8　单击 AP Div 的边框线

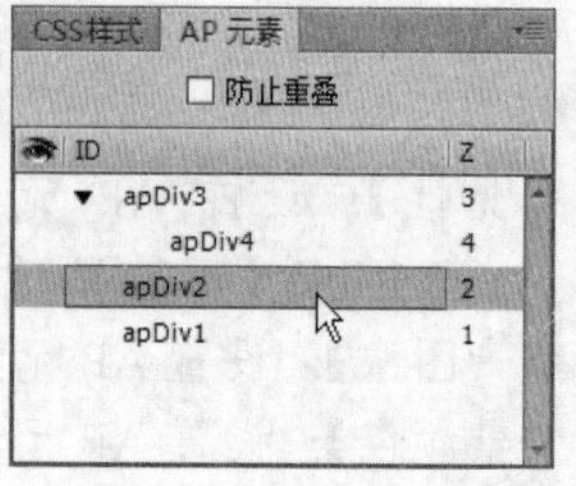

图7-9　单击 AP Div 的名称

二、　缩放 AP Div

缩放 AP Div 仅改变 AP Div 的宽度和高度，不改变 AP Div 中的内容。在文档窗口中可以缩放一个 AP Div，也可同时缩放多个 AP Div，使它们具有相同的尺寸。缩放单个 AP Div 有以下几种方法。

- 选定 AP Div，然后拖曳缩放手柄（AP Div 周围出现的小方块）来改变 AP Div 的尺寸。拖曳上或下手柄改变 AP Div 的高度，拖曳左或右手柄改变 AP Div 的宽度，拖曳 4 个角的任意一个缩放点同时改变 AP Div 的宽度和高度。
- 选定 AP Div，然后按住 Ctrl 键，每按一次方向键，AP Div 就被改变一个像素值。
- 选定 AP Div，然后同时按住 Shift + Ctrl 组合键，每按一次方向键，AP Div 就被改变 10 个像素值。
- 选定 AP Div，在【属性】面板的【宽】和【高】文本框中输入数值（要带单位，如 100px），并按 Enter 键确认。

如果同时对多个 AP Div 的大小进行统一调整，通常有以下两种方法。

- 选定多个 AP Div，在【属性】面板的【宽】和【高】文本框中输入数值，并按 Enter 键确认，此时文档窗口中所有 AP Div 的宽度和高度全部变成了指定的宽度。
- 选定多个 AP Div，选择菜单命令【修改】/【排列顺序】/【设成宽度相同】或【设成高度相同】来统一宽度或高度，利用这种方法将以最后选定的 AP Div 的宽度或高度为标准。

三、 移动 AP Div

要想精确定位 AP Div，许多时候要根据需要移动 AP Div。移动 AP Div 时，首先要确定 AP Div 是可以重叠的，也就是不选择【AP 元素】面板中的【防止重叠】复选框，这样 AP Div 可以不受限制地被移动。移动 AP Div 的方法主要有以下几种。

- 选定 AP Div 后，当鼠标光标靠近缩放手柄变为"✥"形状时，按住鼠标左键并拖曳，AP Div 将跟着鼠标的移动而发生位移。
- 选定 AP Div，然后按 4 个方向键，向 4 个方向移动 AP Div。每按一次方向键，将使 AP Div 移动 1 个像素值的距离。
- 选定 AP Div，按住 Shift 键，然后按 4 个方向键，向 4 个方向移动 AP Div。每按一次方向键，将使 AP Div 移动 10 个像素值的距离。
- 选定 AP Div，在【属性】面板的【左】和【上】文本框内输入数值（要带单位，如 150px），并按 Enter 键确认。

四、 对齐 AP Div

对齐功能可以使两个或两个以上的 AP Div 按照某一边界对齐。对齐 AP Div 的方法是：首先将所有 AP Div 选定，然后选择菜单命令【修改】/【排列顺序】中的相应选项即可。例如，选择【对齐下缘】命令，将使所有被选中的 AP Div 的底边按照最后选定 AP Div 的底边对齐，即所有 AP Div 的底边都排列在一条水平线上。

7.1.7 关于 CSS+DIV 布局

CSS＋DIV 是网站标准（或称 Web 标准）中常用的术语之一，因为 XHTML 网站设计标准中，不再使用表格定位技术而是采用 CSS＋DIV 的方式实现各种定位。现在 CSS+DIV 技术在网站建设中已经应用很普遍，这里的 DIV 指的主要是相对定位的 Div 标签，而不是绝对定位的 AP Div。

一、 CSS 的盒子模型

CSS 布局的基本构造块是 Div 标签（即<div>…</div>），它是一个 HTML 标签，在大多数情况下用作文本、图像或其他页面元素的容器。当创建 CSS 布局时，会将 Div 标签放在页面上，向这些标签中添加内容，然后将它们放在不同的位置上。可以用相对方式（指定与其他页面元素的距离）或绝对方式（指定 *x* 和 *y* 坐标，即 AP Div）来定位 Div 标签，还可通过指定浮动、填充和边距（当今 Web 标准的首选方法）放置 Div 标签。也就是说，Div 元素是用来为 HTML 文档内大块（block-level）的内容提供结构和背景的元素。Div 的起始标签<div>和结束标签</div>之间的所有内容都是用来构成这个块的，其中所包含元素的特性由 Div 标签的属性或 Div 标签所使用的样式表来控制。

如果要掌握 CSS+DIV 布局方法，首先要对 CSS 盒子模型有足够的认识。只有理解了盒子模型的原理以及其中每个元素的使用方法，才能真正掌握 CSS+DIV 布局的真谛。在使用 CSS+DIV 技术进行页面布局的过程中，会经常用到内容、填充、边框、边界等属性，这些都是盒子模型的基本要素，进行页面布局时必须明白它们之间的关系，如图 7-10 所示。

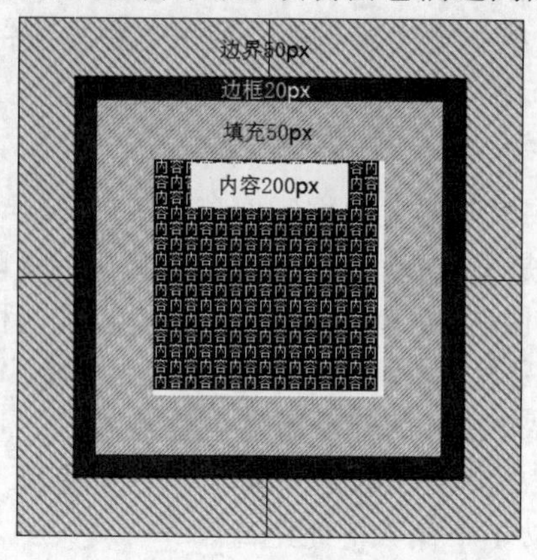

图7-10　盒子模型

在给 Div 标签等块元素定义宽度时，这个宽度通常指的是内容的宽度，高度也是如此，即 CSS 中所说的块元素的宽度和高度是指内容区域的宽度和高度，不包括填充、边框和边界。在填充和边界都不为“0”的情况下，边框位于两者中间，通过 CSS 可以给边框定义样式、宽度和颜色。填充用于控制内容与边框之间的距离，可大可小，也可为“0”，要根据实际需要而定。边界是用来设置页面中一个元素所占空间的边缘到相邻元素之间的距离。

使用 CSS+DIV 进行页面布局是一种很新的排版理念，首先要将页面使用 Div 标签整体划分为几个版块，然后对各个版块进行 CSS 定位，最后在各个版块中添加相应的内容。

二、 id 与 class 的区别

在使用 CSS+DIV 布局网页时，经常会用 id 和 class 来选择调用 CSS 样式属性。对初学者来说，什么时候用 id，什么时候用 class，可能比较模糊。

class 在 CSS 中叫“类”，在同一个页面可以无数次调用相同的类样式。id 表示标签的身份，是标签的唯一标识。在 CSS 里 id 在页面里只能出现一次，即使在同一个页面里调用相同的 id 多次仍然没有出现页面混乱错误，但为了 W3C 及各个标准，大家也要遵循 id 在一个页面里的唯一性，以免出现浏览器兼容问题。例如，在文件头定义了一个 id 名称样式“#tstyle”，在正文中通过 id 引用了一次，除了这一次，不能再继续引用了。

因此，在页面中凡是需要多次引用的样式，需要定义成类样式，通过 class 进行多次调用，凡是只用一次的样式，可以定义成 id 名称样式，当然也可以定义为类样式。一个元素上可以有一个类和一个 id，如<div class="sidebar1" id="leftbar">，一个元素还可以有多个类，如<div class="sidebar1 pstyle fontstyle">，这个新的类命名结构带来了更高的灵活性。

三、 CSS+DIV 布局的优点

CSS+DIV 是目前网页页面布局的主流技术，它具有诸多优点。

(1) 页面载入速度更快。

由于将大部分页面代码写在了 CSS 中，使得页面体积容量变得更小。CSS+DIV 将页面独立成更多的区域，在打开页面的时候，逐层加载，使得加载速度加快。

(2) 修改设计更有效率。

由于使用了 CSS+DIV 方法，将页面内容和表现形式分离，使得在修改页面的时候，直接到 CSS 里修改相应的样式即可，这样更有效率也更方便，同时也不会破坏页面其他部分的布局样式。

(3) 保持视觉的一致性。

CSS+DIV 最重要的优势之一就是保持视觉的一致性，它将所有页面或所有区域统一用 CSS 控制，避免了不同区域或不同页面体现出的效果偏差。

(4) 更好地被搜索引擎收录。

由于将大部分的 HTML 代码和内容样式写入了 CSS 中，这就使得网页中正文部分更为突出明显，便于被搜索引擎采集收录。

(5) 对浏览者和浏览器更具亲和力。

网站做出来是给浏览者使用的，对浏览者和浏览器更具亲和力，CSS+DIV 在这方面更具优势。由于 CSS 富含丰富的样式，使页面更具灵活性，它可以根据不同的浏览器，而达到显示效果的统一和不变形。

7.1.8 页面布局类型

下面简要介绍一下最为常用的页面布局类型。

一、 一字型结构

一字型结构是最简单的网页布局类型，即无论是从纵向上看还是从横向上看都只有一栏，通常居中显示，它是其他布局类型的基础。

二、 左右结构

左右结构将网页分割为左右两栏，左栏小右栏大或者左栏大右栏小，如图 7-11 所示。

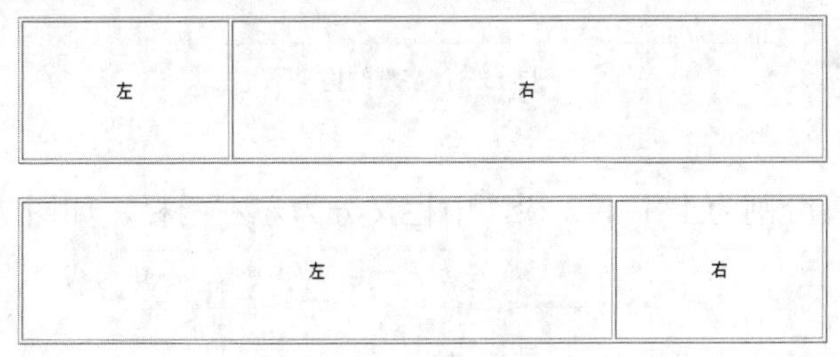

图7-11 左右结构

三、 川字型结构

川字型结构将网页分割为左中右 3 栏，左右两栏小中栏大，如图 7-12 所示。

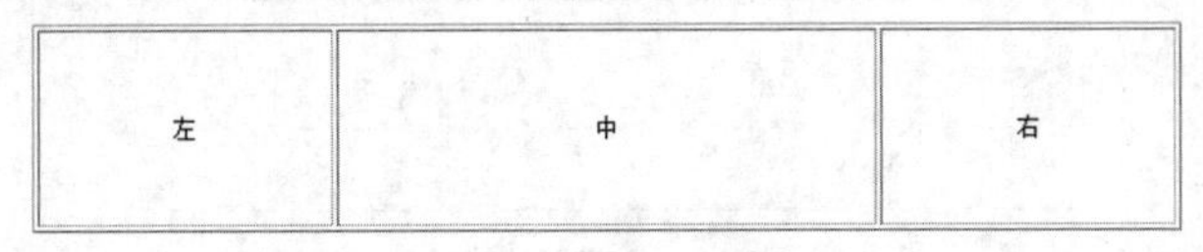

图7-12 左中右结构

四、 二字型结构

二字型结构将网页分割为上下两栏，上栏小下栏大或上栏大下栏小，如图 7-13 所示。

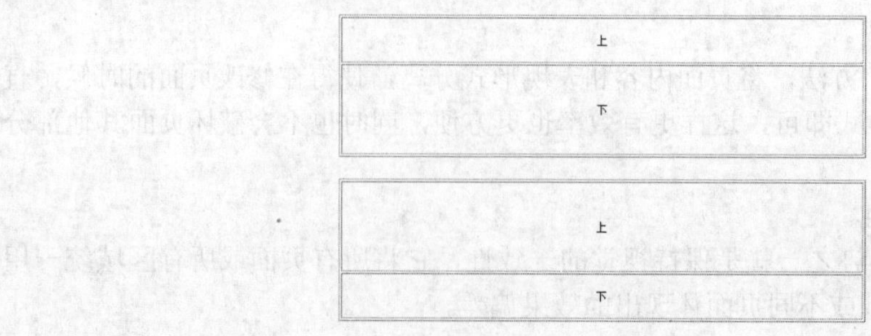

图7-13　上下结构

五、 三字型结构

三字型结构将网页分割为上中下 3 栏，上下栏小中栏大，如图 7-14 所示。

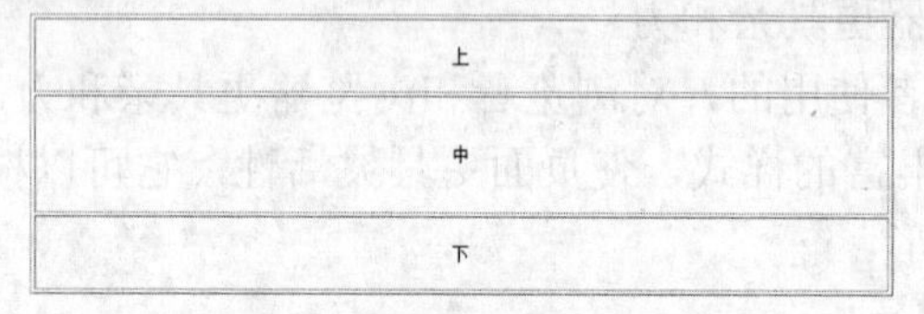

图7-14　上中下结构

六、 厂字型结构

厂字型结构将网页分割为上下两栏，下栏又分为左右两栏，如图 7-15 所示。

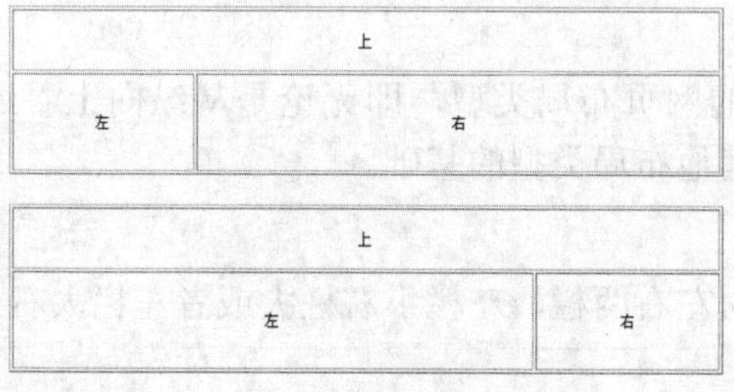

图7-15　厂字型结构

七、 匡字型结构

匡字型结构将网页分割为上中下 3 栏，中栏又分为左右两栏，如图 7-16 所示。

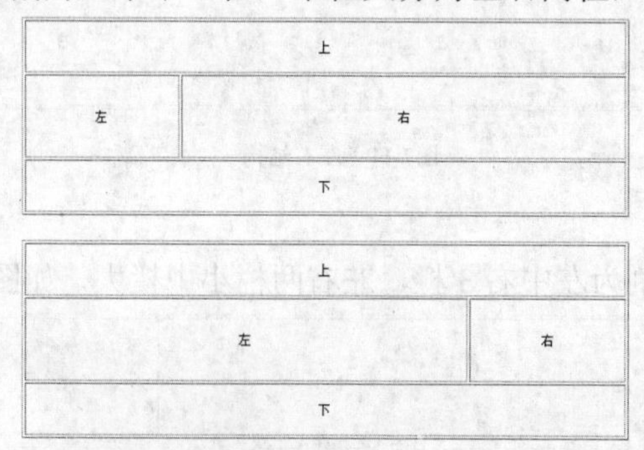

图7-16　匡字型结构

八、 同字型结构

同字型结构将网页分割为上下两栏，下栏又分为左中右 3 栏，如图 7-17 所示。

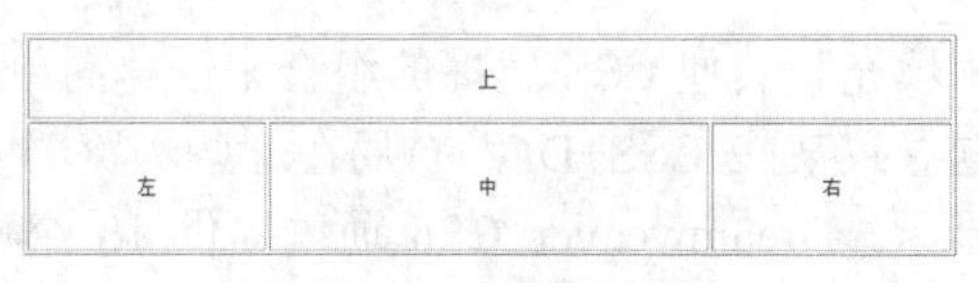

图7-17 同字型结构

九、 回字型结构

回字型结构将网页分割为上中下3栏，中栏又分为左中右3栏，如图7-18所示。

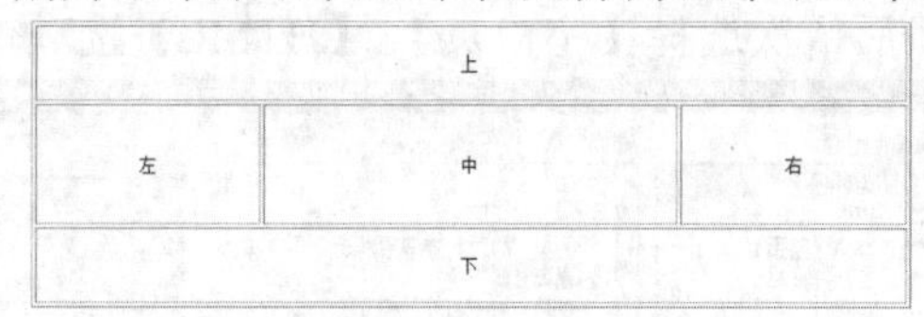

图7-18 回字型结构

平时上网经常发现许多网页很长，实际上不管网页多长，其结构大多是以上几种结构类型的综合应用，万变不离其宗。另外需要说明的是，上面介绍的只是页面的大致区域结构，在每个小区域内通常还需要继续使用布局技术进行布局。

7.1.9 插入 Div 标签

插入相对定位的 Div 标签的方法是：选择菜单命令【插入】/【布局对象】/【Div 标签】，打开【插入 Div 标签】对话框。在【插入】下拉列表中定义插入 Div 标签的位置，如果此时不定义 CSS 样式，可以单击 确定 按钮直接插入 Div 标签；如果此时需要定义 CSS 样式，可以在【ID】下拉列表中输入 Div 标签的 ID 名称，然后单击 新建 CSS 规则 按钮创建 ID 名称 CSS 样式，当然也可以在【类】下拉列表中输入类 CSS 样式的名称，然后再单击 新建 CSS 规则 按钮创建类 CSS 样式。不管使用哪种形式的 CSS 样式，建议都要对 Div 标签进行 ID 命名，以方便页面布局的管理，如图7-19所示。

在 HTML 代码中，AP Div 和 Div 标签使用共同的<div>标记，那么两者有何不同，又有何联系呢？这可以从 AP 元素的定位方式的角度来说明。

AP 元素的定位方式有两种类型：绝对定位和相对定位。通过更改 Div 的定位方式，可以实现 AP Div 和 Div 标签的相互转换。方法是：在 CSS 规则定位对话框的【位置】下拉列表中选择【absolute】（绝对）或【relative】（相对）选项，如图7-20所示。其中，“absolute”表示绝对定位方式，“relative”表示相对定位方式。

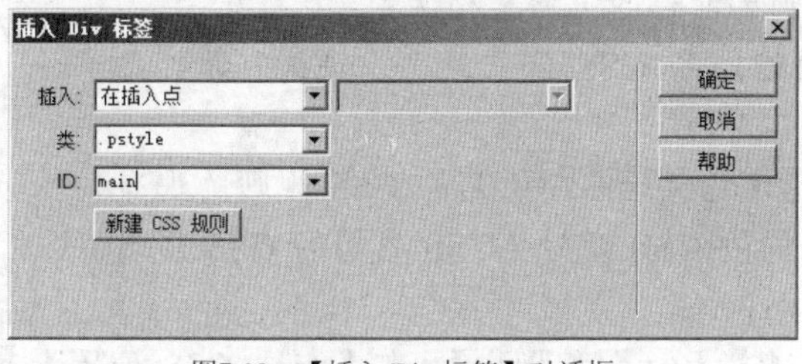

图7-19 【插入 Div 标签】对话框

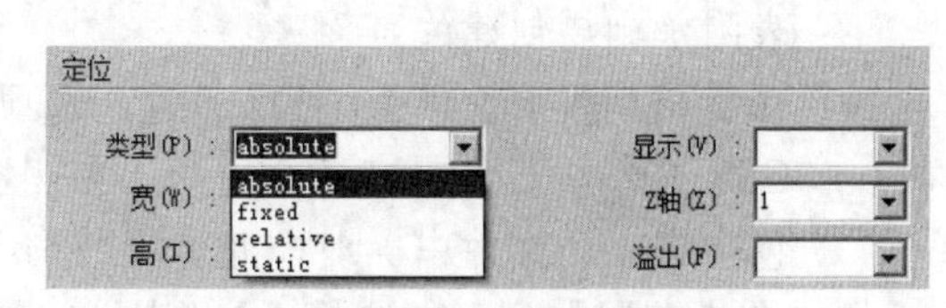

图7-20 AP 元素的定位方式

7.1.10 使用预设计的 CSS+DIV 布局

从头创建 CSS+DIV 布局可能或多或少有些困难，因为有很多种实现方法，可以通过设置几乎无数种浮动、边距、填充和其他 CSS 属性的组合来创建简单的两列 CSS+DIV 布局。另外，跨浏览器呈现的问题导致某些 CSS+DIV 布局在一些浏览器中可以正确显示，而在另一些浏览器中则无法正确显示。Dreamweaver CS6 通过提供 18 个可以在不同浏览器中工作的事先设计的布局，使读者可以轻松地使用 CSS+DIV 布局构建页面。通过这些预设计的 CSS+DIV 布局，也可以很好地学习 CSS+DIV 布局的方法和技巧。

使用预设计的 CSS+DIV 布局创建网页的方法是：选择菜单命令【文件】/【新建】，打开【新建文档】对话框，然后依次选择【空白页】/【HTML】选项，如图 7-21 所示。

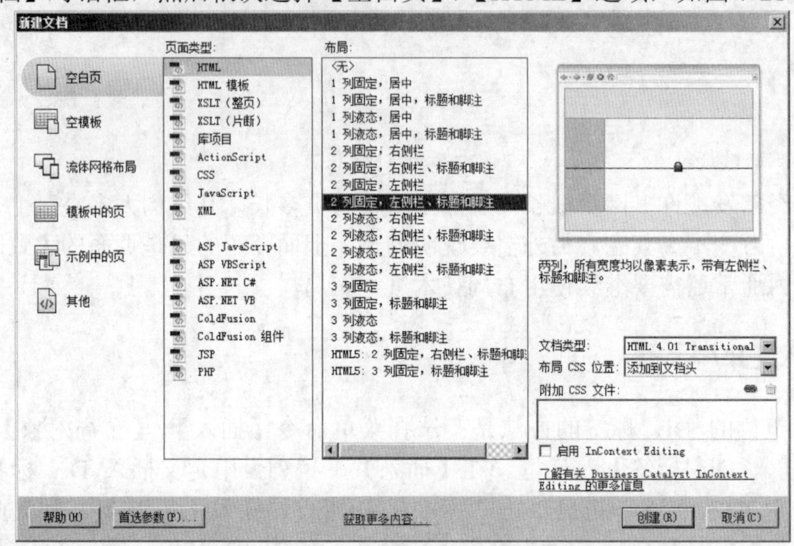

图7-21　【新建文档】对话框

在【布局】列表中，从空白 HTML 文档（即“无”）开始，到 1 列、2 列和 3 列选项，各个选项按布局类型排列。预设计的 CSS 布局提供了下列类型的列。

- 【固定】：列宽是以像素指定的，列的大小不会根据浏览器的大小或站点访问者的文本设置来调整。
- 【液态】：列宽是以站点访问者的浏览器宽度的百分比形式指定的，如果站点访问者将浏览器变宽或变窄，该设计将会进行调整，但不会基于站点访问者的文本设置来更改列宽度。

【布局 CSS 位置】下拉列表中有 3 个选项。

- 【添加到文档头】：将布局的 CSS 添加到要创建的页面文档头中。
- 【新建文件】：将布局的 CSS 添加到新的外部 CSS 样式表，并将这一新样式表附加到要创建的页面。
- 【链接到现有文件】：可以通过此选项指定已包含布局所需的 CSS 规则的现有 CSS 文件，当希望在多个文档上使用相同的 CSS 布局（CSS 布局的 CSS 规则包含在一个文件中）时，此选项特别有用。

如果在【布局】列表中选择【2 列固定，左侧栏、标题和脚注】，在【布局 CSS 位置】下拉列表中选择【添加到文档头】，单击 创建(R) 按钮，创建的文档如图 7-22 所示。

图7-22　固定模式

如果将文档窗口切换到【代码】视图，可以发现创建的网页文档页面布局使用了以下几对 Div 标签，它们均使用了类样式对 Div 标签进行控制。

```
<div class="container">
<div class="header">…</div>
<div class="sidebar1">…</div>
<div class="content">…</div>
<div class="footer">…</div>
</div>
```

含有类样式"container"的 Div 标签为最外层布局标签，用来控制整个页面的布局，它里面又嵌套了 4 个 Div 标签。含有类样式"header"的 Div 标签用来控制网页文档的顶部区域，里面可以放置 logo 图标和导航栏等内容。含有类样式"sidebar1"的 Div 标签用来控制网页文档的左侧区域，里面可以放置导航文本或其他需要简要说明的内容。含有类样式"content"的 Div 标签用来控制网页文档的右侧区域，里面可以放置需要详细说明的内容，也可将该区域继续划分成更小的版块，放置相应的内容。含有类样式"footer"的 Div 标签用来控制网页文档的底部区域，里面可以包含网站自身的版权信息等内容。

可以在【CSS 样式】面板中查看各个样式的属性设置情况。在【CSS 样式】面板中，

选中类样式“header”，在【属性】列表中显示其背景颜色为“#ADB96E”；选中类样式“container”，在【属性】列表中显示其宽度为“960px”，上下边界均为“0”，左右边界均为“auto”，背景颜色为白色“#FFF”；选中类样式“sidebar1”，在【属性】列表中显示其宽度为“180px”，浮动为左对齐“left”，下填充为“10”，背景颜色为“#EADCAE”；选中类样式“content”，在【属性】列表中显示其宽度为“780px”，浮动为左对齐“left”，上下填充均为“10”，左右填充均为“0”；选中类样式“footer”，在【属性】列表中显示其定位位置为相对“relative”，清除为“both”，上下填充均为“10”，左右填充均为“0”，背景颜色为“#CCC49F”。

从上面可以看出，整个网页的宽度固定为“960px”，左侧栏宽度固定为“180px”，右侧栏宽度固定为“780px”，这就是页面固定模式的特点。为了使页面居中显示，在类样式“container”中将左右边界均设置为了自动“auto”。为了使左侧和右栏能够并排显示，在类样式“sidebar1”和“content”中，分别设置了相应的宽度，并将浮动均设置为左对齐“left”。在页面最底部，也就是页脚，为了让页脚的 Div 标签不再随其上面的 Div 标签浮动，在类样式“footer”中将清除设置为两者“both”，这个技巧读者需要注意使用。

下面再创建一个液态模式的文档，看看 CSS 样式有何变化。在【布局】列表中选择【2 列液态，左侧栏、标题和脚注】，单击 创建(R) 按钮，创建一个液态模式的网页文档，如图 7-23 所示。

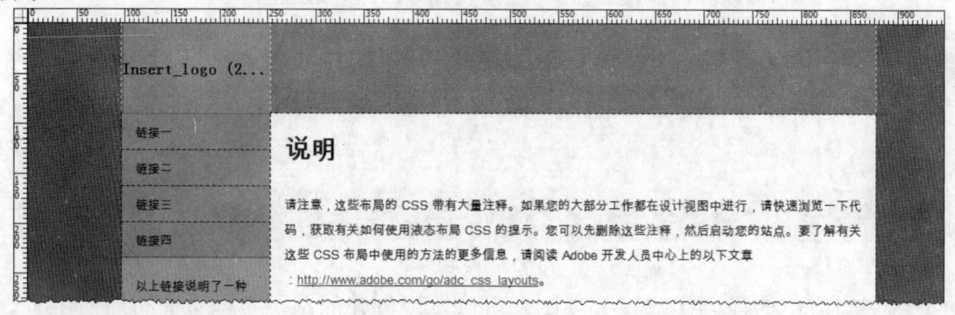

图7-23　液态模式

在【CSS 样式】面板中查看类样式“container”，发现其宽度变为“80%”，而且还新添加了两个属性：最大宽度“1260px”，最小宽度“780px”；再查看类样式“sidebar1”，发现其宽度变为“20%”；接着查看类样式“content”，发现其宽度变为“80%”，如图 7-24 所示。

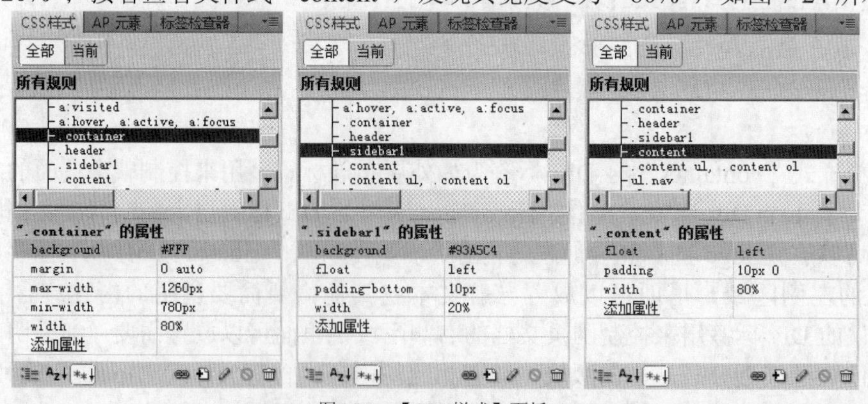

图7-24　【CSS 样式】面板

将文档保存并在浏览器中预览，当浏览器窗口宽度变化时，网页页面的宽度也相应发生变化，但变化的最小宽度为“780px”，最大宽度为“1260px”。

从液态模式的 CSS 样式设置来看，整个网页的宽度通常为浏览器窗口的“80%”，但有一个限制条件，即当浏览器窗口宽度大于或等于“780px”且小于或等于“1260px”时。当浏览器窗口宽度小于“780px”时，网页的显示宽度不再为浏览器窗口的“80%”而是“780px”。当浏览器窗口宽度大于“1260px”时，网页的显示宽度也不再为浏览器窗口的“80%”而是“1260px”。中间左栏宽度为整个网页宽度的“20%”，右栏宽度为整个网页宽度的“80%”，两栏的宽度都将随着整个网页宽度的变化而变化。

读者可以通过这些预设计的 CSS 布局来创建具有 CSS+DIV 布局技术的网页，这样就省去了自行布局网页的麻烦。等到对 CSS+DIV 技术熟悉后，可以尝试设计自己的 CSS+DIV 网页。

7.1.11 插入流体网格布局 Div 标签

在 Dreamweaver CS6 中，使用流体网格布局技术能创建应对不同屏幕尺寸的最合适的 CSS+Div 布局。在使用流体网格布局技术生成 Web 页时，无论用户使用的是台式机、平板电脑还是智能手机，页面布局及其内容都会自动适应用户的查看装置。创建流体网格布局的方法是：选择菜单命令【文件】/【新建流体网格布局】，打开【新建文档】对话框，根据实际需要选择并设置即可，如图 7-25 所示。

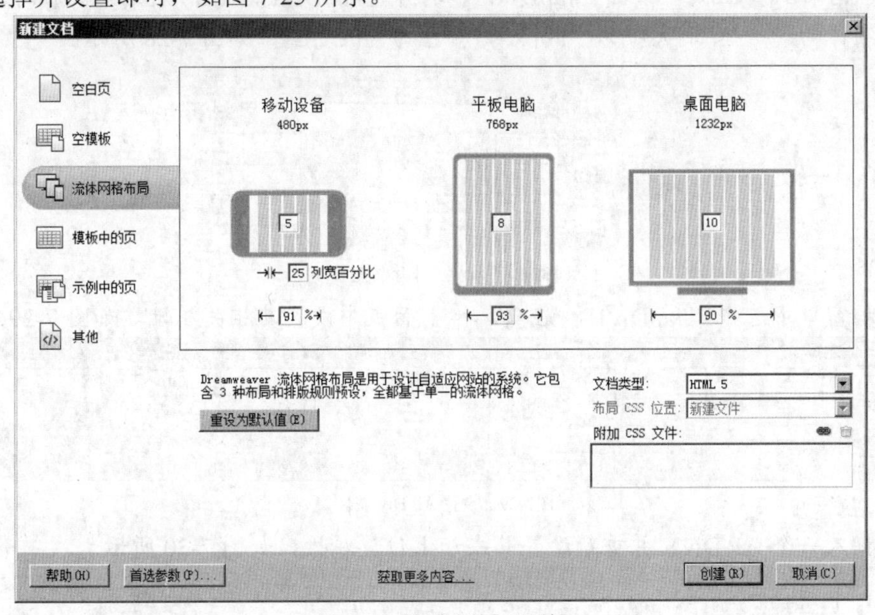

图7-25 【新建文档】对话框

7.2 范例解析

下面通过具体范例来学习 AP Div 和 Div 标签的使用方法。

7.2.1　让生活走进自然

使用 AP Div 制作阴影文本，在浏览器中的浏览效果如图 7-26 所示。

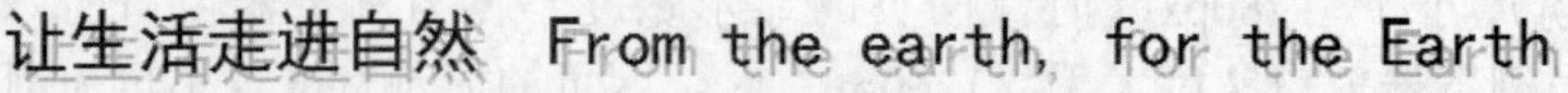

让生活走进自然　From the earth,　for the Earth

图7-26　使用 AP Div 制作特殊效果

这是使用 AP Div 重叠功能制作特效的一个例子，需要插入两个 AP Div，使其位置稍微有所错位，并将文本颜色设置有所差异即可。具体操作步骤如下。

1. 创建一个文档并保存为“7-2-1.htm”，然后选择菜单命令【插入】/【布局对象】/【AP Div】，插入一个默认大小的 AP Div，并在其中输入文本“让生活走进自然　From the earth, for the Earth”，如图 7-27 所示。

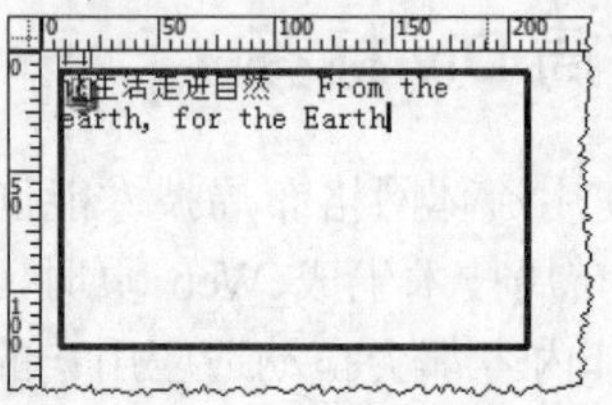

图7-27　插入 AP Div 并输入文本

2. 在【CSS 样式】面板中双击“#apDiv1”，打开【#apDiv1 的 CSS 规则定义】对话框，设置其字体为“黑体”，大小为“30px”，颜色为“#CCC”，如图 7-28 所示。

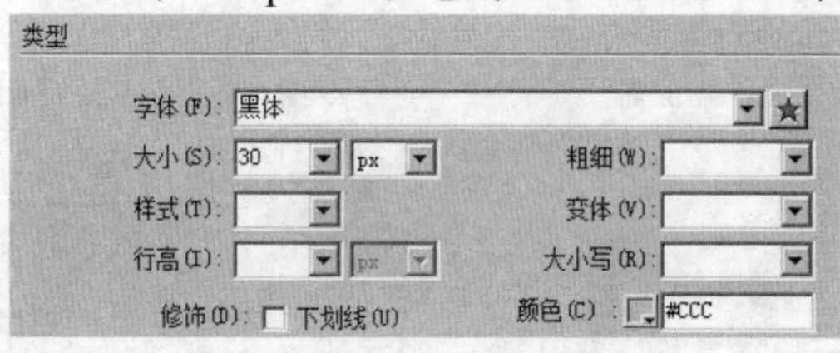

图7-28　设置文本字体属性

3. 在文档窗口中选中“#apDiv1”，在【属性】面板中设置其相关属性，如图 7-29 所示。

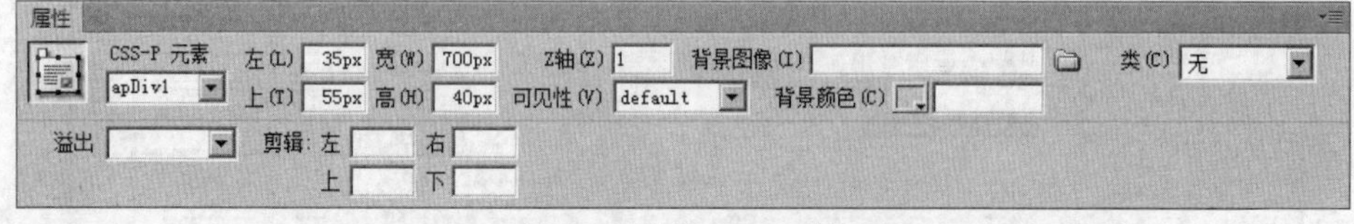

图7-29　设置 AP Div 属性

4. 继续插入一个 AP Div，并重新设置其左和上位置属性，如图 7-30 所示。

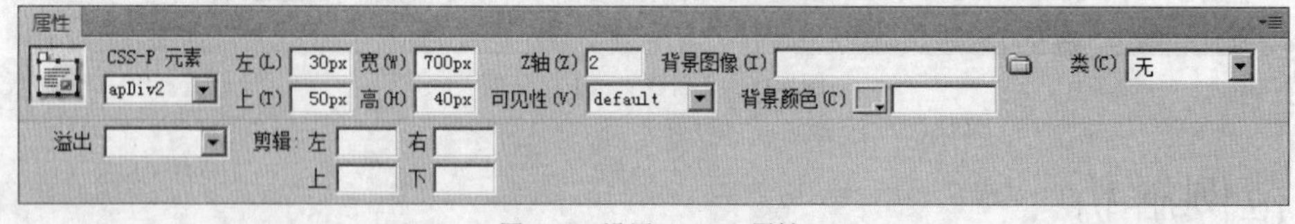

图7-30　设置 AP Div 属性

5. 将鼠标光标置于 AP Div 内，然后输入文本“让生活走进自然　From the earth, for the Earth”，并在【CSS 样式】面板中双击“#apDiv2”，打开【#apDiv2 的 CSS 规则定义】对话框，设置其字体为“黑体”，大小为“30px”，颜色为“#000”。
6. 保存文档，在浏览器中的最终显示效果如图 7-31 所示。

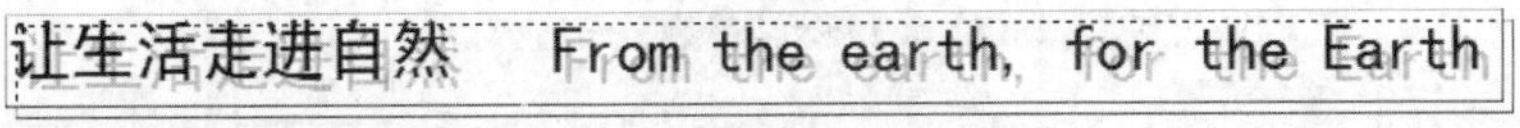

让生活走进自然　From the earth, for the Earth

图7-31　显示效果

7.2.2 五月的风

将附盘文件复制到站点文件夹下，然后使用 Div 布局页面，效果如图 7-32 所示。

五月的风
五月的风是坐落在岛城“五四广场”的标志性雕塑，高达30米，直径27米，重达500余吨，为我国目前最大的钢质城市雕塑。该雕塑以岛城作为“五四运动”的导火索这一主题充分展示了城市的历史足迹，深含着催人向上的浓厚意蕴。雕塑取材于钢板，并辅以火红色的外层喷涂，其造型采用螺旋向上的钢板结构组合，以洗练的手法、简洁的线条和厚重的质感，表现出腾空而起的“劲风”形象，给人以“力”的震撼。雕塑整体与浩瀚的大海和典雅的园林融为一体，成为“五四广场”的灵魂。

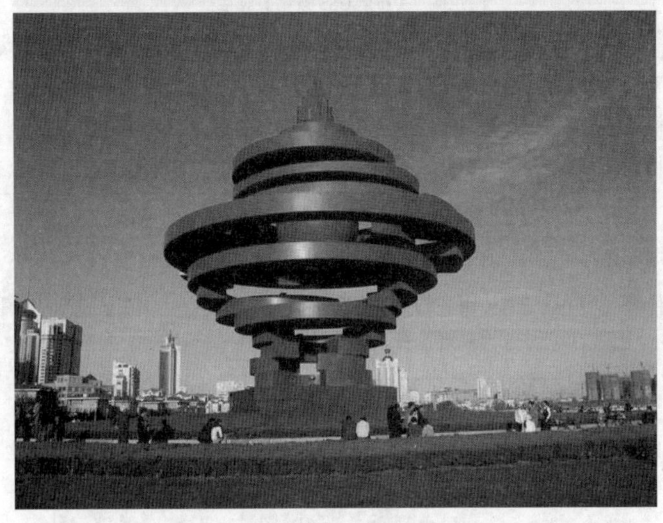

图7-32　五月的风

这是使用 Div 标签的一个例子，具体操作步骤如下。

1. 创建一个文档并保存为“7-2-2.htm”，然后选择菜单命令【插入】/【布局对象】/【Div 标签】，打开【插入 Div 标签】对话框，在【ID】下拉列表框中输入“Div_1”，如图 7-33 所示。

插入 Div 标签
插入: 在插入点
类:
ID: Div_1
新建 CSS 规则
确定
取消
帮助

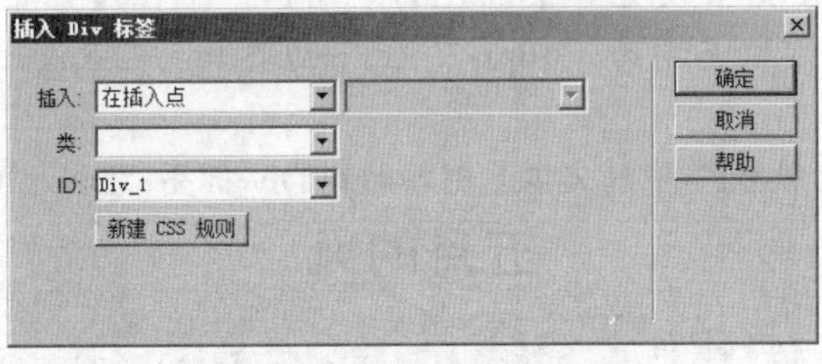

图7-33　【插入 Div 标签】对话框

2. 单击 新建 CSS 规则 按钮，创建 ID 名称 CSS 样式“#Div_1”，如图 7-34 所示。

新建 CSS 规则
选择器类型:
为 CSS 规则选择上下文选择器类型。
ID（仅应用于一个 HTML 元素）
确定
取消
选择器名称:
选择或输入选择器名称。
#Div_1
此选择器名称将规则应用于
所有 ID 为"Div_1"的 HTML 元素。
不太具体
更具体
规则定义:
选择定义规则的位置。
（仅限该文档）
帮助

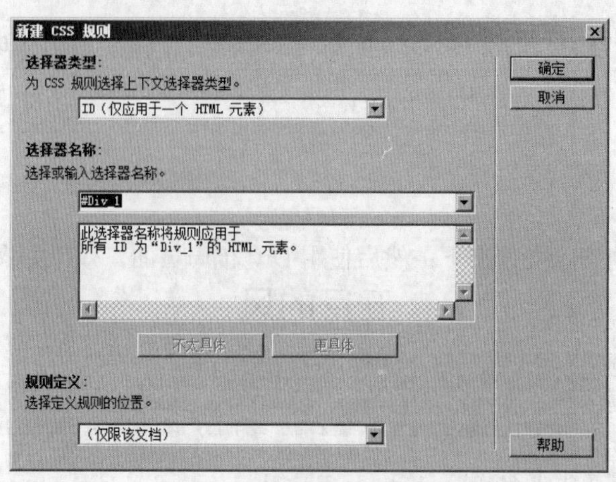

图7-34　【新建 CSS 规则】对话框

3. 单击 确定 按钮，打开【#Div_1 的 CSS 规则定义】对话框，在【类型】分类中设置字体为“黑体”，大小为“36px”，在【区块】分类中设置文本对齐方式为“center（居中）”，在【方框】分类中设置宽度为“600px”，左边界和右边界均为“auto（自动）”。
4. 在插入的 Div 标签“Div_1”内输入文本“五月的风”，如图 7-35 所示。

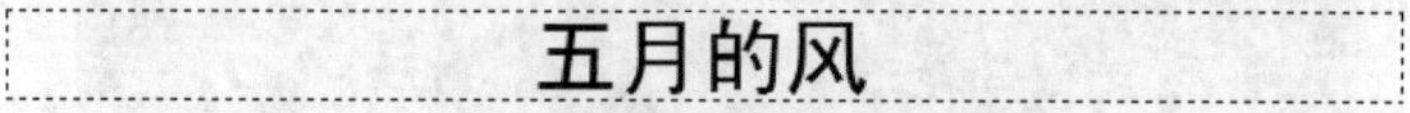

五月的风

图7-35　输入文本

5. 继续插入 Div 标签“Div_2”，并创建 ID 名称 CSS 样式“#Div_2”，如图 7-36 所示。

插入 Div 标签
插入: 在标签之后
<div id="Div_1">
类:
ID: Div_2
新建 CSS 规则
确定
取消
帮助

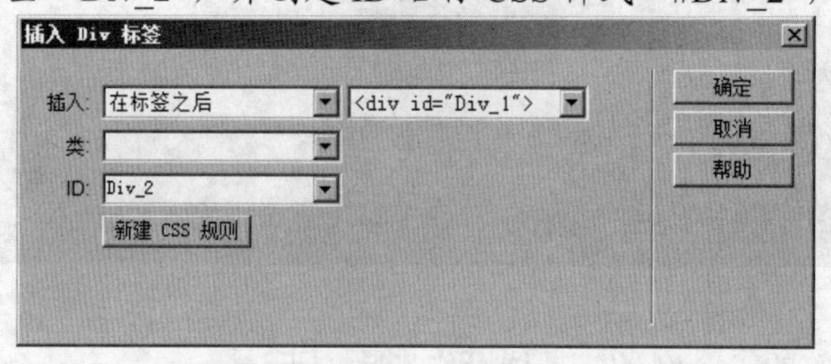

图7-36　插入 Div 标签“Div_2”

6. 单击 新建 CSS 规则 按钮，创建 ID 名称 CSS 样式“#Div_2”，在打开的【#Div_2 的 CSS 规则定义】对话框的【类型】分类中设置字体为“宋体”，大小为“14px”，行高为“20 px”，在【背景】分类中设置背景颜色为“#FFC”，在【方框】分类中设置宽度为“580px”，上下左右填充均为“10px”，上下边界均为“5px”、左右边界均为“auto（自动）”。
7. 将附盘文件“五月的风.txt”中的文本复制粘贴到 Div 标签“Div_2”中，如图 7-37 所示。

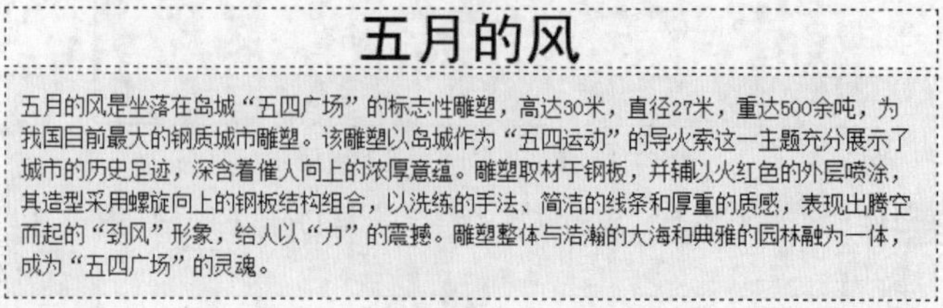

五月的风
五月的风是坐落在岛城“五四广场”的标志性雕塑，高达30米，直径27米，重达500余吨，为
我国目前最大的钢质城市雕塑。该雕塑以岛城作为“五四运动”的导火索这一主题充分展示了
城市的历史足迹，深含着催人向上的浓厚意蕴。雕塑取材于钢板，并辅以火红色的外层喷涂，
其造型采用螺旋向上的钢板结构组合，以洗练的手法、简洁的线条和厚重的质感，表现出腾空
而起的“劲风”形象，给人以“力”的震撼。雕塑整体与浩瀚的大海和典雅的园林融为一体，
成为“五四广场”的灵魂。

图7-37　添加文本

8. 继续插入 Div 标签“Div_3”，并创建 ID 名称 CSS 样式“#Div_3”，如图 7-38 所示。

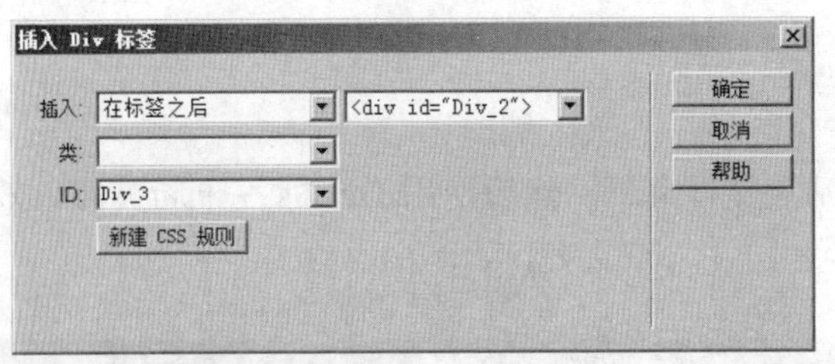

图7-38 插入 Div 标签“Div_3”

9. 在【#Div_3 的 CSS 规则定义】对话框的【方框】分类中设置宽度为“600px”，左右边界均为“auto（自动）”。
10. 在 Div 标签“Div_3”中删除提示文本，然后插入图像“wyf.jpg”。
11. 保存文档。

7.3 实训

下面通过实训来进一步巩固 Div 的基本知识。

7.3.1 仙女下凡

将附盘文件复制到站点文件夹下，然后使用 AP Div 布局页面，效果如图 7-39 所示。

图7-39 仙女下凡

这是插入和设置 AP Div 的一个例子，步骤提示如下。

1. 创建一个文档并保存为“7-3-1.htm”，然后插入一个 AP Div，设置左边距和上边距均为“10px”，宽度和高度分别为“600px”、“400px”，*z* 轴为“1”。
2. 设置上下左右填充均为“5px”，边框样式为“双线”，宽度为“5px”，颜色为“#06F”，并在其中插入图像“xiafan.jpg”。
3. 再插入一个 AP Div，设置左边距和上边距分别为“420px”和“350px”，宽度和高度分别为“150px”、“40px”，*z* 轴为“2”，然后输入文本，并修改 ID 名称 CSS 样式“#apDiv2”，设置字体为“黑体”，大小为“36px”，颜色为“#FFF”。
4. 保存文件。

7.3.2　人间仙境

将附盘文件复制到站点文件夹下，然后使用 Div 标签布局页面，效果如图 7-40 所示。

人间仙境

图7-40　人间仙境

这是插入和设置 Div 标签的一个例子，步骤提示如下。

1. 创建一个文档并保存为“7-3-2.htm”。
2. 插入 Div 标签“Div_1”，并创建 ID 名称 CSS 样式“#Div_1”，在【#Div_1 的 CSS 规则定义】对话框的【类型】分类中设置字体为“黑体”，大小为“36px”，行高为“50 px”，颜色为“#06F”，在【区块】分类中设置文本的水平对齐方式为“center（居中）”，在【方框】分类中设置宽度为“805 px”，上下边界均为“5px”，左右边界均为“auto（自动）”，最后输入文本“人间仙境”。
3. 在 Div 标签“Div_1”之后继续插入 Div 标签“Div_2”，在【#Div_2 的 CSS 规则定义】对话框的【方框】分类中分别设置宽度和高度为“805px”和“250px”，左右边界均为“auto（自动）”。
4. 在 Div 标签“Div_2”内继续插入 Div 标签“Div_3”，在【#Div_3 的 CSS 规则定义】对话框的【方框】分类中设置宽度为“400px”，浮动为“left（左对齐）”，然后在其中插入图像“xj1.jpg”。
5. 在 Div 标签“Div_3”之后继续插入 Div 标签“Div_4”，在【#Div_4 的 CSS 规则定义】对话框的【方框】分类中设置宽度为“400px”，浮动为“left（左对齐）”，左边界为“5px”，然后在其中插入图像“xj2.jpg”。
6. 保存文档。

7.4　综合案例——欢声笑语

将附盘文件复制到站点根文件夹下，然后使用 Div+CSS 布局网页，最终效果如图 7-41 所示。

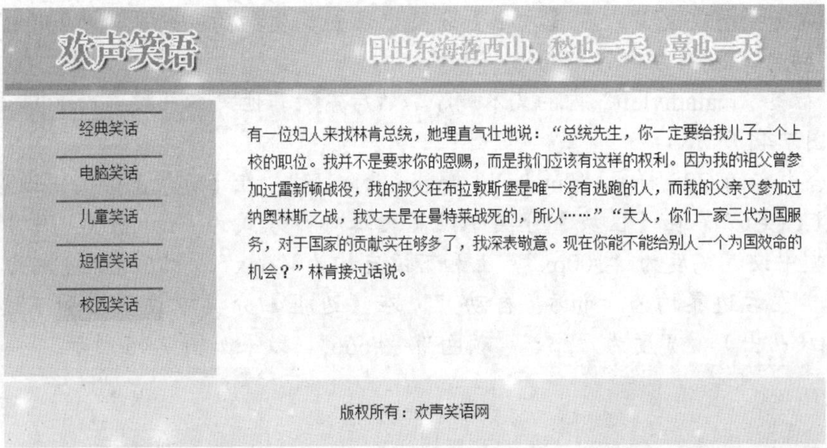

图7-41　人人可乐

这是使用 Div+CSS 布局网页的一个例子，通过【CSS 样式】面板创建标签 CSS 样式"body"来设置网页文本默认的字体和大小，使用 Div 标签"headdiv"来布局页眉部分，使用 Div 标签"maindiv"来布局主体部分，其中左侧使用 Div 标签"maindivleft"，右侧使用 Div 标签"maindivright"，最后使用 Div 标签"footdiv"来布局页脚部分。具体操作步骤如下。

1. 创建一个文档并保存为"7-4.htm"，然后在【CSS 样式】面板中单击按钮，打开【新建 CSS 规则】对话框，重新定义标签"body"的 CSS 样式，在【类型】分类中设置字体为"宋体"，大小为"14px"，在【方框】分类中设置上边界为"0"。
2. 在文档中插入 Div 标签"headdiv"，同时创建 ID 名称 CSS 样式"#headdiv"，参数设置如图 7-42 所示。

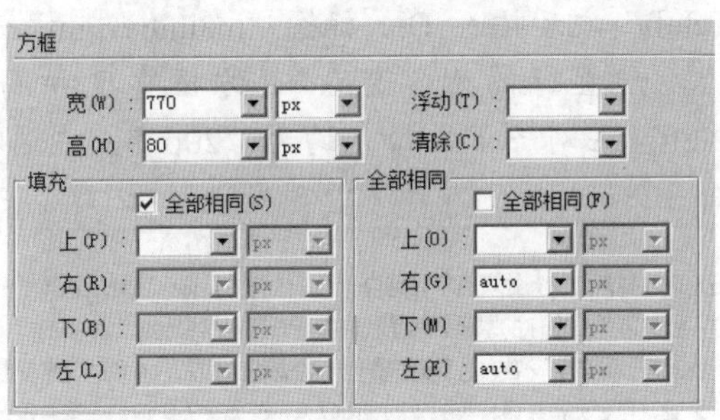

图7-42　创建 ID 名称 CSS 样式"#headdiv"

3. 将 Div 标签"headdiv"中的文本删除，然后插入图像"logo.jpg"，如图 7-43 所示。

图7-43　插入图像"logo.jpg"

4. 在 Div 标签"headdiv"之后插入 Div 标签"maindiv"，同时创建 ID 名称 CSS 样式"#maindiv"，设置方框宽度和高度分别为"770px"和"250px"，上下边界均为"5px"，左右边界均为"auto（自动）"。
5. 将 Div 标签"maindiv"内的文本删除，然后插入 Div 标签"maindivleft"，创建 ID 名称 CSS 样式"#maindivleft"，在【背景】分类中设置背景图像为"leftbg.jpg"，重复方式为

"repeat-x（横向重复）"，在【方框】分类中设置宽度和高度分别为 "200px" 和 "250 px"，浮动为 "left（左对齐）"。

6. 将 Div 标签 "maindivleft" 内的文本删除，然后输入其他文本并按 Enter 键进行换行，效果如图 7-44 所示。
7. 创建复合内容的 CSS 样式 "#maindiv #maindivleft p"，在【背景】分类中设置背景颜色为 "#CCCCCC"，在【区块】分类中设置文本对齐方式为 "center（居中）"，在【方框】分类中设置宽度为 "100px"，上和下填充均为 "6px"，上下边界分别为 "10 px" 和 "0"，左右边界均为 "auto（自动）"，在【边框】分类中设置右和下边框样式为 "outset（凸出）"，宽度为 "2px"，颜色为 "#666"，效果如图 7-45 所示。

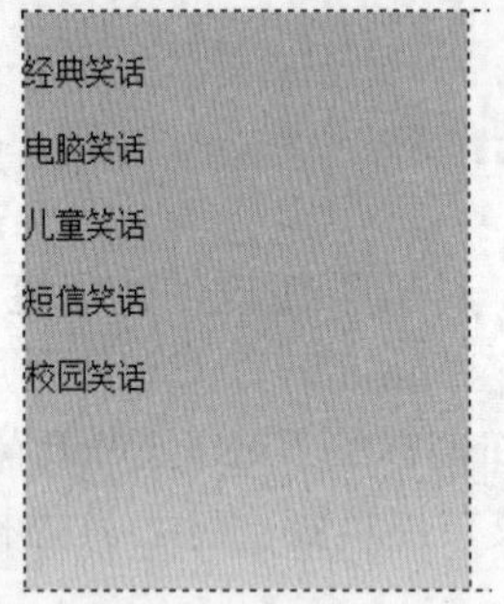

经典笑话
电脑笑话
儿童笑话
短信笑话
校园笑话
图7-44　输入文本

经典笑话
电脑笑话
儿童笑话
短信笑话
校园笑话
图7-45　设置文本样式

8. 给所有文本添加空链接 "#"，然后创建复合内容的 CSS 样式 "#maindiv #maindivleft p a:link, #maindiv #maindivleft p a:visited"，在【类型】分类中设置文本颜色为 "#000"，无文本修饰效果，接着创建复合内容的 CSS 样式 "#maindiv #maindivleft p a:hover"，设置文本颜色为 "#F00"，有下划线效果。
9. 在 Div 标签 "maindivleft" 之后插入 Div 标签 "maindivright"，同时创建 ID 名称 CSS 样式 "#maindivright"，设置行高为 "25px"，方框宽度和高度分别为 "520px" 和 "210px"，浮动为 "left（左对齐）"，填充均为 "20px"，左边界为 "10px"，最后添加文本，如图 7-46 所示。

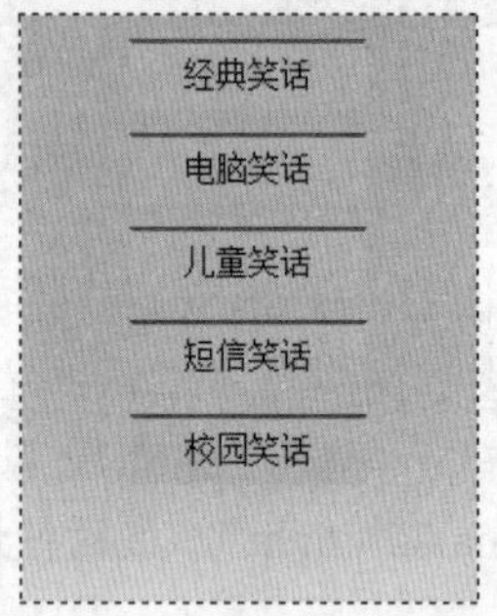

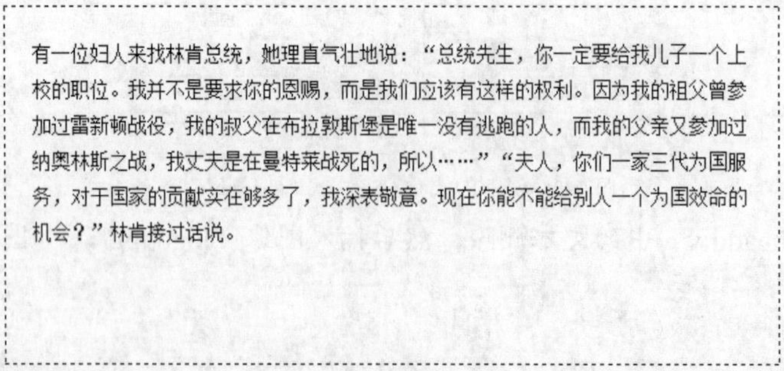

有一位妇人来找林肯总统，她理直气壮地说："总统先生，你一定要给我儿子一个上校的职位。我并不是要求你的恩赐，而是我们应该有这样的权利。因为我的祖父曾参加过雷新顿战役，我的叔父在布拉敦斯堡是唯一没有逃跑的人，而我的父亲又参加过纳奥林斯之战，我丈夫是在曼特莱战死的，所以……""夫人，你们一家三代为国服务，对于国家的贡献实在够多了，我深表敬意。现在你能不能给别人一个为国效命的机会？"林肯接过话说。
图7-46　添加文本

10. 在 Div 标签 "maindiv" 之后插入 Div 标签 "footdiv"，同时创建 ID 名称 CSS 样式 "#footdiv"，在【类型】分类中设置行高为 "60px"，在【背景】分类中设置背景图像为 "footbg.jpg"，在【区块】分类中设置文本对齐方式为 "center（居中）"，在【方框】分类中设置宽度和高度分别为 "770px" 和 60px"，左右边界均为 "auto（自动）"，最后输入相应的文本。

11. 保存文档。

7.5 习题

1. 思考题

   (1) 如何理解 AP 元素、AP Div 和 Div 标签 3 个概念？

   (2) 如何使 Div 标签居中显示？

2. 操作题

   自行搜集素材并制作一个网页，要求使用 Div+CSS 进行页面布局。

第8章　使用框架

【学习目标】

- 掌握创建、编辑和保存框架的方法。
- 掌握设置框架和框架集属性的方法。
- 掌握创建嵌入式框架的方法。

框架能够将网页分割成几个独立的区域，每个区域显示不同的内容。本章将介绍创建和设置框架的基本知识。

8.1　功能讲解

下面介绍创建和设置框架的基本知识。

8.1.1　框架和框架集的概念

利用框架可以将浏览器窗口划分成多个区域，这些被划分出来的区域称为框架，在每个框架中可以显示不同的网页文档。这些框架可以有各自独立的背景、滚动条和标题等。通过在这些不同的框架之间设置超级链接，还可以在浏览器窗口中呈现出有动有静的效果。

框架集是 HTML 文件，主要用来定义一组框架的布局和属性，包括显示在页面中框架的数目、框架的大小和位置、最初在每个框架中显示的页面的 URL，以及其他一些可定义属性的相关信息。框架集文件本身不包含要在浏览器中显示的内容，只是向浏览器提供应如何显示一组框架以及在这些框架中应显示哪些文档的有关信息。当然，如果框架集文件含有“noframes（编辑无框架内容）”部分，其将会显示在浏览器中。

8.1.2　框架和框架集的工作原理

通常可以用框架来设置网页中固定的几个部分，如一个框架显示包含导航控件的文档，而另一个框架显示包含内容的文档。如果一个网页左边的导航菜单是固定的，而页面中间的信息可以上下移动来展现所选择的网页内容，这一般就可以认为是一个框架型网页。也有一些站点在其页面上方放置了公司的 Logo 或图像，其位置也是固定的，而页面的其他部分则可以上下左右移动来展现相应的网页内容，这也可以认为是一个框架型网页。

如果要在浏览器中查看一组框架网页，需要输入框架集文件的 URL，浏览器将打开要显示在这些框架中的相应文档。图 8-1 所示显示了一个由 3 个框架组成的框架网页结构：一个框架位于顶部，其中包含站点的徽标和标题等；一个较窄的框架位于左侧，其中包含导航条；一个大框架占据了页面的其余部分，其中包含要显示的主要内容。这些框架中的每一个，都显示单独的网页文档。

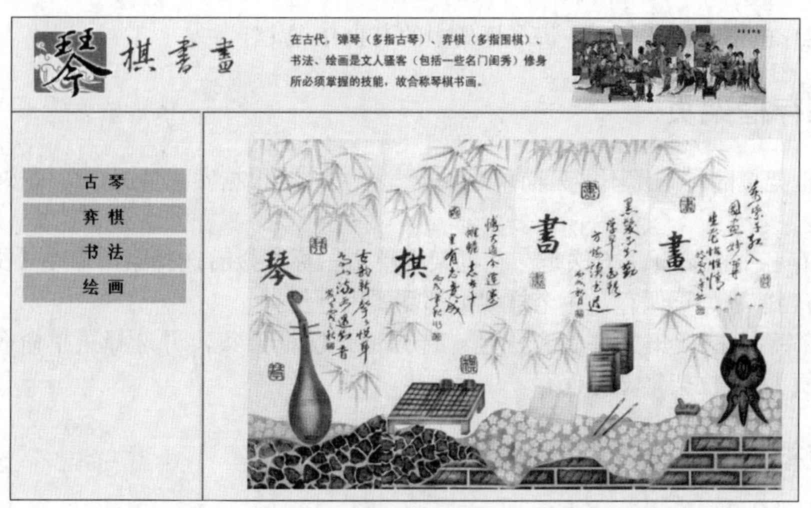

图8-1 框架网页

在图 8-1 所示的框架网页中，由于在顶部框架中显示的文档永远不更改，导航按钮包含在一个独立的框架中，浏览者单击导航按钮时会在右侧的框架中显示相应的文档，但左侧框架本身的内容保持不变，从而达到网页布局的相对统一。

框架不是文件而是存放文档的容器，因此当前显示在框架中的文档实际上并不是框架的一部分。如果一个框架网页在浏览器中显示为包含 3 个框架的单个页面，则它实际上至少由 4 个网页文档组成：框架集文件以及 3 个文档，这 3 个文档包含最初在这些框架内显示的内容。在 Dreamweaver CS6 中设计使用框架集的页面时，必须保存所有这 4 个文件，该页面才能在浏览器中正常显示。

8.1.3 创建框架页

在 Dreamweaver CS6 中，创建框架页的方法是：首先新建一个网页，然后选择菜单命令【插入】/【HTML】/【框架】/【上方及左侧嵌套】或其他菜单命令即可，如图 8-2 所示。选择菜单命令【查看】/【可视化助理】/【框架边框】，可显示出框架的边框。

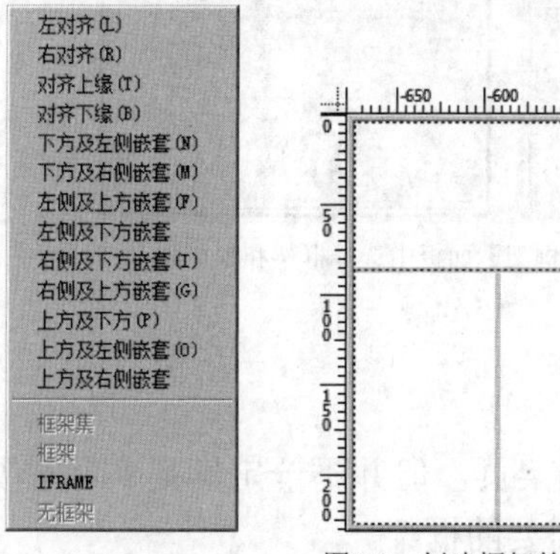

图8-2 创建框架的菜单命令

在源代码中，经常频繁出现的两个词汇是 frameset 和 frame。其中，frameset 习惯被称为框架集，frame 习惯被称为框架。框架结构标签<frameset>定义如何将窗口划分为框架，每个<frameset>定义一系列行（rows）或列（columns）的值，规定每行或每列占据屏幕的面

积。框架标签<frame>定义放置在每个框架中的 HTML 文档。

8.1.4　保存框架页

在保存框架页的时候，不能只简单地保存一个文件。根据实际情况，可以按以下顺序依次进行保存。

(1)　保存各个框架页。方法是：在框架内单击鼠标，接着选择菜单命令【文件】/【保存框架】，将当前框架页保存，每个框架页都需要进行保存。

(2)　保存整个框架集文件。方法是：选择最外层框架集，并选择菜单命令【文件】/【保存框架页】，将框架集文件保存。

8.1.5　在框架中打开网页

在创建了框架页后，既可以在各个框架中直接输入网页元素进行保存，也可以在框架中打开已经事先准备好的网页。如果在每个框架中要显示的网页都已提前制作好，在创建框架网页时，需要先选择最外层框架集，保存整个框架网页，然后依次在各个框架中打开已经制作好的网页，最后选择菜单命令【文件】/【保存全部】，再次保存文件即可。在框架中打开网页的方法是：将鼠标光标置于框架中，然后选择菜单命令【文件】/【在框架中打开】即可。

8.1.6　选择框架和框架集

选择框架和框架集最简单的方法是通过【框架】面板来进行。方法是：选择菜单命令【窗口】/【框架】，打开【框架】面板。【框架】面板以缩略图的形式列出了框架页中的框架集和框架，每个框架中间的文字就是框架的名称。在【框架】面板中，直接单击相应的框架即可选择该框架，单击框架集的边框即可选择该框架集。被选择的框架和框架集，其周围出现黑色细线框，如图 8-3 所示。

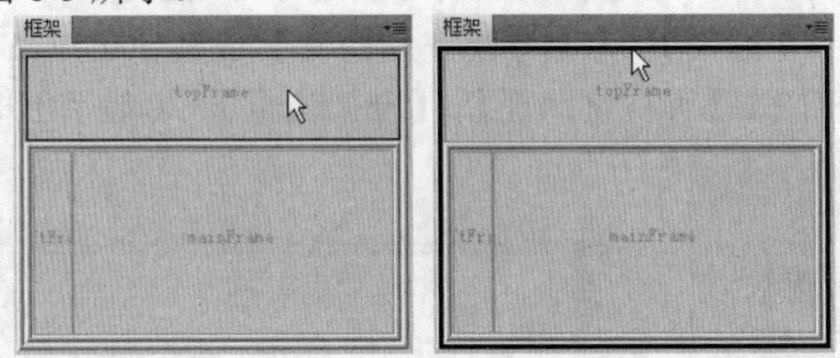

图8-3　在【框架】面板中选择框架和框架集

8.1.7　拆分和删除框架

虽然 Dreamweaver 预先提供了许多框架页，但并不一定满足实际需要，这时就需要在预定义框架页的基础上拆分框架或删除不需要的框架。

一、　使用菜单命令拆分框架

将鼠标光标置于要拆分的页面内，选择菜单命令【修改】/【框架集】下的【拆分左框架】、【拆分右框架】、【拆分上框架】或【拆分下框架】，可以拆分该框架，如图 8-4 所示。这些命令可以用来反复对框架进行拆分，直至满意为止。

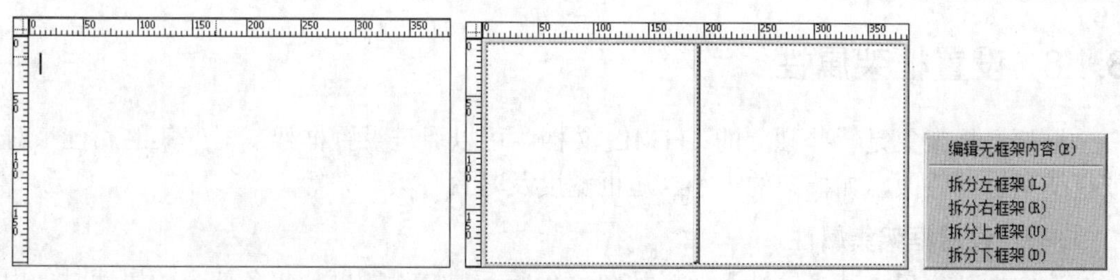

图8-4 【拆分左框架】命令的应用

二、 自定义框架集

选择菜单命令【查看】/【可视化助理】/【框架边框】，显示出当前网页的边框，然后将鼠标光标置于框架最外层边框线上，当鼠标光标变为“⇹”形状时，单击并拖动鼠标光标到合适的位置即可创建新的框架，如图 8-5 所示。

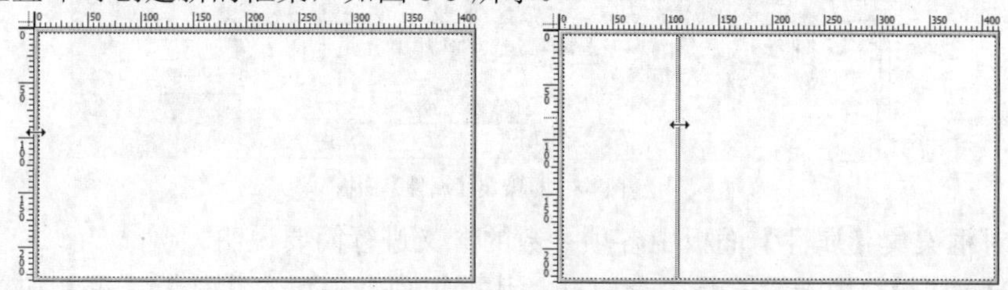

图8-5 拖动框架最外层边框线创建新的框架

如果将鼠标光标置于最外层框架的边角上，当鼠标光标变为“✥”形状时，单击并拖动鼠标光标到合适的位置，可以一次创建垂直和水平的两条边框，将框架分隔为 4 个，如图 8-6 所示。

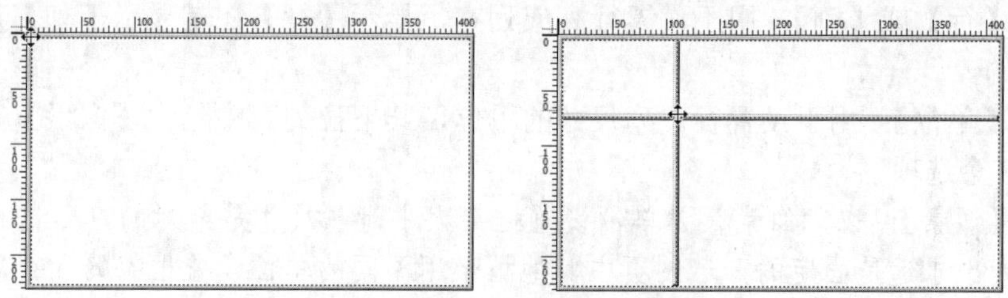

图8-6 拖动框架边角创建新的框架

如果拖动内部框架的边角，可以一次调整周围所有框架的大小，但不能创建新的框架。如要创建新的框架，可以先按住 Alt 键，然后拖动鼠标光标，可以对框架进行垂直和水平的分隔，如图 8-7 所示。

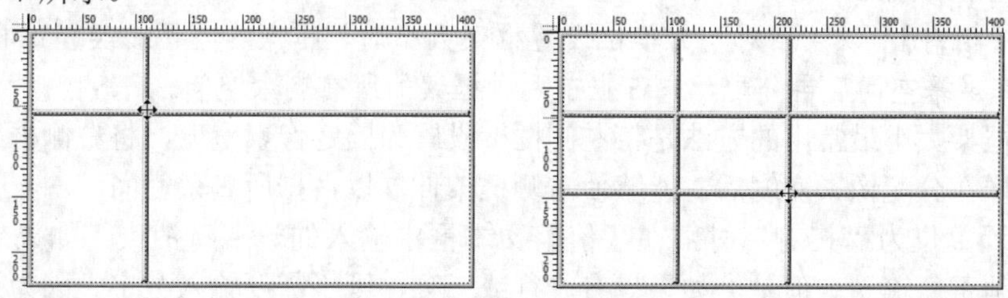

图8-7 对框架进行垂直和水平的分隔

三、 删除框架

如果要删除框架页中多余的框架，可以将其边框拖动到父框架边框上或直接拖离页面。

8.1.8　设置框架属性

框架及框架集是一些独立的 HTML 文档。可以通过设置框架或框架集的属性来对框架或框架集进行修改，如框架的大小、边框宽度及是否有滚动条等。

一、　设置框架集属性

选中框架集后，其【属性】面板如图 8-8 所示。在设置框架集各部分的属性时，用鼠标左键单击【属性】面板中相应的缩略图可进行切换。

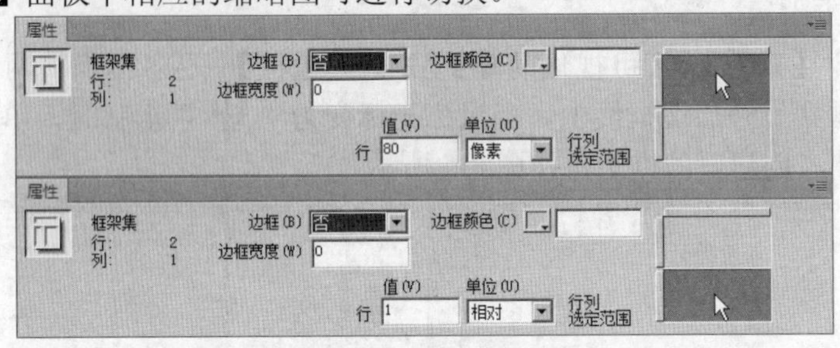

图8-8　框架集【属性】面板

下面对框架集【属性】面板中各项参数的含义进行简要说明。

(1)　【边框】：用于设置是否有边框，其下拉列表中包含【是】、【否】和【默认】3 个选项。选择【默认】选项，将由浏览器端的设置来决定是否有边框。

(2)　【边框宽度】：用于设置整个框架集的边框宽度，以“像素”为单位。

(3)　【边框颜色】：用于设置整个框架集的边框颜色。

(4)　【行】或【列】：用于设置行高或列宽，显示【行】还是显示【列】是由框架集的结构决定的。

(5)　【单位】：用于设置行、列尺寸的单位，其下拉列表中包含【像素】、【百分比】和【相对】3 个选项。

- 【像素】：以“像素”为单位设置框架大小时，尺寸是绝对的，即这种框架的大小永远是固定的。若网页中其他框架用不同的单位设置框架的大小，则浏览器首先为这种框架分配屏幕空间，再将剩余空间分配给其他类型的框架。
- 【百分比】：以“百分比”为单位设置框架大小时，框架的大小将随框架集大小按所设的百分比发生变化。在浏览器分配屏幕空间时，它比“像素”类型的框架后分配，比“相对”类型的框架先分配。
- 【相对】：以“相对”为单位设置框架大小时，框架在前两种类型的框架分配完屏幕空间后再分配，它占据前两种框架的所有剩余空间。

设置框架大小最常用的方法是将左侧框架设置为固定像素宽度，将右侧框架设置为相对大小。这样在分配像素宽度后，能够使右侧框架伸展以占据所剩余空间。

当设置单位为“相对”时，在【值】文本框中输入的数字将消失。如果想指定一个数字，则必须重新输入。但是，如果只有一行或一列，则不需要输入数字。因为该行或列在其他行和列分配空间后，将接受所有剩余空间。为了确保浏览器的兼容性，可以在【值】文本框中输入“1”，这等同于不输入任何值。

二、 设置框架属性

选中框架后，其【属性】面板如图 8-9 所示。

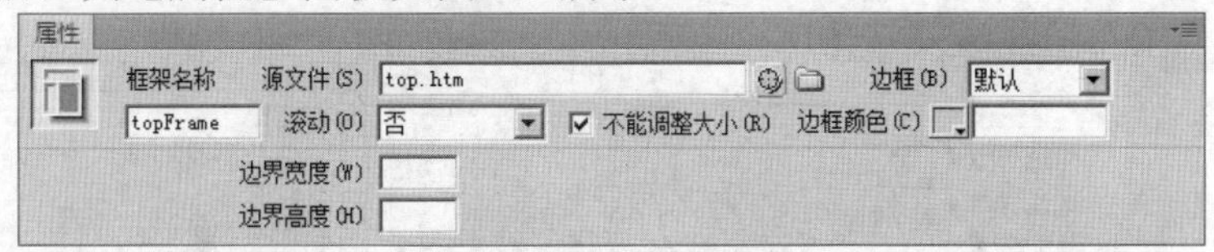

图8-9 框架【属性】面板

下面对框架【属性】面板中各项参数的含义进行简要说明。

- 【框架名称】：用于设置链接指向的目标窗口名称。
- 【源文件】：用于设置框架中显示的页面文件。
- 【边框】：用于设置框架是否有边框，其下拉列表中包括【默认】、【是】和【否】3 个选项。选择【默认】选项，将由浏览器端的设置来决定是否有边框。
- 【滚动】：用于设置是否为可滚动窗口，其下拉列表中包含【是】、【否】、【自动】和【默认】4 个选项。“是”表示显示滚动条；“否”表示不显示滚动条；“自动”将根据窗口的显示大小而定，也就是当该框架内的内容超过当前屏幕上下或左右边界时，滚动条才会显示，否则不显示；“默认”表示将不设置相应属性的值，从而使各个浏览器使用默认值。
- 【不能调整大小】：用于设置在浏览器中是否可以手动设置框架的尺寸大小。
- 【边框颜色】：用于设置框架边框的颜色。
- 【边界宽度】：用于设置左右边界与内容之间的距离，以“像素”为单位。
- 【边界高度】：用于设置上下边框与内容之间的距离，以“像素”为单位。

8.1.9 创建浮动框架

浮动框架是一种特殊的框架形式，可以包含在许多元素当中。创建浮动框架的方法是：选择菜单命令【插入】/【标签】，打开【标签选择器】对话框，然后展开【HTML 标签】分类，在右侧列表中找到【iframe】，如图 8-10 所示。

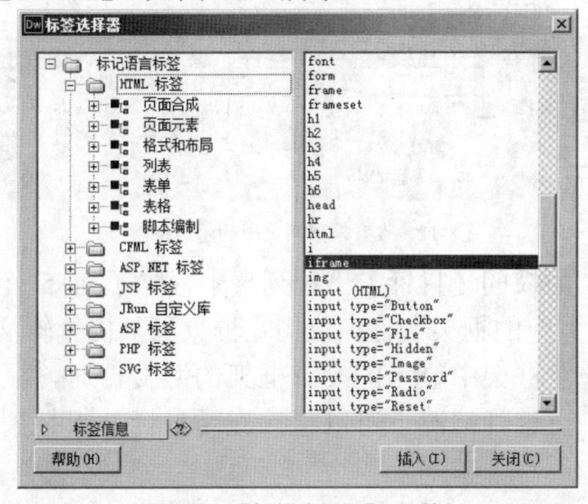

图8-10 【标签选择器】对话框

单击 插入(I) 按钮，打开【标签编辑器-iframe】对话框，利用该对话框进行设置。单击 确定 按钮，返回到【标签选择器】对话框，然后单击 关闭(C) 按钮，关闭【标签选择

器】对话框即可，如图 8-11 所示。

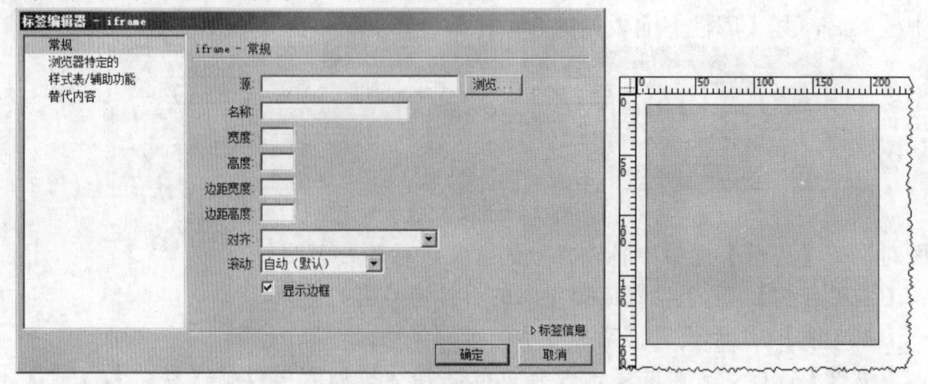

图8-11　【标签编辑器-iframe】对话框

下面对标签 iframe 各项参数的含义进行简要说明。

- 【源】：浮动框架中包含的文档路径名。
- 【名称】：浮动框架的名称，如“topFrame”和“mainFrame”。
- 【宽度】和【高度】：浮动框架的尺寸，有像素和百分比两种单位。
- 【边距宽度】和【边距高度】：浮动框架内元素与边界的距离。
- 【对齐】：浮动框架在外延元素中的 5 种对齐方式。
- 【滚动】：浮动框架页的滚动条显示状态。
- 【显示边框】：浮动框架的外边框显示与否。

8.1.10　设置框架网页中的超级链接

如果要在一个框架中使用超级链接打开另一个框架中的文档，必须设置链接目标窗口打开方式。超级链接的 target 属性指定在其中打开所链接内容的框架或窗口。

例如，在左侧框架“leftFrame”中选中文本，接着在【属性（HTML）】面板的【链接】文本框中设置链接目标文件，并在【目标】下拉列表中设置要显示链接文档的目标框架，通常为“mainFrame”，如图 8-12 所示。

图8-12　设置框架网页中的超级链接

在【属性（HTML）】面板的【目标】下拉列表中，除了前 5 个是传统的目标窗口打开方式外，后面的是框架网页中的框架名称，仅当在框架网页内编辑文档时才显示框架名称。当在文档窗口中单独打开在框架中显示的没有框架的源文件时，框架名称不会显示在【目标】下拉列表中。当然，在这种情况下可以直接在【目标】下拉列表中输入目标框架的名称。

8.1.11　编辑无框架内容

并不是所有的浏览器都一定会支持框架技术，因此，在使用框架的网页中通常会使用

<noframes>标记，让使用不能显示框架网页的用户知道这个框架内容是什么，这也就是框架中经常所说的【编辑无框架内容】。操作方法是：选择菜单命令【修改】/【框架集】/【编辑无框架内容】，进入【无框架内容】编辑状态，此时，Dreamweaver CS6 将清除【设计】视图中的内容，并且在【设计】视图的顶部显示“无框架内容”字样，如图 8-13 所示。在文档窗口中，像处理普通文档一样键入或插入需要的内容，在编辑无框架内容时，除了输入文本外，还可以给相关文本设置超级链接，链接到没有使用框架的文档，方便使用不支持框架浏览器的用户浏览内容。再次选择菜单命令【修改】/【框架集】/【编辑无框架内容】，返回到框架集文档的普通视图，最后再次保存文件。

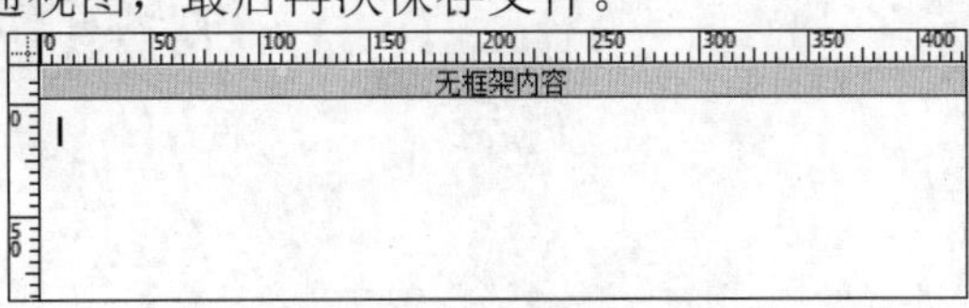

图8-13 编辑无框架内容

另外，使用<noframes>标记也可以有效地对页面进行优化，从而使得搜索引擎能够正确索引框架网页上的内容信息。Dreamweaver CS6 允许指定在基于文本的浏览器和不支持框架的旧式图形浏览器中显示的内容。此内容存储在框架集文件中，用<noframes>标签括起来。当不支持框架的浏览器加载该框架集文件时，只显示包含在<noframes>标签中的内容。

不能将<body></body>标签与<frameset></frameset>标签同时使用。但是，如果已添加包含一段文本的<noframes>标签，就必须将这段文本嵌套于<body></body>标签内。

8.1.12 使用框架存在的问题

如果确定要使用框架，它最常用于导航。一组框架中通常包含两个框架，一个含有导航条，另一个显示主要内容页面。按这种方式使用框架，它具有以下优点。

(1) 浏览者的浏览器不需要为每个页面重新加载与导航相关的图形。

(2) 每个框架都具有自己的滚动条，因此浏览者可以独立滚动这些框架。

但是，Adobe 公司并不鼓励在网页布局中使用框架，原因可归纳为以下几个方面。

(1) 可能难以实现不同框架中各元素的精确图形对齐。

(2) 对导航进行测试可能很耗时间。

(3) 框架中显示的每个页面的 URL 不显示在浏览器地址栏中，因此浏览者可能难以将特定页面设为书签。

(4) 目前并非所有浏览器都对框架提供良好的支持，并且框架对于残障人士来说导航会有困难。

(5) 更主要的是，在许多情况下可以创建没有框架的网页，它可以达到与框架网页同样的效果。例如，如果希望导航条显示在页面的左侧，可以在站点中的每一页的左侧处包含该导航条即可。在 Dreamweaver CS6 中，使用模板和库都可以实现这一目标，它们既具有类似框架布局的页面设计，又没有使用框架。

(6) 目前大多数的搜索引擎都无法识别网页中的框架，或者无法对框架中的内容进行遍历或搜索，这是由于那些具体内容都被放到“内部网页”中去了。

8.2 范例解析——古代四大才艺

将附盘文件复制到站点文件夹下，然后创建框架网页，最终效果如图 8-14 所示。

图8-14　古代四大才艺

这是创建框架网页的一个例子，可以先插入预定义框架集，接着再在框架中打开预先制作好的网页，并设置框架集和框架属性。具体操作步骤如下。

1. 新建一个网页，然后选择菜单命令【插入】/【HTML】/【框架】/【上方及左侧嵌套】，如果在【首选参数】对话框的【辅助功能】分类中选择了【框架】选项，此时将弹出【框架标签辅助功能属性】对话框，在【框架】下拉列表中每选择一个框架，就可以在其下面的【标题】文本框中为其指定一个标题名称，如图 8-15 所示。这里保持默认设置，然后单击 确定 按钮。

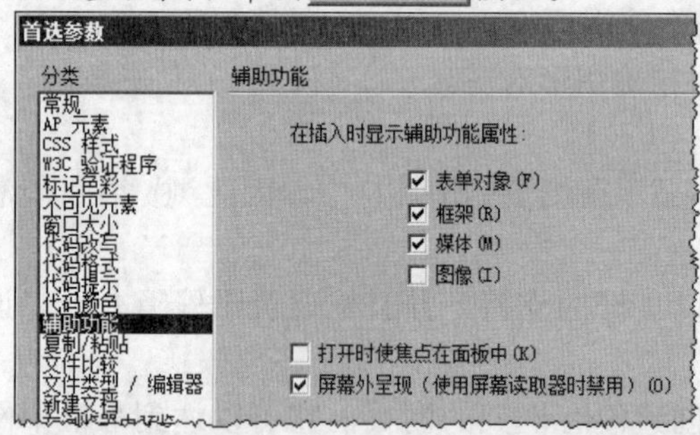

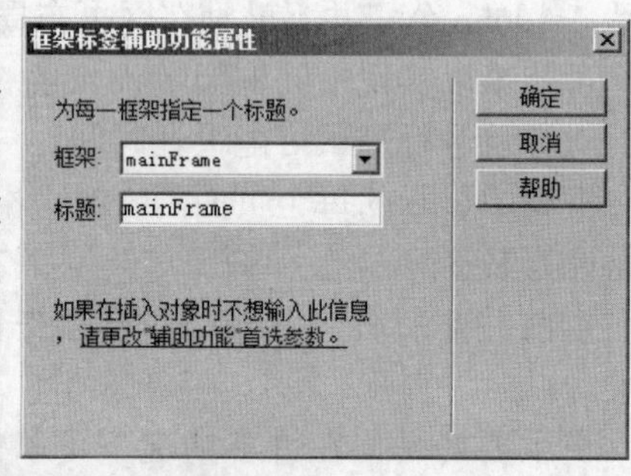

图8-15　【框架标签辅助功能属性】对话框

在【框架标签辅助功能属性】对话框中如果没有输入新名称的情况下单击 确定 按钮，Dreamweaver CS6 将为此框架指定一个与其在框架集中的位置相对应的名称。如果直接单击 取消 按钮，该框架集将出现在文档中，但 Dreamweaver CS6 不会将它与辅助功能标签或属性相关联。如果在创建框架网页时不希望出现【框架标签辅助功能属性】对话框，可以在【首选参数】对话框的【辅助功能】分类中取消选择【框架】选项。

2. 如果在【首选参数】/【辅助功能】分类中没有选择【框架】复选项，将直接创建如图8-16所示的框架网页。
3. 选择菜单命令【窗口】/【框架】，可查看所命名的框架关系图，如图8-17所示。

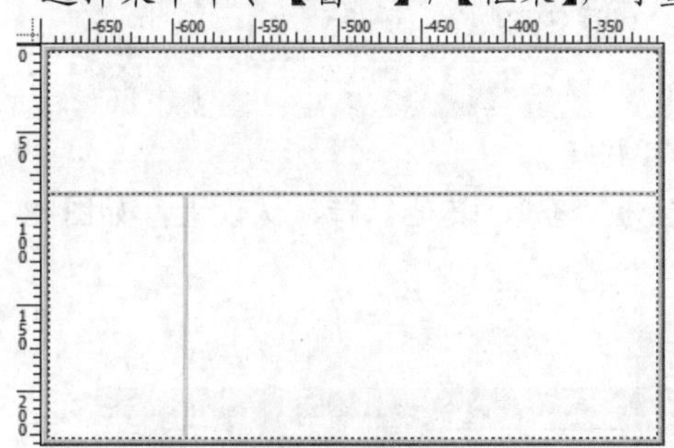

图8-16 创建框架页

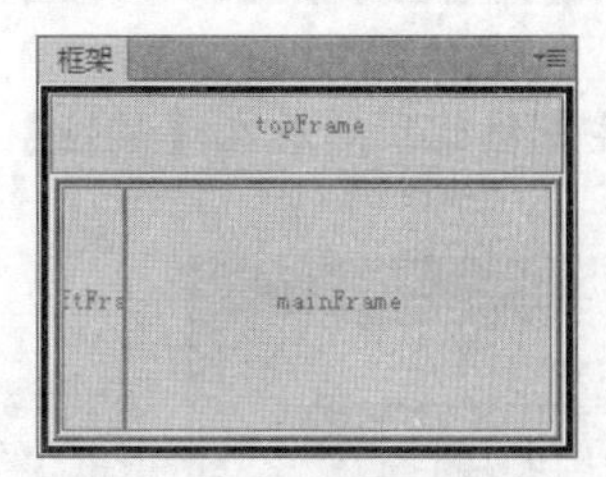

图8-17 【框架】面板

在使用 Dreamweaver CS6 中的可视化工具创建一组框架时，框架中显示的每个新文档都将获得一个默认文件名。例如，第一个框架集文件被命名为“UntitledFrameset-1”，而框架中第一个文档被命名为“UntitledFrame-1”。

4. 在【框架】面板中用鼠标左键单击最外层框架集边框将其选中，然后选择菜单命令【文件】/【保存框架页】，将框架集文件保存为“8-2.htm”。
5. 将鼠标光标置于顶部框架内，选择菜单命令【文件】/【在框架中打开】，打开文档“top.htm”，然后依次在左侧和右侧的框架内打开文档“left.htm”和“main.htm”。
6. 选中第1层框架集，在【属性】面板中，将顶部框架高度设置为“96像素”，其他设置不变，如图8-18所示。

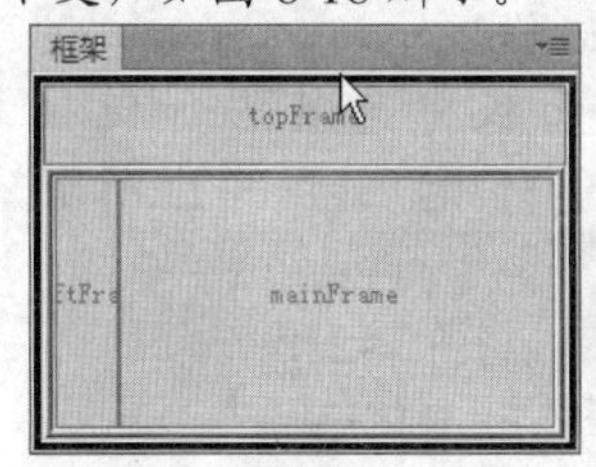

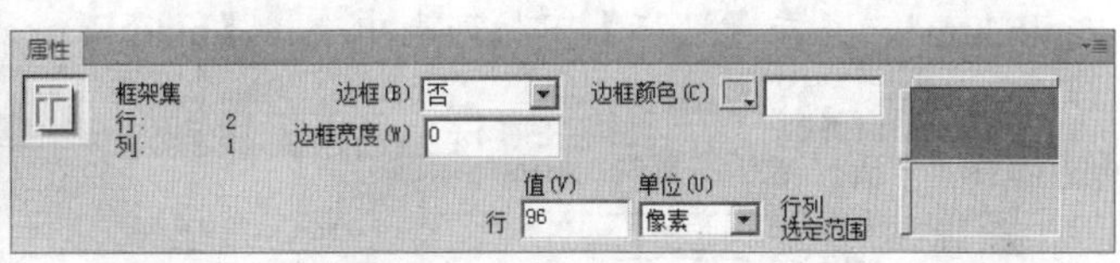

图8-18 设置第1层框架集属性

7. 选中第2层框架集，在【属性】面板中，将左侧框架列宽设置为“200像素”，其他设置不变，如图8-19所示。

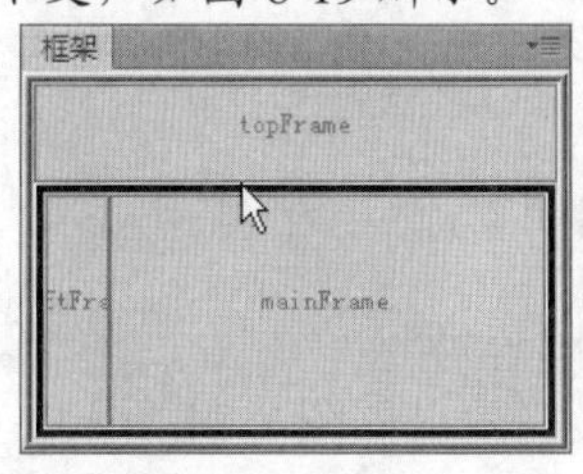

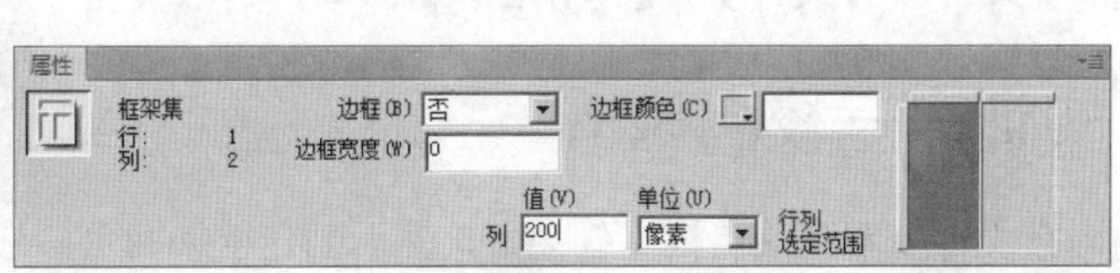

图8-19 设置第2层框架集属性

8. 选中顶部框架，然后在【属性】面板中设置边框为“是”，其他保持默认设置，如图8-20所示。

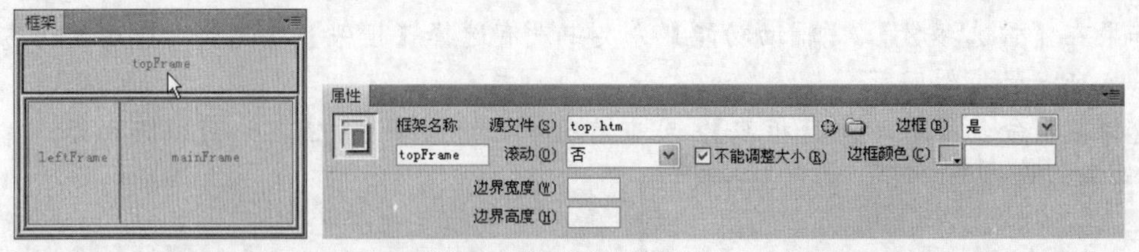

图8-20 设置顶部框架属性

9. 选中左侧框架，然后在【属性】面板中设置边框为“否”，其他保持默认设置，如图 8-21 所示。

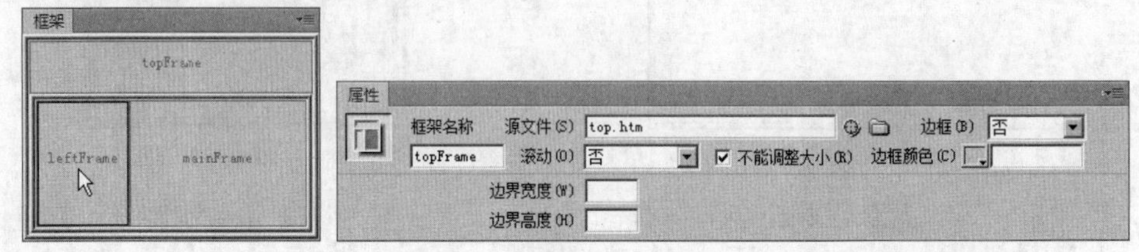

图8-21 设置左侧框架属性

10. 选中右侧框架，然后在【属性】面板中设置边框为“否”，其他保持默认设置，如图 8-22 所示。

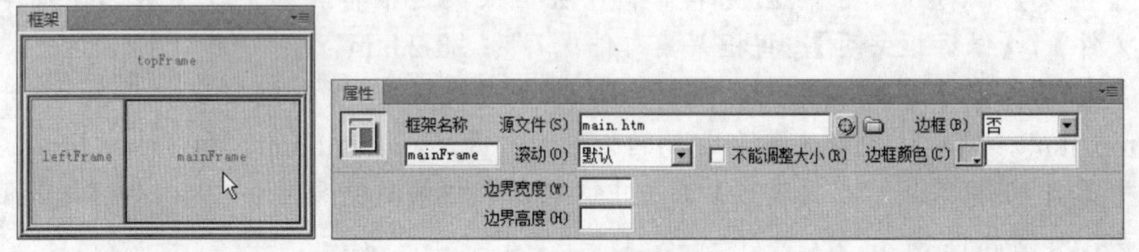

图8-22 设置右侧框架属性

11. 选中左侧窗口中的文本“古琴”，然后在【属性】面板中为其添加链接文件“guqin.htm”，并在【目标】下拉列表中选择【mainFrame】选项，如图 8-23 所示。

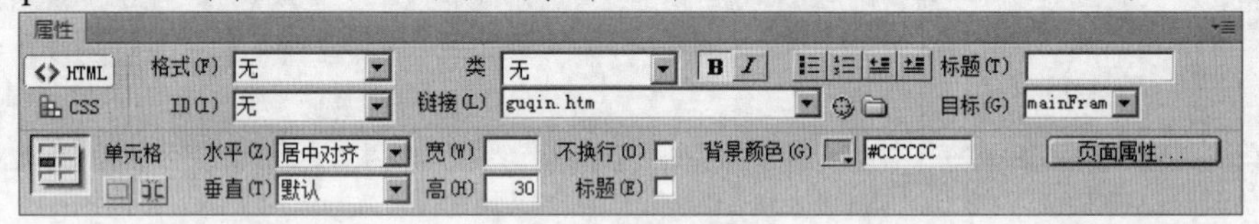

图8-23 设置超级链接

12. 利用同样的方法依次给文本“弈棋”、“书法”、“绘画”创建超级链接，分别指向文件“weiqi.htm”、“shufa.htm”和“huihua.htm”，目标窗口均为“mainFrame”。
13. 选择菜单命令【文件】/【保存全部】，保存文件。

8.3 实训——校园风情

将附盘文件复制到站点根文件夹下，然后创建框架网页，最终效果如图 8-24 所示。

这是一个创建框架网页的例子，步骤提示如下。

1. 创建一个“左对齐”的框架网页。
2. 将框架集文档保存为“8-3.htm”，然后在左侧框架中打开文件“navigate.htm”，在右侧框架中打开文件“p0.htm”。
3. 设置框架集属性：将左侧框架的宽度设置为“180 像素”，其他保持默认设置。

4. 设置超级链接：设置文本“校园风情（一）”的链接目标文件为“p1.htm”，目标框架为“mainFrame”，然后依次设置其他文本的超级链接。
5. 最后保存所有文件。

图8-24　校园风情

8.4 综合案例——馨苑论坛

将附盘文件复制到站点文件夹下，然后创建框架网页，最终效果如图 8-25 所示。

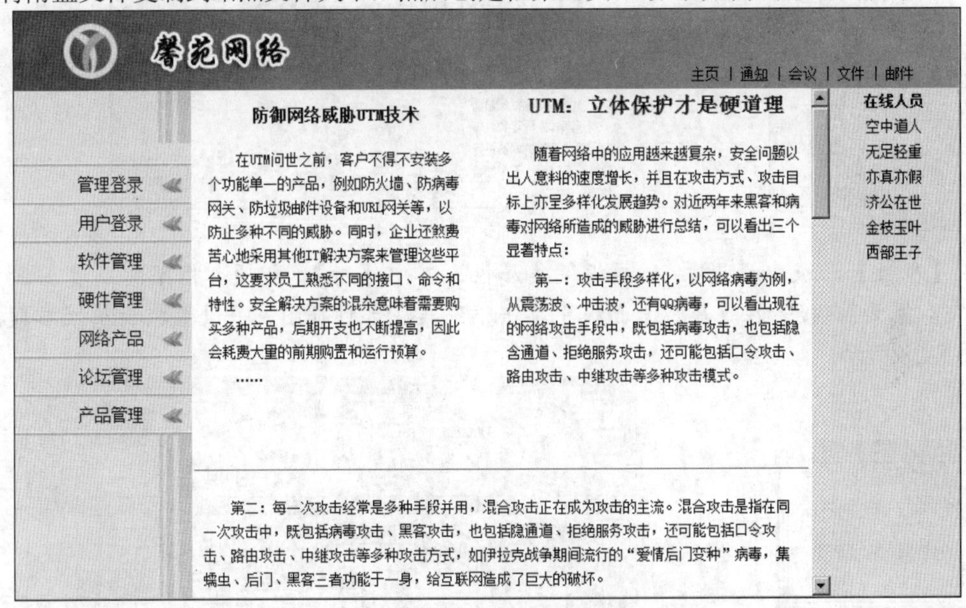

图8-25　创建框架网页

这是创建和编辑框架网页的一个例子，可以先插入预定义框架集，接着再插入一个右侧框架，然后在各个框架中打开网页，最后插入浮动框架。具体操作步骤如下。

1. 新建一个网页，然后选择菜单命令【插入】/【HTML】/【框架】/【上方及左侧嵌套】，创建一个框架页。
2. 将鼠标光标置于右下方的框架内，然后选择菜单命令【修改】/【框架集】/【拆分左框架】，再插入一个框架窗口，如图 8-26 所示。

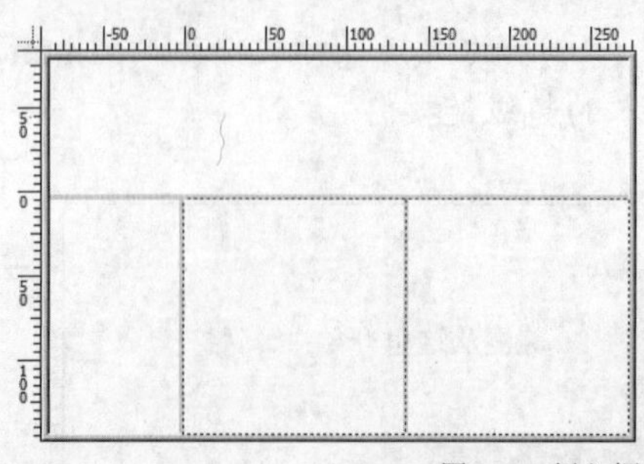

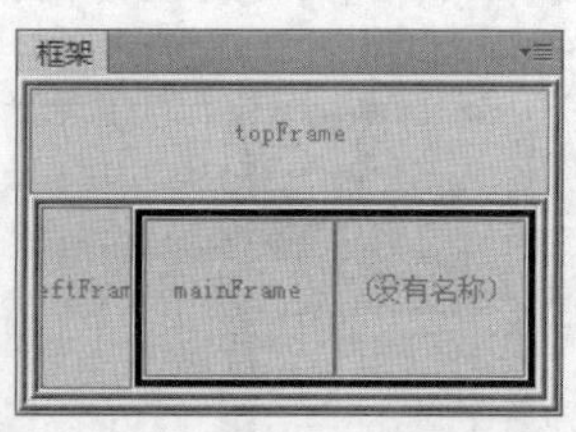

图8-26　插入框架

3. 在【框架】面板中单击第 1 层框架集边框选择整个框架集，然后选择菜单命令【文件】/【保存框架页】，将文件保存为“8-4.htm”。
4. 将鼠标光标置于顶部框架内，选择菜单命令【文件】/【在框架中打开】，打开文件“top.htm”，然后依次在左侧、中间和右侧的框架内打开文件“menu.htm”、“main.htm”和“list.htm”，如图 8-27 所示。

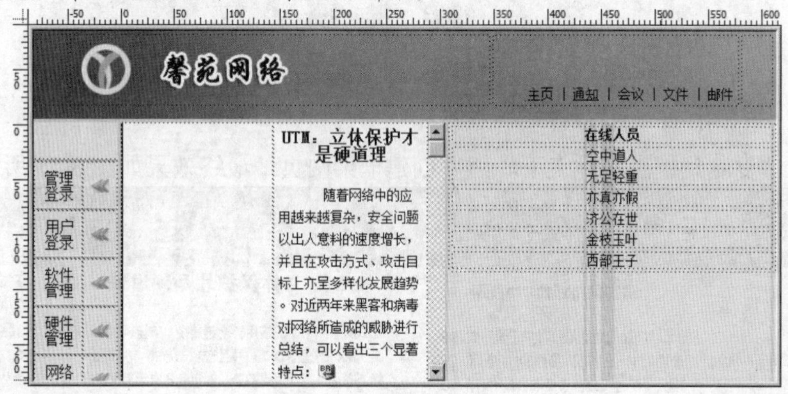

图8-27　在框架内打开文件

5. 在【属性】面板中设置第 1 层框架集属性，其中【行】(即顶部框架的高度)设置为“68 像素”，接着在【属性】面板中单击框架集底部预览图，并设置相应属性参数，如图 8-28 所示。

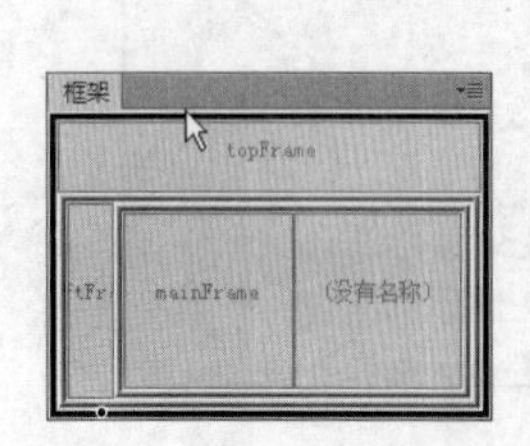

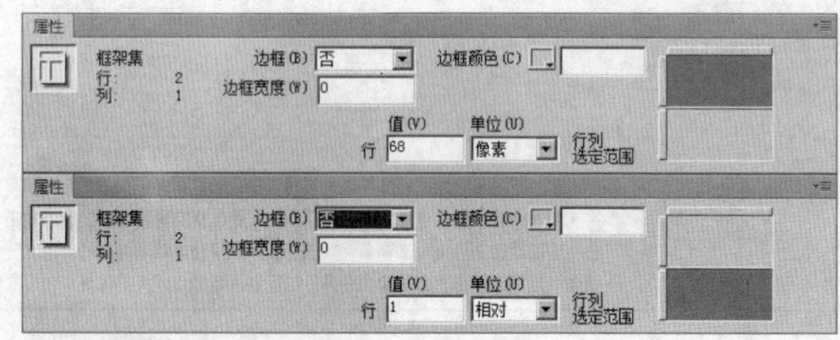

图8-28　设置第 1 层框架集属性

6. 选中顶部框架，然后在【属性】面板中设置属性参数，如图 8-29 所示。

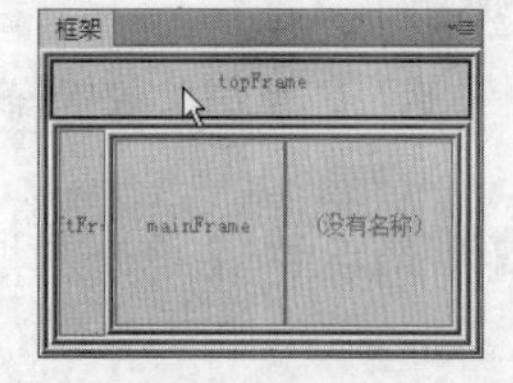

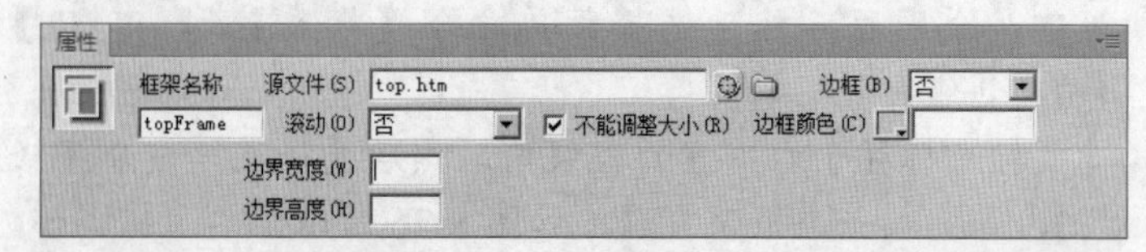

图8-29　设置顶部框架属性

7. 选中第 2 层框架集，然后在【属性】面板中设置属性参数，其中左侧框架宽度为“154像素”，如图 8-30 所示。

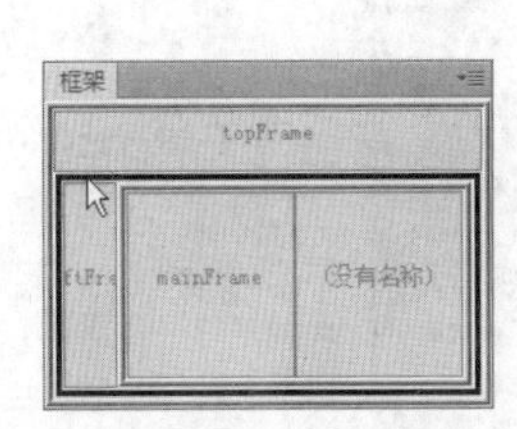

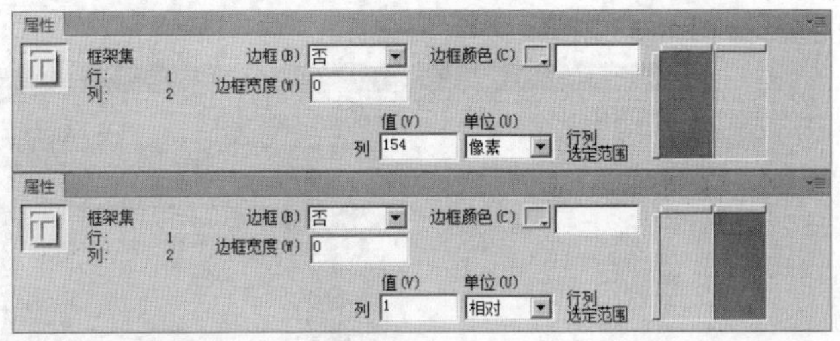

图8-30 设置第 2 层框架集属性

8. 选中左侧框架，然后在【属性】面板中设置属性参数，如图 8-31 所示。

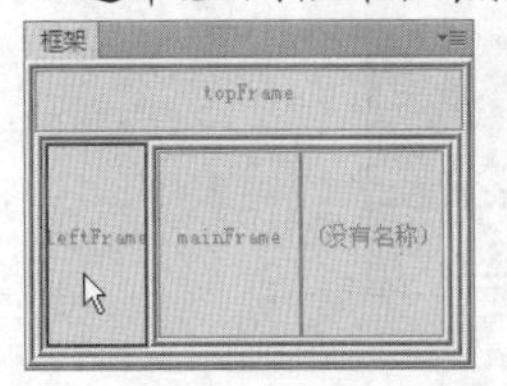

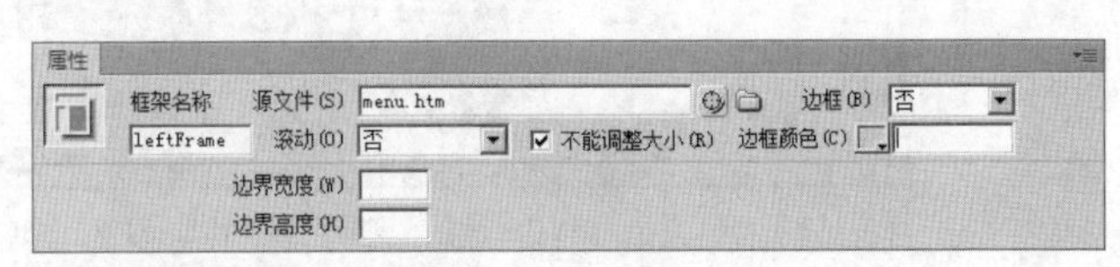

图8-31 设置左侧框架属性

9. 选中第 3 层框架集，然后在【属性】面板中设置属性参数，其中右侧框架宽度为“112像素”，如图 8-32 所示。

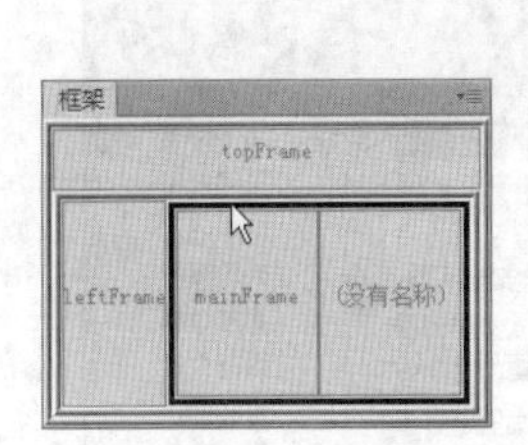

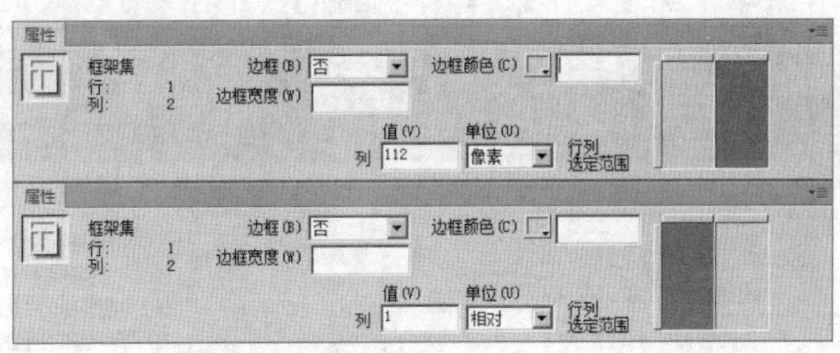

图8-32 设置第 3 层框架集属性

10. 选中中间框架，然后在【属性】面板中设置属性参数，如图 8-33 所示。

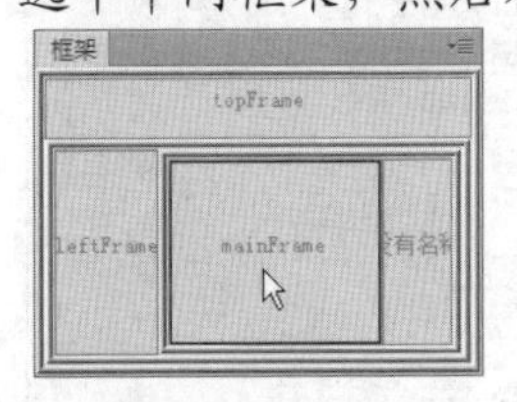

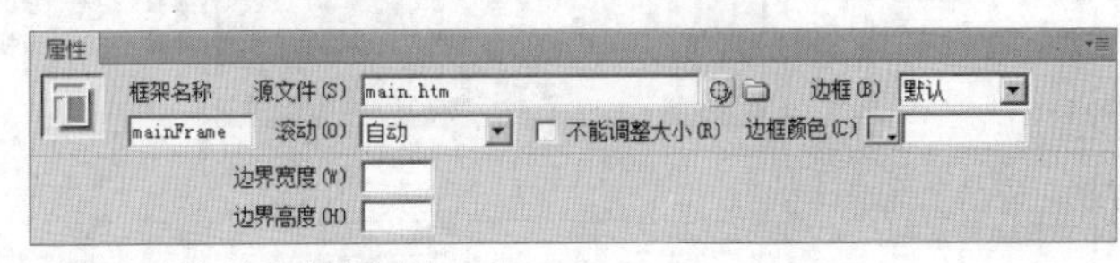

图8-33 设置中间框架属性

11. 选中右侧框架，然后在【属性】面板中设置属性参数，如图 8-34 所示。

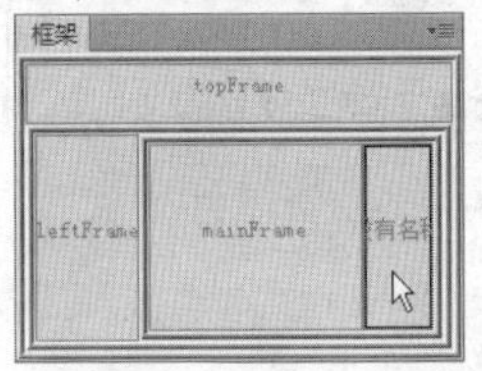

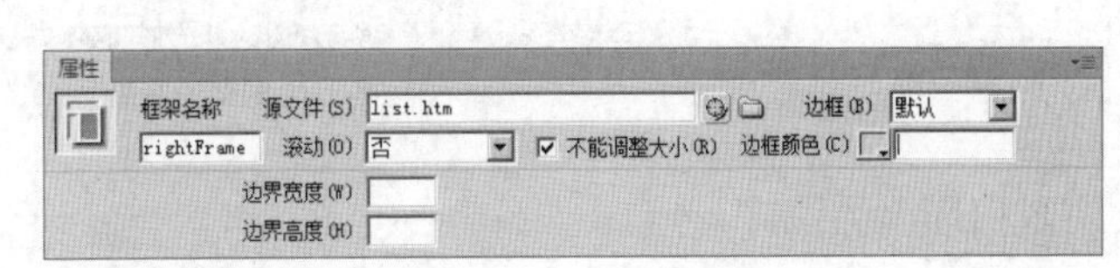

图8-34 设置右侧框架属性

12. 选择菜单命令【文件】/【保存全部】，保存文件。

13. 将鼠标光标置于中间框架左上角单元格内，然后选择菜单命令【插入】/【标签】，打开

【标签选择器】对话框，接着展开【HTML 标签】分类，在右侧列表框中找到"iframe"，单击 插入(I) 按钮，打开【标签编辑器－iframe】对话框，在该对话框中进行设置，如图 8-35 所示。

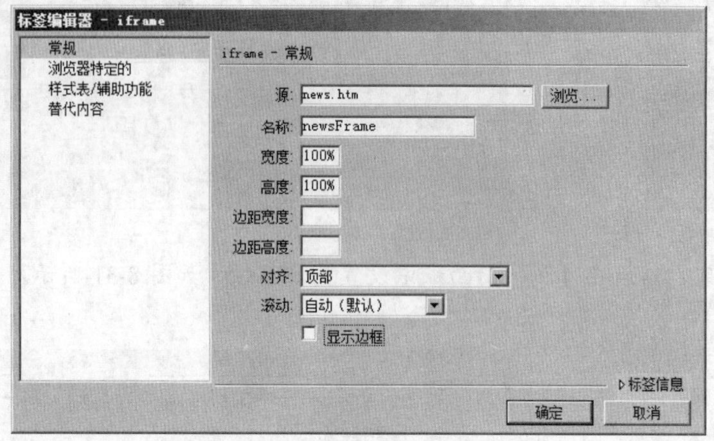

图8-35　【标签编辑器－iframe】对话框

14. 单击 确定 按钮，返回到【标签编辑器】对话框，然后单击 关闭(C) 按钮，关闭【标签编辑器】对话框。
15. 选择菜单命令【文件】/【保存全部】，保存文件，效果如图 8-36 所示。

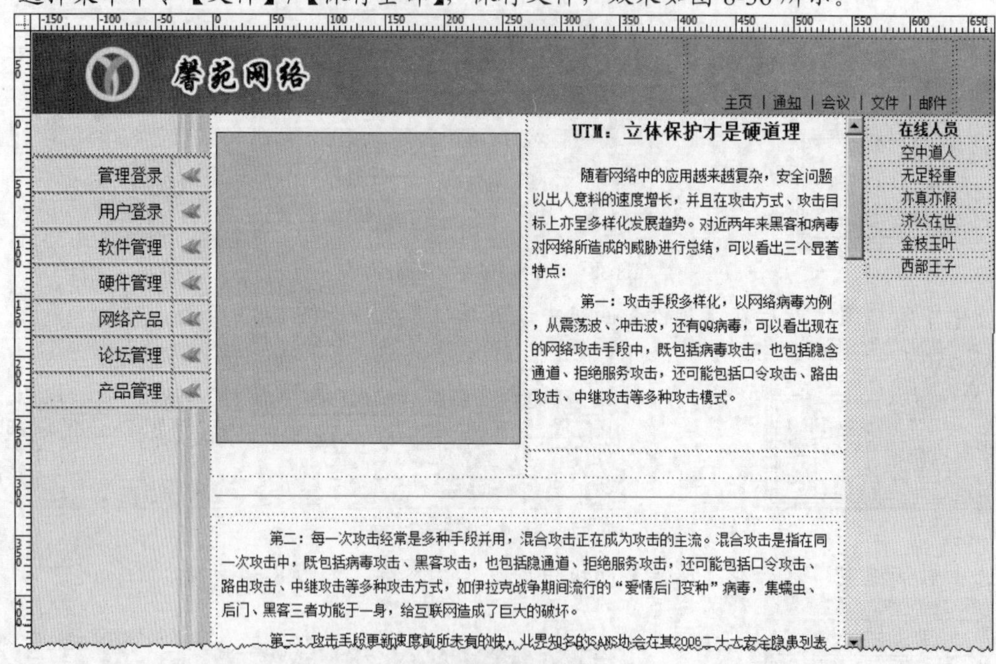

图8-36　框架的应用

8.5 习题

1. 思考题

(1) 如何选取框架和框架集？

(2) 框架网页中链接的目标窗口与普通网页有什么不同？

2. 操作题

根据提示练习创建框架网页的基本操作。

【步骤提示】

1. 创建一个“上方及右侧嵌套”的框架网页。
2. 对创建的框架网页进行保存，名称依次为“lianxi.htm”、“top.htm”、“right.htm”、“main.htm”。
3. 将右侧框架列宽设置为“150 像素”，将顶部框架行高设置为“90 像素”。
4. 根据自己的爱好，在框架页中输入相应的内容。
5. 在右侧框架“rightFrame”中设置超级链接，使其能够在左侧框架“mainFrame”中显示目标页。

第9章 使用库和模板

【学习目标】

- 了解库和模板的概念。
- 掌握创建和应用库的方法。
- 掌握创建和应用模板的方法。

使用模板可以批量制作具有相同结构的网页，使用库可以制作不同网页内容相同的部分。本章将介绍库和模板的基本知识以及使用库和模板制作网页的基本方法。

9.1 功能讲解

下面介绍库和模板的基本知识。

9.1.1 认识库和模板

库是一种特殊的 Dreamweaver 文件，其中包含可放置到网页中的一组单个资源或资源副本。库中的这些资源称为库项目，也就是要在整个网站范围内反复使用或经常更新的元素。在网页制作实践中，经常遇到要将一些网页元素在多个页面内应用的情形。当修改这些重复使用的页面元素时如果逐页修改会相当费时，这时便可以使用库项目来解决这个问题。每当编辑某个库项目时，可以自动更新所有使用该项目的页面。例如，假设正在为某公司创建一个大型站点，公司希望在站点的每个页面上显示一个广告语。可以先创建一个包含该广告语的库项目，然后在每个页面上使用这个库项目。如果需要更改广告语，则可以更改该库项目，这样可以自动更新所有使用这个项目的页面。

使用库项目时，Dreamweaver CS6 将在网页中插入该项目的链接，而不是项目本身。也就是说，Dreamweaver 向文档中插入该项目的 HTML 源代码副本，并添加一个包含对原始外部项目的引用的 HTML 注释。自动更新过程就是通过这个外部引用来实现的。

在 Dreamweaver 中，创建的库项目保存在站点的“Library”文件夹内，“Library”文件夹是自动生成的，不能对其名称进行修改。

模板是一种特殊类型的文档，用于设计固定的并可重复使用的页面布局结构，基于模板创建的网页文档会继承模板的布局结构。因此，在批量制作具有相同版式和风格的网页文档时，使用模板是一个不错的选择，它可使网站拥有统一的布局和外观，而且模板变化时可以同时更新基于该模板创建的网页文档，提高了站点管理和维护的效率。

在设计模板时，设计者可在模板中插入模板对象，从而指定在基于模板的网页文档中哪些区域是可以进行修改和编辑的。实际上在模板中操作时，模板的整个页面都可以进行编辑，这与平时设计网页没有差别。惟一不同的是最后一定要插入可编辑的模板对象，否则创建的网页没有可编辑的区域，无法添加内容。在基于模板创建的网页文档中，只能在可编辑的模板对象中添加或更改内容，不能修改其他区域。在 Dreamweaver CS6 中，常用的模板对象有可编辑区域、重复区域、重复表格和令属性可编辑等类型。

模板操作必须在 Dreamweaver 站点中进行，如果没有站点，在保存模板时系统会提示创建 Dreamweaver 站点。在 Dreamweaver 中，创建的模板文件保存在站点的“Templates”文件夹内，“Templates”文件夹是自动生成的，不能对其名称进行修改。

9.1.2 创建库项目

创建库项目既可以创建空白库项目，也可以创建基于选定内容的库项目。

一、 创建空白库项目

创建空白库项目的方法是：选择菜单命令【窗口】/【资源】，打开【资源】面板，单击（库）按钮切换至【库】分类，单击【资源】面板右下角的（新建库项目）按钮，新建一个库项目，然后在列表框中输入库项目的新名称并按 Enter 键确认，如图 9-1 所示。此时它还是一个空白库项目，还需要通过单击面板底部的（编辑）按钮或双击库项目名称来打开库项目并添加内容，这样库项目才有实际意义。也可以选择菜单命令【文件】/【新建】，打开【新建文档】对话框，选择【空白页】/【库项目】选项来创建空白库项目。此时的库项目是打开的，添加内容后保存即可。

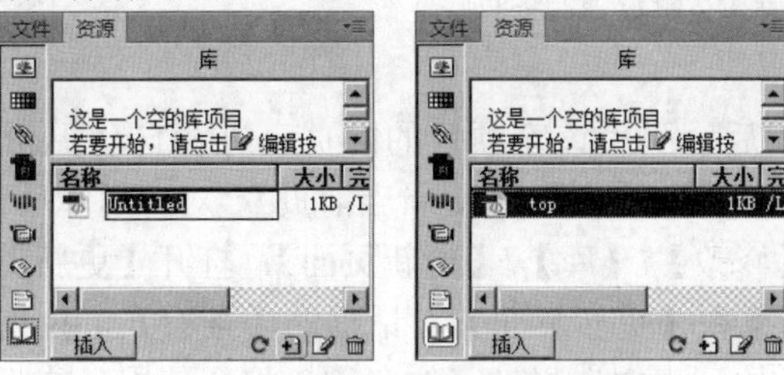

图9-1 创建空白库项目

二、 创建基于选定内容的库项目

用户也可以将网页中现有的对象元素转换为库文件。方法是：在页面中选择要转换的内容，然后选择菜单命令【修改】/【库】/【增加对象到库】，即可将选中的内容转换为库项目，并显示在【库】列表中，最后输入库名称并确认即可，如图 9-2 所示。

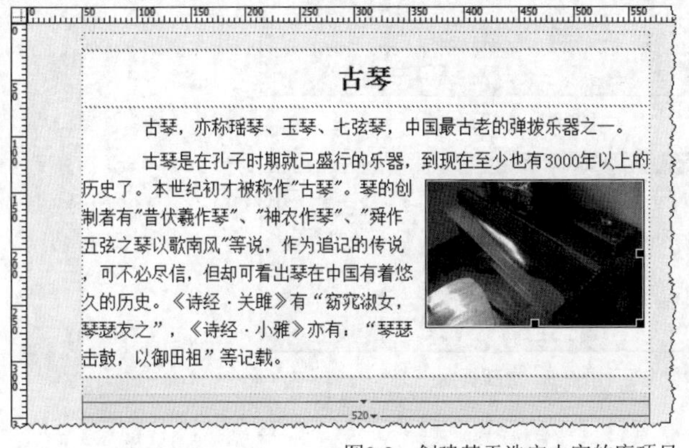

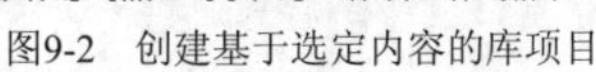

图9-2 创建基于选定内容的库项目

9.1.3 应用库项目

下面介绍应用库项目的基本方法。

一、 插入库项目

库项目是可以在多个页面中重复使用的页面元素。在网页中插入库项目的方法是：在【资源】面板中选中库项目，然后单击底部的 插入 按钮（或者单击鼠标右键，在弹出的快捷菜单中选择【插入】命令），将库项目插入到当前网页文档中。在使用库项目时，Dreamweaver 不是向网页中直接插入库项目，而是插入一个库项目链接，通过【属性】面板中的"Src/Library/pic.lbi"可以清楚地说明这一点，如图 9-3 所示。

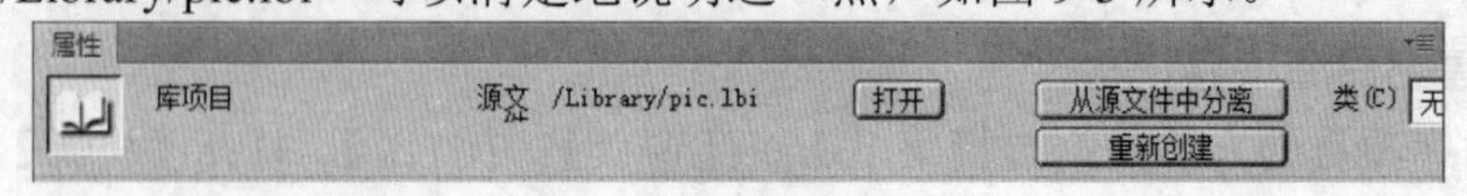

图9-3　库项目【属性】面板

二、 修改库项目

库项目创建以后，根据需要适时地修改其内容是不可避免的。如果要修改库项目，需要直接打开库项目进行修改。方法是：在【资源】面板的库项目列表中双击库项目，或先选中库项目，然后单击面板底部的按钮打开库项目；也可以在引用库项目的网页中选中库项目，然后在【属性】面板中单击 打开 按钮打开库项目。

三、更新库项目

在库项目被修改保存后，引用该库项目的网页会进行自动更新。如果没有进行自动更新，可以选择菜单命令【修改】/【库】/【更新当前页】，对应用库项目的当前页进行更新。

也可选择菜单命令【修改】/【库】/【更新页面】，打开【更新页面】对话框，进行参数设置后更新相关页面。如果在【更新页面】对话框的【查看】下拉列表中选择【整个站点】选项，然后从其右侧的下拉列表中选择站点的名称，将会使用当前版本的库项目更新所选站点中的所有页面，如图 9-4 所示。如果选择【文件使用…】选项，然后从其右侧的下拉列表中选择库项目名称，将会更新当前站点中所有应用了该库项目的文档，如图 9-5 所示。

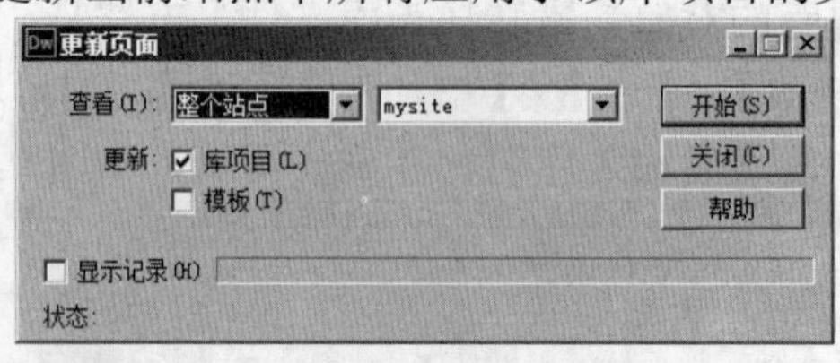

图9-4　更新站点

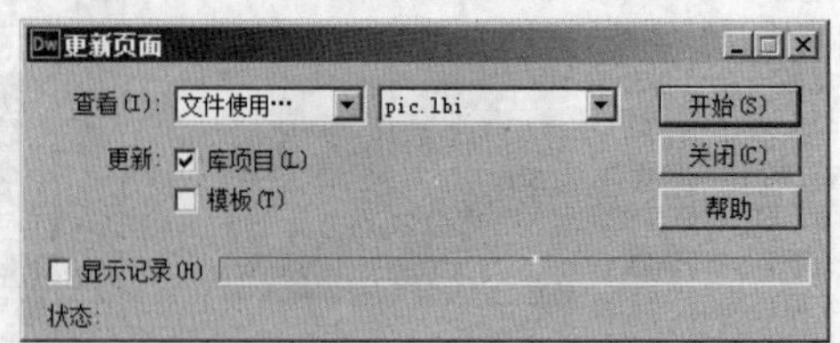

图9-5　更新页面

9.1.4 维护库项目

下面介绍维护库项目的基本方法。

一、 快速打开库项目

在引用库项目的当前网页中，选择库项目后，在【属性】面板中单击打开按钮，可打开库项目的源文件进行编辑，这等同于在【资源】面板中双击打开库项目进行编辑。其中，【Src】显示库项目源文件的文件名和位置，不能编辑此信息。

二、 重命名库项目

重命名模板的方法是：在【资源】面板的【库】类别中选择库项目暂停，再次单击库项目的名称，然后输入一个新名称，按Enter键使更改生效。在弹出的【更新文件】对话框中选择是否更新使用该项目的文档。

三、 分离库项目

一旦在网页文档中应用了库项目，如果希望其成为网页文档的一部分，这就需要将库项目从源文件中分离出来。方法是：在当前网页中选中库项目，然后在【属性】面板中单击从源文件中分离按钮，在弹出的信息提示框中单击确定按钮，将库项目的内容与库文件分离，如图 9-6 所示。分离后，就可以对这部分内容进行编辑了，因为它已经是网页的一部分，与库项目再没有联系。

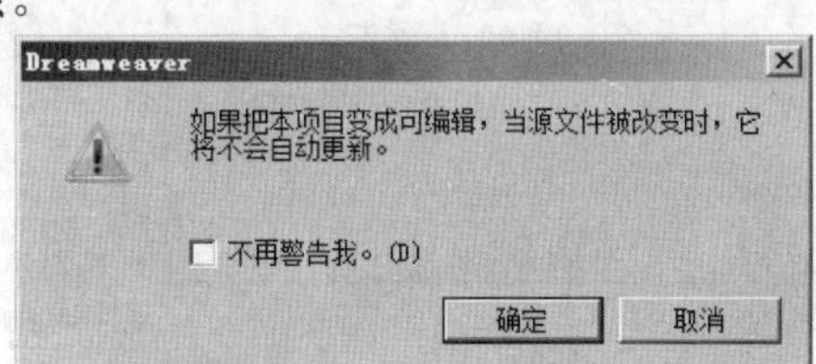

图9-6 分离库项目信息提示框

四、 删除库项目

删除库项目的方法是：打开【资源】面板并切换至【库】分类，在库项目列表中选中要删除的库项目，单击【资源】面板右下角的按钮或直接在键盘上按 Delete 键即可。一旦删除了一个库项目，将无法进行恢复，因此应特别小心。

9.1.5 创建模板

下面介绍创建模板的基本方法。

一、 创建模板文件

创建模板文件通常有直接创建模板和将现有网页另存为模板两种方式。

(1) 直接创建模板。

在【资源】面板中单击按钮，切换到【模板】分类，单击底部的按钮，在“Untitled”处输入新的模板名称，并按Enter键确认即可，如图 9-7 所示。此时的模板还是一个空文件，需要通过单击面板底部的（编辑）按钮打开模板文件，添加模板对象才有实际意义。

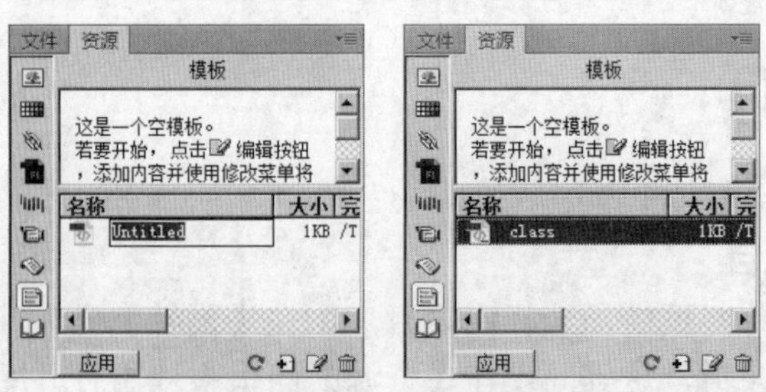

图9-7 通过【资源】面板创建模板

也可以选择菜单命令【文件】/【新建】，打开【新建文档】对话框，然后选择【空模板】/【HTML 模板】中的相应选项来创建模板文件，如图 9-8 所示。

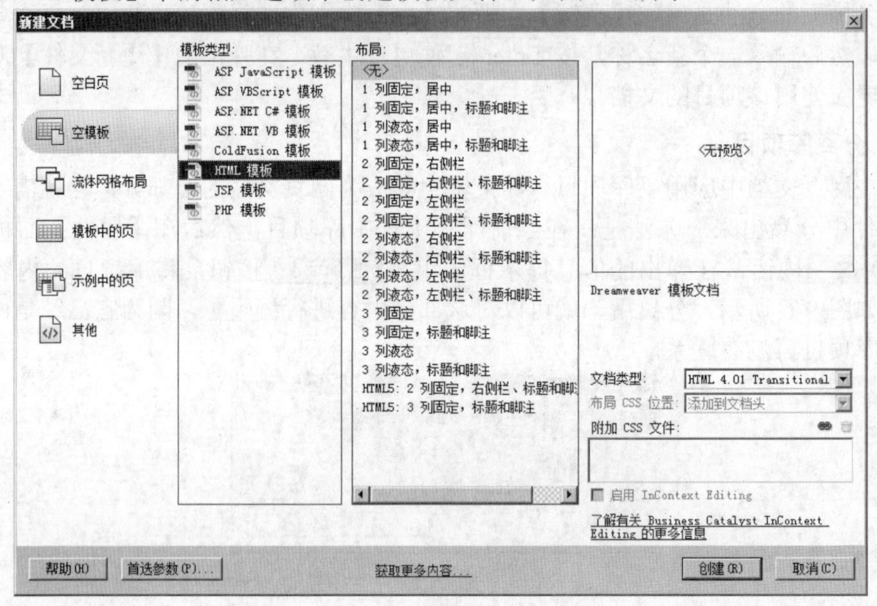

图9-8 【新建文档】对话框

(2) 将现有网页另存为模板。

将现有网页保存为模板是一种比较快捷的方式。方法是：打开一个现有的网页，删除其中不需要的内容，并设置模板对象，然后选择菜单命令【文件】/【另存为模板】，打开【另存模板】对话框，将当前的文档保存为模板文件，如图 9-9 所示。

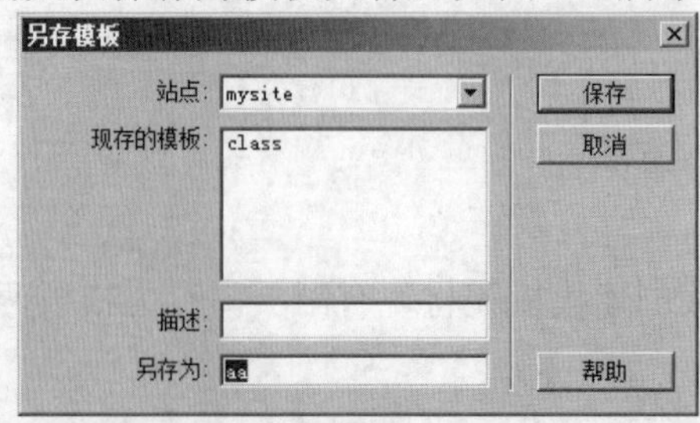

图9-9 【另存模板】对话框

二、 添加模板对象

比较常用的模板对象有可编辑区域、重复区域和重复表格，下面进行简要介绍。

(1) 可编辑区域。

可编辑区域是指可以进行添加、修改和删除网页元素等操作的区域。选择菜单命令【插入】/【模板对象】/【可编辑区域】，打开【新建可编辑区域】对话框，在【名称】文本框中输入可编辑区域名称，单击 确定 按钮即可，如图 9-10 所示。可编辑区域左上角的选项卡显示可编辑区域的名称。

修改模板对象名称的方法是：单击模板对象的名称将其选中，然后在【属性】面板的【名称】文本框中修改模板对象名称即可，如图 9-11 所示。

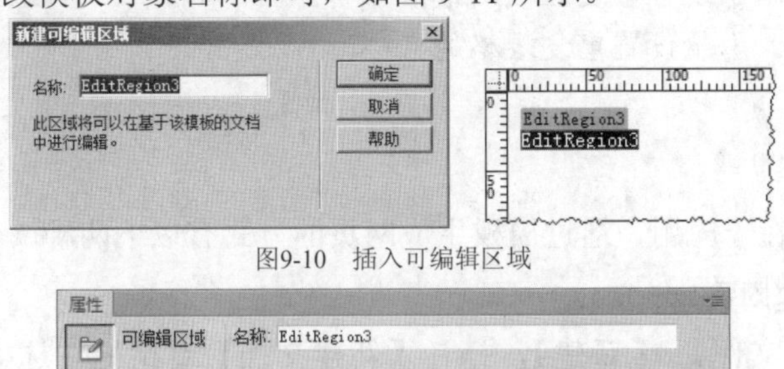

图9-10 插入可编辑区域

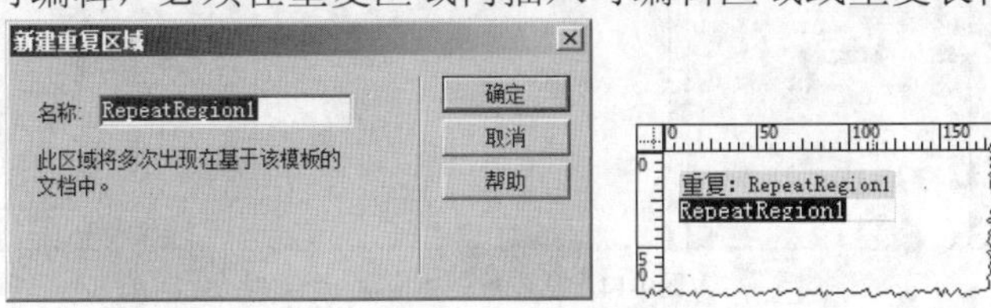

图9-11 【属性】面板

(2) 重复区域。

重复区域是指可以复制任意次数的指定区域。选择菜单命令【插入】/【模板对象】/【重复区域】，打开【新建重复区域】对话框，在【名称】文本框中输入重复区域名称并单击 确定 按钮，即可插入重复区域，如图 9-12 所示。重复区域不是可编辑区域，若要使重复区域中的内容可编辑，必须在重复区域内插入可编辑区域或重复表格。

图9-12 插入重复区域

(3) 重复表格。

重复表格是指包含重复行的表格格式的可编辑区域，用户可以定义表格的属性并设置哪些单元格可编辑。选择菜单命令【插入】/【模板对象】/【重复表格】，打开【插入重复表格】对话框，进行参数设置后单击 确定 按钮，即可插入重复表格，如图 9-13 所示。

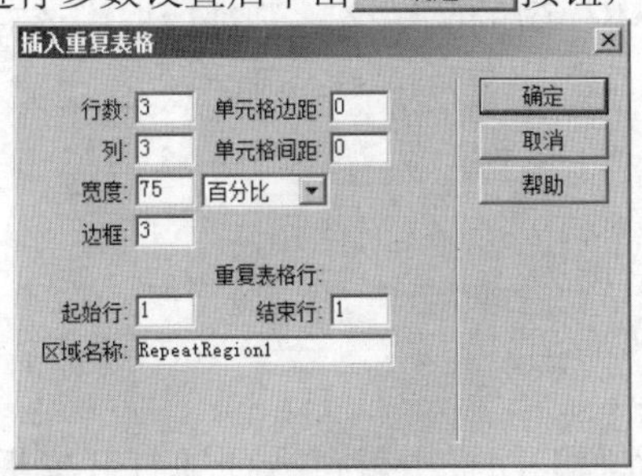

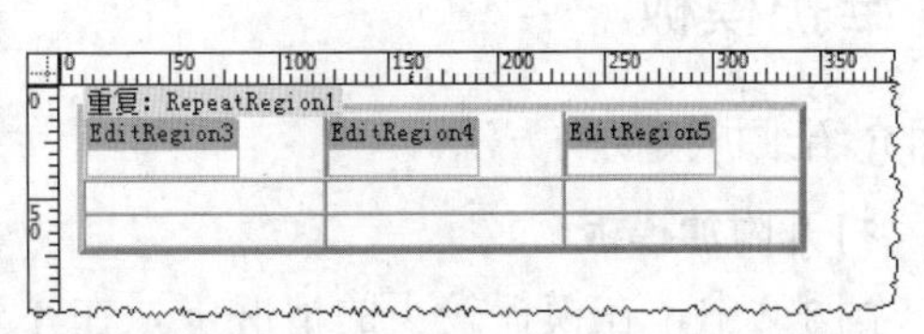

图9-13 插入重复表格

重复表格可以被包含在重复区域内，但不能被包含在可编辑区域内。另外，在将现有网页保存为模板时，不能将选定的区域变成重复表格，只能插入重复表格。

如果在【插入重复表格】对话框中不设置【单元格边距】、【单元格间距】和【边框】的

值，则大多数浏览器按【单元格边距】为“1”、【单元格间距】为“2”和【边框】为“1”显示表格。【插入重复表格】对话框的上半部分与普通的表格参数没有什么不同，重要的是下半部分的参数。

- 【重复表格行】：用于指定表格中的哪些行包括在重复区域中。
- 【起始行】：用于设置重复区域的第 1 行。
- 【结束行】：用于设置重复区域的最后 1 行。
- 【区域名称】：用于设置重复表格的名称。

9.1.6 应用模板

创建模板的目的在于应用，通过模板生成网页的方式有以下两种。

一、 从模板新建网页

选择菜单命令【文件】/【新建】，打开【新建文档】对话框，选择【模板中的页】选项，然后在【站点】列表框中选择站点，在模板列表框中选择模板，并选择【当模板改变时更新页面】复选框，以确保模板改变时更新基于该模板的页面，如图 9-14 所示，然后单击 创建(R) 按钮来创建基于模板的网页文档。

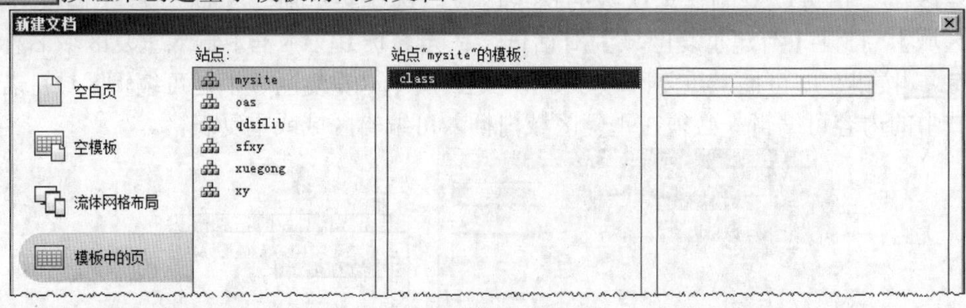

图9-14　从模板创建网页

二、 将现有页面应用模板

首先打开要应用模板的网页文档，然后选择菜单命令【修改】/【模板】/【应用模板到页】，或在【资源】面板的模板列表框中选中要应用的模板，再单击面板底部的 应用 按钮，即可应用模板。如果已打开的文档是一个空白文档，文档将直接应用模板；如果打开的文档是一个有内容的文档，这时通常会打开一个【不一致的区域名称】对话框，该对话框会提示用户将文档中的已有内容移到模板的相应区域。

9.1.7 维护模板

下面介绍维护模板的方法。

一、 打开附加模板

在一个网站中，在模板较少的情况下，在【资源】面板中就可方便地打开模板进行编辑。但是如果模板很多，使用模板的网页也很多，该如何快速地打开当前网页文档所使用的模板呢？

打开网页文档所使用的模板的快速方法是：首先打开使用模板的网页文档，然后选择菜单命令【修改】/【模板】/【打开附加模板离】，这样就可根据需要快速地编辑模板了。

二、 重命名模板

重命名模板的方法是：在【资源】面板的【模板】类别中单击模板的名称，以选择该模板，再次单击模板的名称，以便使文本可选，然后输入一个新名称，按 Enter 键使更改生效。这种重命名方式与在 Windows 资源管理器中对文件进行重命名的方式相同。对于 Windows 资源管理器，请确保在前后两次单击之间稍微暂停一下。不要双击该名称，因为这样会打开模板进行编辑。

三、 删除模板

对于站点中不需要的模板文件可以删除，方法是：在【资源】面板的【模板】类别中选择要删除的模板，单击面板底部的按钮或按 Delete 键，然后确认要删除该模板。

删除模板后，该模板文件将被从站点中删除。基于已删除模板的文档不会与此模板分离，它们仍保留该模板文件在被删除前所具有的结构和可编辑区域。可以将这样的文档转换为没有可编辑区域或锁定区域的网页文档。

四、 更新应用了模板的文档

从模板创建的文档与该模板保持连接状态（除非以后分离该文档），可以修改模板并立即更新基于该模板的所有文档中的设计。修改模板后，Dreamweaver CS6 会提示更新基于该模板的文档，用户可以根据需要手动更新当前文档或整个站点。手动更新基于模板的文档与重新应用模板相同。将模板更改应用于基于模板的当前文档的方法是：在文档窗口中打开要更新的网页文档，然后选择菜单命令【修改】/【模板】/【更新当前页】，Dreamweaver CS6 基于模板的更改来更新该网页文档。用户可以更新站点的所有页面，也可以只更新特定模板的页面。选择菜单命令【修改】/【模板】/【更新页面】，打开【更新页面】对话框。在【查看】下拉列表中根据需要执行下列操作之一：如果要按相应模板更新所选站点中的所有文件，请选择【整个站点】，然后从后面的下拉列表中选择站点名称，如图 9-15 所示；如果要针对特定模板更新文件，请选择【文件使用…】，然后从后面的下拉列表中选择模板名称，如图 9-16 所示。

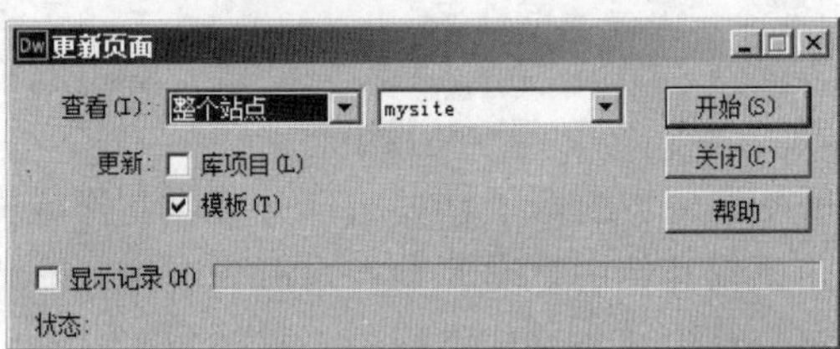

图9-15　更新站点

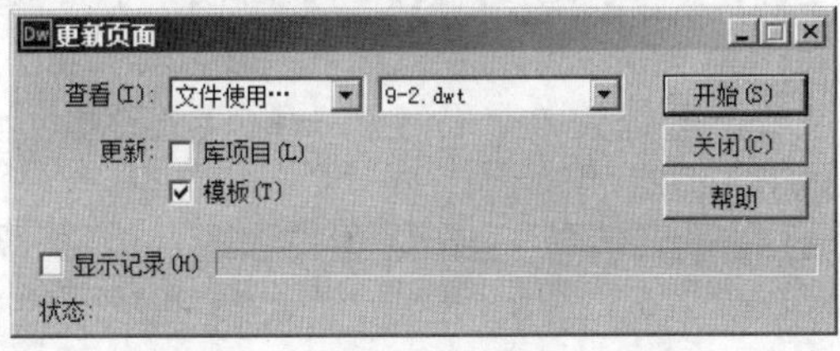

图9-16　更新文件

确保在【更新】选项中选中了【模板】。如果不想查看更新文件的记录，可取消选择【显示记录】复选框。否则，可让该复选框处于选中状态。单击 开始(S) 按钮更新文件，如果选择了【显示记录】复选框，将提供关于它试图更新的文件的信息，包括它们是否成功更新的信息。

五、 将网页从模板中分离

若要更改基于模板的文档的锁定区域，必须将该文档从模板分离。将文档分离之后，整个文档都将变为可编辑的。将网页从模板中分离的方法是：首先打开想要分离的基于模板的文档，然后选择菜单命令【修改】/【模板】/【从模板中分离】。

文档被从模板分离，所有模板代码都被删除。网页文档脱离模板后，模板中的内容将自动变成网页中的内容，网页与模板不再有关联，用户可以在文档中的任意区域进行编辑。

9.2 范例解析——天鹅湖

将附盘文件复制到站点文件夹下，然后使用库和模板制作网页，效果如图 9-17 所示。

图9-17　天鹅湖

这是一个使用库和模板制作网页的例子，页眉部分可以制作成库项目，然后创建模板，将库项目插入到网页中。在模板文档中，左侧插入可编辑区域，右侧插入重复区域，在重复区域中再插入可编辑区域。具体操作步骤如下。

1. 选择菜单命令【窗口】/【资源】，打开【资源】面板，单击按钮，切换至【库】分类，单击按钮，新建一个库项目，然后输入库项目名称“logo”，并按Enter键确认。
2. 单击按钮，打开库项目，选择菜单命令【插入】/【表格】，插入一个 1 行 1 列的表格，属性参数设置如图 9-18 所示。

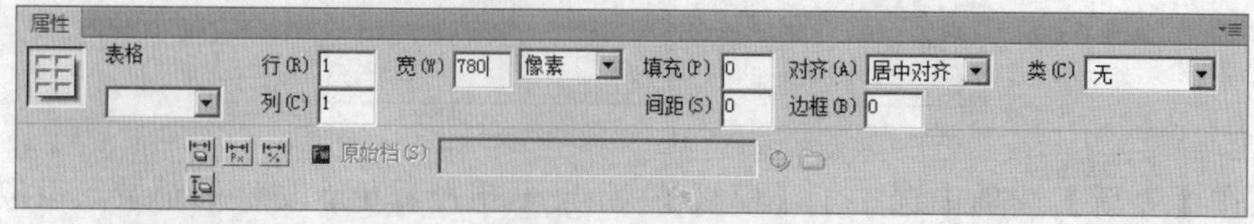

图9-18　表格【属性】面板

3. 在单元格中插入图像“logo.jpg”，并保存文件，如图 9-19 所示。

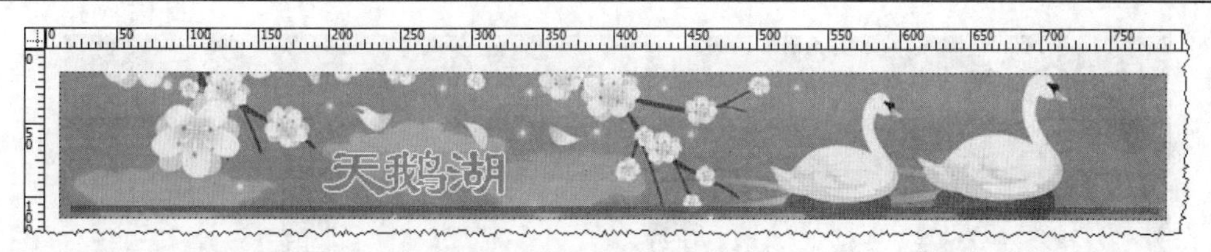

图9-19 插入图像“logo.jpg”

下面创建模板文件。

4. 将【资源】面板切换至【模板】分类，单击按钮新建模板，名称为“9-2”。
5. 双击打开模板文件，然后设置页面属性，字体为“宋体”，大小为“14px”。
6. 在【资源】面板的【库】分类中选中库项目“logo”，并单击 插入 按钮，将库项目插入到当前网页中。
7. 在库项目的后面继续插入一个 1 行 2 列的表格，宽度为“780 像素”，填充、间距和边框均为“0”，表格的对齐方式为“居中对齐”。
8. 在【属性】面板中设置两个单元格的水平对齐方式分别为“左对齐”和“居中对齐”，垂直对齐方式均为“顶端”，宽度分别为“180 像素”和“600 像素”。
9. 将鼠标光标置于左侧单元格中，然后选择菜单命令【插入】/【模板对象】/【可编辑区域】，打开【新建可编辑区域】对话框，在【名称】文本框中输入可编辑区域名称，如图 9-20 所示，单击 确定 按钮，插入可编辑区域。

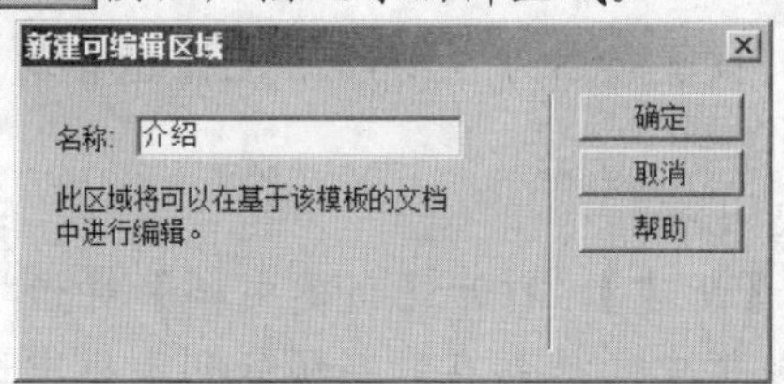

图9-20 插入可编辑区域

10. 将鼠标光标置于右侧单元格中，然后选择菜单命令【插入】/【模板对象】/【重复区域】，打开【新建重复区域】对话框，在【名称】文本框中输入重复区域名称，单击 确定 按钮，插入重复区域，如图 9-21 所示。

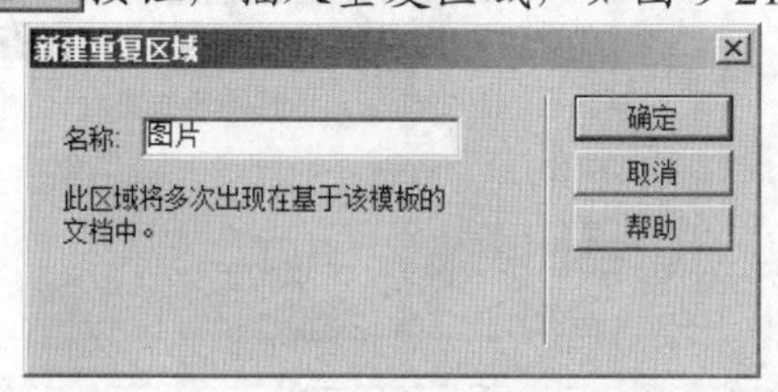

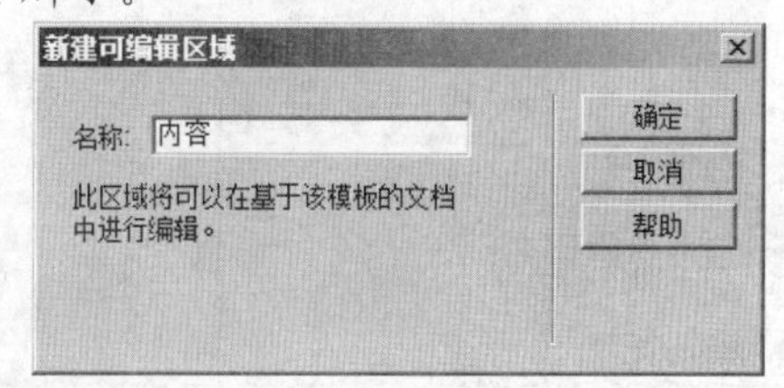

图9-21 插入重复区域

11. 将重复区域中的文本删除，插入一个 1 行 2 列的表格，宽度为“520px”，填充和边框均为“0”，间距为“5”，表格的对齐方式为“居中对齐”。
12. 在【属性】面板中设置两个单元格的水平对齐方式均为“居中对齐”，宽度均为“50%”，同时设置左侧单元格的背景颜色为“#ABE2F8”。
13. 在两个单元格中分别插入一个可编辑区域，名称分别为“图片 1”和“图片 2”，如图 9-22 所示。

图9-22　插入可编辑区域

14. 在最外层表格的后面再插入一个 1 行 1 列的表格，宽度为“780px”，填充、间距和边框均为“0”，表格的对齐方式为“居中对齐”，同时设置单元格的水平对齐方式为“居中对齐”，高度为“50px”，背景颜色为“#5ECAF1”，最后在单元格中输入相应的文本，如图 9-23 所示。

图9-23　输入文本

15. 创建标签 CSS 样式“P”，设置行高为“20px”，上下边界均为“0”。
16. 保存模板文档。

    下面使用模板创建网页文档。

17. 选择菜单命令【文件】/【新建】，打开【新建文档】对话框，选择【模板中的页】选项，然后在【站点】列表框中选择站点，在模板列表框中选择模板，并选择【当模板改变时更新页面】复选框，如图 9-24 所示。

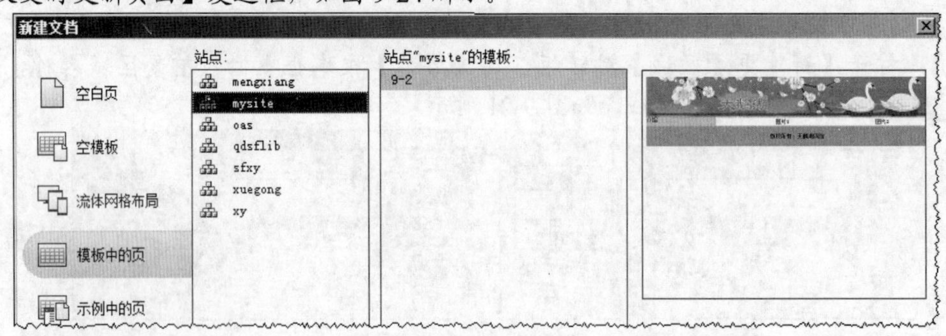

图9-24　【新建文档】对话框

18. 单击 创建(R) 按钮，创建基于模板的网页文档并保存为“9-2.htm”，如图 9-25 所示。
19. 将左侧可编辑区域中的文本删除，然后插入一个 1 行 1 列的表格，表格宽度为“100%”，填充和边框均为“0”，间距为“5”，单元格水平对齐方式为“左对齐”，并输入相应的文本。
20. 将右侧可编辑区域“图片 1”和“图片 2”中的文本删除，分别插入图像“01.jpg”和“02.jpg”，然后单击“重复：左侧导航”文本右侧的+按钮，添加重复区域，将可编辑区域中的文本删除，分别插入图像“03.jpg”和“04.jpg”。

图9-25　创建文档

21. 保存文档，效果如图 9-26 所示。

图9-26　使用库和模板制作网页

9.3 实训——音乐吧

将附盘文件复制到站点文件夹下，然后创建模板文档，最终效果如图 9-27 所示。

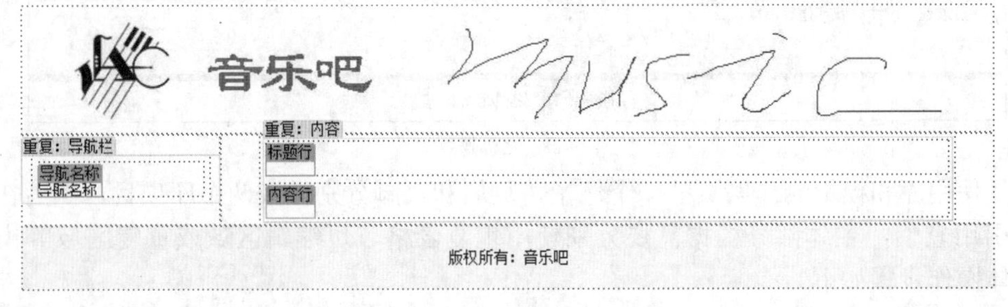

图9-27　音乐吧

这是使用库和模板制作网页的一个例子，步骤提示如下。

1. 创建模板文件“9-3.dwt”，打开【页面属性】对话框，设置文本大小为“12px”，页边距为“0”，然后插入页眉和页脚两个库文件。

2. 在页眉和页脚中间插入一个 1 行 2 列、宽为“780 像素”的表格，填充、间距和边框均为“0”，表格对齐方式为“居中对齐”。
3. 设置左侧单元格的水平对齐方式为“居中对齐”，垂直对齐方式为“顶端”，宽度为“160 像素”，然后在左侧单元格中插入名称为“导航栏”的重复区域。将重复区域中的文本删除，然后插入一个 1 行 1 列、宽度为“90%”的表格，填充、边框均为“0”，间距为“5”，在单元格中再插入一个名称为“导航名称”的可编辑区域。
4. 设置右侧单元格的水平对齐方式为“居中对齐”，垂直对齐方式为“顶端”，然后在其中插入名称为“内容”的重复表格：行数为“2”，列数为“1”，边距为“0”，间距为“5”，宽度为“90%”，边框为“0”，起始行为“1”，结束行为“2”，区域名称为“内容”。最后把重复表格两个单元格中的可编辑区域的名称分别修改为“标题行”和“内容行”。
5. 保存模板。

9.4 综合案例——名师培养

将附盘文件复制到站点文件夹下，然后使用库和模板制作网页，效果如图 9-28 所示。

图9-28　名师培养

这是使用库和模板制作网页的一个例子，页眉和页脚分别做成两个库项目，然后在模板文件中引用它们，主体部分根据需要分别使用重复表格、可编辑区域或重复区域等模板对象。具体操作步骤如下。

1. 新建库项目“head”，在其中插入一个 1 行 1 列的表格，设置表格宽度为“780 像素”，填充、间距和边框均为“0”，表格对齐方式为“居中对齐”，然后在单元格中插入图像“logo.jpg”并保存，如图 9-29 所示。

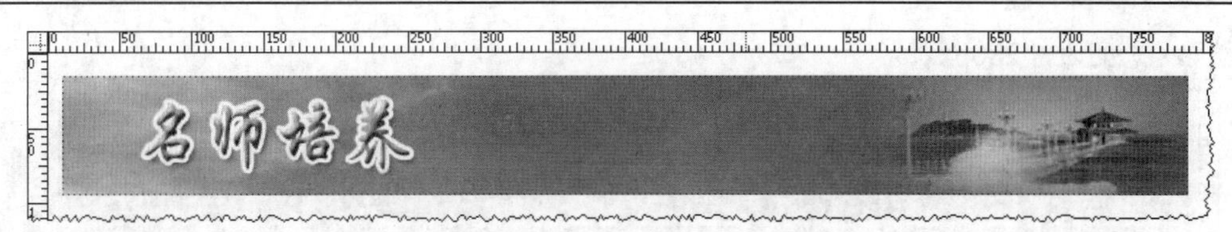

图9-29 插入图像

2. 新建库项目“foot”，在其中插入一个 2 行 1 列的表格，设置表格宽度为“780 像素”，填充、间距和边框均为“0”，表格的对齐方式为“居中对齐”。设置第 1 行单元格的水平对齐方式为“居中对齐”，高度为“6”，背景颜色为“#0099FF”，并将单元格源代码中的不换行空格符“ ”删除；设置第 2 行单元格的水平对齐方式为“居中对齐”，高度为“30”，并输入相应的文本，如图 9-30 所示。

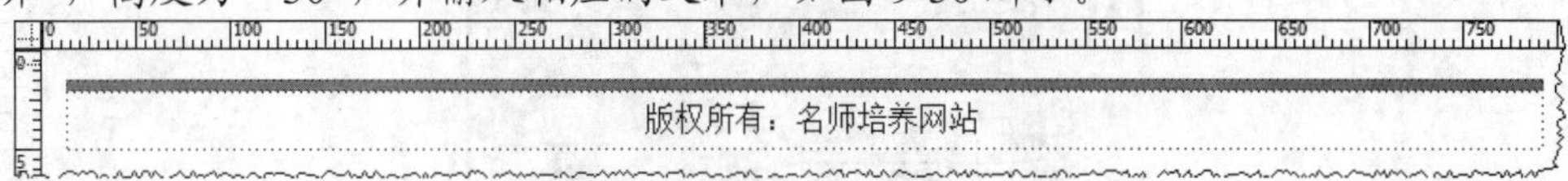

图9-30 创建库项目

3. 新建模板“9-4.dwt”，打开【页面属性】对话框，设置页面字体为“宋体”，大小为“14 像素”，上边距为“0”。
4. 将库项目“head”插入到当前网页中。

   下面制作导航栏。
5. 在页眉库项目“head”的下面继续插入一个 3 行 1 列的表格，设置表格宽度为“780 像素”，填充、间距和边框均为“0”，表格的对齐方式为“居中对齐”。
6. 设置第 1 行和第 3 行单元格的高度均为“5px”，并将单元格源代码中的不换行空格符“ ”删除，设置第 2 行单元格水平对齐方式为“居中对齐”，垂直对齐方式为“居中”，单元格高度为“36px”，背景颜色为“#B9D3F4”。
7. 创建复合内容的 CSS 样式“.navigate a:link,.navigate a:visited”，参数设置如图 9-31 所示。接着创建复合内容的 CSS 样式“.navigate a:hover”，设置文本粗细为“粗体”，文本修饰效果为“下划线”，颜色为“#F00”。

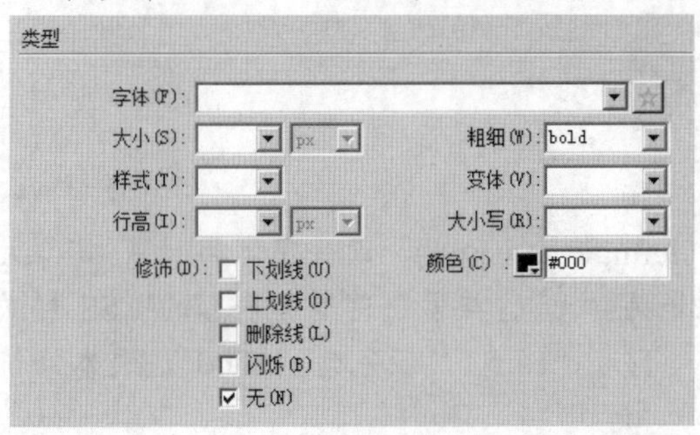

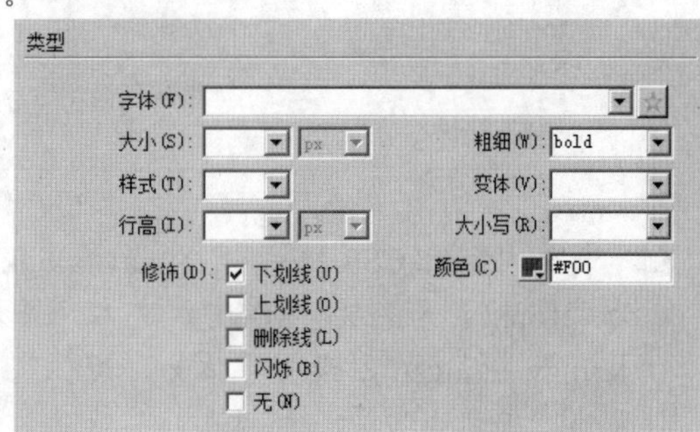

图9-31 创建复合内容的 CSS 样式

8. 在第 2 行单元格【属性（HTML）】面板的【类】下拉列表中选择【navigate】，然后输入文本并添加空链接，如图 9-32 所示。

   下面插入主体内容表格。
9. 在导航表格的后面继续插入一个 1 行 2 列的表格，设置表格宽度为“780 像素”，填充、间距和边框均为“0”，表格的对齐方式为“居中对齐”。
10. 在【属性】面板中设置左侧单元格水平对齐方式为“居中对齐”，垂直对齐方式为“顶

端"，宽度为"280px"。

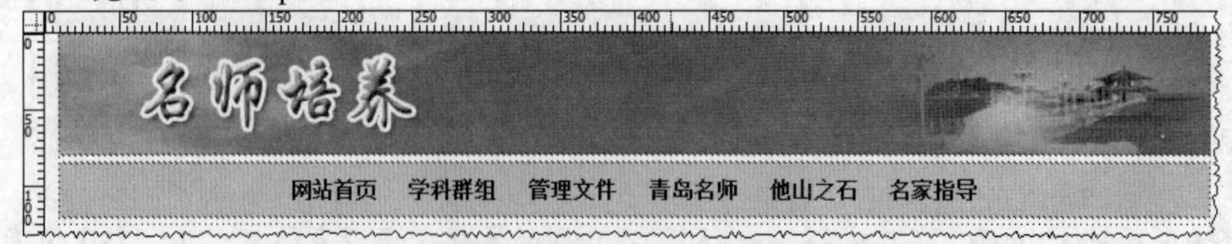

图9-32　输入文本并添加空链接

下面在左侧单元格中插入模板对象重复表格并创建超级链接样式。

11. 将鼠标光标置于左侧单元格内，然后选择菜单命令【插入】/【模板对象】/【重复表格】，插入重复表格，参数设置如图 9-33 所示。

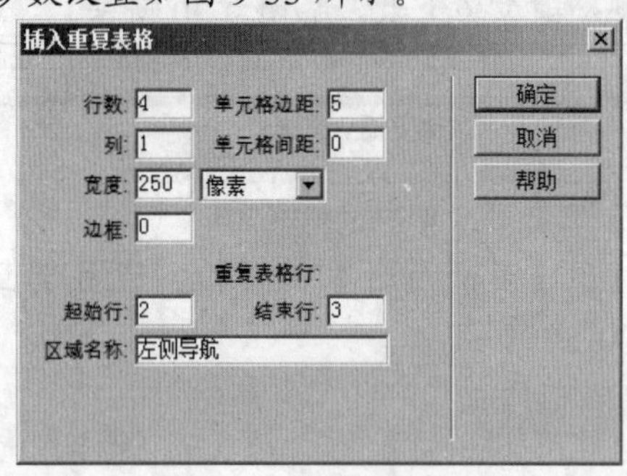

图9-33　插入重复表格

12. 将第 1 行单元格高度设置为"20px"；将第 2 行单元格拆分为左右两个单元格，设置左侧单元格宽度为"80px"，高度为"30px"，背景颜色为"#E7F1FD"，水平对齐方式为"居中对齐"，右侧单元格宽度为"150px"；将第 3 行单元格高度设置为"30px"，水平对齐方式设置为"左对齐"。
13. 单击"EditRegion3"，在【属性】面板中将其修改为"导航名称"，同样将"EditRegion4"修改为"导航说明"，如图 9-34 所示。

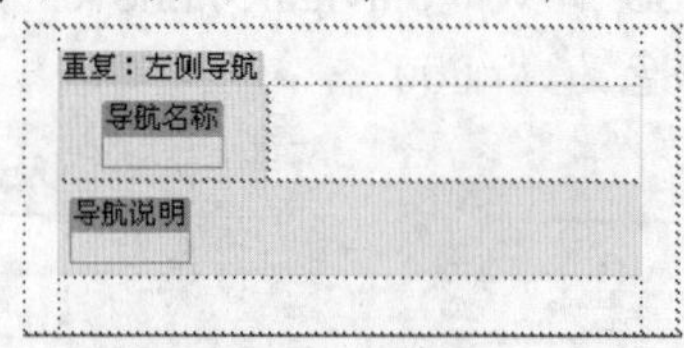

图9-34　修改名称

14. 创建复合内容的 CSS 样式".leftnav a:link, .leftnav a:visited"，设置字体为"黑体"，大小为"16px"，颜色为"#060"，文本修饰效果为"无"。接着创建复合内容的 CSS 样式".leftnav a:hover"，设置字体为"黑体"，大小为"16px"，颜色为"#F00"，文本修饰效果为"下划线"。
15. 选中"导航名称"所在的单元格，在【属性（HTML）】面板的【类】下拉列表中选择【leftnav】。

下面设置主体表格右侧单元格中的内容并插入模板对象。

16. 设置主体表格右侧单元格的水平对齐方式为"居中对齐"，垂直对齐方式为"顶端"。
17. 在单元格中插入一个 1 行 2 列的表格，设置表格宽度为"490 像素"，填充和边框均为"0"，间距为"5"，然后设置左侧单元格的水平对齐方式为"居中对齐"，宽度为

"50%"，设置右侧单元格的水平对齐方式为"左对齐"，垂直对齐方式为"顶端"，宽度为"50%"。

18. 将鼠标光标置于左侧单元格中，然后选择菜单命令【插入】/【模板对象】/【可编辑区域】，插入一个可编辑区域，名称为"图片"，然后在右侧单元格中也插入可编辑区域，名称为"消息"，如图 9-35 所示。

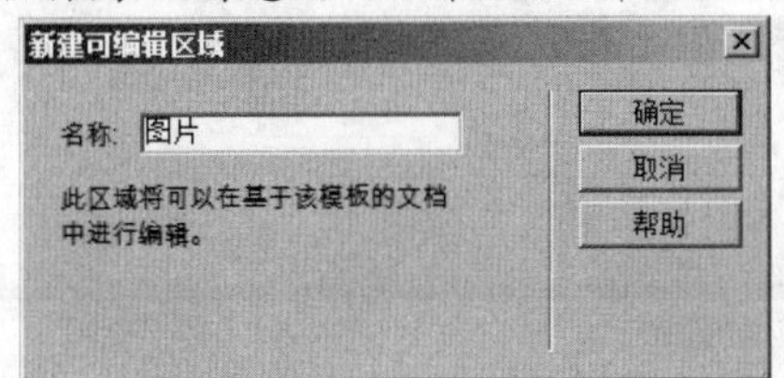

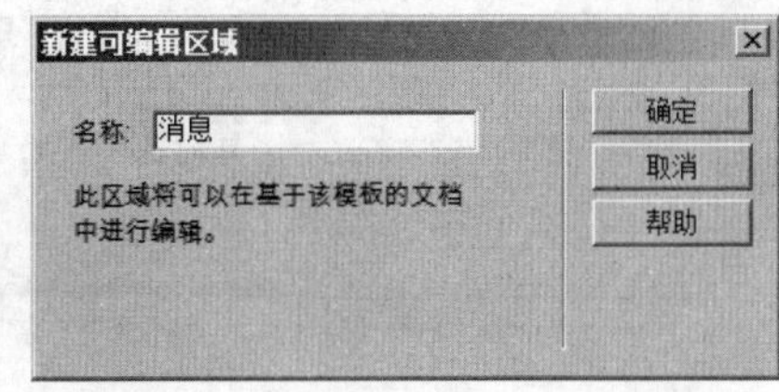

图9-35 插入可编辑区域

19. 创建标签 CSS 样式"P"，设置文本大小为"12 像素"，上边界为"8 像素"，下边界为"0"。

20. 在表格的后面继续插入一个 1 行 1 列的表格，设置表格宽度为"490 像素"，填充和边框均为"0"，间距为"5"，然后在单元格中也插入可编辑区域，名称为"其他内容"。

下面插入页脚库项目。

21. 将鼠标光标置于主体表格后面，插入库项目"foot.lbi"并保存文档，如图 9-36 所示。

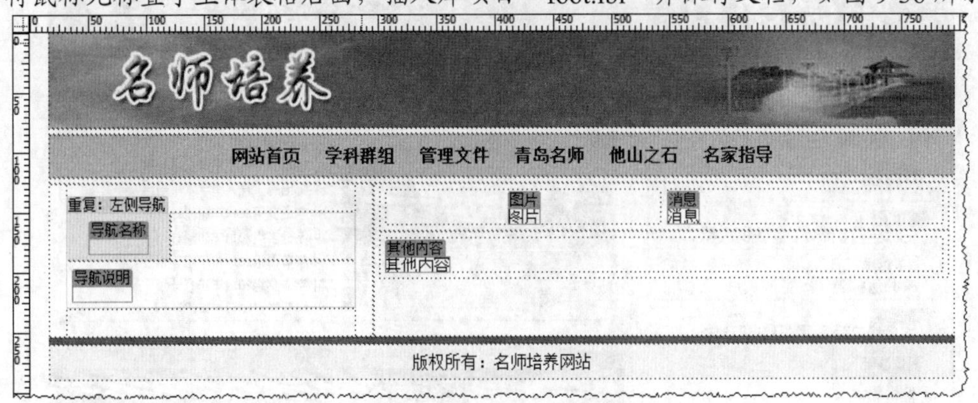

图9-36 模板效果

下面使用模板创建文档。

22. 选择菜单命令【文件】/【新建】，打开【新建文档】对话框，选择【模板中的页】选项，然后在【站点】列表框中选择站点，在模板列表框中选择模板，并选择【当模板改变时更新页面】复选框，如图 9-37 所示。

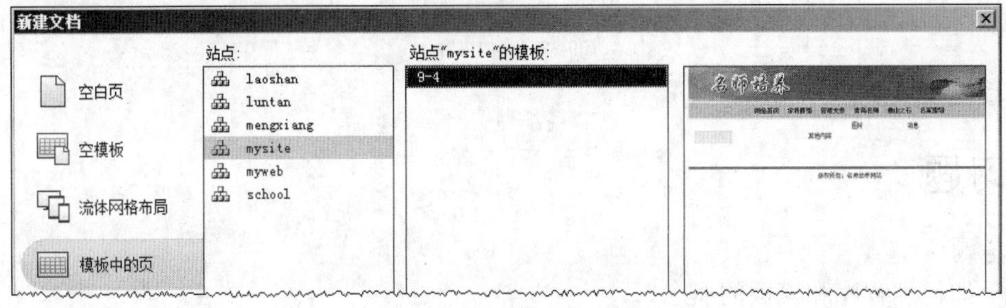

图9-37 【新建文档】对话框

23. 单击 创建(R) 按钮，创建基于模板的网页文档并保存为“9-4.htm”，如图 9-38 所示。

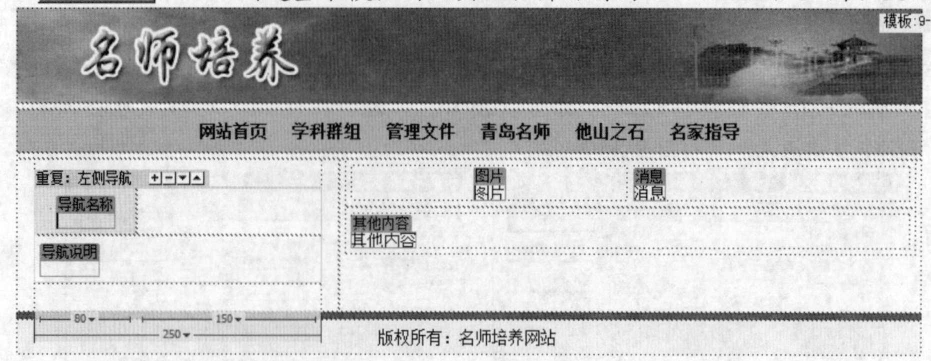

图9-38　创建文档

24. 连续单击“重复：左侧导航”文本右侧的+按钮 4 次，添加重复表格，然后输入相应的文本，并给“导航名称”中的文本添加空链接。
25. 将可编辑区域“图片”中的文本删除，然后添加图像“school.jpg”；将可编辑区域“消息”中的文本删除，然后添加相应文本；将可编辑区域“其他内容”中的文本删除，然后添加图像“mingshi.jpg”，如图 9-39 所示。

图9-39　添加内容

26. 最后保存文档。

9.5 习题

1. 思考题
   (1) 如何理解库和模板的概念？
   (2) 如何理解可编辑区域、重复区域和重复表格的概念？

(3) 如何分离模板和库项目？

(4) 如何在当前网页中快速打开应用的模板和库项目？

2. 操作题

制作一个网页，要求使用库和模板功能。

第10章 使用行为和 Spry 构件

【教学目标】

- 了解行为和 Spry 构件的基本概念。
- 掌握添加和设置常用行为的基本方法。
- 掌握插入和设置 Spry 布局构件的方法。

行为能够为网页增添许多动态效果，Spry 构件能够使网页布局耳目一新。本章将介绍在网页中添加行为和 Spry 布局构件的基本方法。

10.1 功能讲解

下面介绍行为和 Spry 布局构件的基本知识。

10.1.1 关于行为

行为是某个事件和事件触发的动作的组合，是用来动态响应用户操作、改变当前页面效果或是执行特定任务的一种方法。行为的基本元素有两个：事件和动作。事件是触发动作的原因，动作是事件触发后要实现的效果。

实际上事件是由浏览器生成的消息，它提示该页的浏览者已执行了某种操作。例如，当浏览者将鼠标光标移到某个链接上时，浏览器将为该链接生成一个“onMouseOver”事件，然后浏览器检查在当前页面中是否应该调用某段 JavaScript 代码进行响应。不同的页面元素定义不同的事件。例如，在大多数浏览器中，“onMouseOver”和“onClick”是与超级链接关联的事件，而“onLoad”是与图像和文档的 body 部分关联的事件。

动作是一段预先编写的 JavaScript 代码，可用于执行诸如以下的任务：打开浏览器窗口、显示或隐藏 AP 元素、转到 URL 等。在将行为附加到某个页面元素后，当该元素的某个事件发生时，行为即会调用与这一事件关联的动作。例如，如果将“弹出信息”动作附加到一个链接上，并指定它将由“onMouseOver”事件触发，则只要某人将鼠标光标放到该链接上，就会弹出相应的信息。一个事件也可以触发许多动作，用户可以定义它们执行的顺序。

10.1.2 【行为】面板

Dreamweaver CS6 提供了一个专门管理和编辑行为的工具，即【行为】面板。通过【行为】面板，用户可以方便地为对象添加行为，还可以修改以前设置过的行为参数。在 Dreamweaver CS6 中，行为的添加和管理主要通过【行为】面板来实现。选择菜单命令【窗口】/【行为】，即可打开【行为】面板，如图 10-1 所示。

使用【行为】面板可将行为附加到页面元素，即附加到 HTML 标签。已附加到当前所

选页面元素的行为显示在行为列表中，并按事件以字母顺序列出。如果同一事件引发不同的行为，这个行为将按执行顺序在【行为】面板中显示。如果行为列表中没有显示任何行为，则表示没有行为附加到当前所选的页面元素。下面对【行为】面板中的选项进行简要说明。

- （显示设置事件）按钮：列表中只显示附加到当前对象的那些事件，【行为】面板默认显示的视图就是【显示设置事件】视图，如图 10-2 所示。
- （显示所有事件）按钮：列表中按字母顺序显示适合当前对象的所有事件，已经设置行为动作的将在事件名称后面显示动作名称，如图 10-3 所示。

图10-1　【行为】面板

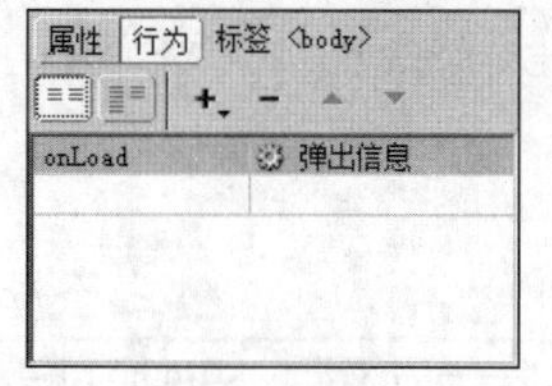

图10-2　【显示设置事件】视图

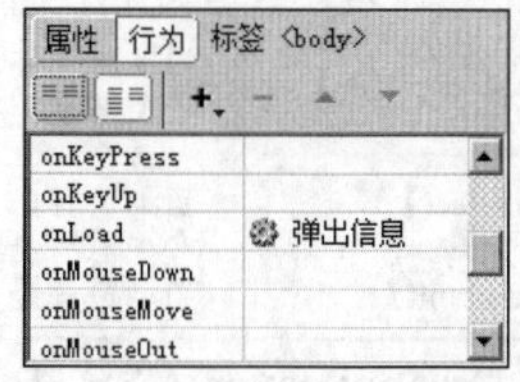

图10-3　【显示设置所有事件】视图

- （添加行为）按钮：单击该按钮将会弹出一个下拉菜单，其中包含可以附加到当前选定元素的动作。当从该列表中选择一个动作时，将出现一个对话框，用户可以在此对话框中设置该动作的参数。如果菜单上的所有动作都处于灰色显示状态，则表示选定的元素无法生成任何行为。
- （删除事件）按钮：单击该按钮可在行为列表中删除所选的事件和动作。
- 或按钮：可在行为列表中上下移动特定事件的选定动作。只能更改特定事件的动作顺序，如可以更改“onLoad”事件中发生的几个动作的顺序，但是所有“onLoad”动作在行为列表中都会放置在一起。对于不能在列表中上下移动的动作，箭头按钮将处于禁用状态。
- 【事件】下拉列表：其中包含可以触发该动作的所有事件，此下拉列表仅在选中某个事件时可见，当单击所选事件名称旁边的箭头时显示此下拉列表。根据所选对象的不同，显示的事件也有所不同。如果未显示预期的事件，需要确认是否选择了正确的页面元素或标签。如果要选择特定的标签，可使用文档窗口左下角的标签选择器。

下面通过表 10-1 对行为中比较常用的事件进行简要说明。

表 10-1　常用事件

事件	说明
【onFocus】	当指定的元素成为浏览者交互的中心时产生。例如，在一个文本区域中单击，将产生一个【onFocus】事件
【onFocus】	【onFocus】事件的相反事件。产生该事件则当前指定元素不再是浏览者交互的中心。例如，当浏览者在文本区域内单击后再在文本区域外单击，浏览器将为这个文本区域产生一个【onBlur】事件
【onChange】	当浏览者改变页面的参数时产生。例如，当浏览者从菜单中选择一个命令或改变一个文本区域的参数值，然后在页面的其他地方单击时，会产生一个【OnChange】事件
【onClick】	当浏览者单击指定的元素时产生。单击直到浏览者释放鼠标按键时才完成，只要按下鼠标按键便会令某些现象发生
【onLoad】	当图像或页面结束载入时产生
【onUnload】	当浏览者离开页面时产生

续表

事件	说明
【onMouseMove】	当浏览者指向一个特定元素并移动鼠标光标时产生（鼠标光标停留在元素的边界以内）
【onMouseDown】	当在特定元素上按下鼠标按键时产生该事件
【onMouseOut】	当鼠标光标从特定的元素（该特定元素通常是一个图像或一个附加于图像的链接）移走时产生。这个事件经常被用来和【恢复交换图像】(Swap Image Restore）动作关联，当浏览者不再指向一个图像时，即鼠标光标离开时它将返回到初始状态
【onMouseOver】	当鼠标光标首次指向特定元素时产生（鼠标光标从没有指向元素向指向元素移动），该特定元素通常是一个链接
【onSelect】	当浏览者在一个文本区域内选择文本时产生
【onSubmit】	当浏览者提交表格时产生

Dreamweaver CS6 内置了许多行为动作，下面通过表 10-2 对这些行为动作的功能进行简要说明。

表 10-2　　行为动作

动作	说明
【交换图像】	发生设置的事件后，用其他图像来取代选定的图像
【弹出信息】	设置事件发生后，显示警告信息
【恢复交换图像】	用来恢复设置了交换图像，却又因某种原因而失去交换效果的图像
【打开浏览器窗口】	在新窗口中打开 URL，可以定制新窗口的大小
【拖动 AP 元素】	可让浏览者拖曳绝对定位的（AP）元素。使用此行为可创建拼板游戏、滑块控件和其他可移动的界面元素
【改变属性】	使用此行为可更改对象某个属性的值
【效果】	Spry 效果是视觉增强功能，几乎可以将它们应用于使用 JavaScript 的 HTML 页面的所有元素上
【显示-隐藏元素】	可显示、隐藏或恢复一个或多个页面元素的默认可见性
【检查插件】	确认是否设有运行网页的插件
【检查表单】	能够检测用户填写的表单内容是否符合预先设定的规范
【设置文本】	包括 4 个选项，各个选项的含义分别是：在选定的容器上显示指定的内容、在选定的框架上显示指定的内容、在文本字段区域显示指定的内容、在状态栏中显示指定的内容
【调用 JavaScript】	事件发生时，调用指定的 JavaScript 函数
【跳转菜单】	制作一次可以建立若干个链接的跳转菜单
【跳转菜单开始】	在跳转菜单中选定要移动的站点后，只有单击 开始 按钮才可以移动到链接的站点上
【转到 URL】	选定的事件发生时，可以跳转到指定的站点或者网页文档上
【预先载入图像】	为了在浏览器中快速显示图像，事先下载图像之后显示出来

10.1.3　添加行为

在【行为】面板中如何添加行为呢？可以先添加一个动作，然后设置触发该动作的事件，以此将行为添加到页面所选的对象上。具体操作过程说明如下。

(1) 在页面上选择一个对象，如一个图像或一个链接。如果要将行为附加到整个文档，可在文档窗口左下角的标签选择器中单击选中<body>标签。

(2) 选择菜单命令【窗口】/【行为】，打开【行为】面板（如果【行为】面板已经打开，不需要再操作此步）。

(3) 单击+按钮并从下拉菜单中选择一个要添加的行为动作。下拉菜单中灰色显示的行为动作不可选择。它们呈灰色显示的原因可能是当前文档中缺少某个所需的对象。当选择某个动作时，将出现一个对话框，显示该动作的参数和说明。

(4) 在对话框中为动作设置参数，然后单击 确定 按钮，关闭对话框。

Dreamweaver CS6 中提供的所有动作都适用于新型浏览器。一些动作不适用于较旧的浏览器，但它们不会产生错误。目标元素需要唯一的 ID。例如，如果要对图像应用“交换图像”行为，则此图像需要一个 ID。如果没有为元素指定一个 ID，Dreamweaver CS6 将自动为其指定一个 ID。

(5) 触发该动作的默认事件显示在【事件】列中。如果这不是所需要的触发事件，可从【事件】下拉列表中选择需要的事件。

实际上，用户既可以将行为附加到整个文档（即附加到<body>标签），也可以附加到超级链接、图像、表单元素和多种其他 HTML 页面元素。

10.1.4 常用行为

下面对常用行为的使用方法进行具体介绍。

一、 弹出信息

【弹出信息】行为显示一个包含指定消息的 JavaScript 提示框。因为 JavaScript 提示对话框只有提示文本和一个 确定 按钮，所以使用此行为可以给用户提供信息，但不能为用户提供选择操作。在文档中选择要触发行为的对象，然后从行为菜单中选择【弹出信息】命令，在弹出的【弹出信息】对话框中进行参数设置，如图 10-4 所示。

图10-4 设置弹出信息行为

可以在输入的文本中嵌入任何有效的 JavaScript 函数调用、属性、全局变量或其他表达式。如果要嵌入一个 JavaScript 表达式，需要将其放置在大括号“{}”中。如果要在浏览器中显示大括号，需要在它前面加一个反斜杠“\{}”。

如果在【弹出信息】对话框中输入文本“本图像不允许下载!”，然后在【行为】面板中将事件设置为“onMouseDown”，即鼠标按下时触发该事件。在浏览网页时，当浏览者单击鼠标右键时，将显示“本图像不允许下载!”的提示框，这样就达到了限制用户使用鼠标右键来下载图像的目的，并在试图下载时进行了提醒。

二、 调用 JavaScript

【调用 JavaScript】行为能够在事件发生时执行自定义的函数或 JavaScript 代码行。用

户可以自己编写 JavaScript，也可以使用 Web 上各种免费的 JavaScript 库中提供的代码。在文档中选择要触发行为的对象，如带有空链接的“关闭窗口”文本，然后从行为菜单中选择【调用 JavaScript】命令，弹出【调用 JavaScript】对话框，在文本框中输入 JavaScript 代码，如“window.close()”，用来关闭窗口，如图 10-5 所示。在【行为】面板中确认触发事件为“onClick”。预览网页，当单击“关闭窗口”超级链接文本时，就会弹出提示对话框，询问用户是否关闭窗口，如图 10-6 所示。

在【JavaScript】文本框中必须准确输入要执行的 JavaScript 或输入函数的名称。例如，如果要创建一个“后退”按钮，可以键入“if(history.length>0){history.back()}”。如果已将代码封装在一个函数中，则只需键入该函数的名称，如“hGoBack()”。

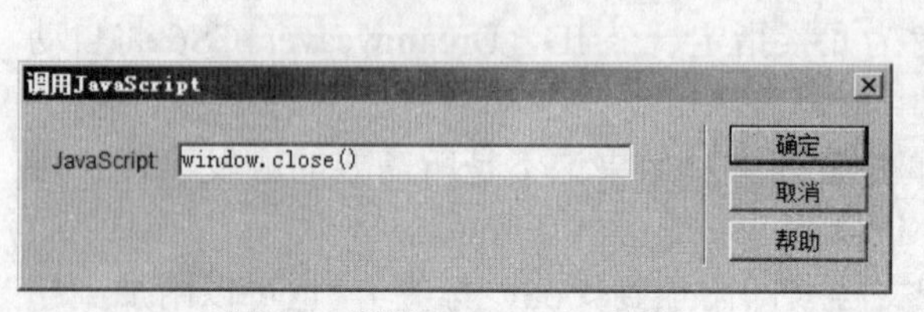

图10-5　【调用 JavaScript】对话框

图10-6　预览网页

三、 改变属性

【改变属性】行为用来改变网页元素的属性值，如文本的大小和字体、层的可见性、背景色、图片的来源以及表单的执行等。

例如，在文档中插入一个 Div 标签“Div_1”并创建 ID 名称 CSS 样式“#Div_1”，设置宽度为“205px”，边框样式为“实线”，粗细为“5px”，颜色为“#00F”，并在其中插入一幅图像，宽度也调整为“205px”，然后选中 Div 标签并从【行为】菜单中选择【改变属性】命令，弹出【改变属性】对话框并设置参数，在【行为】面板中确认触发事件为“onMouseOver”，运用相同的方法再添加一个“onMouseOut”事件及相应的动作，如图 10-7 所示。

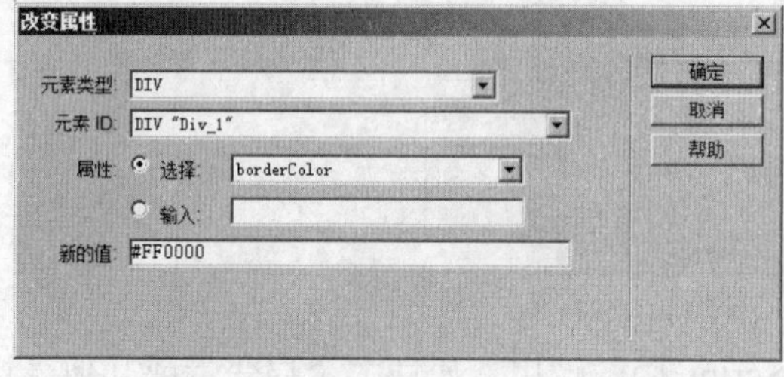

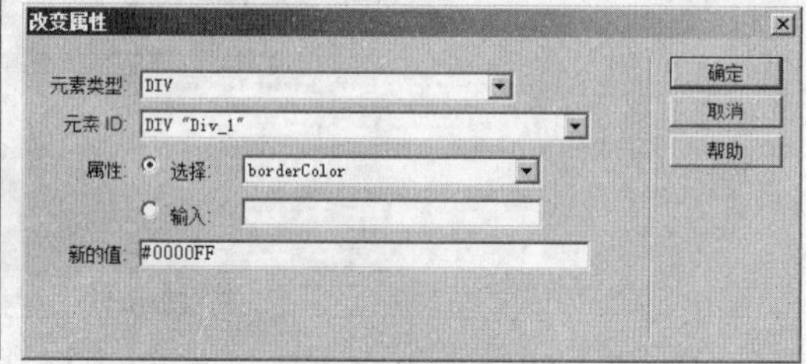

图10-7　【改变属性】对话框

预览网页，当鼠标光标经过含有图像的 Div 标签时，其边框会变成红色，鼠标光标离开时便恢复为原来的蓝色，如图 10-8 所示。

图10-8　预览效果

四、 交换图像

【交换图像】行为可以将一个图像替换为另一个图像，这是通过改变图像的“src”属性来实现的。虽然也可以通过为图像添加【改变属性】行为来改变图像的“src”属性，但是【交换图像】行为更加复杂一些，可以使用这个行为来创建翻转的按钮及其他图像效果（包括同时替换多个图像）。

例如，在文档中插入一幅图像并命名，然后在【行为】面板中单击 + 按钮，从弹出的【行为】菜单中选择【交换图像】命令，弹出【交换图像】对话框。在【图像】列表框中选择要改变的图像，然后设置其【设定原始档为】选项，并选择【预先载入图像】和【鼠标滑开时恢复图像】复选框，如图 10-9 所示。如果希望鼠标光标在经过同一个图像时，文档中其他图像也产生【交换图像】行为，可在该对话框的【图像】列表框中继续选择其他的图像进行设置。

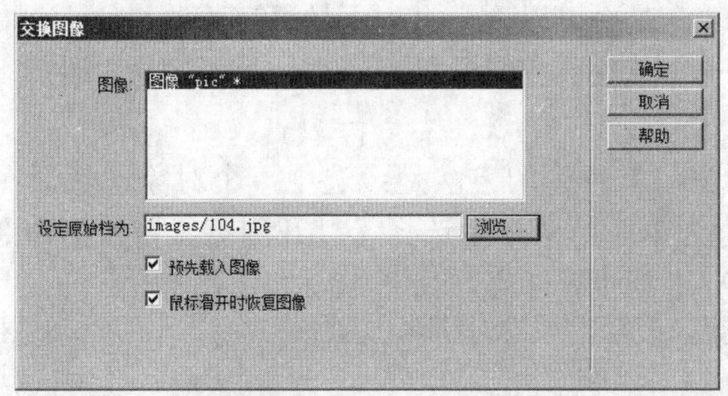

图10-9 【交换图像】对话框

单击 确定 按钮，关闭对话框，在【行为】面板中自动添加了 3 个行为，其触发事件已进行自动设置，不需要更改，如图 10-10 所示。预览网页，当鼠标光标滑过图像时，图像会发生变化，如图 10-11 所示。

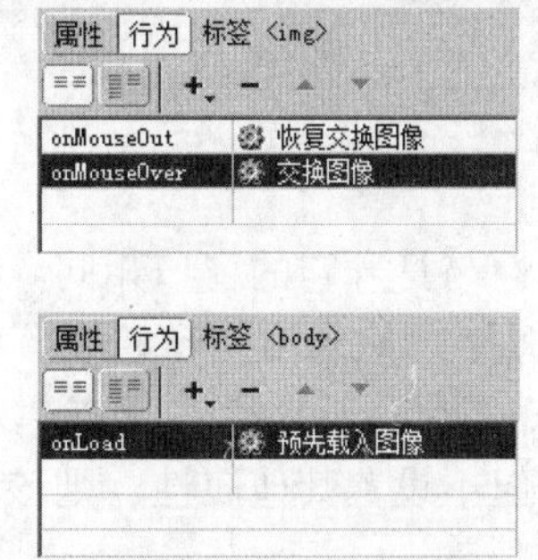

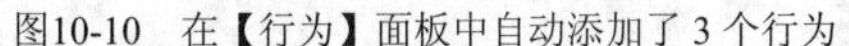
图10-10 在【行为】面板中自动添加了 3 个行为

图10-11 预览效果

将【交换图像】行为附加到某个对象时，如果选择了【鼠标滑开时恢复图像】和【预先载入图像】选项，都会自动添加【恢复交换图像】和【预先载入图像】两个行为。【恢复交换图像】行为可以将最后一组交换的图像恢复为它们以前的源文件。【预先载入图像】行为可在加载页面时对新图像进行缓存，这样可防止当图像应该出现时由于下载而导致延迟。

五、 恢复交换图像

【恢复交换图像】行为就是将交换后的图像恢复为它们以前的源文件。在添加【交换图像】行为时，如果没有选择【鼠标滑开时恢复图像】选项，以后可以通过添加【恢复交换图像】行为达到这一目的。

添加【恢复交换图像】行为的方法非常简单，选中已添加【交换图像】行为的对象，然后在【行为】面板中单击 按钮，从弹出的【行为】下拉菜单中选择【恢复交换图像】命令，弹出【恢复交换图像】对话框，直接单击 确定 按钮即可，如图 10-12 所示。

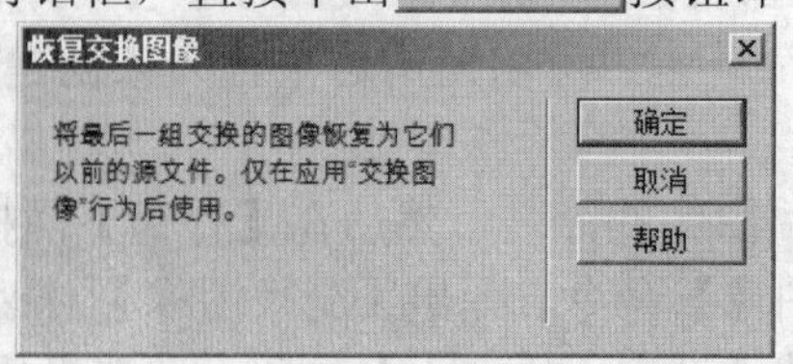

图10-12　【恢复交换图像】对话框

六、 打开浏览器窗口

使用【打开浏览器窗口】行为可在一个新的窗口中打开页面。设计者可以指定这个新窗口的属性，包括窗口尺寸、是否可以调节大小、是否有菜单栏等。例如，可以使用此行为在浏览者单击缩略图时在一个单独的窗口中打开一个较大的图像；使用此行为，可以使新窗口与该图像恰好一样大。

添加【打开浏览器窗口】行为的方法是：选中一个对象，然后在【行为】面板中单击 按钮，从弹出的【行为】下拉菜单中选择【打开浏览器窗口】命令，打开【打开浏览器窗口】对话框，根据需要进行设置即可，如图 10-13 所示。

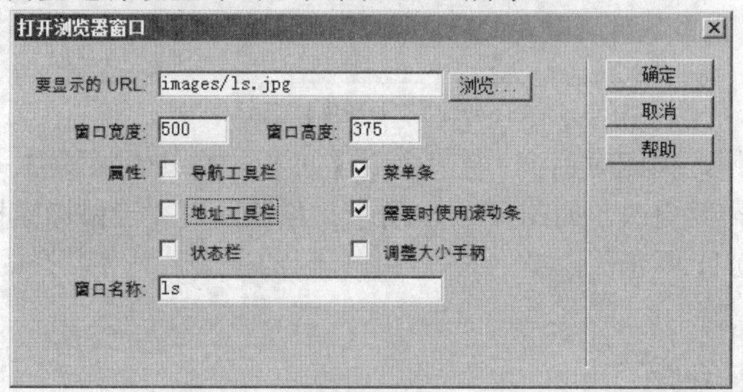

图10-13　【打开浏览器窗口】对话框

如果不指定该窗口的任何属性，在打开时它的大小和属性与打开它的窗口相同。指定窗口的任何属性都将自动关闭所有其他未明确打开的属性。例如，如果不为窗口设置任何属性，它将以“1024×768”像素的大小打开，并具有导航条、地址工具栏、状态栏和菜单栏。如果将宽度明确设置为“640”、将高度设置为“480”，但不设置其他属性，则该窗口将以“640×480”像素的大小打开，并且不具有工具栏。

如果需要将该窗口用作链接的目标窗口，或者需要使用 JavaScript 对其进行控制，需要指定窗口的名称（不使用空格或特殊字符）。

七、 Spry 效果

“Spry 效果”是视觉增强功能，几乎可以将它们应用于使用 JavaScript 的 HTML 页面上的所有元素。要使某个元素应用效果，该元素必须处于当前选定状态，或者必须具有一个 ID 名称。利用该效果可以修改元素的不透明度、缩放比例、位置和样式属性（如背景颜色），也可以组合两个或多个属性来创建有趣的视觉效果。由于这些效果都基于 Spry，因此当用户单击应用了效果的对象时，只有对象会进行动态更新，不会刷新整个 HTML 页面。在【行为】面板的下拉菜单中选择【效果】命令，其子命令如图 10-14 所示。

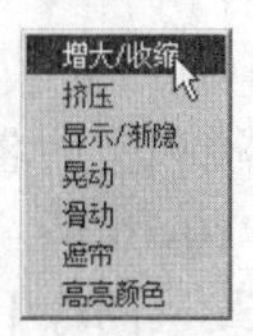

图10-14 【效果】命令的子命令

下面对【效果】命令的子命令进行简要说明。

- 【增大/收缩】: 使元素变大或变小。
- 【挤压】: 使元素从页面的左上角消失。
- 【显示/渐隐】: 使元素显示或渐隐。
- 【晃动】: 模拟从左向右晃动元素。
- 【滑动】: 上下移动元素。
- 【遮帘】: 模拟百叶窗，向上或向下滚动百叶窗来隐藏或显示元素。
- 【高亮颜色】: 更改元素的背景颜色。

当使用效果时，系统会在【代码】视图中将不同的代码行添加到文件中。其中的一行代码用来标识“SpryEffects.js”文件，该文件是包括这些效果所必需的。不能从代码中删除该行，否则这些效果将不起作用。

八、 转到 URL

【转到 URL】行为可在当前窗口或指定的框架中打开一个新页。此行为适用于通过一次单击更改两个或多个框架的内容。

添加【转到 URL】行为的方法是：选中对象，并在【属性（HTML）】面板中为其添加空链接“#”。在【行为】面板中单击 按钮，从弹出的【行为】下拉菜单中选择【转到 URL】命令，打开【转到 URL】对话框。在对话框的【打开在】列表框中选择 URL 的目标窗口，在【URL】文本框中设置要打开文档的 URL，如图 10-15 所示。【打开在】列表框自动列出当前框架集中所有框架的名称以及主窗口，如果没有任何框架，则“主窗口”是唯一的选项。如果需要一次单击更改多个框架的内容，在【打开在】列表框中继续选择其他的目标窗口，并在【URL】文本框中设置要打开文档的 URL 即可。最后在【行为】面板中设置触发事件为“onClick”。

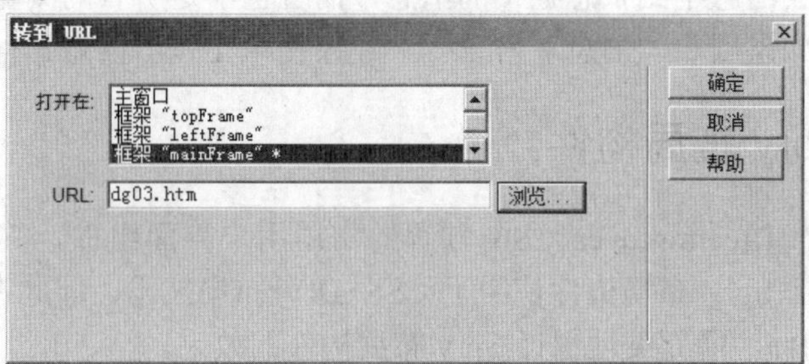

图10-15 【转到 URL】对话框

九、 预先载入图像

【预先载入图像】行为可以缩短显示时间，其方法是对在页面打开之初不会立即显示的图像进行缓存，如那些将通过行为或 JavaScript 调入的图像。

添加【预先载入图像】行为的方法是：在文档中选择一个对象，如在标签选择器中选择“<body>”标签，然后在【行为】面板中单击 按钮，从弹出的【行为】下拉菜单中选择

【预先载入图像】，打开【预先载入图像】对话框。单击 浏览... 按钮，选择一个图像文件或在【图像源文件】文本框中输入图像的路径和文件名，然后单击对话框顶部的+按钮将图像添加到【预先载入图像】列表框中，如图 10-16 所示。按照相同的方法添加要在当前页面预先加载的其他图像文件。如果要从【预先载入图像】列表框中删除某个图像，可在列表框中选择该图像，然后单击-按钮。最后在【行为】面板中设置触发事件为“onLoad”。

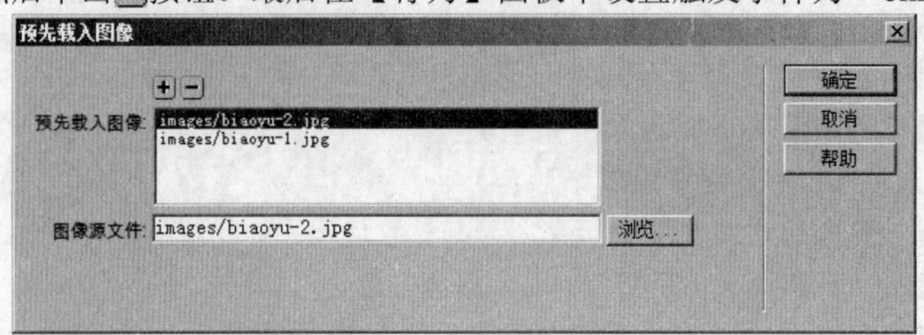

图10-16 【预先载入图像】对话框

十、 设置状态栏文本

【设置状态栏文本】行为可在浏览器窗口左下角处的状态栏中显示消息。例如，可以使用此行为在状态栏中说明链接的目标，而不是显示与之关联的 URL。

添加【设置状态栏文本】行为的方法是：选择一个对象，如电子邮件超级链接，然后在【行为】面板中单击+按钮，从弹出的【行为】下拉菜单中选择【设置文本】/【设置状态栏文本】，打开【设置状态栏文本】对话框进行设置即可，如图 10-17 所示。输入的消息要简明扼要，如果消息不能完全显示在状态栏中，浏览器将截断消息。最后在【行为】面板中设置触发事件为“onMouseOver”。

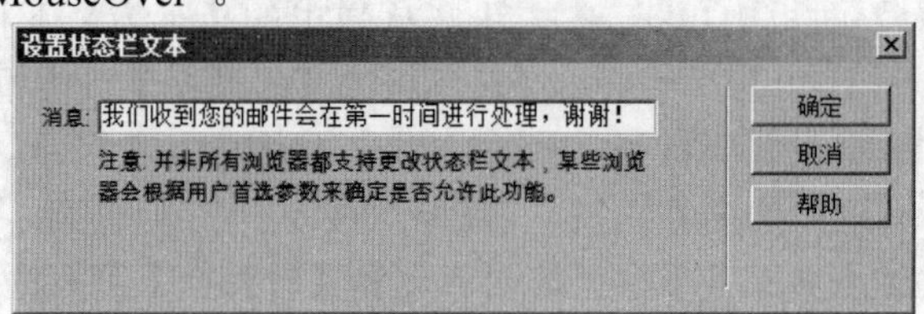

图10-17 【设置状态栏文本】对话框

由于访问者常常会注意不到状态栏中的消息，而且也不是所有的浏览器都提供设置状态栏文本的完全支持，如果用户的消息非常重要，建议使用【弹出信息】行为等方式。

10.1.5 关于 Spry 布局构件

Spry 布局构件是 Dreamweaver CS6 预置的常用用户界面组件，其命令都集中在【插入】/【Spry】菜单中。Spry 布局构件使用了 CSS+DIV 布局技术，因此在 CSS+DIV 页面布局中使用 Spry 布局构件，能完美地保证 Spry 布局构件的效果。

用户可以选择菜单命令【插入】/【Spry】中的相应选项向页面中插入 Spry 构件，也可以通过【Spry】面板中的相应按钮进行操作。如果要编辑 Spry 构件，可以将鼠标光标指向此构件，直到看到构件的蓝色选项卡式轮廓，单击构件左上角的选项卡将其选中，然后在【属性】面板中编辑构件即可。尽管可以使用【属性】面板编辑 Spry 构件，但【属性】面板并不支持其外观 CSS 样式的设置。如果要修改其外观 CSS 样式，必须修改对应的 CSS 样式代码。

10.1.6 使用 Spry 布局构件

下面对 Spry 布局构件进行简要介绍。

一、 Spry 菜单栏

Spry 菜单栏是一组可导航的菜单按钮，当将鼠标光标悬停在其中的某个按钮上时，将显示相应的子菜单。创建 Spry 菜单栏的方法是：选择菜单命令【插入】/【Spry】/【Spry 菜单栏】，打开【Spry 菜单栏】对话框，选择布局模式【水平】或【垂直】，如图 10-18 所示，然后单击确定按钮，在文档中插入一个 Spry 菜单栏构件，如图 10-19 所示。

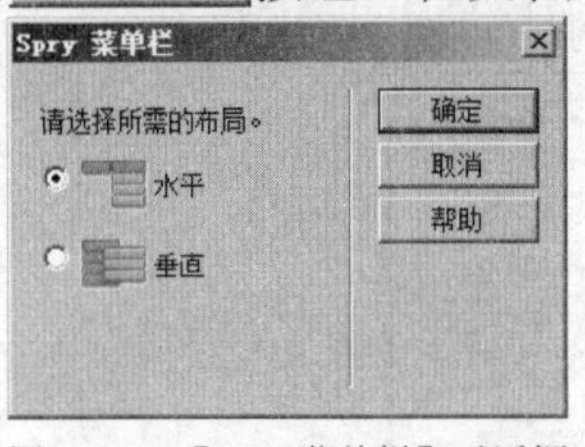

图10-18 【Spry 菜单栏】对话框

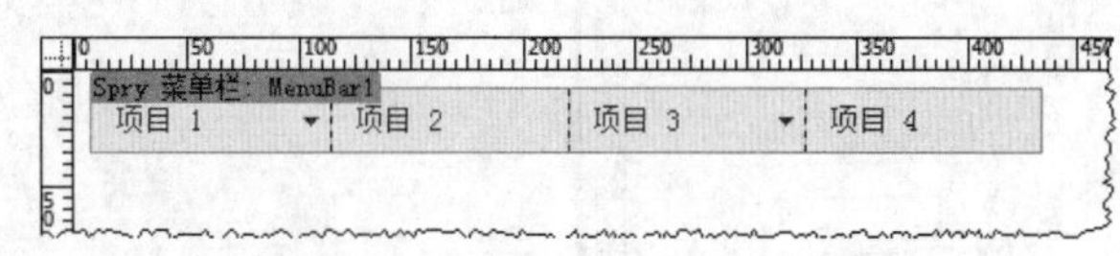

图10-19 在文档中插入 Spry 菜单栏构件

此时还需要通过【属性】面板添加菜单项及链接目标，如图 10-20 所示。由【属性】面板可以看出，创建的菜单栏可以有 3 级菜单。在【属性】面板中，从左至右的 3 个列表框分别用来定义一级菜单项、二级菜单项和三级菜单项，在定义每个菜单项时，均使用右侧的【文本】、【链接】、【标题】和【目标】4 个文本框进行设置。单击列表框上方的+按钮，将添加一个菜单项；单击-按钮，将删除一个菜单项；单击▲按钮，将选中的菜单项上移；单击▼按钮，将选中的菜单项下移。

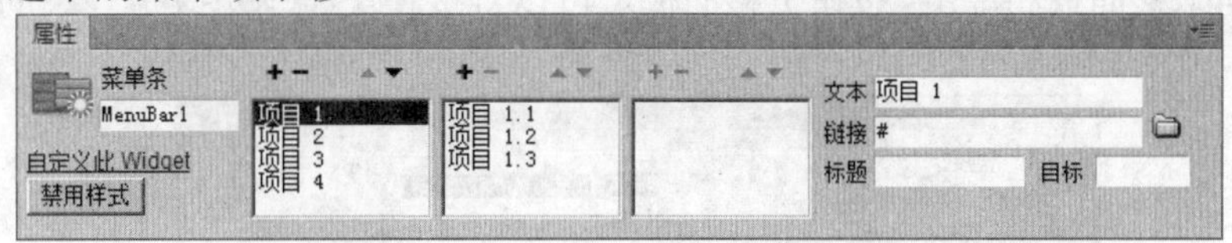

图10-20 Spry 菜单栏构件的【属性】面板

二、 Spry 选项卡式面板

Spry 选项卡式面板构件是一组面板，用来将内容存储到紧凑空间中。当访问者单击不同的选项卡时，构件的面板会相应地打开。创建 Spry 选项卡式面板的方法是：选择菜单命令【插入】/【Spry】/【Spry 选项卡式面板】，在页面中添加一个 Spry 选项卡式面板构件，如图 10-21 所示。

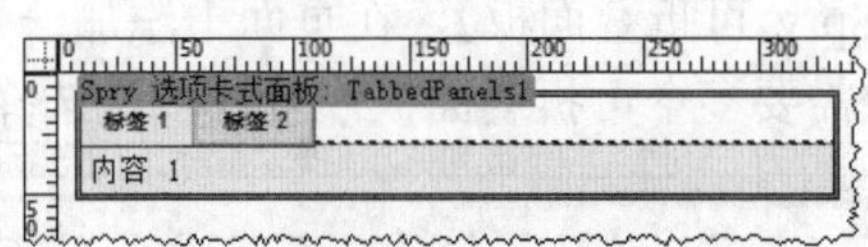

图10-21 添加 Spry 选项卡式面板构件

Spry 选项卡式面板构件【属性】面板如图 10-22 所示。

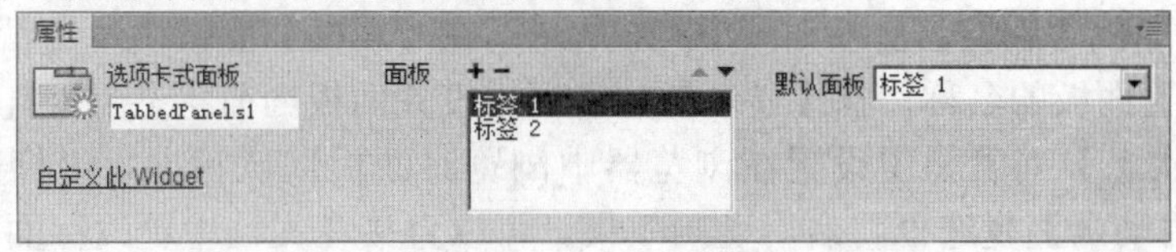

图10-22 Spry 选项卡式面板构件的【属性】面板

在【属性】面板中，可以在【选项卡式面板】文本框中设置面板的名称，可以在【面板】列表框中单击+按钮添加面板、单击−按钮删除面板、单击▲按钮上移面板、单击▼按钮下移面板，在【默认面板】列表框中可以设置在浏览器中显示时默认打开显示内容的面板。选项卡的名字和选项卡内容可以在文档中直接编辑。

三、 Spry 折叠式构件

Spry 折叠式构件是一组可折叠的面板，可以将大量内容存储在一个紧凑的空间中。浏览者可通过单击该面板上的选项卡来隐藏或显示存储在折叠构件中的内容。在折叠式构件中，每次只能有一个内容面板处于打开状态。创建 Spry 折叠式构件的方法是：选择菜单命令【插入】/【Spry】/【Spry 折叠式】，在页面中添加一个 Spry 折叠式构件，如图 10-23 所示。

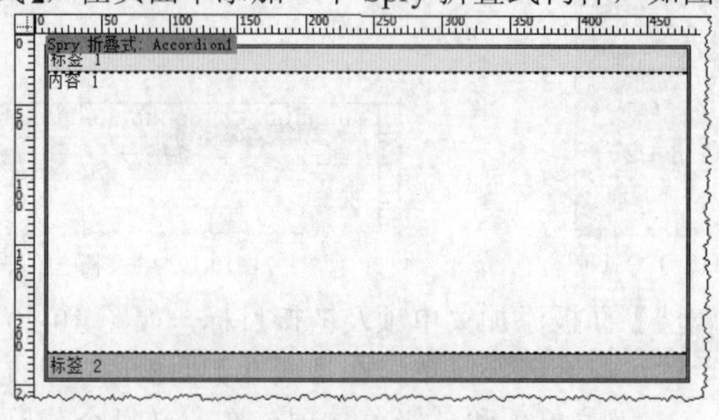

图10-23 添加 Spry 折叠式构件

Spry 折叠式构件【属性】面板如图 10-24 所示。在【属性】面板中，可以在【折叠式】文本框中设置面板的名称，在【面板】列表框中通过单击+按钮添加面板、单击−按钮删除面板、单击▲按钮上移面板和单击▼按钮下移面板。可以直接在文档中更改折叠条的标题名称及内容。

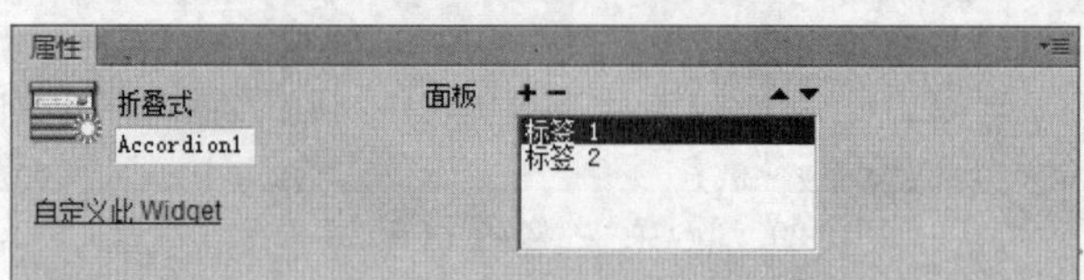

图10-24 Spry 折叠式构件的【属性】面板

四、 Spry 可折叠式面板

Spry 可折叠面板构件是一个面板，可将内容存储到紧凑的空间中。用户单击构件的选项卡即可隐藏或显示存储在可折叠面板中的内容。创建 Spry 可折叠面板构件的方法是：选择菜单命令【插入】/【Spry】/【Spry 可折叠面板】，在页面中添加一个 Spry 可折叠面板构件，如图 10-25 所示。如果页面中需要多个可折叠面板，可以多次选择该命令依次添加。

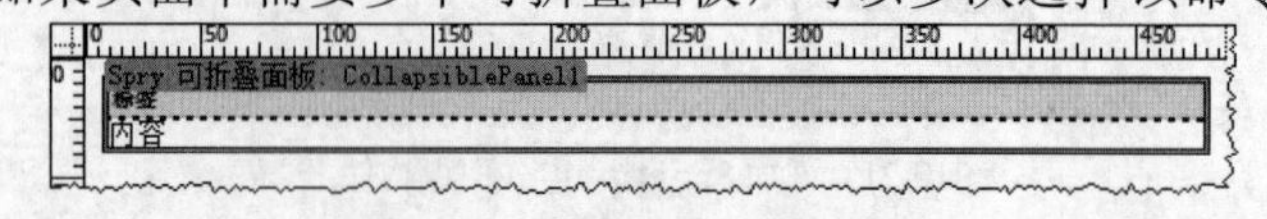

图10-25 添加 Spry 可折叠面板

Spry 可折叠面板【属性】面板如图 10-26 所示。在【属性】面板中，可以在【可折叠面板】文本框中设置面板的名称，在【显示】列表框中设置面板当前状态为“打开”或“已关闭”，在【默认状态】列表框中设置在浏览器中浏览时面板默认状态为“打开”或“已关闭”，选择【启用动画】复选框将启用动画效果。可以直接在文档中更改标面板的标题名称并输入相应的内容。

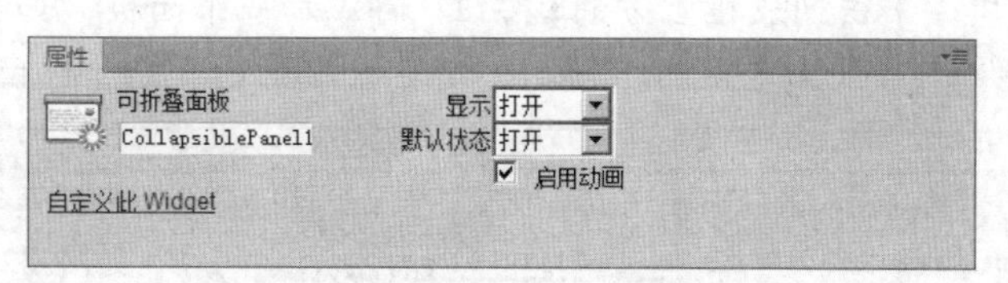

图10-26 Spry 可折叠面板的【属性】面板

五、 Spry 工具提示

Spry 工具提示是指当鼠标光标悬停在网页中的特定元素上时，Spry 工具提示会显示提示信息，当鼠标光标移开时，提示信息消失。创建 Spry 工具提示的方法是：选择菜单命令【插入】/【Spry】/【Spry 工具提示】，在页面中添加一个 Spry 工具提示构件，如图 10-27 所示。此时需要在触发器位置输入文本或插入图像作为触发器，然后在提示内容处输入提示信息。也可先选择页面上的现有元素（如图像）作为触发器，然后再插入 Spry 工具提示。

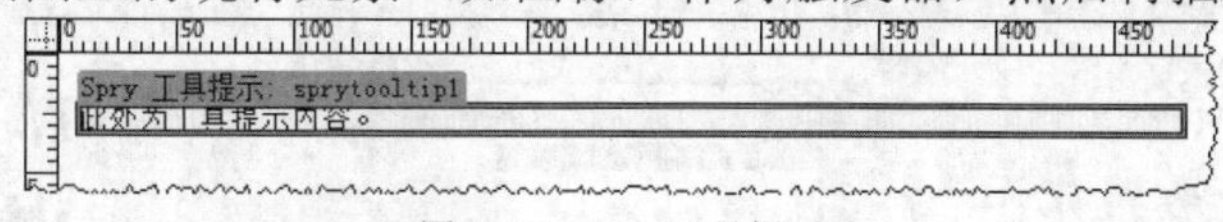

图10-27 Spry 工具提示

Spry 工具提示【属性】面板如图 10-28 所示。在【属性】面板中，可以在【Spry 工具提示】文本框中设置 ID 名称，还可以设置水平和垂直偏移量、显示延迟、隐藏延迟以及遮帘和渐隐效果等。

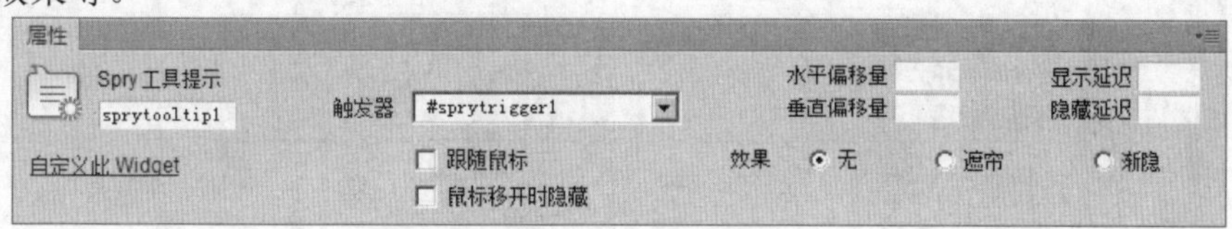

图10-28 Spry 工具提示【属性】面板

10.2 范例解析——导读、动态和消息

创建一个 Spry 选项卡式面板，在浏览器中的预览效果如图 10-29 所示。

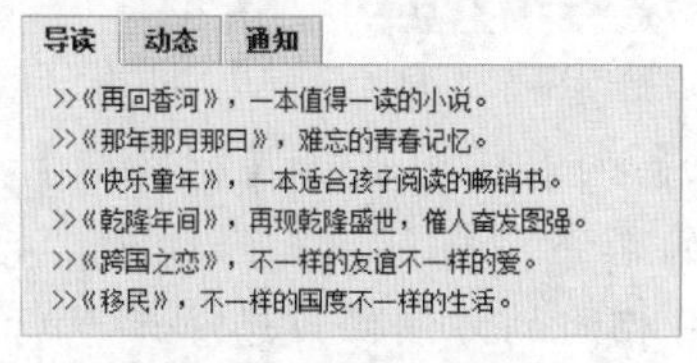

图10-29 Spry 选项卡式面板

这是使用 Spry 布局构件创建选项卡式面板的一个例子，具体操作步骤如下。

1. 创建网页文档“10-2.htm”，然后设置页面字体为“宋体”，大小为“12px”。
2. 选择菜单命令【插入】/【Spry】/【Spry 选项卡式面板】，在页面中添加一个 Spry 选项卡式面板，如图 10-30 所示。

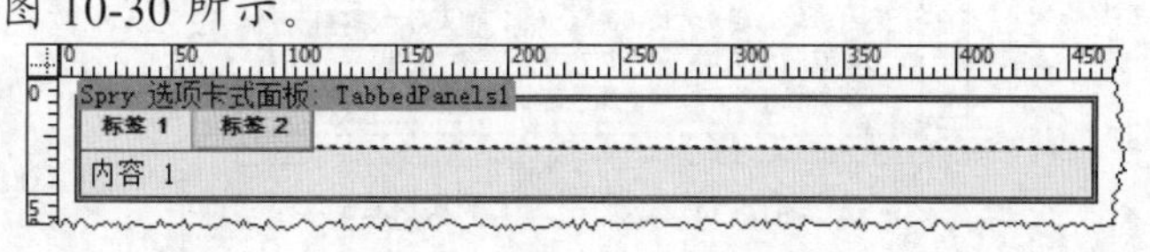

图10-30 添加 Spry 选项卡式面板

3. 在【属性】面板中，单击列表框上方的+按钮，再添加一个面板，如图 10-31 所示。

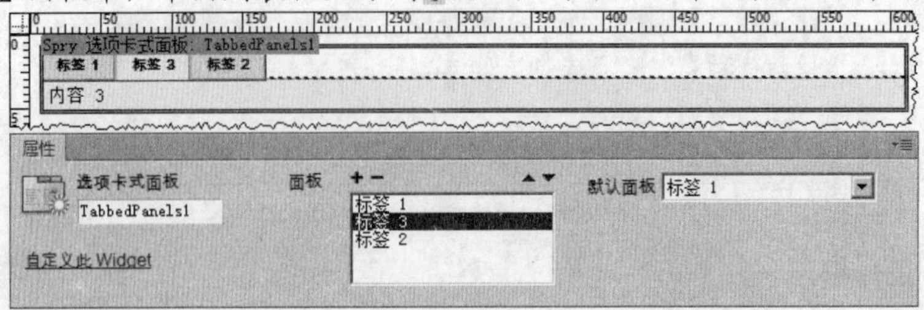

图10-31　添加菜单项

4. 在【属性】面板中，单击列表框上方的▼按钮，将添加的面板下移，如图 10-32 所示。

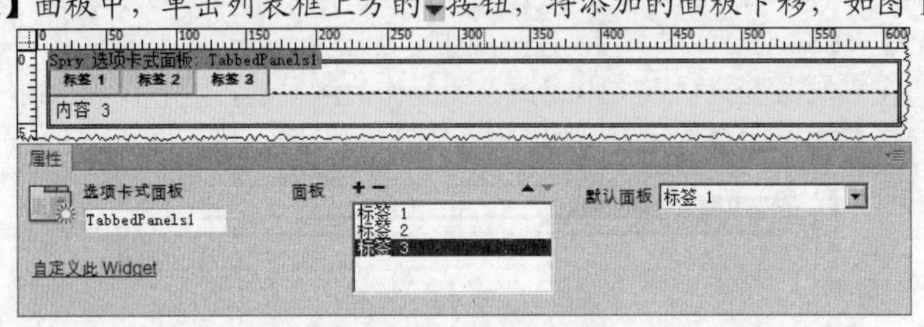

图10-32　下移面板

5. 打开【CSS 样式】面板，将面板的宽度修改为“320px”，将标签字体大小修改为“bold 1em sans-serif”，如图 10-33 所示。

图10-33　【CSS 样式】面板

6. 在【属性】面板中的【面板】列表框中选择【标签 1】选项，将选项卡切换到【标签 1】，然后将第 1 个选项卡的名字“标签 1”修改为“导读”，将选项卡的内容“内容 1”替换为相应的内容。利用相同的方法修改选项卡“标签 2”和“标签 3”的名字，并添加相应的内容，如图 10-34 所示。

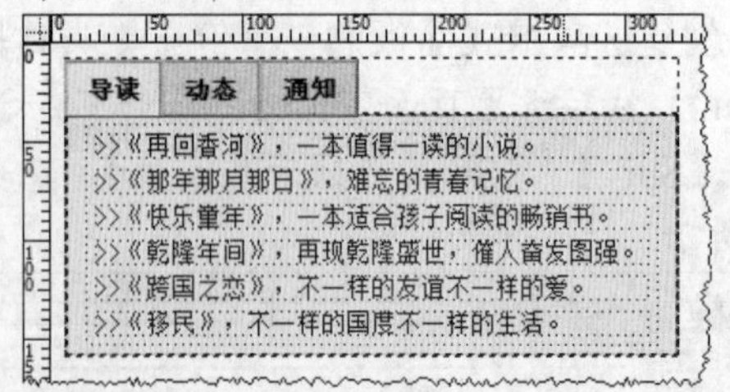

图10-34　添加选项卡的内容

7. 在【属性】面板的【默认面板】列表框中选择要默认打开的面板，这里仍然选择“导读”面板，如图 10-35 所示。

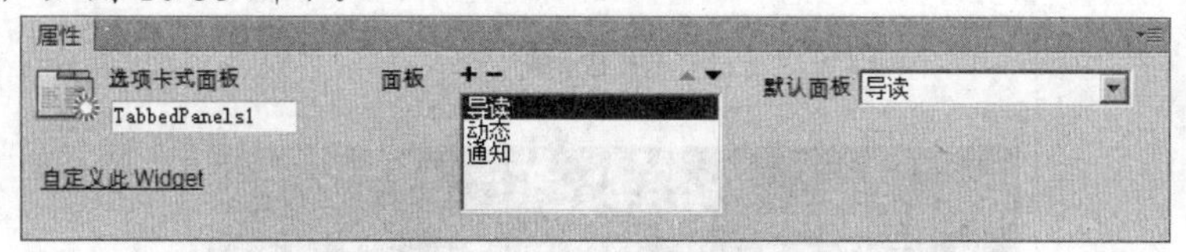

图10-35 设置默认显示的面板

8. 保存文档。

10.3 实训——园林景观

将附盘文件复制到站点文件夹下，然后使用行为和 Spry 构件制作网页，最终效果如图 10-36 所示。

图10-36 园林景观

这是使用行为和 Spry 折叠式布局构件制作网页的一个例子，步骤提示如下。

1. 创建网页文档“10-3.htm”，然后插入一个 Div 标签，ID 名称为“mydiv”，同时创建 ID 名称 CSS 样式“#mydiv”，设置其宽度为“500px”，高度为“auto”。
2. 将 Div 标签内的文本删除，然后选择菜单命令【插入】/【Spry】/【Spry 折叠式】，在页面中添加一个 Spry 折叠式构件。
3. 在【属性】面板中选中“标签 2”，然后单击+按钮，再增加“标签 3”。
4. 在【CSS 样式】面板中选中类 CSS 样式“.AccordionPanelContent”，然后将其高度修改为“300px”。
5. 在【属性】面板中选中“标签 1”，然后在文档中将“标签 1”修改为“园林景观 1”，将文本“内容 1”删除，插入图像“01.jpg”，并将鼠标光标置于图像后面，在【属性（CSS）】面板中单击按钮，使其居中显示。
6. 给图像添加“弹出信息”行为，使图像不能被下载。
7. 运用同样的方法设置“标签 2”和“标签 3”，其中插入的图像依次为“02.jpg”、“03.jpg”。
8. 保存文件。

10.4 综合案例——宁静的美

将附盘文件复制到站点文件夹下，然后使用行为和 Spry 构件制作网页，最终效果如图

10-37 所示。

图10-37　宁静的美

这是使用行为和 Spry 构件完善网页的一个例子，具体操作步骤如下。

1. 打开网页文档“10-4.htm”。
2. 选中图像，然后在【行为】面板中单击 +. 按钮，在弹出的下拉菜单中选择【弹出信息】命令，打开【弹出信息】对话框。
3. 在【弹出信息】对话框的【消息】文本框中输入“图像不许下载!”，如图 10-38 所示。

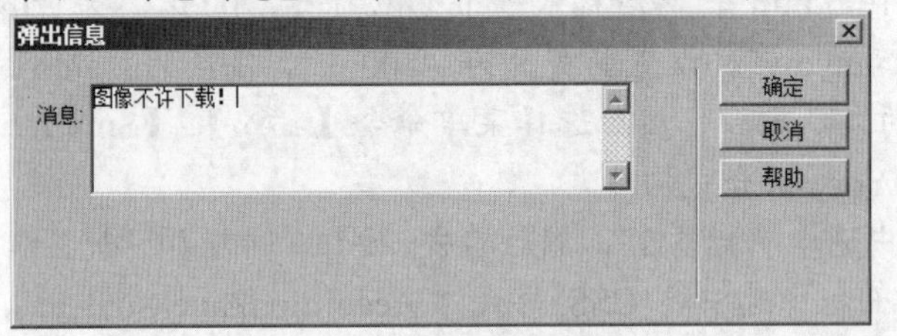

图10-38　【弹出信息】对话框

4. 单击 确定 按钮，关闭【弹出信息】对话框，然后在【行为】面板中将触发事件设置为“onMouseDown”，如图 10-39 所示。

图10-39　【行为】面板

5. 仍然选中图像，然后选择菜单命令【插入】/【Spry】/【Spry 工具提示】，在页面中添加一个 Spry 工具提示构件。
6. 在提示内容处输入提示信息，如图 10-40 所示。

图10-40　输入提示信息

7. 选中 Spry 工具提示构件，属性设置如图 10-41 所示。

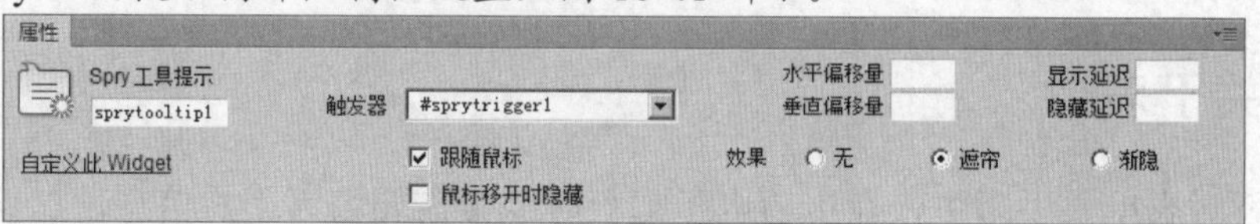

图10-41　Spry 工具提示构件属性设置

8. 保存文件。

10.5 习题

1. 思考题
   (1) 如何理解行为的基本概念？
   (2) 本章主要介绍了哪几种 Spry 构件？
2. 操作题
   制作一个网页，要求使用本章所介绍的相关行为和 Spry 构件。

第11章　使用表单

【学习目标】

- 了解表单的基本概念。
- 掌握插入和设置表单对象的方法。
- 掌握使用行为验证表单的方法。
- 掌握插入和设置 Spry 验证表单对象的方法。

制作动态网页通常需要两个步骤，一是创建表单网页，二是设置应用程序。表单是制作交互式网页的基础，本章将介绍创建表单和验证表单的基本方法。

11.1　功能讲解

下面介绍表单的基本知识。

11.1.1　关于表单

相信读者对表单并不陌生，在申请电子邮箱时经常需要填写用户信息，这就是 Web 表单网页。当单击具有“提交”含义的按钮时，这些信息将被发送到服务器，服务器端脚本或应用程序会对这些信息进行处理。用户可以使用 Dreamweaver CS6 制作表单网页，将表单数据提交到 ASP 等应用程序服务器，也可以将表单数据直接发送给电子邮件收件人。

在制作表单网页时，可以使用表格、段落标记、换行符、预格式化的文本等技术来设置表单的布局格式。在表单中使用表格时，必须确保所有<table>标签都位于<form>和</form>标签之间。一个页面可以包含多个不重名的表单标签<form>，但是不能将一个<form>表单插入另一个<form>表单中，即<form>标签不能嵌套。

在 Dreamweaver CS6 中，表单输入类型称为表单对象。表单对象是允许用户输入数据的机制。每个文本域、隐藏域、复选框和选择（列表/菜单）对象必须具有可在表单中标识其自身的唯一名称，表单对象名称可以使用字母、数字、字符和下划线的任意组合，但不能包含空格或特殊字符。设计表单时，要用描述性文本来标记表单域，以使用户知道他们要回答哪些内容。例如，“请输入您的用户名”表示请求输入用户名信息。Dreamweaver 还可以编写用于验证访问者所提供的信息的代码。例如，可以检查用户输入的电子邮件地址是否包含“@”符号，或者必须填写的文本域是否包含输入值等。

表单通常由两部分组成，一部分是用于搜集数据的表单页面，另一部分是客户端处理程序。在制作表单页面时，需要插入表单对象。插入表单对象通常有两种方法，一种是使用菜单命令【插入】/【表单】中的相应选项，另一种是使用【插入】/【表单】面板中的相应工具按钮。如果在【首选参数】对话框的【辅助功能】分类中选择了【表单对象】复选框，在

插入表单对象时将弹出【输入标签辅助功能属性】对话框，如图 11-1 所示。单击 取消 按钮，表单对象也可以插入到文档中，但不会与辅助功能标签或属性相关联。在【首选参数】对话框的【辅助功能】分类中取消选择【表单对象】复选框，在插入表单对象时将不会出现该对话框。

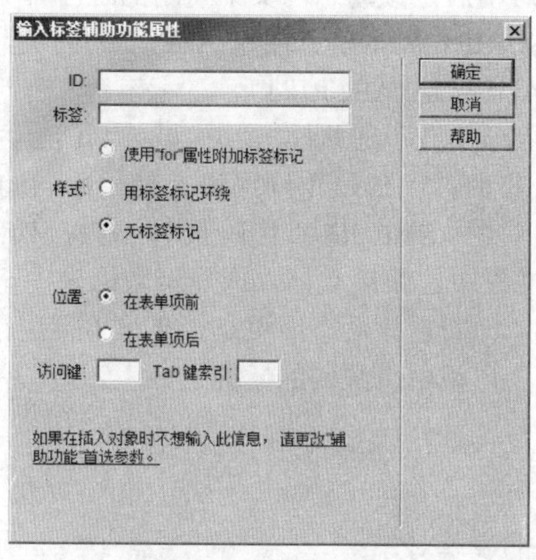

图11-1　表单辅助功能

插入表单后，如果要设置表单对象的属性，需要保证表单对象处于选中状态，然后在【属性】面板中进行设置。

11.1.2　ASP 动态网页

表单更多的时候是在动态网页中使用的，因此首先需要创建一个 ASP 动态网页文件。选择菜单命令【文件】/【新建】，打开【新建文档】对话框，依次选择【空白页】/【ASP VBScript】/【<无>】选项，如图 11-2 所示，即可创建一个空白的 ASP 动态网页文件。

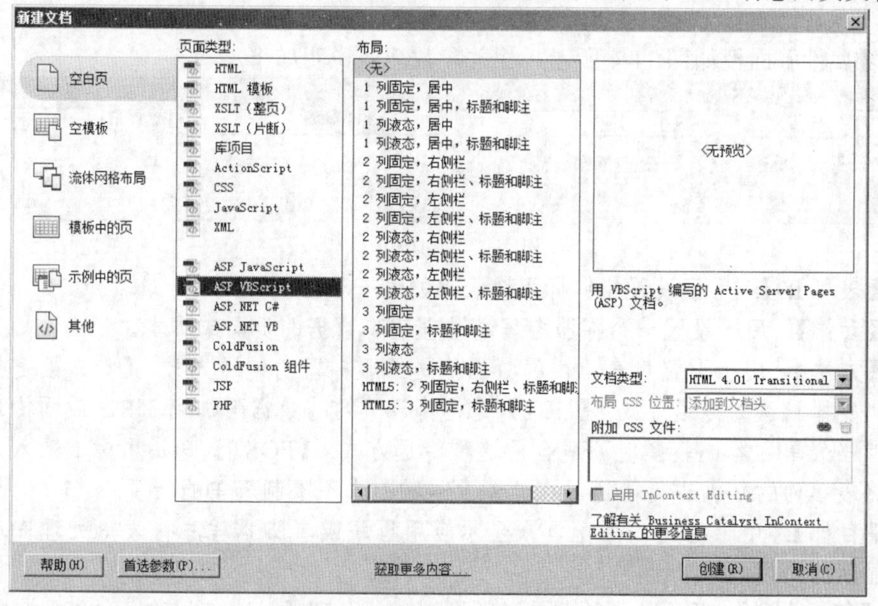

图11-2　创建 ASP 动态网页文件

查看 ASP 动态网页文件源代码，可以发现第 1 行是如下代码。

```
<%@LANGUAGE="VBSCRIPT" CODEPAGE="936"%>
```

其中，LANGUAGE="VBSCRIPT"，用于声明该 ASP 动态网页当前使用的编程脚本为 VBSCRIPT。当使用该脚本声明后，该动态网页中使用的程序都必须符合该脚本语言的所有语法规范。如果使用 JAVASCRIPT 脚本语言创建 ASP 动态网页，那么声明代码中脚本语言声明项应该修改为 LANGUAGE="JAVASCRIPT"。

CODEPAGE="936"，用于定义在浏览器中显示页内容的代码页为简体中文（GB2312）。代码页是字符集的数字值，不同的语言使用不同的代码页。例如，繁体中文（Big5）代码页为 950，日文（Shift-JIS）代码页为 932，Unicode（UTF-8）代码页为 65001。在制作动态网页的过程中，如果在插入或显示数据表中记录时出现了乱码的情况，通常需要采用这种方法解决，即查看该动态网页是否在第 1 行进行了代码页的声明，如果没有，就应该加上，这样就不会出现网页乱码的情况了。

11.1.3　普通表单对象

下面介绍表单页面常用的表单对象。

一、 表单和按钮

在页面中插入表单对象时，首先需要选择菜单命令【插入】/【表单】/【表单】，插入一个表单标签，然后再在其中插入各种表单对象。当然，也可以直接插入表单对象，在首次插入表单对象时，将会提示是否插入表单标签。在【设计】视图中，表单的轮廓线以红色的虚线表示，如图 11-3 所示。如果看不到轮廓线，可以选择菜单命令【查看】/【可视化助理】/【不可见元素】，显示轮廓线。

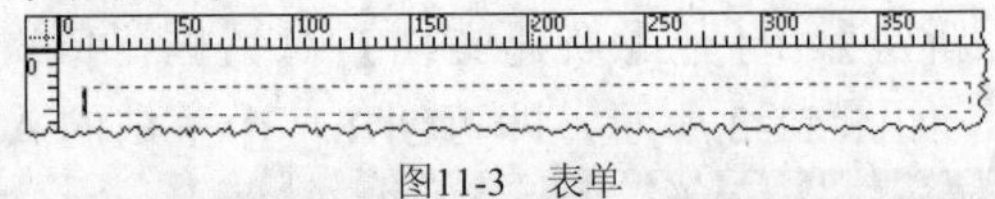

图11-3　表单

表单【属性】面板如图 11-4 所示，相关参数简要说明如下。

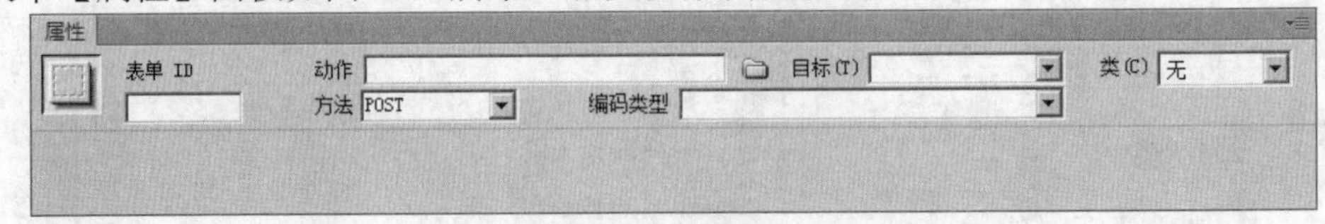

图11-4　【属性】面板

- 【表单 ID】：用于设置能够标识该表单的唯一名称。
- 【动作】：用于设置一个在服务器端处理表单数据的页面或脚本。
- 【方法】：用于设置将表单内的数据传送给服务器的传送方式。【默认】是指用浏览器默认的传送方式；【GET】是指将表单内的数据附加到 URL 后面传送，但当表单内容比较多时不适合用这种传送方式；【POST】是指用标准输入方式将表单内的数据进行传送，在理论上这种方式不限制表单的长度。
- 【目标】：用于指定一个窗口来显示应用程序或者脚本程序将表单处理完后所显示的结果。
- 【编码类型】：用于设置对提交给服务器进行处理的数据使用的编码类型，默认设置“application/x-www-form-urlencoded”常与【POST】方法协同使用。

按钮对于表单来说是必不可少的，使用按钮可以将表单数据提交到服务器，或者重置该表单。选择菜单命令【插入】/【表单】/【按钮】，将插入一个按钮，如图 11-5 所示。

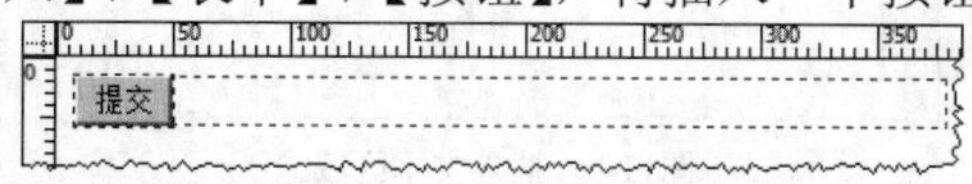

图11-5 插入按钮

按钮【属性】面板如图 11-6 所示，相关参数简要说明如下。

图11-6 按钮【属性】面板

- 【值】：用于设置按钮上的文字，一般为“确定”、“提交”或“注册”等。
- 【动作】：用于设置单击该按钮后运行的程序。【提交表单】表示单击该按钮后将表单中的数据提交给表单处理应用程序，【重设表单】表示单击该按钮后表单中的数据将恢复到初始值，【无】表示单击该按钮后表单中的数据既不提交也不重设。

二、 文本域和文本区域

文本域是可以输入文本内容的表单对象。选择菜单命令【插入】/【表单】/【文本域】，将在文档中插入文本域，如图 11-7 所示。

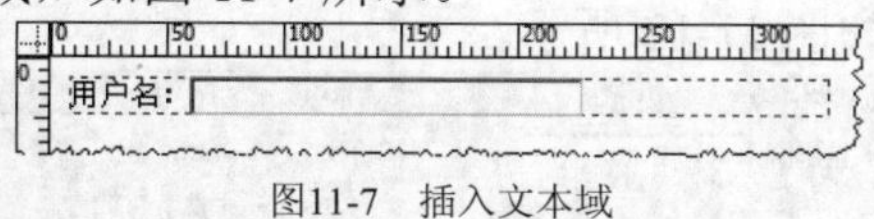

图11-7 插入文本域

文本域【属性】面板如图 11-8 所示。

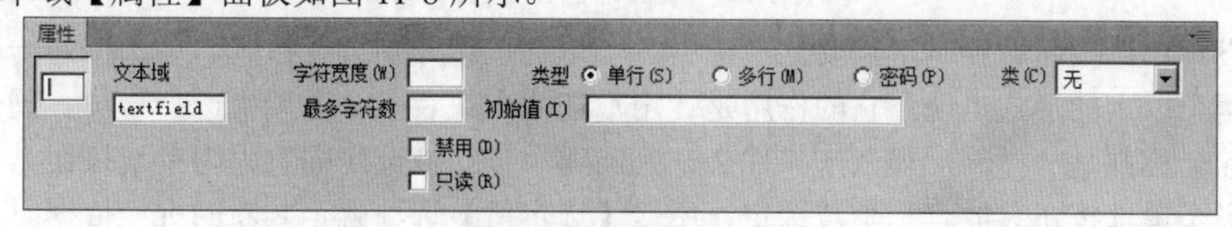

图11-8 文本域【属性】面板

文本域【属性】面板中的相关参数简要说明如下。

- 【文本域】：用于设置文本域的唯一名称。
- 【字符宽度】：用于设置文本域的宽度。
- 【最多字符数】：当文本域的【类型】选项设置为【单行】或【密码】时，该属性用于设置最多可向文本域中输入的单行文本或密码的字符数。
- 【类型】：用于设置文本域的类型，包括【单行】、【多行】和【密码】3 个选项。当选择【密码】选项并向密码文本域输入密码时，这种类型的文本内容显示为“*”号。当选择【多行】选项时，文档中的文本域将会变为文本区域。
- 【初始值】：用于设置文本域中默认状态下填入的信息。
- 【禁用】：用于设置将当前文本区域禁用。
- 【只读】：用于将当前文本区域设置成为只读文本区域。

选择菜单命令【插入】/【表单】/【文本区域】，将在文档中插入文本区域，如图 11-9 所示。

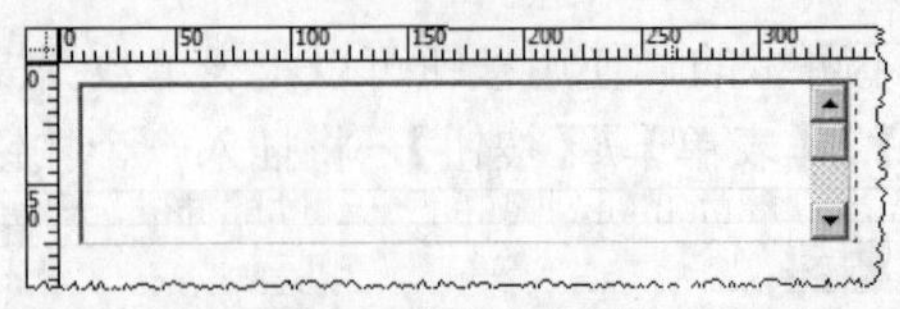

图11-9　插入文本区域

文本区域【属性】面板如图 11-10 所示。在【属性】面板中，【字符宽度】选项用于设置文本区域的宽度，【行数】选项用于设置文本区域的高度。

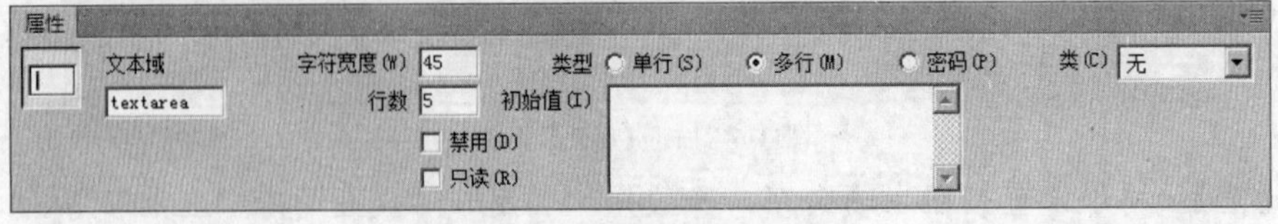

图11-10　文本区域【属性】面板

三、 单选按钮和复选框

单选按钮主要用于标记一个选项是否被选中，它只允许用户从选项中选择惟一答案。选择菜单命令【插入】/【表单】/【单选按钮】，将在文档中插入单选按钮，如图 11-11 所示。

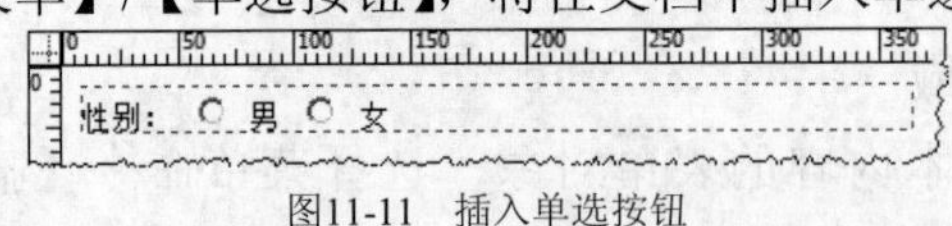

图11-11　插入单选按钮

单选按钮【属性】面板如图 11-12 所示。

图11-12　单选按钮【属性】面板

在设置单选按钮属性时，需要依次选中各个单选按钮分别进行设置。单选按钮一般以两个或者两个以上的形式出现，它的作用是让用户在两个或者多个选项中选择一项。同一组单选按钮的名称都是一样的，那么依靠什么来判断哪个按钮被选定呢？因为单选按钮具有惟一性，即多个单选按钮只能有一个被选定，所以【选定值】选项就是判断的惟一依据。每个单选按钮的【选定值】选项被设置为不同的数值，如性别“男”的单选按钮的【选定值】选项被设置为“1”，性别“女”的单选按钮的【选定值】选项被设置为“0”。

复选框常被用于有多个选项可以同时被选择的情况。每个复选框都是独立的，必须有一个惟一的名称。选择菜单命令【插入】/【表单】/【复选框】，将在文档中插入复选框，反复执行该操作将插入多个复选框，如图 11-13 所示。

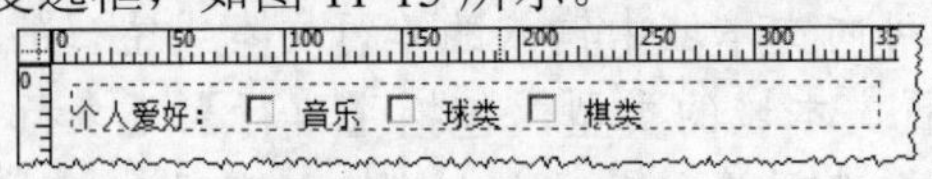

图11-13　插入复选框

复选框【属性】面板如图 11-14 所示。

图11-14　复选框【属性】面板

在设置复选框属性时，需要依次选中各个复选框分别进行设置。由于复选框在表单中一般都不单独出现，而是多个复选框同时使用，因此其【选定值】就显得格外重要。另外，复选框的名称最好与其说明性文字发生联系，这样在表单脚本程序的编制中将会节省许多时间和精力。由于复选框的名称不同，因此【选定值】可以取相同的值。

四、 选择（列表/菜单）和隐藏域

【选择（列表/菜单）】可以显示一个包含有多个选项的可滚动列表，在列表中可以选择需要的项目。选择菜单命令【插入】/【表单】/【选择（列表/菜单）】，将在文档中插入列表或菜单，如图 11-15 所示。

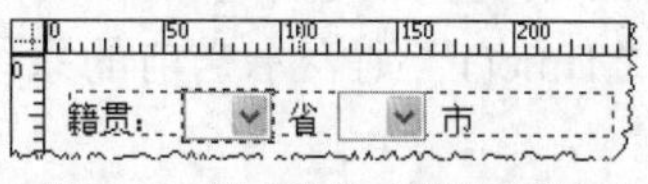

图11-15　插入选择（列表/菜单）

选择（列表/菜单）【属性】面板如图 11-16 所示。

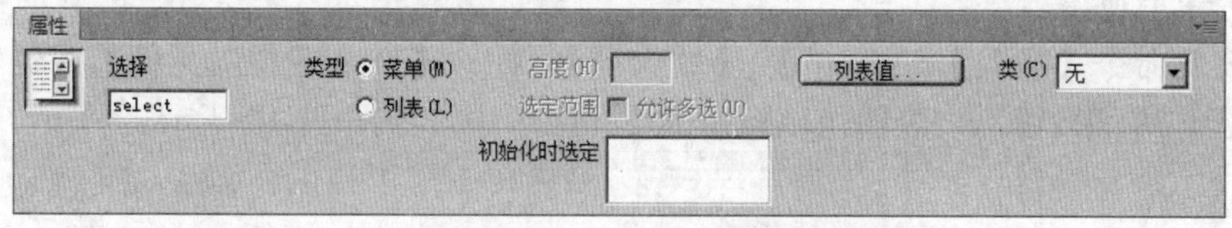

图11-16　选择（列表/菜单）【属性】面板

选择（列表/菜单）【属性】面板中的相关参数简要说明如下。

- 【选择】：用于设置列表或菜单的名称。
- 【类型】：用于设置是下拉菜单还是滚动列表。

  当【类型】选项设置为【菜单】时，【高度】和【选定范围】选项为不可选，在【初始化时选定】列表框中只能选择 1 个初始选项，文档窗口的下拉菜单中只显示 1 个选择的条目，而不是显示整个条目表。

  将【类型】选项设置为【列表】时，【高度】和【选定范围】选项为可选状态。其中，【高度】选项用于设置列表框中文档的高度，设置为“1”表示在列表中显示 1 个选项。【选定范围】选项用于设置是否允许多项选择，选择【允许多选】复选框表示允许，否则为不允许。
- 列表值... 按钮：单击此按钮将打开【列表值】对话框，在该对话框中可以增减和修改【列表/菜单】的内容。每项内容都有一个项目标签和一个值，标签将显示在浏览器中的列表/菜单中。当列表或者菜单中的某项内容被选中，提交表单时它对应的值就会被传送到服务器端的表单处理程序，若没有对应的值，则传送标签本身。
- 【初始化时选定】：文本列表框内首先显示“列表/菜单”的内容，然后可在其中设置“列表/菜单”的初始选项。单击欲作为初始选择的选项。若【类型】选项设置为【列表】，则可初始选择多个选项；若【类型】选项设置为【菜单】，则只能初始选择 1 个选项。

隐藏域主要用来储存并提交非用户输入信息，如注册时间、认证号等，这些都需要使用 JavaScript、ASP 等源代码来编写，隐藏域在网页中一般不显现。选择菜单命令【插入】/【表单】/【隐藏域】，将插入一个隐藏域，如图 11-17 所示。隐藏域【属性】面板如图 11-18 所示。

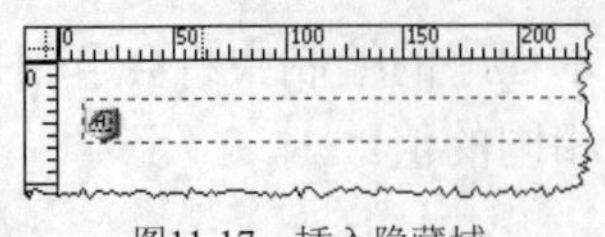

图11-17　插入隐藏域

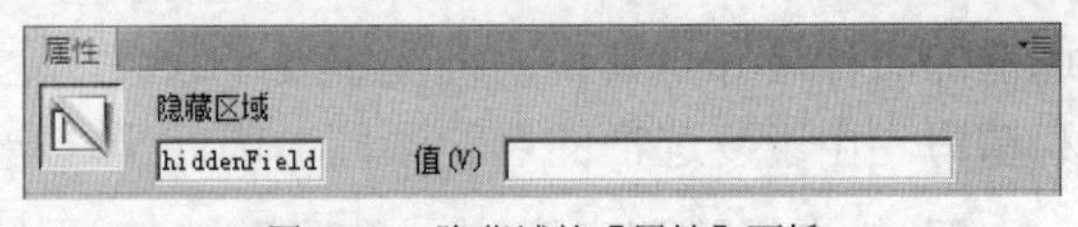

图11-18　隐藏域的【属性】面板

【隐藏区域】文本框主要用来设置隐藏域的名称；【值】文本框内通常是一段 ASP 代码，如“<% =Date() %>”，其中“<%...%>”是 ASP 代码的开始和结束标志，而“Date()”表示当前的系统日期（如，2010-12-20），如果换成“Now()”则表示当前的系统日期和时间（如，2010-12-20 10:16:44），而“Time()”则表示当前的系统时间（如，10:16:44）。

五、 图像域和文件域

图像域用于在表单中插入一幅图像从而生成图形化按钮，在网页中使用图形化按钮要比单纯使用按钮美观得多。

选择菜单命令【插入】/【表单】/【图像域】，打开【选择图像源文件】对话框，选择图像并单击 确定 按钮，一个图像域随即出现在表单中，如图 11-19 所示。

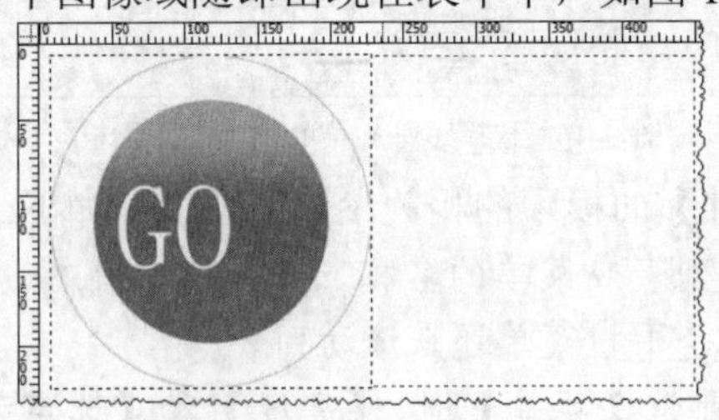

图11-19　插入选择（列表/菜单）

图像域【属性】面板如图 11-20 所示。

图11-20　图像域【属性】面板

图像域【属性】面板中的相关参数简要说明如下。

- 【图像区域】：用于设置图像域名称。
- 【源文件】：指定要为图像域使用的图像文件。
- 【替换】：指定替换文本，当浏览器不能显示图像时，将显示该文本。
- 【对齐】：设置对象的对齐方式。
- 编辑图像：单击将打开默认的图像编辑软件对该图像进行编辑。

文件域的作用是允许用户浏览并选择本地计算机上的文件，以便将该文件作为表单数据进行上传。但真正上传文件还需要相应的上传组件作支持，文件域仅仅是供用户浏览并选择文件使用，并不具有上传功能。从外观上看，文件域只是比文本域多了一个 浏览... 按钮。选择菜单命令【插入】/【表单】/【文件域】，插入一个文件域，如图 11-21 所示。

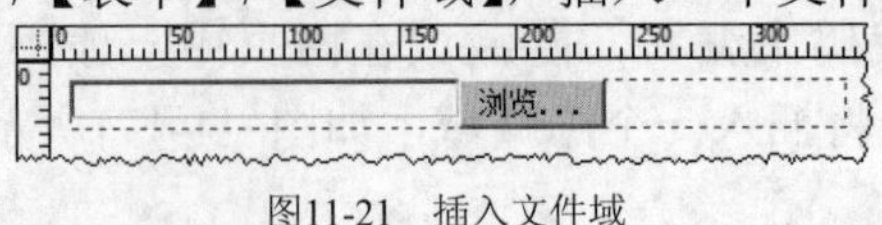

图11-21　插入文件域

文件域【属性】面板如图 11-22 所示。

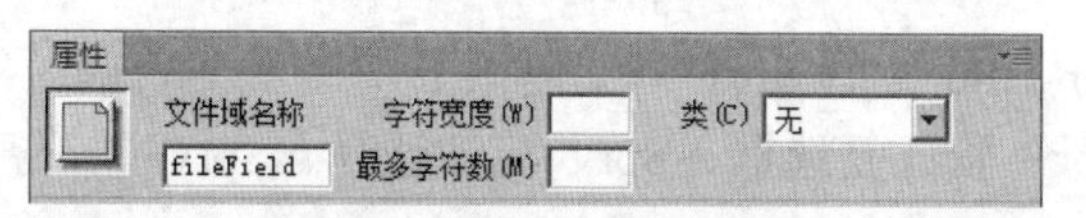

图11-22　文件域【属性】面板

下面对文件域【属性】面板中的各项参数作简要说明。

- 【文件域名称】：用于设置文件域的名称。
- 【字符宽度】：用于设置文件域的宽度。
- 【最多字符数】：用于设置文件域中最多可以容纳的字符数。

11.1.4　使用行为验证表单

表单在提交到服务器端以前必须进行验证，以确保输入数据的合法性。使用【检查表单】行为可以检查指定文本域的内容，以确保用户输入了正确的数据类型。使用【onBlur】事件将此行为分别添加到各个文本域，在用户填写表单时对域进行检查。使用【onSubmit】事件将此行为添加到表单，在用户提交表单的同时对多个文本域进行检查以确保数据的有效性。

如果用户填写表单时需要分别检查各个域，在设置时需要分别选择各个域，然后在【行为】面板中单击+按钮，在弹出的菜单中选择【检查表单】命令。如果用户在提交表单时检查多个域，需要先选中整个表单，然后在【行为】面板中单击+按钮，在弹出的菜单中选择【检查表单】命令，在打开的【检查表单】对话框中进行参数设置，如图11-23所示。

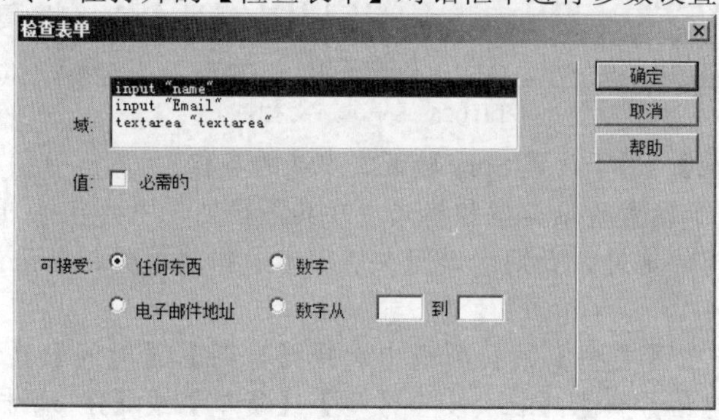

图11-23　【检查表单】对话框

【检查表单】对话框中的各项参数简要说明如下。

- 【域】：列出表单中所有的文本域和文本区域供选择。
- 【值】：如果选择【必需的】复选框，表示【域】文本框中必须输入内容。
- 【可接受】：包括4个单选按钮，其中【任何东西】表示输入的内容不受限制；【电子邮件地址】表示仅接受电子邮件地址格式的内容；【数字】表示仅接受数字；【数字从…到…】表示仅接受指定范围内的数字。

在设置了【检查表单】行为后，当表单被提交时（“onSubmit”大小写不能随意更改），验证程序会自动启动，必填项如果为空则发生警告，提示用户重新填写，如果不为空则提交表单。

11.1.5　Spry 验证表单对象

在制作表单页面时，为了确保采集信息的有效性，往往会要求在网页中实现表单数据验

证的功能。Dreamweaver CS6 中的 Spry 框架提供了 7 个验证表单对象：Spry 验证文本域、Spry 验证文本区域、Spry 验证复选框、Spry 验证选择、Spry 验证密码、Spry 验证确认和 Spry 验证单选按钮组。

Spry 验证表单对象与普通表单对象最简单的区别是：Spry 验证表单对象是在普通表单的基础上添加了验证功能，读者可以通过 Spry 验证表单对象的【属性】面板进行验证方式的设置。这就意味着 Spry 验证表单对象的【属性】面板是设置验证方面的内容的，不涉及具体表单对象的属性设置。如果要设置具体表单对象的属性，仍然需要按照设置普通表单对象的方法进行。

一、 Spry 验证文本域

Spry 验证文本域用于在输入文本时显示文本的状态。选择菜单命令【插入】/【表单】/【Spry 验证文本域】，将在文档中插入 Spry 验证文本域，如图 11-24 所示。

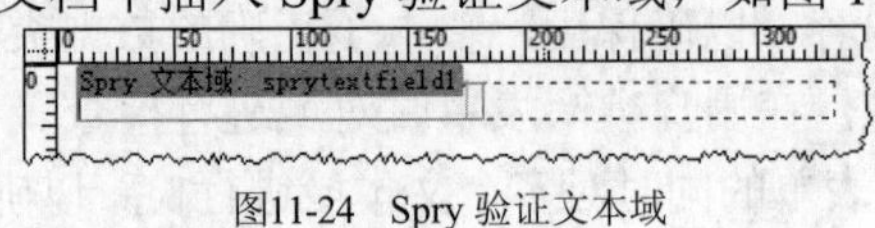

图11-24 Spry 验证文本域

单击【Spry 文本域：sprytextfield1】，选中 Spry 验证文本域，其【属性】面板如图 11-25 所示，相关参数简要说明如下。

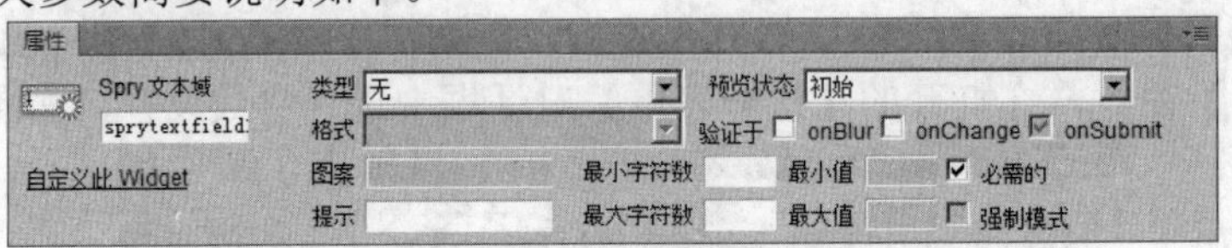

图11-25 Spry 验证文本域

- 【Spry 文本域】：用于设置 Spry 验证文本域的名称。
- 【类型】：用于设置验证类型和格式，在其下拉列表中共包括 14 种类型，如整数、电子邮件地址、日期、时间、信用卡、邮政编码、电话号码、IP 地址和 URL 等。
- 【格式】：当在【类型】下拉列表中选择【日期】、【时间】、【信用卡】、【邮政编码】、【电话号码】、【社会安全号码】、【货币】或【IP 地址】选项时，该项可用，并根据各个选项的特点提供不同的格式设置。
- 【预览状态】：验证文本域构件具有许多状态，可以根据所需的验证结果，通过【属性】面板来修改这些状态。
- 【验证于】：用于设置验证发生的时间，包括浏览者在文本域外部单击（onBlur）、更改文本域中的文本时（onChange）或尝试提交表单时（onSubmit）。
- 【最小字符数】和【最大字符数】：当在【类型】下拉列表中选择【无】、【整数】、【电子邮件地址】或【URL】选项时，还可以指定最小字符数和最大字符数。
- 【最小值】和【最大值】：当在【类型】下拉列表中选择【整数】、【时间】、【货币】或【实数/科学记数法】选项时，还可以指定最小值和最大值。
- 【必需的】：用于设置 Spry 验证文本域不能为空，必须输入内容。
- 【强制模式】：用于禁止用户在验证文本域中输入无效内容。例如，如果对

【类型】为“整数”的构件集选择此项，那么当用户输入字母时，文本域中将不显示任何内容。

- 【提示】：设置在文本域中显示的提示内容，当单击时文本域中的提示内容消失，可以直接输入需要的内容。

二、 Spry 验证文本区域

Spry 验证文本区域用于在输入文本段落时显示文本的状态。选择菜单命令【插入】/【表单】/【Spry 验证文本区域】，将在文档中插入 Spry 验证文本区域，如图 11-26 所示。

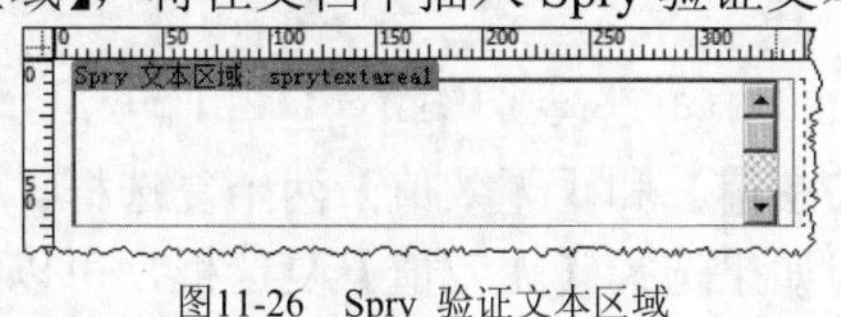

图11-26 Spry 验证文本区域

Spry 验证文本区域【属性】面板如图 11-27 所示。

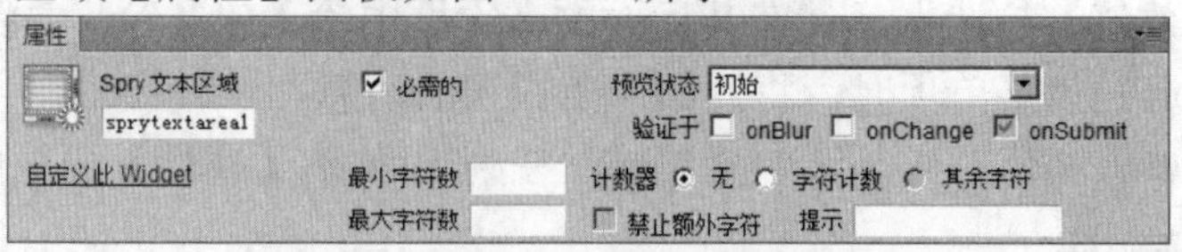

图11-27 Spry 验证文本区域【属性】面板

在 Spry 验证文本区域的属性设置中，可以添加字符计数器，以便当用户在文本区域中输入文本时知道自己已经输入了多少字符或者还剩多少字符。

三、 Spry 验证复选框

Spry 验证复选框用于显示在用户选择（或没有选择）复选框时构件的状态。选择菜单命令【插入】/【表单】/【Spry 验证复选框】，将在文档中插入 Spry 验证复选框，如图 11-28 所示。

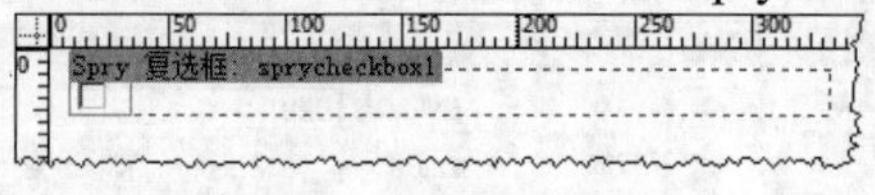

图11-28 Spry 验证复选框

Spry 验证复选框【属性】面板如图 11-29 所示。

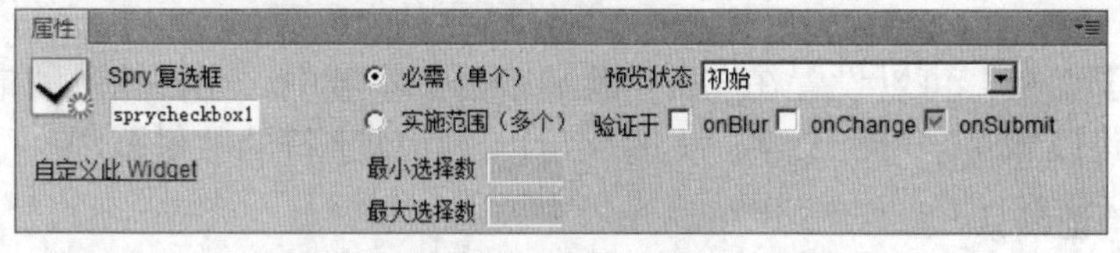

图11-29 Spry 验证复选框【属性】面板

默认情况下，Spry 验证复选框设置为“必需（单个）”。但是，如果在页面上插入了多个复选框，则可以指定选择范围，即设置为“实施范围（多个）”，然后设置【最小选择数】和【最大选择数】参数。

四、 Spry 验证选择

Spry 验证选择构件是一个下拉菜单，该菜单在用户进行选择时会显示构件的状态（有效或无效）。选择菜单命令【插入】/【表单】/【Spry 验证选择】，将在文档中插入 Spry 验证选择域，如图 11-30 所示。

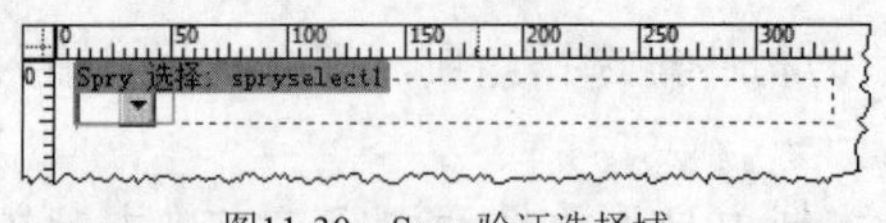

图11-30 Spry 验证选择域

Spry 验证选择域【属性】面板如图 11-31 所示。

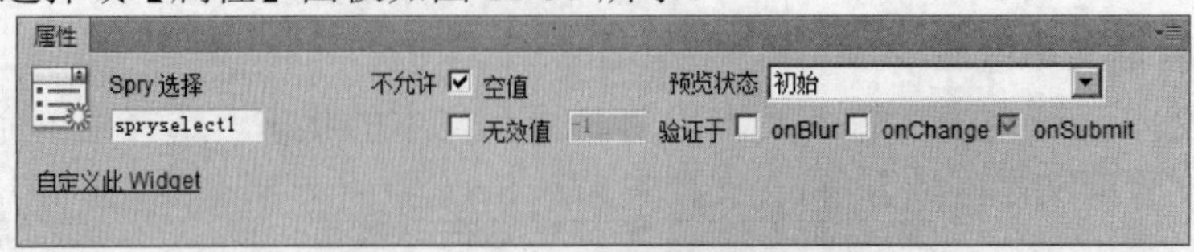

图11-31 Spry 验证选择域【属性】面板

【不允许】选项组包括【空值】和【无效值】两个复选框。如果选择【空值】复选框，表示所有菜单项都必须有值；如果选择【无效值】复选框，可以在其后面的文本框中指定一个值，当用户选择与该值相关的菜单项时，该值将注册为无效。例如，如果指定“-1”是无效值（即选择【无效值】复选框，并在其后面的文本框中输入“-1”），并将该值赋予某个选项标签，则当用户选择该菜单项时，将返回一条错误的消息。

如果要添加菜单项和值，必须选中菜单域，在列表/菜单【属性】面板中进行设置。

五、 Spry 验证密码

Spry 验证密码用于在输入密码文本时显示文本的状态。选择菜单命令【插入】/【表单】/【Spry 验证密码】，将在文档中插入 Spry 验证密码域，如图 11-32 所示。

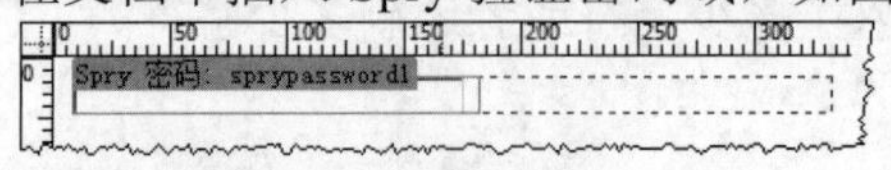

图11-32 Spry 验证密码文本域

Spry 验证密码域【属性】面板如图 11-33 所示。

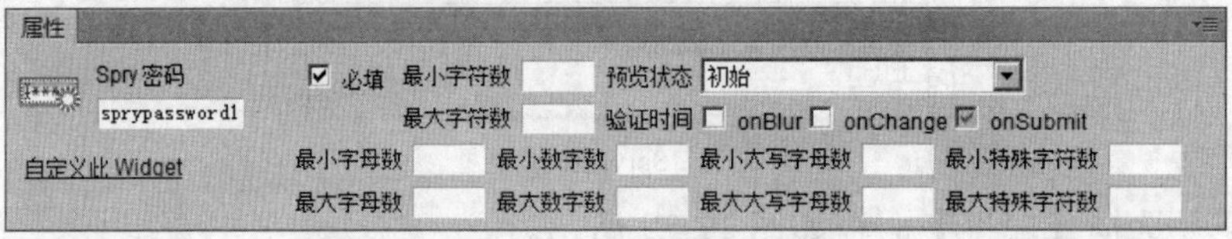

图11-33 Spry 验证密码【属性】面板

通过【属性】面板，可以设置在 Spry 验证密码文本域中，允许输入的最大字符数和最小字符数，同时可以定义字母、数字、大写字母以及特殊字符的数量范围。

六、 Spry 验证确认

Spry 验证确认用于在输入确认密码时显示文本的状态。选择菜单命令【插入】/【表单】/【Spry 验证确认】，将在文档中插入 Spry 验证确认密码域，如图 11-34 所示。

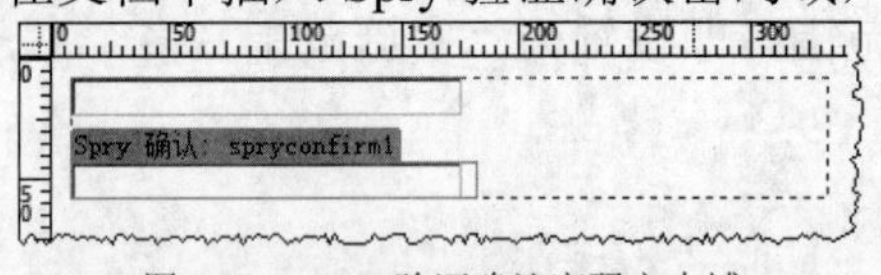

图11-34 Spry 验证确认密码文本域

Spry 验证确认密码域【属性】面板如图 11-35 所示。【验证参照对象】通常是指表单内前一个密码文本域，只有两个文本域内的文本完全相同，才能通过验证。

图11-35　Spry 验证确认【属性】面板

七、 Spry 验证单选按钮组

Spry 验证单选按钮组用于在进行单击时显示构件的状态。选择菜单命令【插入】/【表单】/【Spry 验证单选按钮组】，将在文档中插入 Spry 验证单选按钮组，如图 11-36 所示。

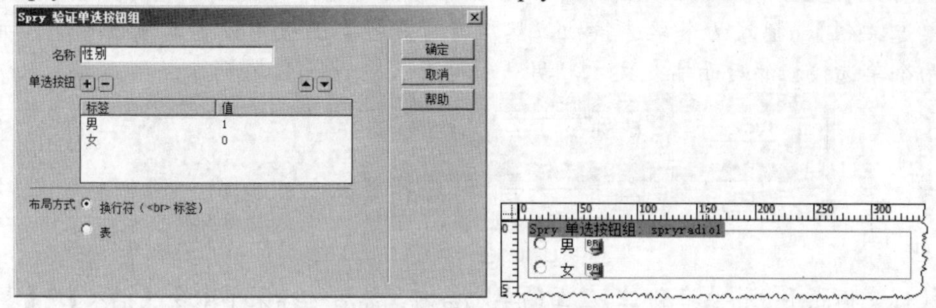

图11-36　Spry 验证单选按钮组

Spry 验证单选按钮组【属性】面板如图 11-37 所示。

图11-37　Spry 验证单选按钮组【属性】面板

通过【属性】面板可以设置单选按钮是不是必须选择，即【必填】项，如果必须，还可以设置单选按钮组中哪一个是空值，哪一个是无效值，只需将相应单选按钮的值填入到【空值】或【无效值】文本框中即可。

11.2　范例解析——用户注册

将附盘文件复制到站点文件夹下，然后制作表单网页，最终效果如图 11-38 所示。

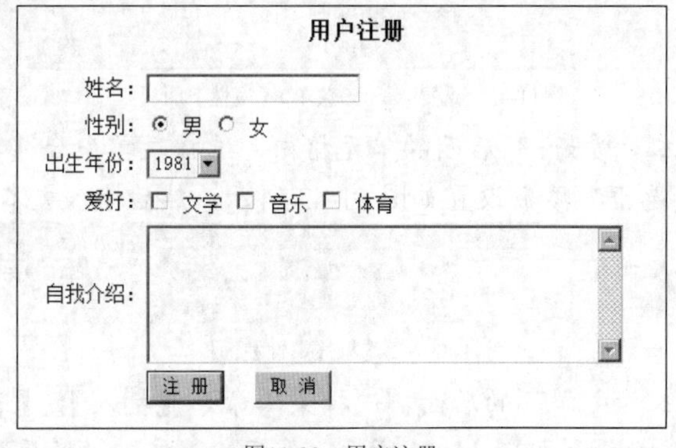

图11-38　用户注册

这是制作表单网页的一个例子，具体操作步骤如下。

1. 打开网页文档“11-2.htm”，将鼠标光标置于“姓名:”右侧单元格中，选择菜单命令【插入】/【表单】/【文本域】，插入一个文本域，然后在【属性】面板中设置各项属性，如图 11-39 所示。

图11-39　文本域【属性】面板

2. 将鼠标光标置于“性别:”后面的单元格内，然后选择菜单命令【插入】/【表单】/【单选按钮】，插入两个单选按钮，然后在【属性】面板中设置其属性参数，并分别在两个单选按钮的后面输入文本“男”和“女”，如图 11-40 所示。

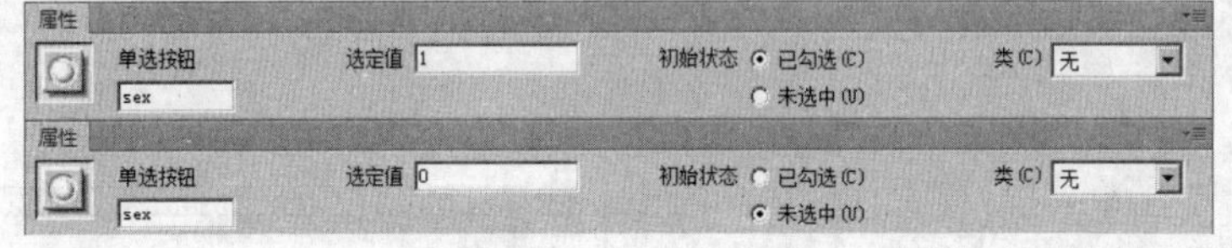

图11-40　插入单选按钮

3. 将鼠标光标置于“出生年份:”后面的单元格内，然后选择菜单命令【插入】/【表单】/【选择(列表/菜单)】，插入一个【选择(列表/菜单)】域。
4. 选定【选择(列表/菜单)】域，在【属性】面板中单击 列表值... 按钮，打开【列表值】对话框，添加【项目标签】和【值】，如图 11-41 所示。

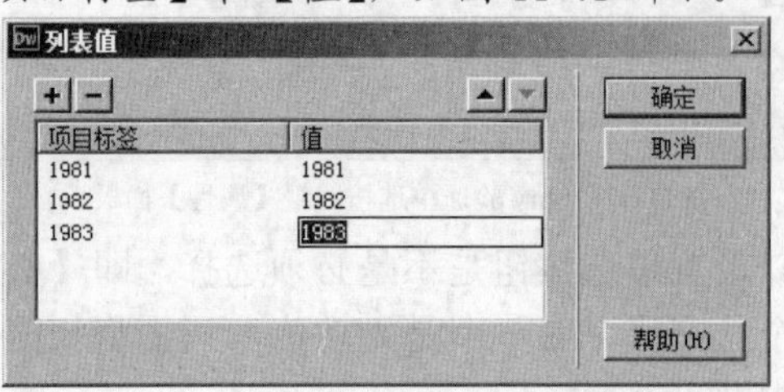

图11-41　添加【选择(列表/菜单)】的内容

5. 在【属性】面板中将【选择】名称设置为“year”，如图 11-42 所示。

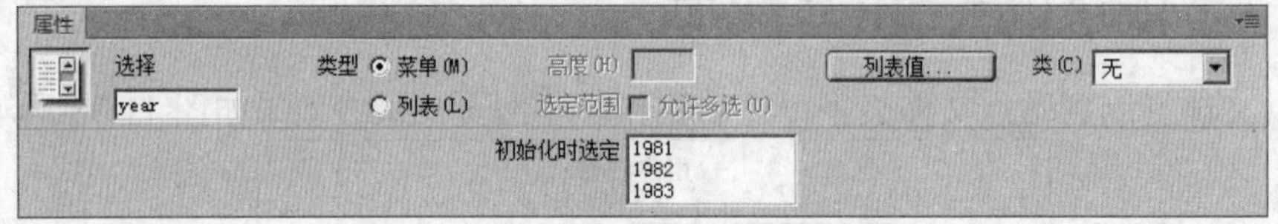

图11-42　选择(列表/菜单)【属性】面板

6. 将鼠标光标置于文本“爱好:”后面的单元格内，选择菜单命令【插入】/【表单】/【复选框】，插入一个复选框，参数设置如图 11-43 所示，然后输入文本“文学”。

图11-43　复选框【属性】面板

7. 将鼠标光标置于文本“文学”的后面，选择菜单命令【插入】/【表单】/【复选框】，插入第 2 个复选框，参数设置如图 11-44 所示，然后输入文本“音乐”。

图11-44　复选框【属性】面板

8. 将鼠标光标置于文本“音乐”的后面，选择菜单命令【插入】/【表单】/【复选框】，插入第 3 个复选框，参数设置如图 11-45 所示，然后输入文本“体育”。

图11-45　复选框【属性】面板

9. 将鼠标光标置于“自我介绍:”后面的单元格内，选择菜单命令【插入】/【表单】/【文本区域】，插入一个文本区域，如图 11-46 所示。

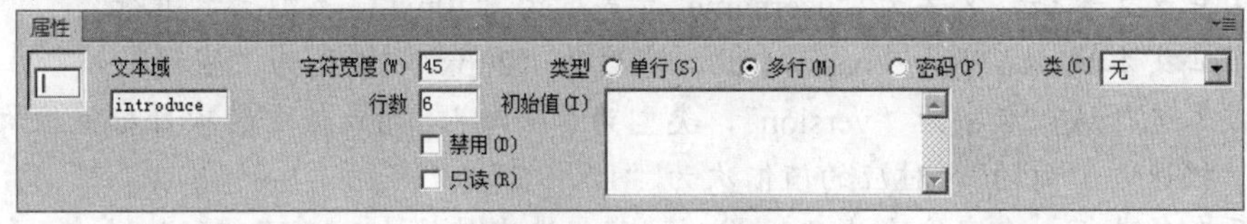

图11-46　插入文本区域

10. 将鼠标光标置于“自我介绍:”下面的第 2 个单元格内，选择菜单命令【插入】/【表单】/【按钮】，插入两个按钮，并在【属性】面板中设置其属性参数，如图 11-47 所示。

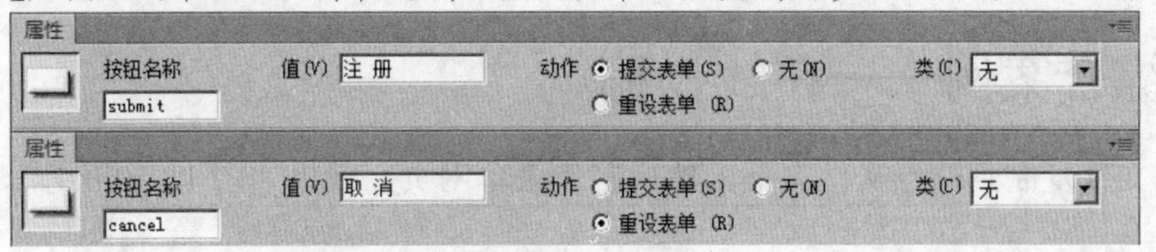

图11-47　插入按钮

11. 保存网页，效果如图 11-48 所示。

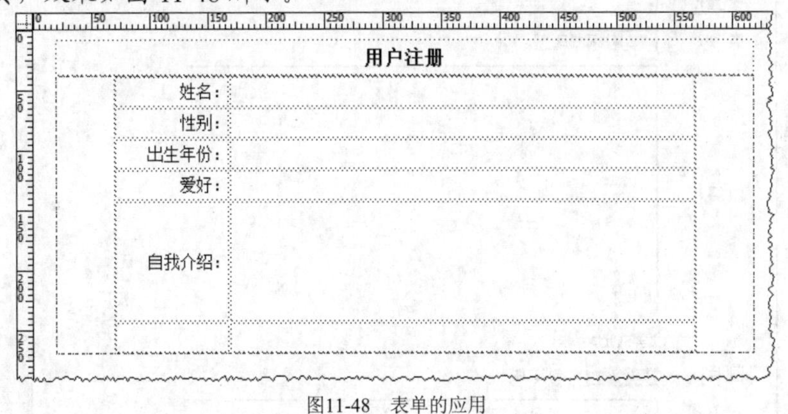

图11-48　表单的应用

11.3　实训——登录邮箱

将附盘文件复制到站点文件夹下，然后制作表单网页，最终效果如图 11-49 所示。

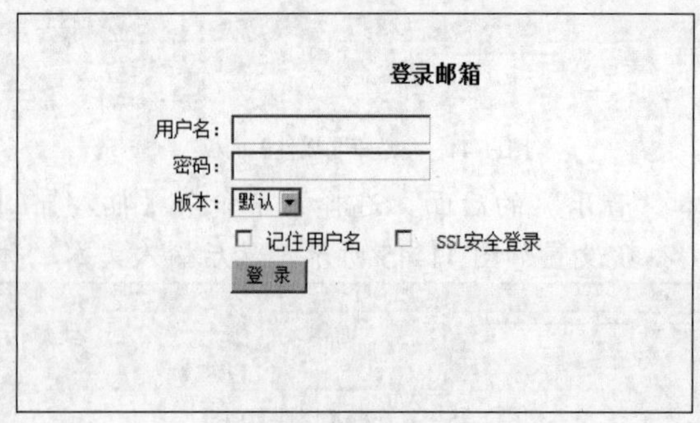

图11-49　登录邮箱

这是制作表单网页的一个例子，步骤提示如下。

1. 插入用户名文本域，名字为“username”，宽度为“20px”，类型为“单行”。
2. 插入密码文本域，名字为“password”，宽度为“20px”，类型为“密码”。
3. 插入版本选择域，名字为“version”，类型为“菜单”，列表值中的项目标签依次为“默认”、“极速”、“简约”，对应的值依次为“1”、“2”、“3”。
4. 插入两个复选框，名字依次为“rem”、“ssl”，选定值依次为“1”、“2”。
5. 插入一个按钮，名字为“submit”，值为“登录”，动作为“提交表单”。
6. 保存文档。

11.4　综合案例——在线投稿

将附盘文件复制到站点文件夹下，然后制作表单网页，效果如图 11-50 所示。

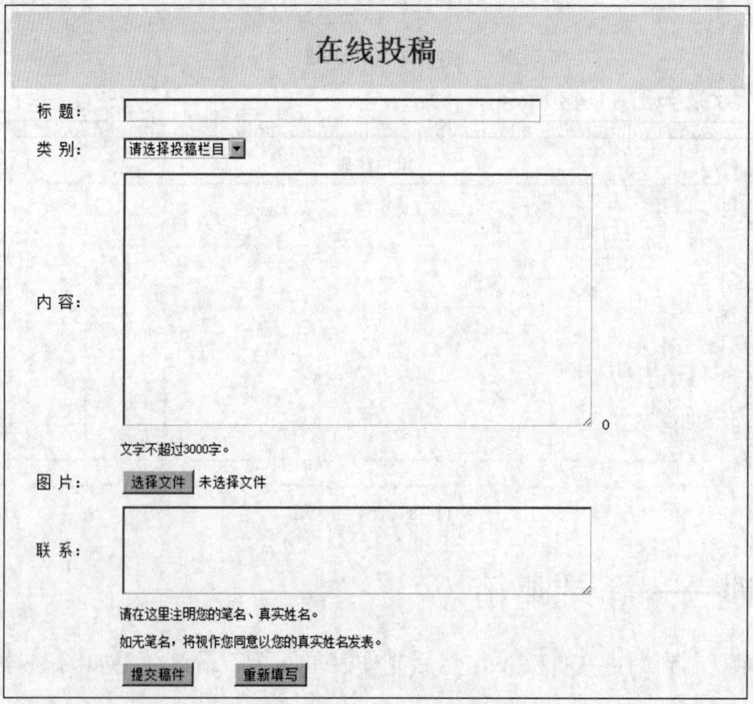

在线投稿

标 题：

类 别：请选择投稿栏目

内 容：

0

文字不超过3000字。

图 片：选择文件 未选择文件

联 系：

请在这里注明您的笔名、真实姓名。

如无笔名，将视作您同意以您的真实姓名发表。

提交稿件　重新填写

图11-50　在线投稿

这是创建表单网页的一个例子，其中标题、类别、内容和联系可以使用 Spry 验证表单

对象，图像和按钮可以使用普通表单对象，同时进行属性设置，具体操作步骤如下。

1. 打开网页文档“11-4.htm”，然后将鼠标光标置于“标题:”右侧单元格中，选择菜单命令【插入】/【表单】/【Spry 验证文本域】，插入一个 Spry 验证文本域，然后在【属性】面板中设置各项属性，如图 11-51 所示。

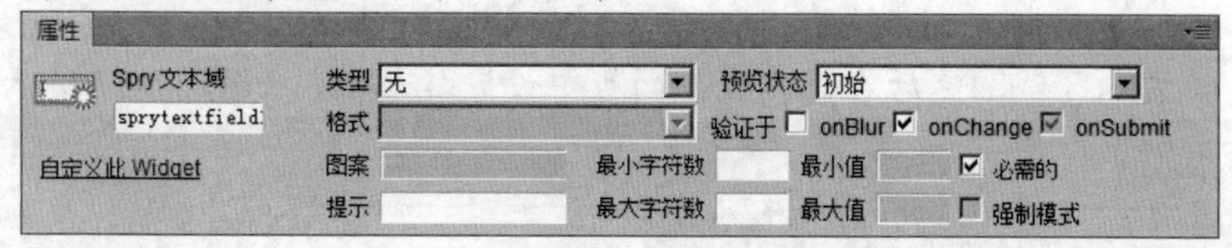

图11-51　Spry 文本域【属性】面板

2. 选中其中的文本域，然后在【属性】面板中设置其属性，如图 11-52 所示。

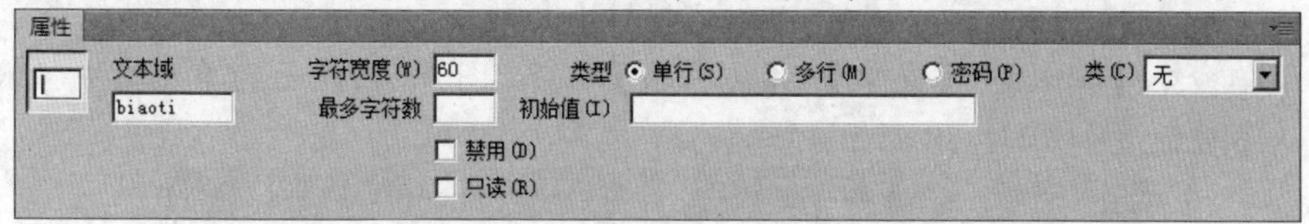

图11-52　文本域【属性】面板

3. 选择菜单命令【插入】/【表单】/【Spry 验证选择】，在“类别:”后面的单元格中插入一个 Spry 验证选择域，属性设置如图 11-53 所示。

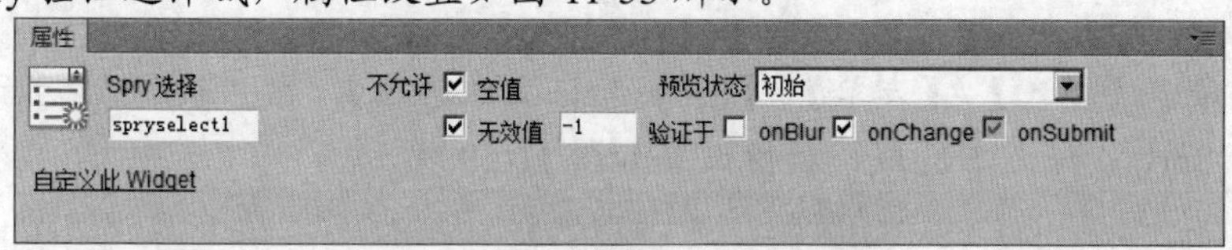

图11-53　Spry 验证选择【属性】面板

4. 选中其中的选择域，然后单击【属性】面板中的 列表值... 按钮，在打开的对话框中添加列表项，如图 11-54 所示。

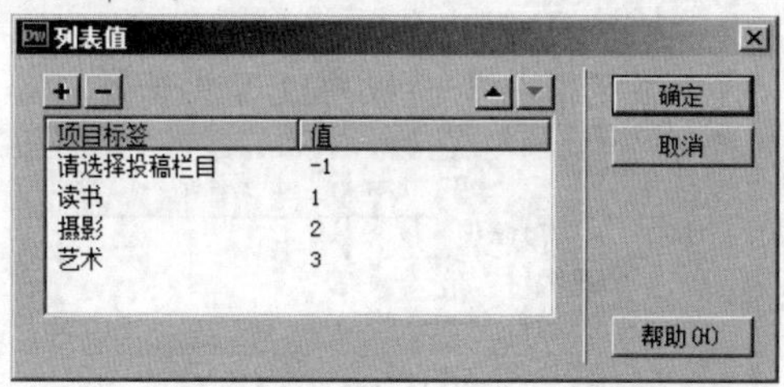

图11-54　添加列表项

5. 接着设置选择域的名称和初始选项，如图 11-55 所示。

图11-55　添加列表项

6. 选择菜单命令【插入】/【表单】/【Spry 验证文本区域】，在“内容:”后面的单元格中插入一个 Spry 验证文本区域，属性设置如图 11-56 所示。

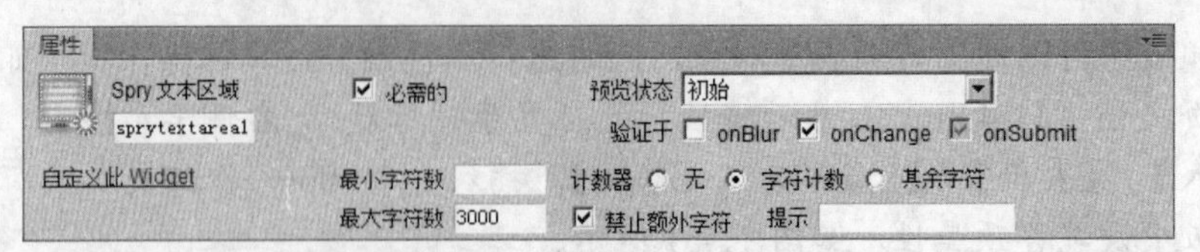

图11-56 Spry 验证文本区域【属性】面板

7. 选中其中的文本区域，然后在【属性】面板中设置其属性，如图 11-57 所示。

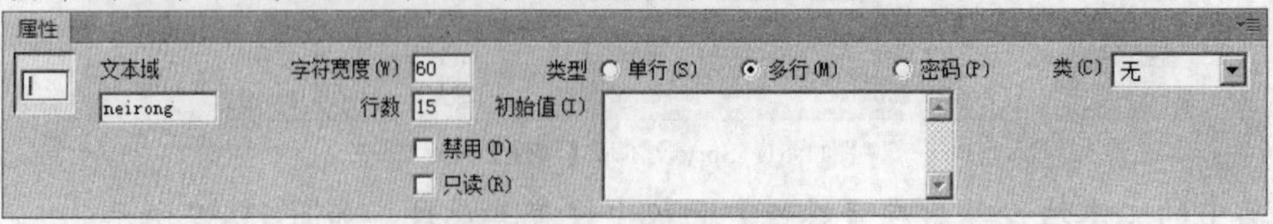

图11-57 文本域【属性】面板

8. 选择菜单命令【插入】/【表单】/【文件域】，在“图片:”后面的单元格中插入一个文件域，参数设置如图 11-58 所示。

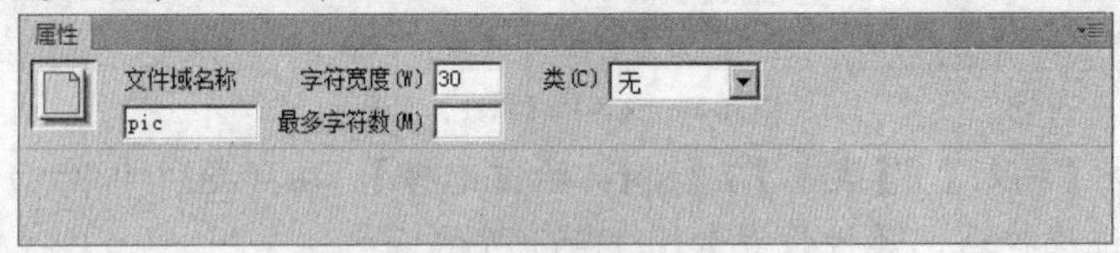

图11-58 文件域【属性】面板

9. 选择菜单命令【插入】/【表单】/【Spry 验证文本区域】，在“联系:”后面的单元格中插入一个 Spry 验证文本区域，属性设置如图 11-59 所示。

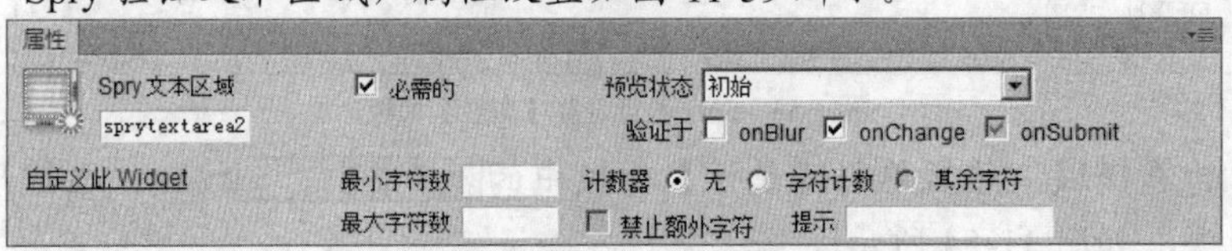

图11-59 Spry 验证文本区域【属性】面板

10. 选中其中的文本区域，然后在【属性】面板中设置其属性，如图 11-60 所示。

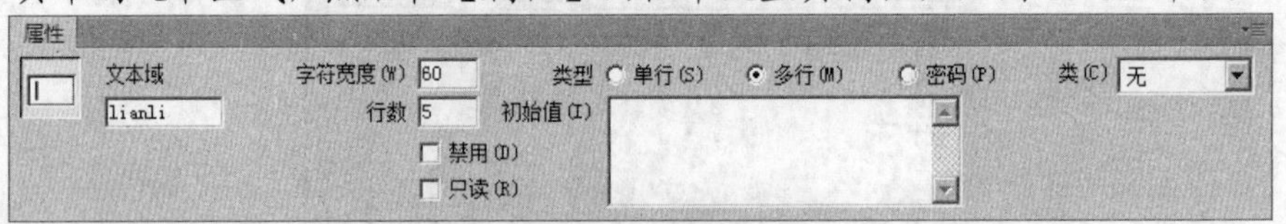

图11-60 文本区域【属性】面板

11. 选择菜单命令【插入】/【表单】/【按钮】，在最后一行单元格内依次插入两个按钮，并在【属性】面板中设置其属性参数，如图 11-61 所示。

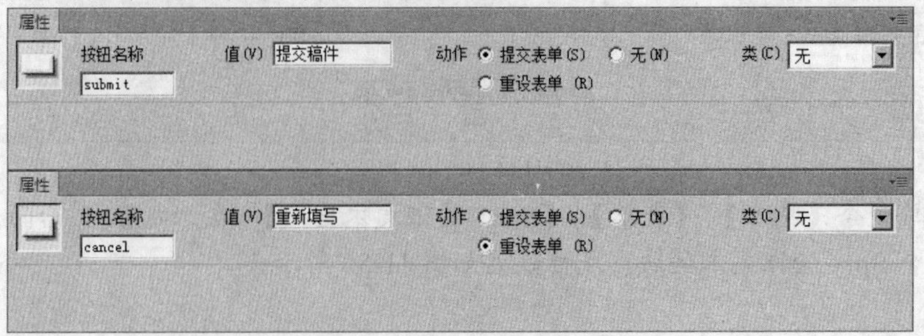

图11-61 按钮【属性】面板

12. 保存文件，效果如图 11-62 所示。

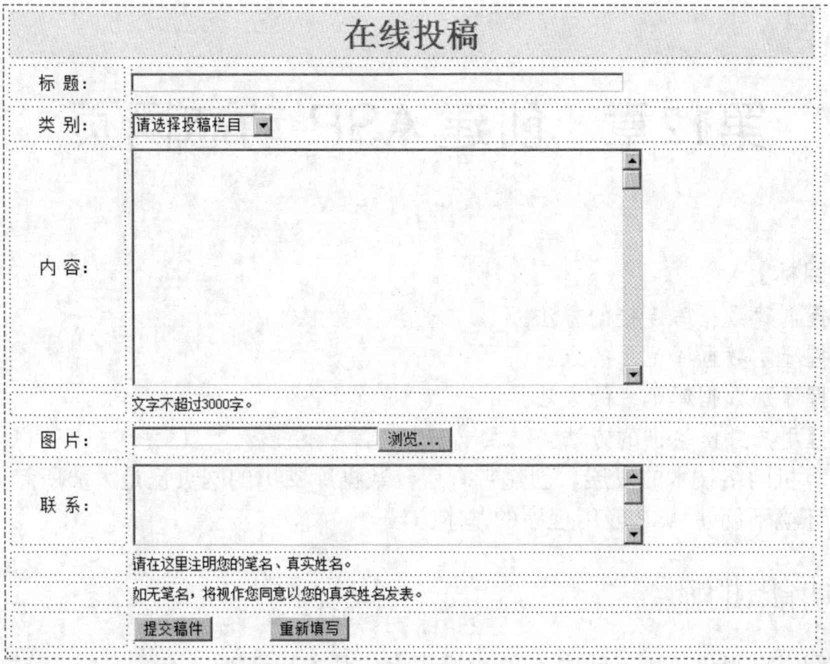

图11-62 表单的应用

11.5 习题

1. 思考题
   (1) 文本域和文本区域有何区别？
   (2) Spry 验证表单对象有哪些？
2. 操作题
   观察生活并使用本章所介绍的表单知识制作一个表单网页。

第12章　创建 ASP 动态网页

【学习目标】

- 掌握创建数据库连接的方法。
- 掌握显示数据库记录的方法。
- 掌握添加数据库记录的方法。
- 掌握用户身份验证的方法。

随着计算机网络技术的发展，创建带有后台数据库支撑的网页已是大势所趋，本章将介绍在可视化环境下创建 ASP 应用程序的基本方法。

12.1　功能讲解

下面介绍在可视化环境下创建 ASP 应用程序的基本知识。

12.1.1　ASP 应用程序环境

使用 Dreamweaver CS6 开发应用程序，首先必须搭建好开发环境。开发环境主要是指 IIS 服务器运行环境和在 Dreamweaver CS6 中使用服务器技术的站点环境。

一、 配置 IIS 服务器

如果不具备远程服务器环境，可以直接在本机 Windows 系统中安装并配置 IIS 服务器。IIS 服务器通常包括 Web、FTP 和 SMTP 等服务器功能，一般配置好 Web 服务器即可。

在 Windows XP Professional 中配置 Web 服务器的方法是：在【控制面板】/【管理工具】中双击【Internet 信息服务】选项，打开【Internet 信息服务】窗口，单击⊞按钮，依次展开相应文件夹，用鼠标右键单击【默认网站】选项，在弹出的快捷菜单中选择【属性】命令，弹出【默认网站属性】对话框，根据实际情况配置好【网站】选项卡的【IP 地址】选项、【主目录】选项卡的【本地路径】选项、【文档】选项卡的默认首页文档即可。现在 Windows 7 使用比较普遍，学会在 Windows 7 中配置 Web 服务器也是非常重要的。

本章将重点介绍在 Windows 7 中配置 Web 服务器的方法。

二、 定义站点

在使用 Dreamweaver CS6 开发应用程序之前，首先要定义一个可以使用服务器技术的站点，以便于程序的开发和测试。这就需要在【站点设置对象】对话框中，设置好【站点】和【服务器】两个选项，如图 12-1 所示。

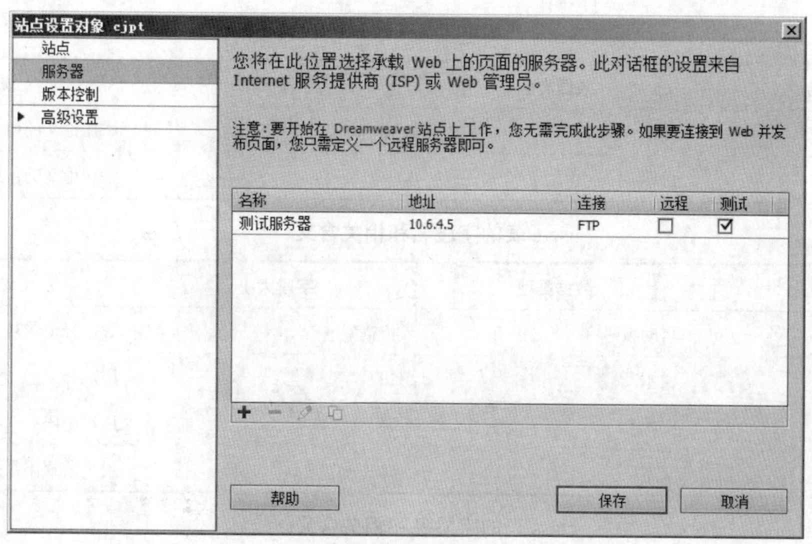

图12-1 设置站点信息

三、 创建数据库

在开发动态网站时，除了应用动态网站编程语言外，数据库也是最常用的技术之一。利用数据库可以存储和维护动态网站中的数据，有利于管理动态网站中的信息。数据库是存储在表中的数据的集合，表的每一行组成一条记录，每一列组成记录中的一个域。动态网页可以指示应用程序服务器从数据库中提取数据，并将其插入页面的 HTML 中。

通过用数据库存储内容可以使 Web 站点的设计与要显示给站点用户的内容分开。不必为每个页面都编写单独的 HTML 文件，只需为要呈现的不同类型的信息编写一个页面（或模板）即可。然后可以将内容上传到数据库中，并使 Web 站点检索该内容来响应用户请求。还可以更新单个源中的信息，然后将该更改传播到整个网站，而不必手动编辑每个页面。

如果建立稳定的、对业务至关重要的应用程序，则可以使用基于服务器的数据库，如用 Microsoft SQL Server、Oracle 9i 或 MySQL 创建的数据库。如果建立小型低成本的应用程序，则可以使用基于文件的数据库，如用 Microsoft Access 创建的数据库。Access 作为 Microsoft Office 办公系统中的一个重要组件，是最常用的桌面数据库管理系统之一，非常适合数据量不是很大的中小型站点。

在本章实例中创建的 Access 数据库是“jyss.mdb”，共包括 3 个数据表：jyss、users 和 class，这些数据表的创建都与应用程序的实际需要密切相关。其中，jyss 表用来保存教育硕士论文内容信息，包含的字段如表 12-1 所示；users 表用来保存管理员信息，包含的字段如表 12-2 所示；class 表用来保存教育硕士论文类别信息，包含的字段如表 12-3 所示。

表 12-1　　jyss 表的字段名和相关含义

字段名	数据类型	字段大小	说明
id	自动编号	长整型	数据表记录号
title	文本	50	文章的题名
classbs	文本	50	文章的类型
content	备注	—	文章的内容

续表

字段名	数据类型	字段大小	说明
username	文本	50	添加论文的用户名
dateadd	日期/时间	—	添加论文的日期

表 12-2　　users 表的字段名和相关含义

字段名	数据类型	字段大小	说明
id	自动编号	长整型	数据表记录号
username	文本	50	用户名
passw	文本	50	用户密码
quanxian	文本	50	用户的权限级别

表 12-3　　class 表的字段名和相关含义

字段名	数据类型	字段大小	说明
id	自动编号	长整型	数据表记录号
classname	文本	50	教育硕士论文类别名称
classidbs	文本	50	教育硕士论文类别标识
shunxu	文本	50	类别顺序标识

12.1.2　创建数据库连接

ASP 应用程序必须通过开放式数据库连接（ODBC）驱动程序（或对象链接）和嵌入式数据库（OLE DB）提供程序连接到数据库。该驱动程序或提供程序用作解释器，能够使 Web 应用程序与数据库进行通信。

在 Dreamweaver CS6 中，创建数据库连接必须在打开 ASP 网页的前提下进行，数据库连接创建完毕后，站点中的任何一个 ASP 网页都可以使用该数据库连接。创建数据库连接的方式有两种：一种是以自定义连接字符串方式创建数据库连接；另一种是以数据源名称（DSN）方式创建数据库连接。使用自定义连接字符串创建数据库连接，可以保证用户在本地计算机中定义的数据库连接上传到服务器上后可以继续使用，具有更大的灵活性和实用性，因此被更多用户选用。

下面对连接字符串的常用格式、使用数据库创建连接时可能出现的问题进行简要说明。

Access 97 数据库的连接字符串有以下两种格式。

- "Provider=Microsoft.Jet.OLEDB.3.5;Data Source=" & Server.MapPath ("数据库文件相对路径").
- "Provider=Microsoft.Jet.OLEDB.3.5;Data Source=数据库文件物理路径".

Access 2000～Access 2003 数据库的连接字符串有以下两种格式。

- "Provider=Microsoft.Jet.OLEDB.4.0;Data Source=" & Server.MapPath("数据库文件相对路径").
- "Provider=Microsoft.Jet.OLEDB.4.0;Data Source=数据库文件物理路径".

Access 2007～Access 2010 数据库的连接字符串有以下两种格式。

- "Provider=Microsoft.ACE.OLEDB.12.0;Data Source= "& Server.MapPath ("数据库文件相对路径")。
- "Provider=Microsoft.ACE.OLEDB.12.0;Data Source=数据库文件物理路径"。

SQL 数据库的连接字符串格式如下。

- "PROVIDER=SQLOLEDB;DATA SOURCE=SQL 服务器名称或 IP 地址;UID=用户名;PWD=数据库密码;DATABASE=数据库名称"。

使用 ODBC 原始驱动面向 Access 数据库的字符串连接格式如下。

- "DRIVER={Microsoft Access Driver (*.mdb)};DBQ=" & Server.MapPath ("数据库文件的相对路径")。
- "DRIVER={Microsoft Access Driver (*.mdb)};DBQ=数据库文件的物理路径"。

使用 ODBC 原始驱动面向 SQL 数据库的字符串连接格式如下。

- "DRIVER={SQL Server};SERVER=SQL 服务器名称或 IP 地址;UID=用户名;PWD=数据库密码;DATABASE=数据库名称"。

代码中的“Server.MapPath()”指的是文件的虚拟路径，使用它可以不理会文件具体存在服务器的哪一个分区下面，只要使用相对于网站根目录或者相对于文档的路径就可以了。

使用 Dreamweaver CS6 创建字符串连接的方法是：创建或打开一个 ASP 文档，然后选择菜单命令【窗口】/【数据库】，打开【数据库】面板，在【数据库】面板中单击 + 按钮，在弹出的菜单中选择【自定义连接字符串】命令，弹出【自定义连接字符串】对话框。在【连接名称】文本框中输入连接名称，在【连接字符串】文本框中输入连接字符串，然后选择【使用测试服务器上的驱动程序】单选按钮，单击 确定 按钮关闭对话框，完成数据连接的创建工作，如图 12-2 所示。

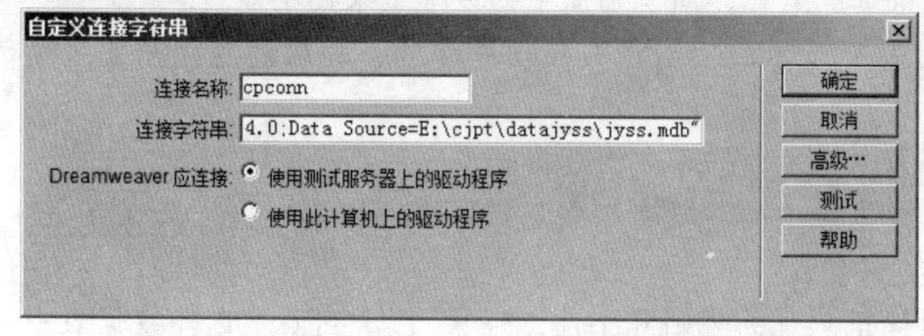

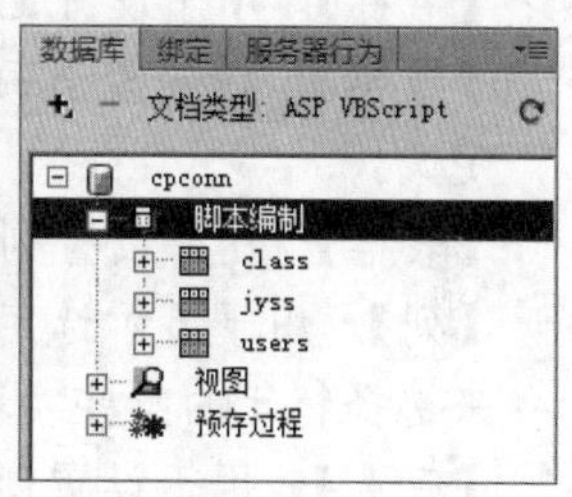

图12-2　创建数据库连接

在 Windows XP 和 Windows 7 系统下，使用自定义连接字符串连接数据库时可能会出现路径无效的错误。这是因为 Dreamweaver 在建立数据库连接时，会在站点根文件夹下自动生成“_mmServerScripts”文件夹，该文件夹下通常有 3 个文件，主要用来调试程序使用。但是如果使用自定义连接字符串连接数据库时，系统会提示在“_mmServerScripts”文件夹下找不到数据库。对于这个问题，目前还没有很好的解决方法，不过用户可以将数据库按已存在的相对路径复制一份放在“_mmServerScripts”文件夹下，这样就不会出现路径错误的情况了。当然在上传到服务器前将其删除即可，服务器操作系统是不会出现这样的问题的。

12.1.3　创建记录集

由于网页不能直接访问数据库中存储的数据，而是需要与记录集进行交互。在创建数据

库连接以后，要想显示数据库中的记录还必须创建记录集。记录集在 ASP 中就是一个数据库操作对象，它实际上是通过数据库查询从数据库中提取的一个数据子集，通俗地说就是一个临时的数据表。记录集可以包括一个数据库，也可以包括多个数据表，或者表中部分数据。由于应用程序很少要用到数据库表中的每个字段，因此应该使记录集尽可能小。

可以使用以下任意一种方式打开【记录集】对话框来创建记录集，如图 12-3 所示。

- 选择菜单命令【插入】/【数据对象】/【记录集】。
- 选择菜单命令【窗口】/【服务器行为】或【绑定】，打开【服务器行为】或【绑定】面板，然后单击 + 按钮，在弹出的菜单中选择【记录集】命令。
- 在【插入】/【数据】面板中单击 记录集 按钮。

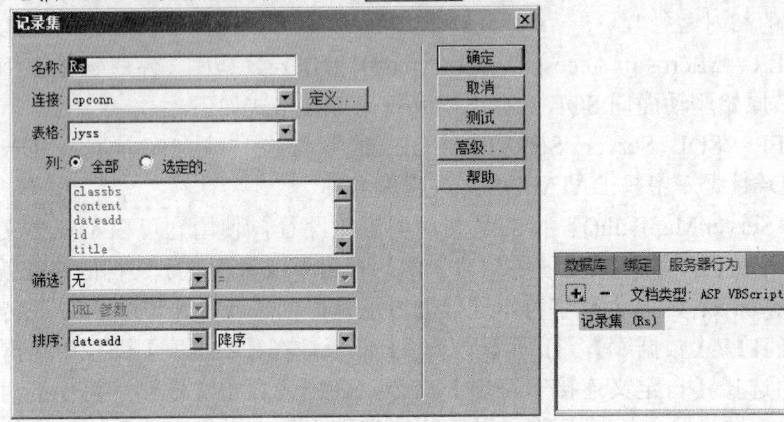

图12-3　创建记录集

下面对【记录集】对话框中的相关参数简要说明如下。

- 【名称】：用于设置记录集的名称，同一页面中的多个记录集不能重名。
- 【连接】：用于设置列表中显示成功创建的数据库连接，如果没有则需要重新定义。
- 【表格】：用于设置列表中显示数据库中的数据表。
- 【列】：用于显示选定数据表中的字段名，默认选择全部字段，也可按 Ctrl 键来选择特定的某些字段。
- 【筛选】：用于设置创建记录集的规则和条件。在第 1 个列表中选择数据表中的字段；在第 2 个列表中选择运算符，包括 “=”、“>”、“<”、“>=”、“<=”、“<>”、“开始于”、“结束于” 和 “包含” 9 种；第 3 个列表用于设置变量的类型；文本框用于设置变量的名称。
- 【排序】：用于设置按照某个字段 “升序” 或者 “降序” 进行排序。

单击 高级... 按钮，可以打开高级【记录集】对话框，进行 SQL 代码编辑，从而创建复杂的记录集。如果对创建的记录集不满意，可以在【服务器行为】面板中双击记录集名称，或在其【属性】面板中单击 编辑... 按钮，弹出【记录集】对话框，对原有设置进行重新编辑，如图 12-4 所示。

图12-4　【属性】面板

12.1.4 显示记录

在显示记录时，通常需要使用到以下基本知识。

一、 动态数据

记录集负责从数据库中取出数据，还要将数据插入到文档中，就需要通过动态数据的形式进行。动态数据包括动态文本、动态表格、动态文本字段、动态复选框、动态单选按钮组和动态选择列表等，下面介绍动态文本。

动态文本就是在页面中动态显示的数据。插入动态文本的方法是：首先打开要插入动态文本的 ASP 文档，然后将鼠标光标置于需要增加动态文本的位置，在【绑定】面板中选择需要绑定的记录集字段，并单击面板底部的 插入 按钮，将动态文本插入到文档中，如图 12-5 所示。也可以使用鼠标光标直接将动态文本拖曳到要插入的位置。

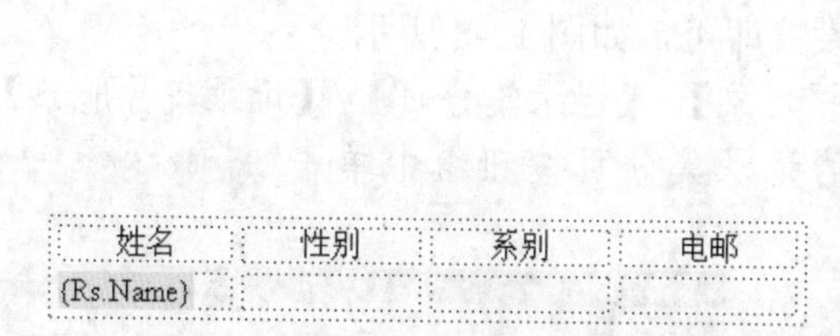

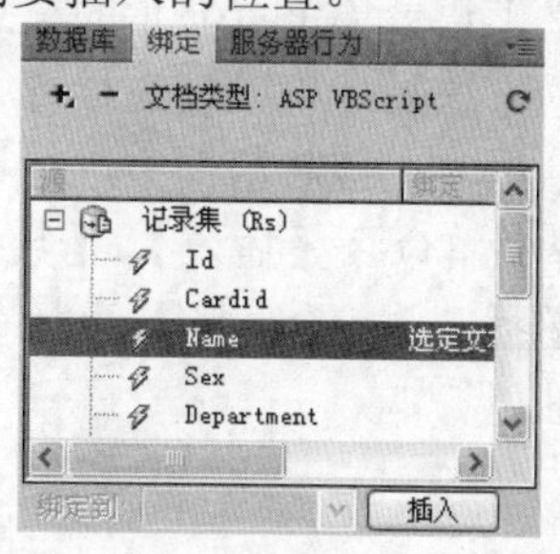

图12-5 插入动态文本

如果需要直接插入带格式的动态文本，可以在【服务器行为】面板中单击 + 按钮，在弹出的下拉菜单中选择【动态文本】命令，打开【动态文本】对话框，在【域】列表框中选择要插入的字段，在【格式】下拉列表中选择需要的格式，如图 12-6 所示。如果需要对已经插入页又没有设置格式的动态文本设置格式，可以在【服务器行为】面板中双击需要设置格式的动态文本，打开【动态文本】对话框再进行设置即可。

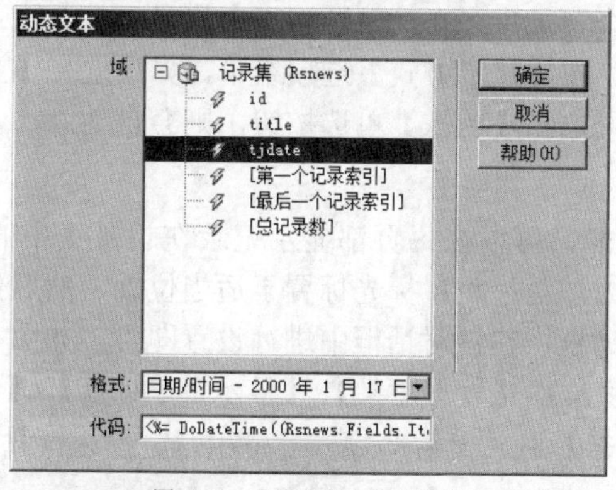

图12-6 【动态文本】对话框

二、 重复区域

只有添加了重复区域，记录才能一条一条地显示出来，否则将只显示记录集中的第 1 条记录。添加重复区域的方法是：用鼠标光标选中表格中的数据显示行，然后使用以下任意一种方式打开【重复区域】对话框，在该对话框中进行设置即可，如图 12-7 所示。

- 在【服务器行为】面板中单击 + 按钮，在弹出的下拉菜单中选择【重复区域】

命令。

- 选择菜单命令【插入】/【数据对象】/【重复区域】。
- 在【插入】/【数据】面板中单击 重复区域 按钮。

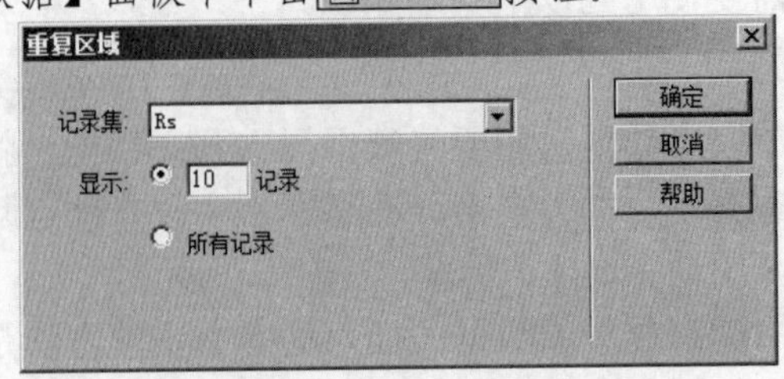

图12-7　添加重复区域

三、　记录集分页

如果定义了记录集每页显示的记录数，那么实现翻页，就要用到记录集分页功能。实现记录集分页的方法是：将鼠标光标置于适当位置，然后使用以下任意一种方式打开【记录集导航条】对话框，在该对话框中进行设置即可，如图 12-8 所示。

- 选择菜单命令【插入】/【数据对象】/【记录集分页】/【记录集导航条】。
- 在【插入】/【数据】面板的记录集分页按钮组中单击 记录集分页 : 记录集导航条 按钮。

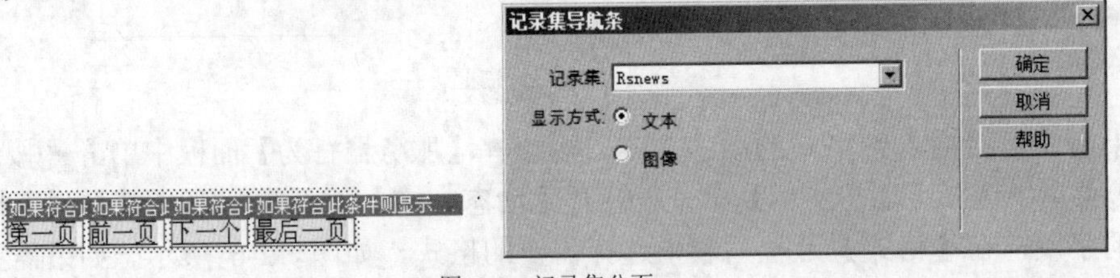

图12-8　记录集分页

【记录集导航条】对话框中的【记录集】下拉列表将显示在当前网页文档中已定义的记录集名称，如果定义了多个记录集，在其下拉列表中将显示多个记录集名称，如果只有一个记录集，不用特意去选择。在【显示方式】选项组中，如果选择【文本】单选按钮，则会添加文字用作翻页指示；如果选择【图像】单选按钮，则会自动添加 4 幅图像用作翻页指示。

四、　显示记录记数

使用显示记录记数功能，可以在每页都显示记录在记录集中的起始位置以及记录的总数。设置显示记录计数的方法是：将鼠标光标置于适当位置，然后使用以下任意一种方式打开【记录集导航状态】对话框，在该对话框中进行设置即可，如图 12-9 所示。

- 选择菜单命令【插入】/【数据对象】/【显示记录计数】/【记录集导航状态】。
- 在【插入】/【数据】面板中单击 记录集导航状态 按钮。

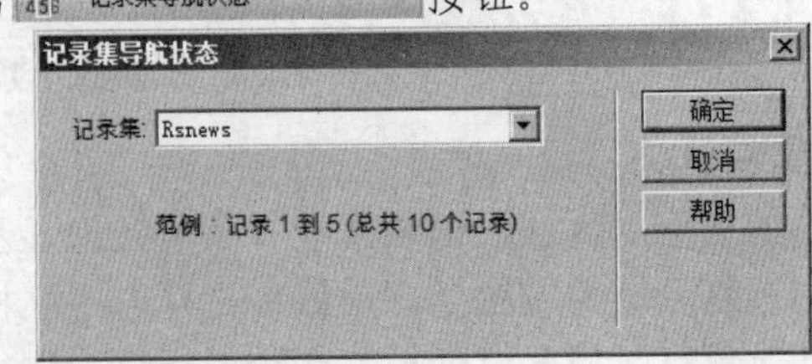

记录 {Rs_first} 到 {Rs_last} (总共 {Rs_total})

图12-9　【记录集导航状态】对话框

至此，显示数据库记录的基本功能就介绍完了。

12.1.5 插入记录

使用插入记录服务器行为可以将记录插入到数据表中，方法是：首先需要制作一个能够输入数据的表单页面，然后在【服务器行为】面板中单击+按钮，在弹出的下拉菜单中选择【插入记录】命令，弹出【插入记录】对话框，在该对话框中进行参数设置即可，如图12-10所示。

在【连接】下拉列表中选择已创建的数据连接，在【插入到表格】下拉列表中选择数据表，在【插入后，转到】文本框中定义插入记录后要转到的页面，在【获取值自】下拉列表中选择表单的名称，在【表单元素】列表框中选择相应的选项，在【列】下拉列表中选择数据表中与之相对应的字段名，在【提交为】下拉列表中选择该表单元素的数据类型，如果表单元素的名称与数据库中的字段名称是一致的，这里将自动对应，不需要人为设置。

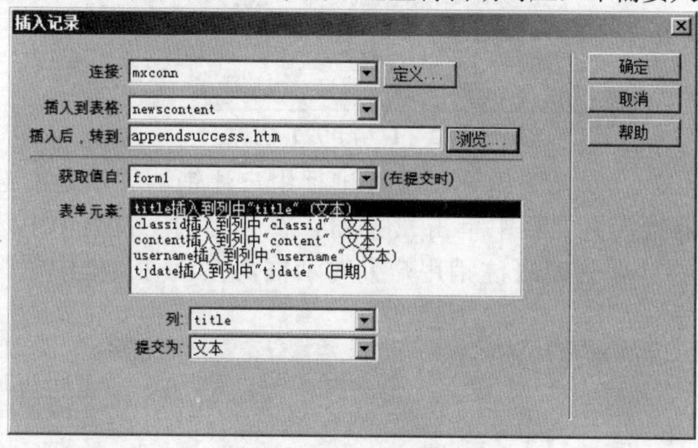

图12-10 【插入记录】对话框

12.1.6 用户身份验证

用户身份验证包括限制对页的访问、用户登录与注销、检查新用户名等。

通常一个管理系统的后台页面是不允许普通用户访问的，这就要求必须对每个页面添加“限制对页的访问”功能。方法是：打开要添加此功能的网页，然后在【服务器行为】面板中单击+按钮，在弹出的下拉菜单中选择【用户身份验证】/【限制对页的访问】命令，弹出【限制对页的访问】对话框，在该对话框中进行参数设置即可，如图12-11所示。

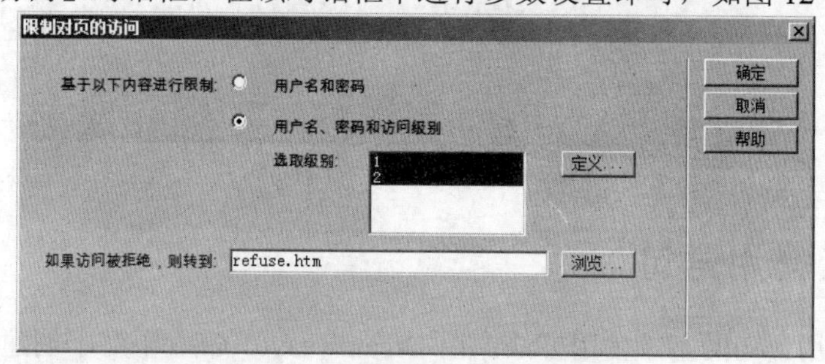

图12-11 【限制对页的访问】对话框

页面一旦添加了限制对页的访问功能，管理员就必须通过登录才能访问这些页面，添加

用户登录服务器行为的方法是：打开要添加此功能的网页，然后在【服务器行为】面板中单击 + 按钮，在弹出的下拉菜单中选择【用户身份验证】/【登录用户】命令，弹出【登录用户】对话框，在该对话框中进行参数设置即可，如图 12-12 所示。

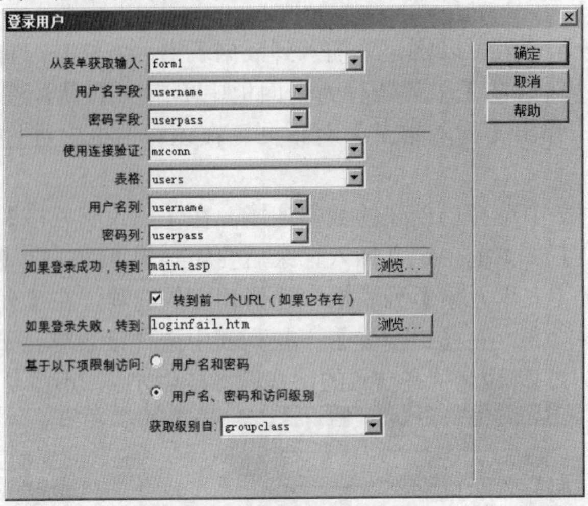

图12-12　【登录用户】对话框

用户登录成功以后，如果要离开，最好进行用户注销。方法是：选中提示注销的文本，然后在【服务器行为】面板中单击 + 按钮，在弹出的下拉菜单中选择【用户身份验证】/【注销用户】命令，弹出【注销用户】对话框，在该对话框中进行参数设置即可，如图 12-13 所示。

图12-13　【注销用户】对话框

在注册新用户时，通常是不允许用户名相同的，这就要求在注册新用户时能够检查用户名在数据库中是否已经存在。方法是：打开用户注册的网页，在【服务器行为】面板中单击 + 按钮，在弹出的下拉菜单中选择【用户身份验证】/【检查新用户名】命令，弹出【检查新用户名】对话框，在该对话框中进行参数设置即可，如图 12-14 所示。

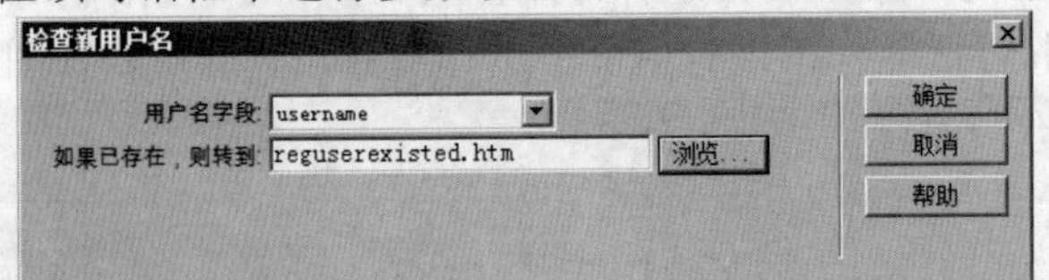

图12-14　【检查新用户名】对话框

12.1.7　SQL 常用语句

了解 SQL 常用语句的基本使用方法，在 Dreamweaver CS6 中对于创建高级的应用程序很有帮助。下面对 SQL 常用语句进行简要说明。

一、 检索记录（SELECT）

从数据库中检索记录，需要使用SELECT语句，其格式如下。

```
SELECT <目标表达式>[，<目标表达式>]…
FROM<表名>[，<表名>]…
[WHERE<条件表达式>]
[ORDER BY<列名>[ASC|DESC]];
```

整个SELECT语句的含义是：根据WHERE子句的条件表达式，从FROM子句指定的基本表中找出满足条件的数据，再按SELECT 子句中的目标列表达式形成结果表。如果有ORDER BY子句，则结果表还要按照列名的值来升序（ASC）或者降序（DESC）排列。

检索数据表“UserData”中的所有数据的语句如下。

```
SELECT * FROM UserData
```

“*”表示查询符合条件用户的所有信息。

检索用户名为“Marky”的所有注册信息的语句如下。

```
SELECT * FROM UserData WHERE UserName = 'Marky'
```

在WHERE子句中文本型字符串“Marky”一定要包含在一对单引号中，否则会出错。

检索生日大于“1971-9-1”且性别为男性的“用户名、密码”，按照UserId升序排列的语句如下。

```
SELECT UserName,Password FROM UserData WHERE Birthday > '1971-9-1' AND
Sex = 1 ORDER BY UserId
```

这里读者可能不理解“Sex = 1”为什么表示男性？这是因为在创建数据表中的Sex字段时，将数据类型定义为整形数字类型，而且将默认值设置为“0”。在注册表单中，如果选择性别为“男”，那么表单的【选定值】为“1”，这是在表单制作过程中设置的。而性别为“女”，那么表单的【选定值】为“0”，因此数据表中的Sex字段就会记录下数字“1”或者“0”，所以“Sex = 1”表示性别为男性。而在SQL语句中，数字是不必使用单引号的，而时间字符或者文本字符必须包含在单引号内。

本例的WHERE子句中包含两个条件，当这两个条件必须同时满足时，使用AND来连接。当只需满足一个条件时，使用OR来连接。ORDER子句默认按升序（ASC）排列。

检索个人签名中包含文本“可爱”的用户注册信息的语句如下。

```
SELECT * FROM UserData WHERE Sign LIKE '%可爱%'
```

LIKE可以用来表示字符串匹配，表达式中可以是一个完整的字符串，也可以含有通配符“%”和“_”。“%”表示匹配任意多个字符，甚至是零个字符；“_”表示任意单个字符。上面的查询条件中有“%”，说明是部分匹配，即查找包含“可爱”两字的注册信息。如果查询以“可爱”开头的注册信息，可使用：'可爱%'。

检索最新注册的前10位用户信息的语句如下。

```
SELECT TOP 10 * FROM UserData ORDER BY RegTime DESC
```

最新注册，也就是要按照注册时间降序排列。前10位则使用TOP 10来表示，TOP关键字表明从数据表中得到前 x 行数据。

二、 添加记录（INSERT）

向数据表中添加记录要使用INSERT语句，其格式为：

```
INSERT
INTO <表名>[(<属性列 1>[，<属性列 2>]…)]
VALUES (<常量 1>[，<常量 2>]…);
```

如果一个表有多个字段，通常把字段名和字段值用逗号隔开。没有出现的属性列，新记录在这些列上将取空值。如果 INTO 子句中没有指明任何列名，则新插入的记录必须在每个属性列上均有值。

插入注册用户信息的语句如下。

```
INSERT INTO UserData(UserName, Password) VALUES('Marky', '123456')
```

三、 修改记录（UPDATE）

要修改数据表中已经存在的一条或多条记录，需要使用 UPDATE 语句。同 DELETE 语句一样，UPDATE 语句可以使用 WHERE 子句来定义更新特定的记录，如果不提供 WHERE 子句，表中的所有记录都将被更新。UPDATE 语句的格式如下。

```
UPDATE <表名>
SET<列名>=<表达式>[，<列名>=<表达式>]…
[WHERE<条件表达式>];
```

将帖子序号为 25 的点击次数加 1 的语句如下。

```
UPDATE bbs SET hits=hits+1 WHERE ID=25
```

字段 hits 表示帖子的点击数，使用数字类型来定义。

四、 删除记录（DELETE）

要从表中删除一个或多个记录，需要使用 DELETE 语句。可以给 DELETE 语句提供 WHERE 子句，WHERE 子句用来定义要删除的记录，如果不给 DELETE 语句提供 WHERE 子句，数据表中的所有记录都将被删除。DELETE 语句的格式如下。

```
DELETE
FROM<表名>
[WHERE<条件表达式>];
```

删除用户名为“Marky”的用户信息的语句如下。

```
DELETE FROM UserData WHERE UserName='Marky'
```

12.1.8　SQL 常用函数

了解 SQL 常用函数的基本使用方法，在 Dreamweaver CS6 中对于创建高级的应用程序非常有益。下面对 SQL 常用函数进行简要说明。

一、 数字函数

常用的数字函数有以下几个。

- ABS(n)：求 n 的绝对值。
- EXP(n)：求 n 的指数。
- MOD(m,n)：求 m 除以 n 的余数。
- CEIL(n)：返回大于等于 n 的最小整数。
- FLOOR(n)：返回小于等于 n 的最大整数。

- ROUND(*n*,*m*)：对 *n* 小数点后的值做四舍五入处理，保留 *m* 位。
- TRUNC(*n*,*m*)：对 *n* 小数点后的值做截断处理，保留 *m* 位。
- SQRT(*n*)：求 *n* 的平方根。
- SING(*n*)：求 *n* 的值，为正数、0 或负数时分别返回 1、0、－1。

二、 字符函数

常用的字符函数有以下几个。

- LOWER(char)：将大写转换为小写。
- UPPER(char)：将小写转换为大写。
- INITCAP(char)：将首字母转换为大写。
- CONCAT(char1,char2)：连接字符串，相当于“||”。
- SUBSTR(char,start,length)：返回字符串表达式中从第 start 开始的 length 个字符。
- LENGTH(char)：返回字符串表达式 char 的长度。
- LTRIM(char)：去掉字符串表达式后面的空格。
- ASCII(char)：取字符串 char 的首字符的 ASCII 值。
- CHAR(number)：取 number 的 ASCII 字符。
- REPLACE(char1,str1,str2)：将字符串中所有的 str1 换成 str2。
- INSTR(char1,char2,start,times)：在 char1 字符串中搜索 char2 字符串，start 为执行搜索的起始位置，times 为搜索次数。

三、 日期函数

常用的日期函数有以下几个。

- SYSDATE( )：返回系统当前日期和时间。
- NEXT_DAY(day,char)：返回 day 指定的日期之后并满足 char 指定条件的第一个日期，char 所指条件只能为星期几。
- LAST_DAY(day)：返回 day 日期所指定月份中最后一天所对应的日期。
- ADD_MONTHS(day,n)：返回日期在 *n* 个月后（*n* 为正数）或前（*n* 为负数）的日期。
- MONTHS_BETWEEN(day1,day2)：返回 day1 日期与 day2 日期相差的月份。
- ROUND(day,[fmt])：按 fmt 格式对日期数据做舍入处理，默认舍入到日。
- TRUNC(,[fmt])：按照 fmt 指定的格式对日期数据 day 做截断处理，默认截断到日。

四、 转换函数

常用的数据类型转换函数有以下几个。

- TO_CHAR(number or date)：将一个数字或日期转换成为字符串。
- TO_NUMBER(char)：将字符型数据转换成为数字型数据。
- TO_DATE(char)：将字符型数据转换成为日期型数据。
- CONVERT(char)：将一个字符串从一种字符集转换成为另一种字符集。
- CHARTOROWID(char)：将字符串转换成为 ROWID 数据类型。
- ROWIDTOCHAR(char)：将字符串转换成为 CHAR 数据类型。

- HEXTORAW(char_16)：将一个十六进制字符串转换成为 RAW 数据类型。
- ROWTOHEX(raw)：将一个 RAW 数据类型转换成为十六进制数据类型。
- TO_MULTI_BYTE(char_single)：将一个单字节字符串转换成为多字节字符串。
- TO_SINGLE_BYTE(char_multi)：将一个多字节字符串转换成为单字节字符串。

五、 聚合函数

常用的聚合函数有以下几个。

- FIRST(n_1,n_2,n_3,…)：返回第一个值。
- LAST(n_1,n_2,n_3,…)：返回最后一个值。
- AVG(n_1,n_2,n_3,…)：计算一列值的平均值。
- SUM(n_1,n_2,n_3,…)：计算一列值的总和。
- COUNT(n_1,n_2,n_3,…)：统计一列中值的个数。
- STDDEV(n_1,n_2,n_3,…)：计算一列值的标准差。
- MAX(n_1,n_2,n_3,…)：求一列值中的最大值。
- MIN(n_1,n_2,n_3,…)：求一列值中的最小值。
- VARIANCE(n_1,n_2,n_3,…)：计算一列值的方差。

六、 其他函数

另外，还有以下函数也经常用到。

- GREATEST(参数 1[,参数 2]...)：返回参数中的最大值。
- LEAST(参数 1[,参数 2]...)：返回参数中的最小值。
- DECODE(e，s_1，t_1[,s_2,t_2]...[,def])：若 $e=s_1$，函数返回 t_1；若 $e=s_2$，函数返回 t_2，其他依此类推，否则返回 def。表达式 e 允许任何数据类型，但是要求被比较的各个 s 具有相同的数据类型。def 被默认时表示默认值是 null。
- nvl(参数 1,参数 2)：如果参数 1 非空则返回参数 1，反之则返回参数 2。

12.2　范例解析

下面通过具体范例来学习显示、添加、更新和删除记录的具体方法。

12.2.1　配置 Web 服务器

在 Windows 7 中配置 Web 服务器的操作步骤如下。

1. 在本地硬盘上创建一个文件夹，如“E:\cjpt”。
2. 打开【控制面板】，在【查看方式】中选择【小图标】选项（也可选择【大图标】选项），如图 12-15 所示。

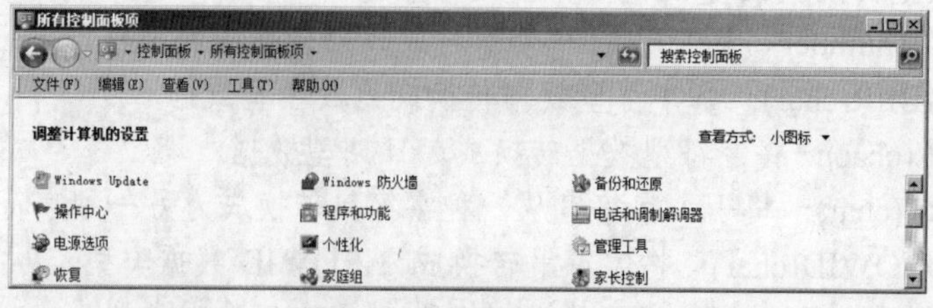

图12-15　打开【控制面板】

3. 单击【管理工具】选项，进入【管理工具】窗口，然后双击【Internet 信息服务（IIS）管理器】选项，打开【Internet 信息服务（IIS）管理器】窗口，并在左侧列表中展开【网站】的相关选项。
4. 选择【Default Web Site】选项，然后单击鼠标右键，在弹出的快捷菜单中选择【添加虚拟目录】命令，打开【添加虚拟目录】对话框，设置虚拟目录别名和物理路径，如图 12-16 所示。

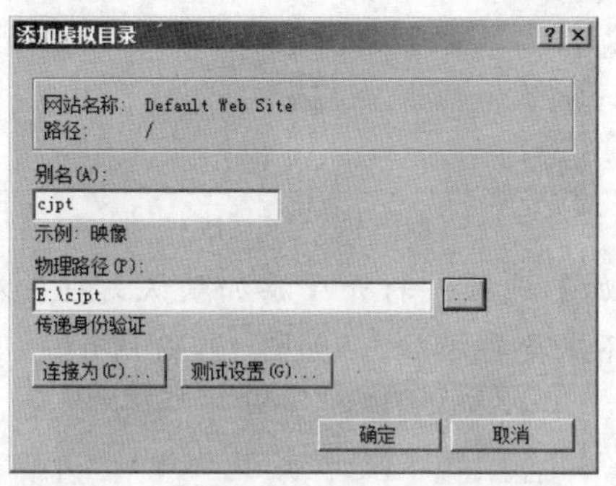

图12-16 【添加虚拟目录】对话框

5. 单击 确定 按钮，在【Internet 信息服务（IIS）管理器】窗口的默认站点【Default Web Site】下创建了虚拟目录，如图 12-17 所示。

图12-17 创建虚拟目录

6. 在中间窗口中双击【ASP】选项，在打开的【ASP】窗口中将【启用父路径】的值设置为“True”，如图 12-18 所示。

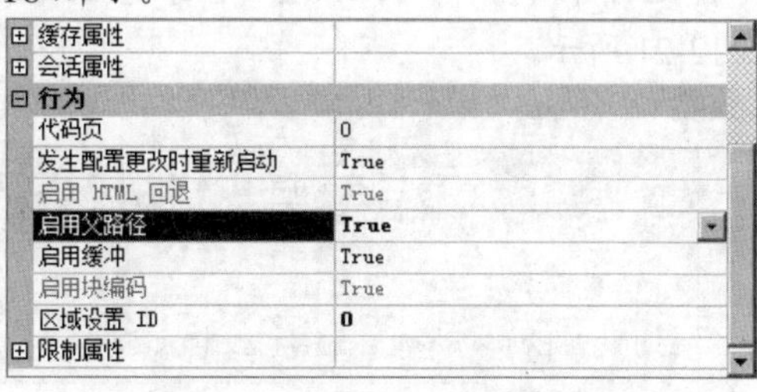

图12-18 启用父路径

7. 在【Internet 信息服务（IIS）管理器】窗口左侧列表中选择虚拟目录【cjpt】，然后在中间窗口中双击【默认文档】选项，结果如图 12-19 所示。

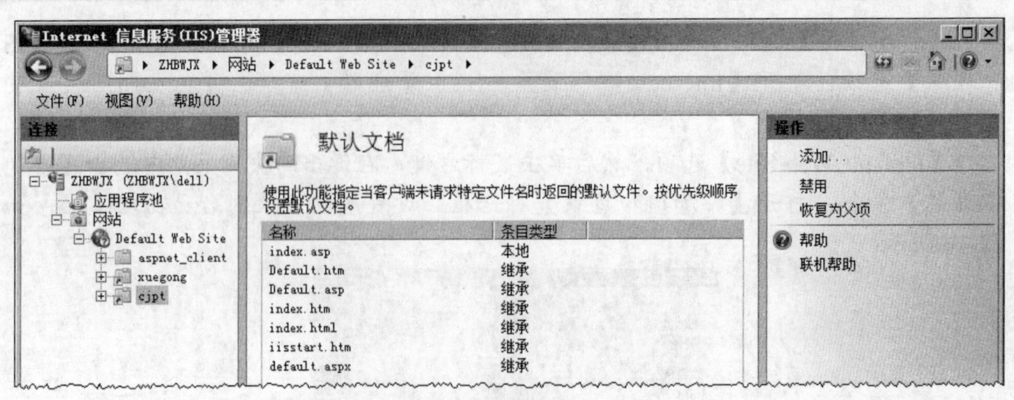

图12-19　默认文档

8. 在右侧列表中单击【添加】选项，打开【添加默认文档】对话框，根据需要添加默认文档名称（如果已存在不需要再添加），如图 12-20 所示。

图12-20　【添加默认文档】对话框

9. 单击 确定 按钮，添加默认文档，如果要修改虚拟目录指向的位置，即物理路径，单击窗口左侧列表中的虚拟目录“cjpt”，然后单击右侧列表【操作】中的【基本设置】选项，打开【编辑虚拟目录】对话框进行修改即可。

这样 Windows 7 中 Web 服务器的基本设置就完成了，可以运行 ASP 网页了。如果本地计算机有 IP 地址，如“10.6.4.8”，可以使用“http://10.6.4.8/cjpt”来测试网页。如果没有 IP 地址，可以使用“localhost”来代替，如“http://localhost/cjpt”。另外，还可以使用“127.0.0.1”，如 http://127.0.0.1/cjpt 来测试网页。

12.2.2　配置站点服务器信息

在 Dreamweaver CS6 中配置站点服务器的操作步骤如下。

1. 在 Dreamveaver CS6 中，选择菜单命令【站点】/【新建站点】，在弹出的对话框中设置好【站点】选项，如图 12-21 所示。

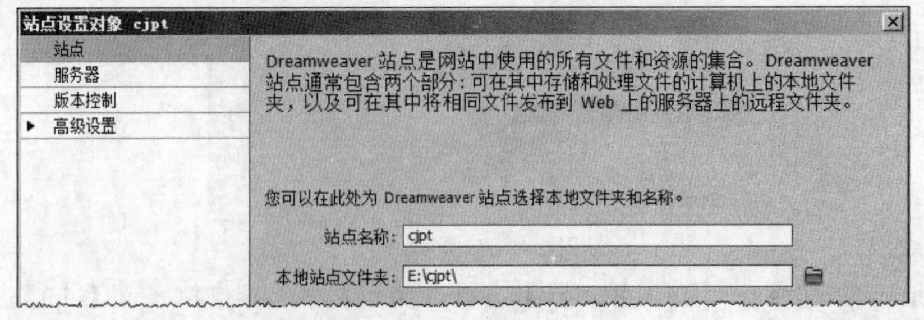

图12-21　本地站点信息

2. 在【服务器】选项中，单击 + 按钮，弹出新的对话框，【基本】选项卡参数设置如图 12-22 所示。

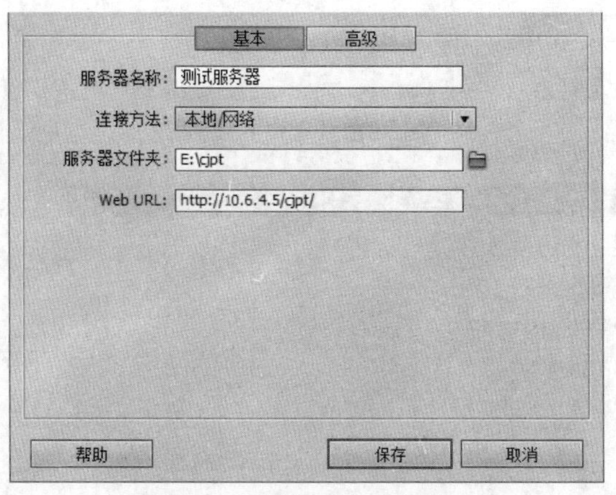

图12-22 设置【基本】选项卡

3. 切换到【高级】选项卡，参数设置如图 12-23 所示。

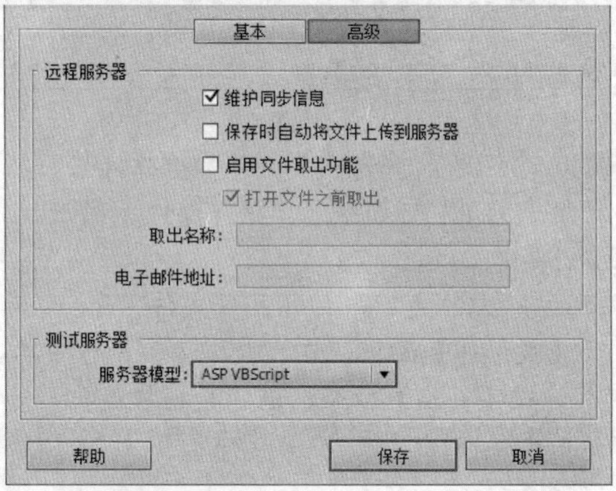

图12-23 设置【高级】选项卡

4. 单击 保存 按钮，然后选择【测试】选项，如图 12-24 所示，最后依次单击 保存 按钮，关闭对话框。

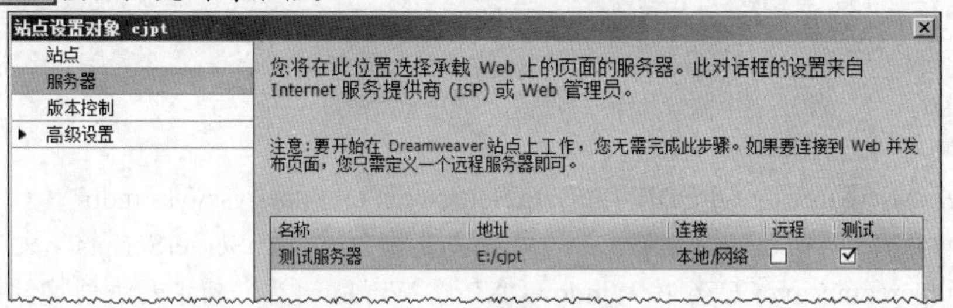

图12-24 选择【测试】选项

12.2.3 显示记录

将附盘文件复制到站点文件夹下，然后使用服务器技术将数据表“jyss”中的数据显示出来，效果如图 12-25 所示。

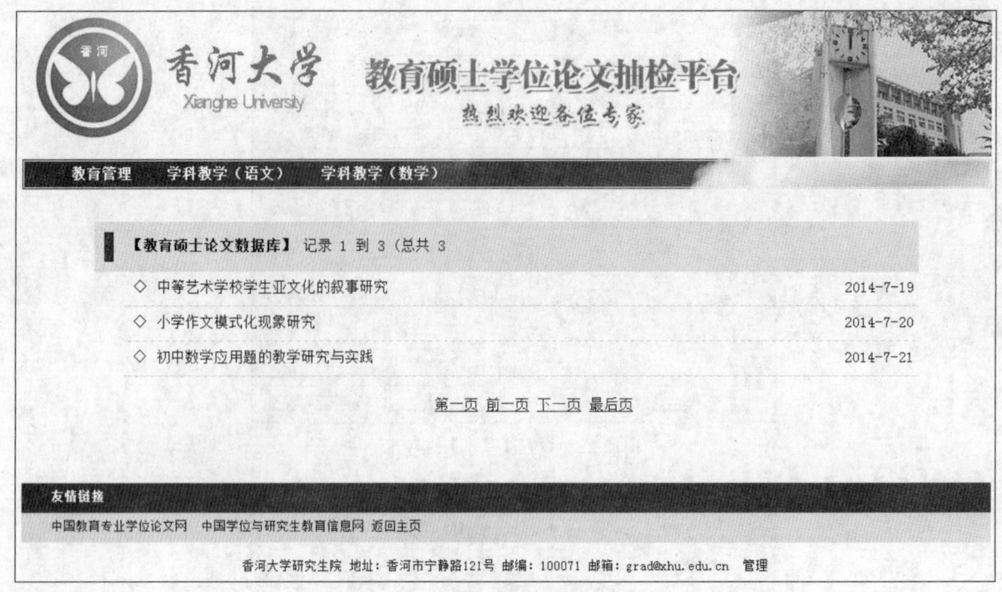

图12-25　显示记录

这是显示数据库记录的一个例子，首先需要创建数据库连接，然后创建记录集，插入动态文本，设置重复区域、记录集分页和导航状态。具体操作步骤如下。

下面创建数据库连接。

1. 将附盘文件复制粘贴到站点文件夹下，打开网页文件“index.asp”，选择菜单命令【窗口】/【数据库】，打开【数据库】面板。在【数据库】面板中单击 + 按钮，在弹出的下拉菜单中选择【自定义连接字符串】命令，创建数据库连接，如图 12-26 所示。

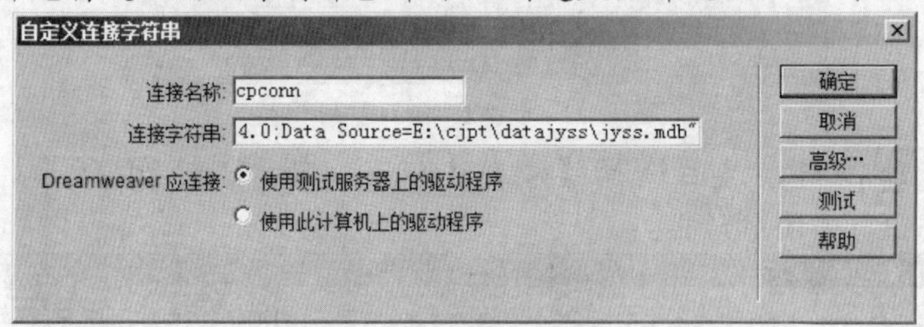

图12-26　创建数据库连接

其中，使用的连接字符串如下。

"Provider=Microsoft.Jet.OLEDB.4.0;Data Source=E:\cjpt\datajyss\jyss.mdb"

连接成功后，可将数据库及其所在的文件夹复制到“_mmServerScripts”文件夹下。如果用户的 Dreamveaver CS6 在 Windows XP 或 Windows 7 中确实无法创建数据库连接，建议使用服务器操作系统进行测试，具体设置方法参考第 13 章。

下面设置显示记录的操作。

2. 选择菜单命令【窗口】/【绑定】，打开【绑定】面板，然后单击 + 按钮，在弹出的下拉菜单中选择【记录集】命令，创建记录集“Rs”，如图 12-27 所示。
3. 将鼠标光标置于“◇”右侧的单元格内，在【绑定】面板中选中“title”，单击 插入 按钮插入动态文本，然后利用相同的方法插入其他动态文本，如图 12-28 所示。

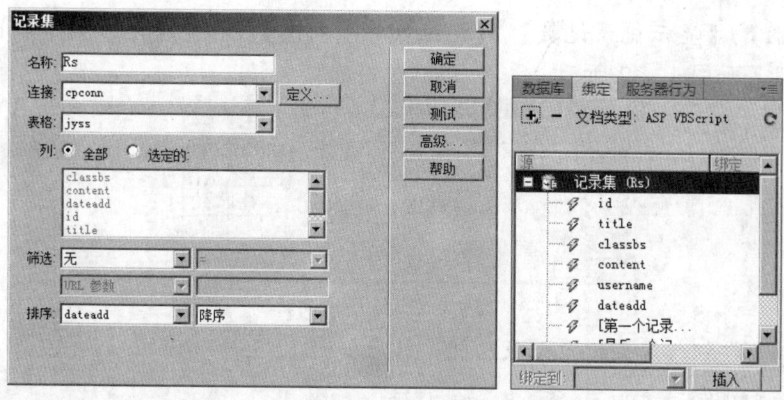

图12-27　创建记录集

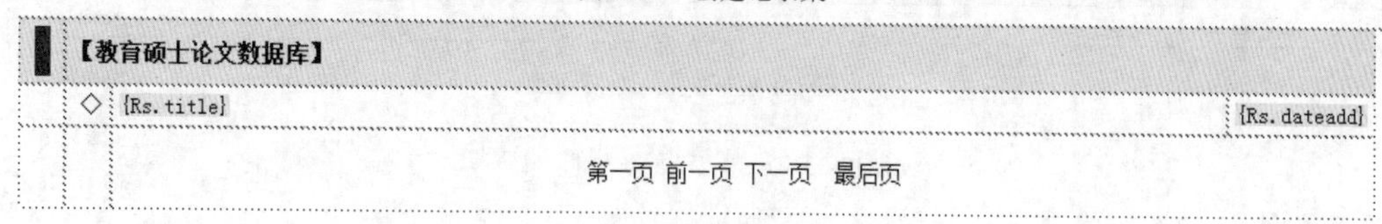

图12-28　插入动态文本

4. 选中表格中的动态数据行，然后在【服务器行为】面板中单击+按钮，在弹出的下拉菜单中选择【重复区域】命令，打开【重复区域】对话框，参数设置如图 12-29 所示。

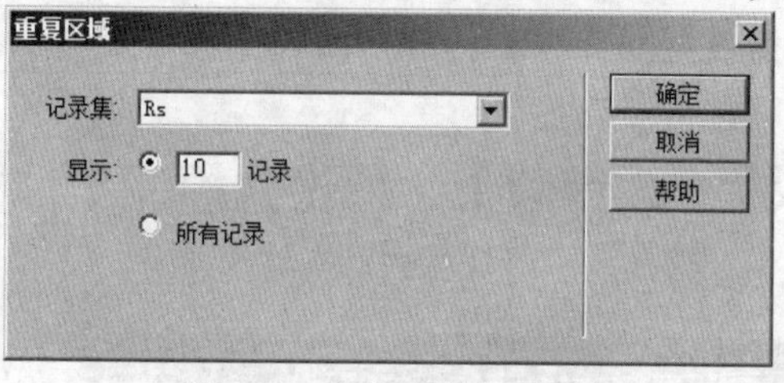

图12-29　【重复区域】对话框

5. 单击 确定 按钮，设置重复区域，效果如图 12-30 所示。

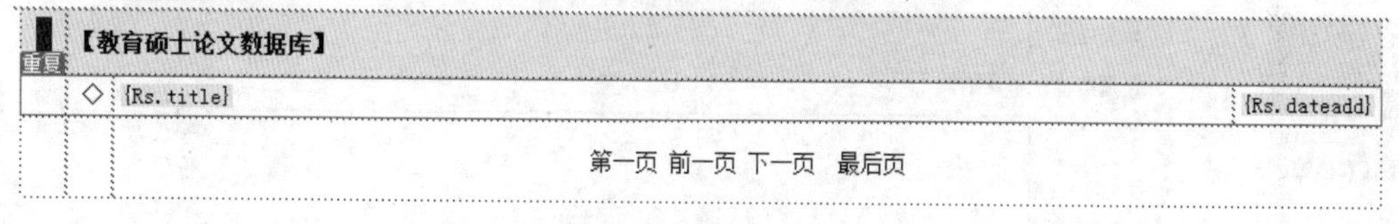

图12-30　设置重复区域

6. 选中文本“第一页”，在【服务器行为】面板中单击+按钮，在弹出的下拉菜单中选择【记录集分页】/【移至第一条记录】命令来设置分页功能，如图 12-31 所示。

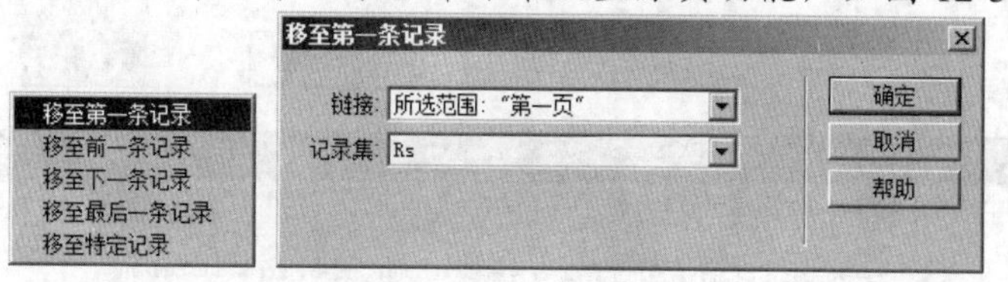

图12-31　设置分页功能

7. 运用相同的方法依次给文本“前一页”、“下一页”和“最后页”分别设置“移至前一条记录”、“移至下一条记录”和“移至最后一条记录”功能。
8. 将鼠标光标置于文本“【教育硕士论文数据库】”后面，然后选择菜单命令【插入】/

【数据对象】/【显示记录记数】/【记录集导航状态】，打开【记录集导航状态】对话框，参数设置如图 12-32 所示。

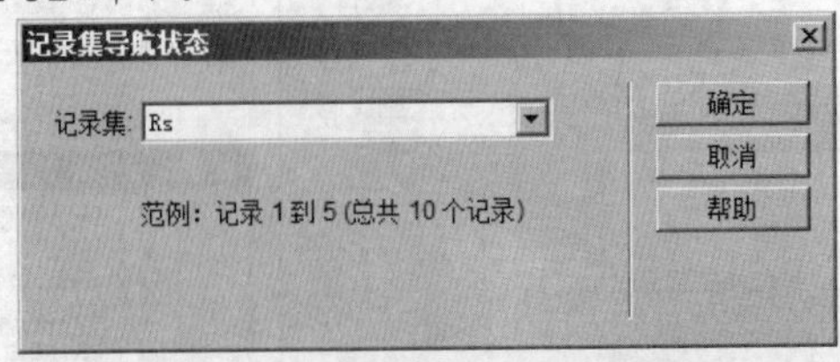

图12-32 【记录集导航状态】对话框

9. 单击 确定 按钮，设置记录记数功能，效果如图 12-33 所示。

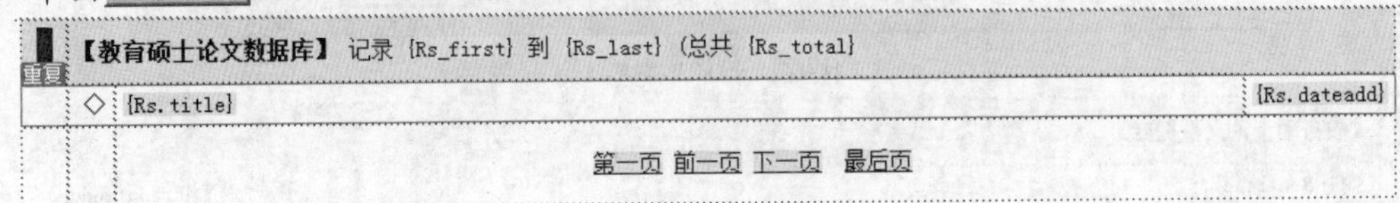

图12-33 设置记录记数功能

10. 保存文件。

12.2.4 插入记录

使用插入记录服务器行为设置网页，效果如图 12-34 所示。

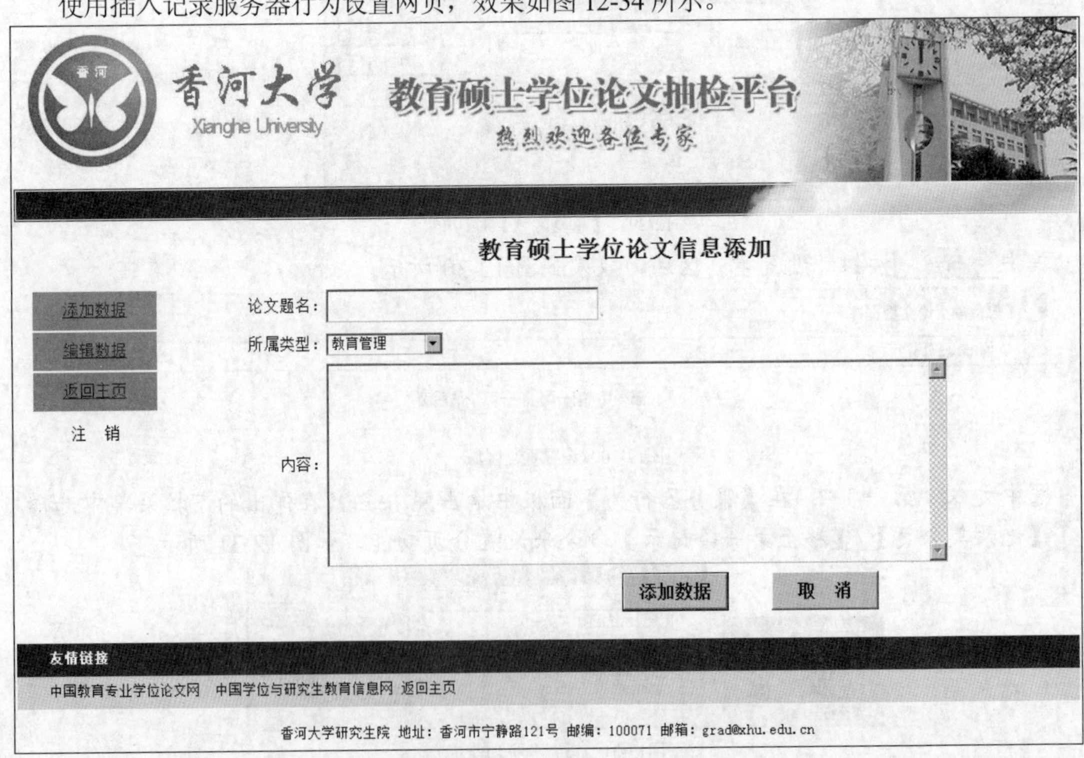

图12-34 插入记录

这是操作数据库记录的一个例子，需要使用插入记录服务器行为，具体操作步骤如下。

1. 打开附盘文件“append.asp”，如图 12-35 所示。

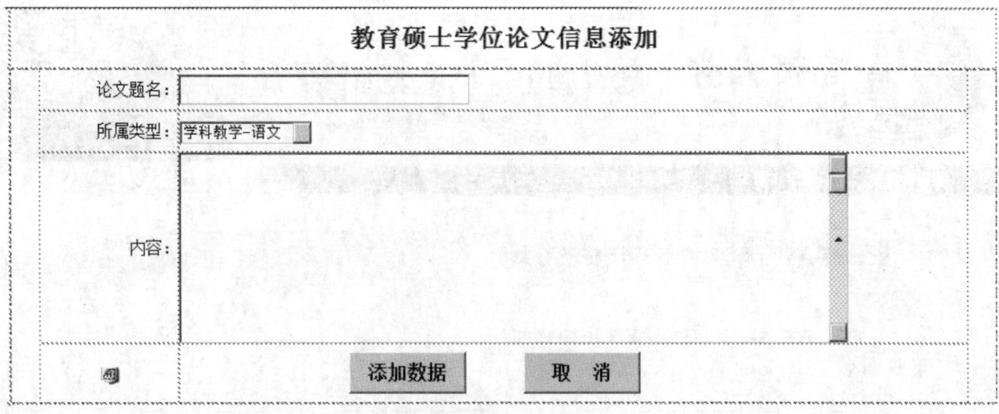

图12-35　打开文档

2. 在【服务器行为】面板中单击 + 按钮，在弹出的下拉菜单中选择【插入记录】命令，弹出【插入记录】对话框，在该对话框中进行参数设置，如图 12-36 所示。

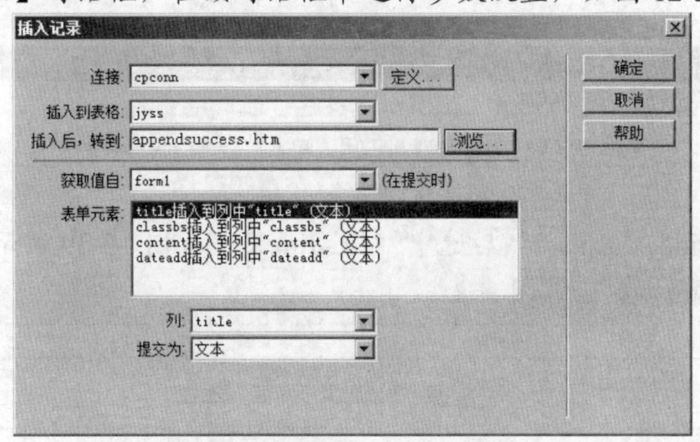

图12-36　【插入记录】对话框

3. 单击 确定 按钮，向数据表中添加记录的设置就完成了，如图 12-37 所示。

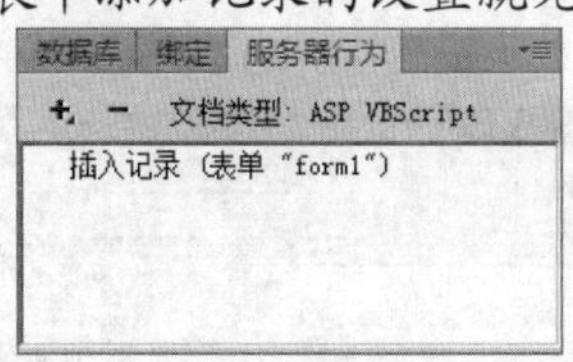

图12-37　【服务器行为】面板

4. 保存文档。

关于更新记录和删除记录的操作，限于篇幅这里不再详细介绍，有兴趣的读者可参阅相关资料进行学习，本章实例已提供了相应的素材供读者使用。

12.3　实训——显示记录

根据条件显示记录，最终效果如图 12-38 所示。

这是根据传递参数显示数据库记录的一个例子，步骤提示如下。

首先设置网页文档“index.asp”中需要传递的参数。

图12-38　根据条件显示记录

1. 打开附盘文件“index.asp”，然后选中“{Rs.title}”，如图 12-39 所示。

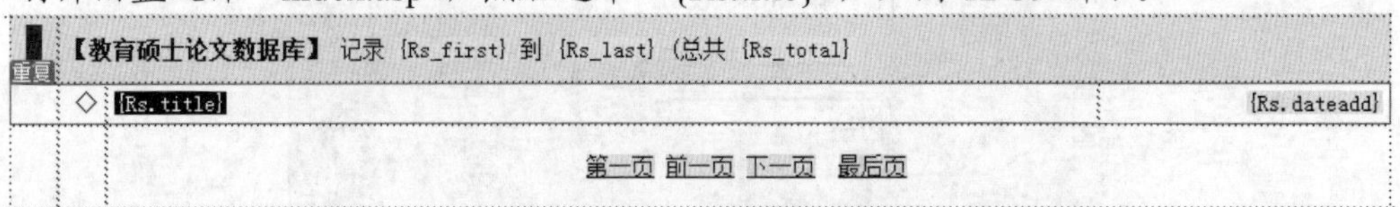

图12-39　创建记录集

2. 在【属性（HTML）】面板中单击【链接】列表框后面的按钮，打开【选择文件】对话框，选中文件“content.asp”，如图 12-40 所示。

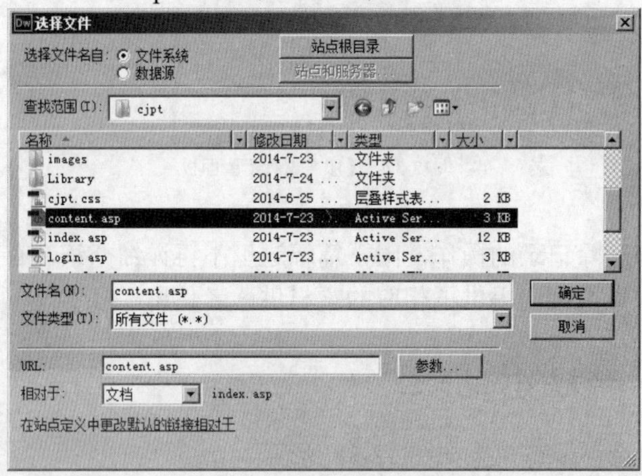

图12-40　【选择文件】对话框

3. 单击 参数... 按钮，打开【参数】对话框，在【名称】文本框中输入“id”。单击【值】文本框后面的按钮，打开【动态数据】对话框，选择“id”，如图 12-41 所示。

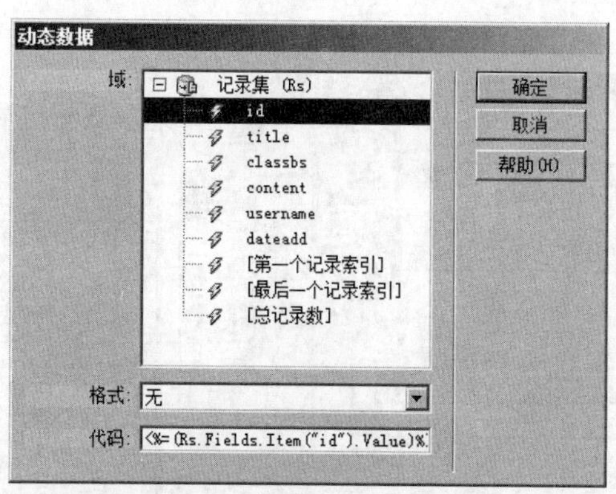

图12-41 【动态数据】对话框

4. 单击 确定 按钮，【参数】对话框如图 12-42 所示。

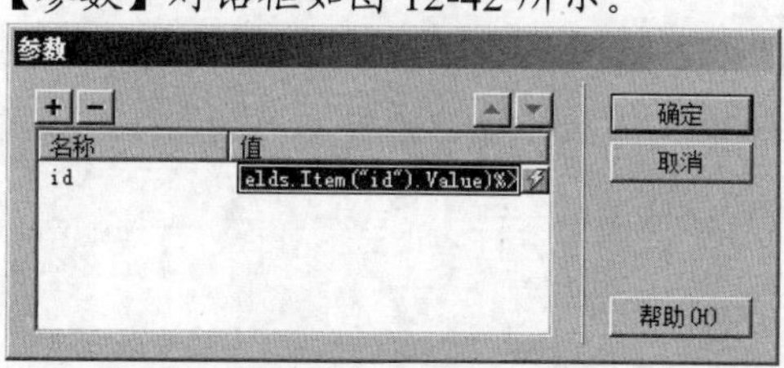

图12-42 【参数】对话框

5. 单击 确定 按钮，返回【选择文件】对话框，如图 12-43 所示。

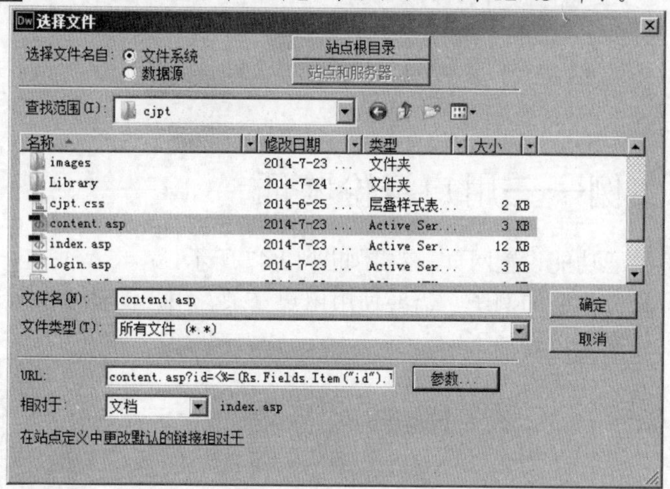

图12-43 设置参数后的【选择文件】对话框

6. 单击 确定 按钮，【属性（HTML）】面板如图 12-44 所示，然后保存该文档。

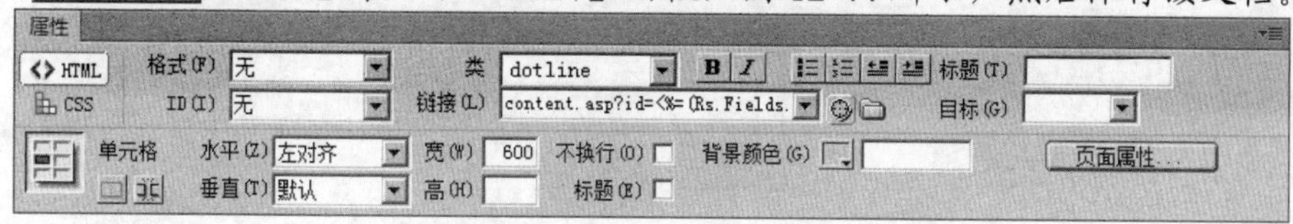

图12-44 【属性（HTML）】面板

下面设置网页文档“content.asp”，以根据接收的参数显示记录。

7. 打开网页文档“content.asp”，选择菜单命令【窗口】/【绑定】，打开【绑定】面板。单击 按钮，在弹出的下拉菜单中选择【记录集】命令，创建记录集“Rs”，如图

12-45 所示。

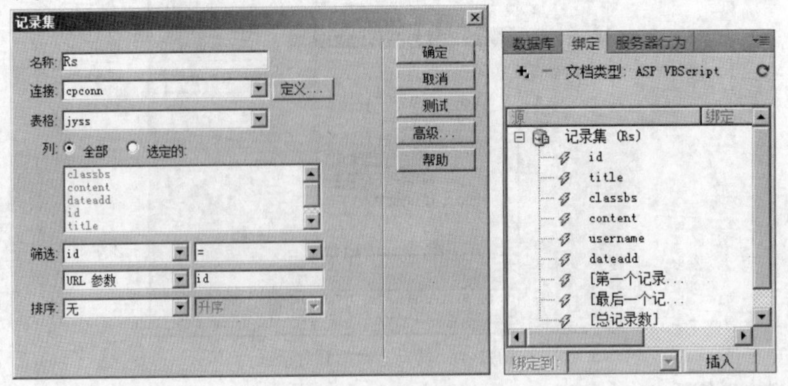

图12-45　创建记录集

8. 将鼠标光标置于"【】"内，在【绑定】面板中选中"title"，单击 插入 按钮插入动态文本，然后利用相同的方法插入其他动态文本，如图 12-46 所示。

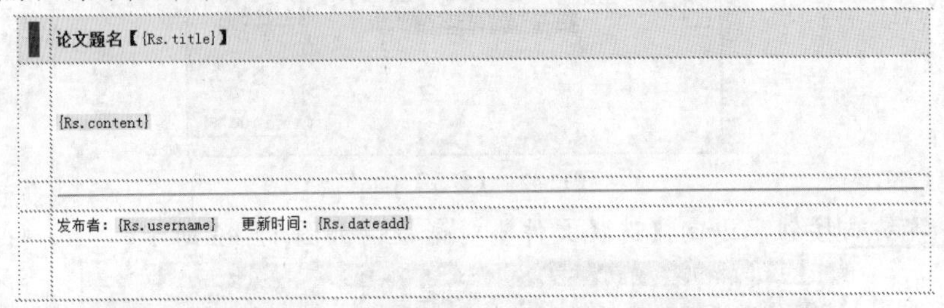

图12-46　插入动态文本

9. 保存文档。

12.4　综合案例——用户身份验证

使用用户身份验证功能设置网页，效果如图 12-47 所示。

这是一个用户身份验证的例子，需要使用用户登录、用户注销以及限制对页的访问服务器行为等功能。具体操作步骤如下。

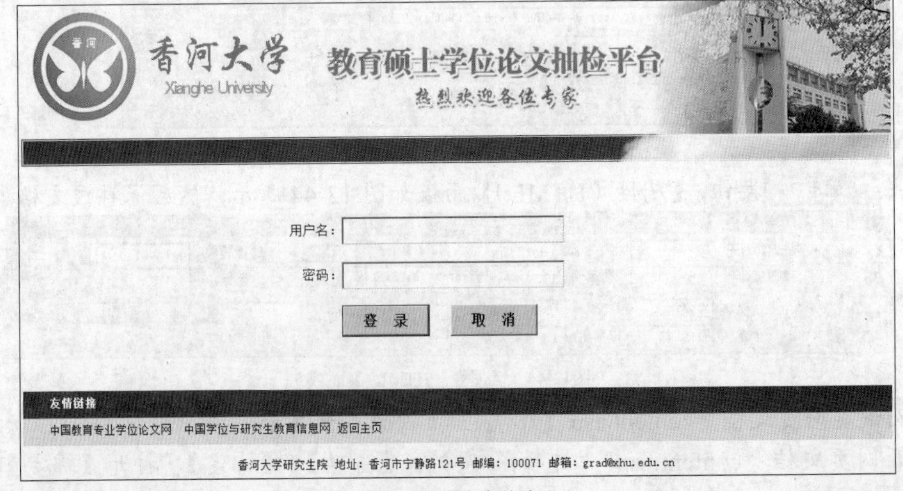

图12-47　用户身份验证

1. 打开网页文档“login.asp”，然后选择菜单命令【插入】/【数据对象】/【用户身份验证】/【登录用户】，在打开的对话框中添加登录用户服务器行为，如图 12-48 所示。

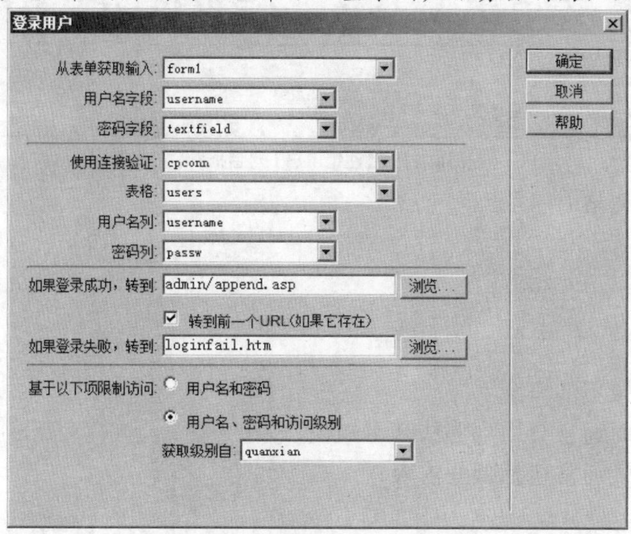

图12-48 【登录用户】对话框

2. 打开网页文档“append.asp”，通过菜单命令【插入】/【数据对象】/【用户身份验证】/【限制对页的访问】，打开【限制对页的访问】对话框。
3. 在【基于以下内容进行限制】选项中选择【用户名、密码和访问级别】，然后单击 定义... 按钮，打开【定义访问级别】对话框，添加访问级别，如图 12-49 所示。

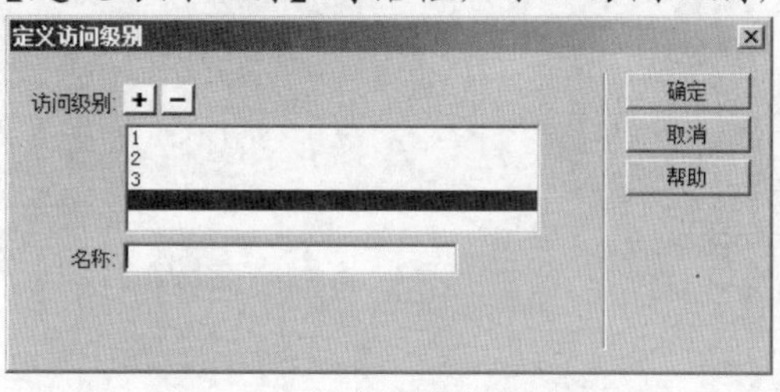

图12-49 【定义访问级别】对话框

4. 在【如果访问被拒绝，则转到】文本框中设置访问被拒绝时转到登录页“refuse.htm”，如图 12-50 所示。

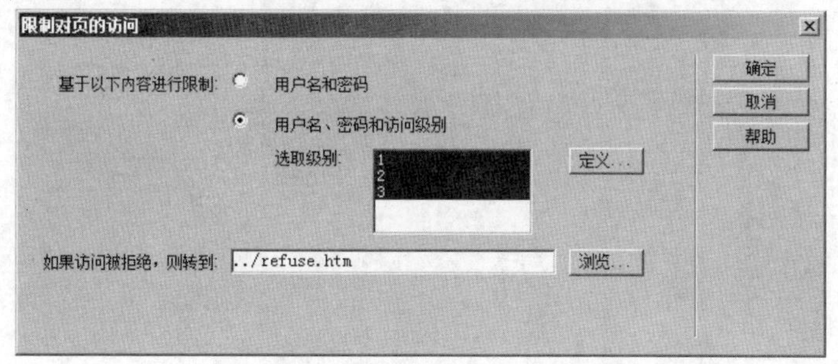

图12-50 【限制对页的访问】对话框

5. 打开网页文档“append.asp”，选中文本“注　销”，然后选择菜单命令【插入】/【数据对象】/【用户身份验证】/【注销用户】，添加注销用户服务器行为，如图 12-51 所示。

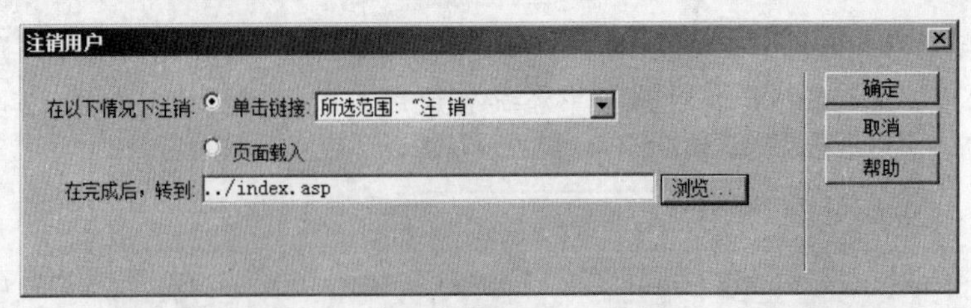

图12-51 【注销用户】对话框

6. 保存所有打开的文档。

12.5 习题

1. 思考题
   (1) 如何理解记录集的概念?
   (2) 在显示记录时通常会用到哪些基本知识?
   (3) 用户身份验证通常包括哪些内容?
2. 操作题
   使用本章所介绍的基本知识，分别创建能够显示记录的页面和能够插入记录的页面。

第13章 发布站点

【学习目标】

- 掌握配置 Web 服务器的方法。
- 掌握配置 FTP 服务器的方法。
- 掌握定义远程服务器和发布站点的方法。

网页制作完成以后，需要将所有网页文件上传到配置好了 IIS 的远程服务器，这个过程就是文件发布。本章将介绍配置 IIS 服务器和发布站点的基本方法。

13.1 功能讲解

下面介绍配置 IIS 服务器和发布站点的基本方法。

13.1.1 关于 IIS

IIS（Internet Information Server，互联网信息服务）是由微软公司提供的一种 Web（网页）服务组件，其中包括 Web 服务器、FTP 服务器、NNTP 服务器和 SMTP 服务器，分别用于网页浏览、文件传输、新闻服务和邮件发送等方面，它使得在网络（包括互联网和局域网）上发布信息成了一件很容易的事。

作为网页制作者，掌握配置 IIS 服务器以及将网页发布到远程服务器的方法是基本要求。这里假设用户能够控制远程服务器，在这种情况下，用户就可以自行配置 IIS 服务器。配置好 Web 服务器，可以保证网页能够正常运行。配置好 FTP 服务器，可以保证能够上传网页。在配置 Web 服务器时，可以直接针对站点进行配置，这通常需要有单独的 IP 地址才能够访问；也可以在已有站点的下面创建一个虚拟目录进行配置，这样只需要使用已有站点的 IP 地址加上虚拟目录名称就可以访问。在配置 FTP 服务器时，也可以针对站点或虚拟目录进行配置，方法和道理类似 Web 服务器。

本章将针对站点和虚拟目录进行配置的两种情况进行介绍，读者可以根据需要进行学习。但在 Dreamweaver CS6 中定义远程站点信息时，将针对使用虚拟目录的情况进行设置，同时对不使用虚拟目录的情况加以说明，以方便读者在实际应用中根据具体情况选择适合自己的方式。如果读者不具备使用 Windows Server 2003 中 IIS 服务器的现实条件，可使用 Windows XP Professional 中的 IIS 进行练习。读者掌握 Windows Server 2003 中 IIS 服务器的配置，对实际应用是非常有好处的。

13.1.2 连接远程服务器

如果希望使用 Dreamweaver CS6 连接到远程服务器以便发布文件，必须在【站点设置对象】对话框的【服务器】类别中设置该远程服务器，如图 13-1 所示，然后才能发布文件。其中指定的远程文件夹也称为“主机目录”，应该对应于 Dreamweaver CS6 站点的本地根文件夹。如果用户直接管理自己的远程服务器，则最好使本地根文件夹与远程文件夹同名。通常的情况是，本地计算机上的本地根文件夹直接映射到 Web 服务器上的顶级远程文件夹。但是，如果要在本地计算机上维护多个 Dreamweaver 站点，则在远程服务器上需要等量个数的远程文件夹。这时应在远程服务器中创建不同的远程文件夹，然后将它们映射到本地计算机上各自对应的本地根文件夹。

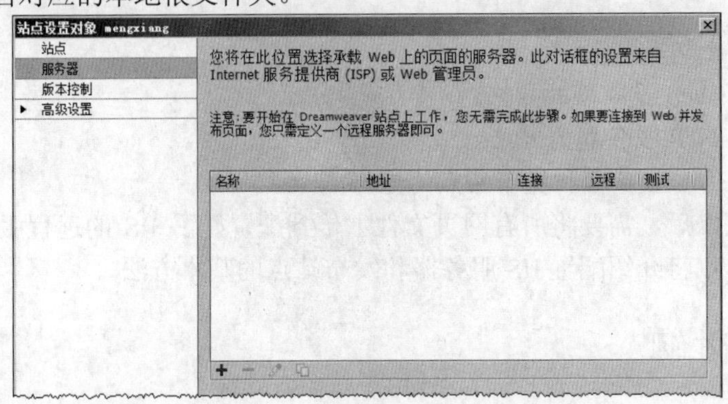

图13-1　【站点设置对象】对话框

当首次建立远程连接时，Web 服务器上的远程文件夹通常是空的。之后，当用户使用 Dreamweaver CS6 上传本地根文件夹中的所有文件时，便会用本地文件夹所有的 Web 文件来填充远程文件夹。远程文件夹应始终与本地根文件夹具有相同的目录结构。也就是说，本地根文件夹中的文件和文件夹应始终与远程文件夹中的文件和文件夹一一对应。

13.2　范例解析

下面介绍配置 IIS 服务器和发布站点的具体操作方法。

13.2.1　配置 Web 服务器

在 Windows Server 2003 的 IIS 中，如果使用默认 Web 站点可以直接进行配置，如果需要新建 Web 站点可以根据向导进行创建，如果需要在某 Web 站点下新建虚拟目录也可以根据向导进行创建并配置。在 Windows Server 2003 中配置 Web 服务器的具体操作步骤如下。

1. 首先在服务器硬盘上创建一个存放站点网页文件的文件夹，如“mengxiang”。
2. 选择【开始】/【管理工具】/【Internet 信息服务（IIS）管理器】命令，打开【Internet 信息服务（IIS）管理器】窗口，如图 13-2 所示。

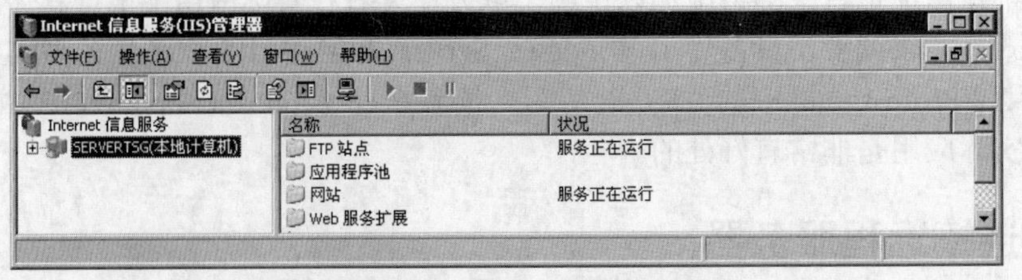

图13-2　【Internet 信息服务（IIS）管理器】窗口

下面配置默认网站属性。

3. 在左侧列表中单击“+”标识展开列表项，选择【默认网站】选项，如图 13-3 所示。

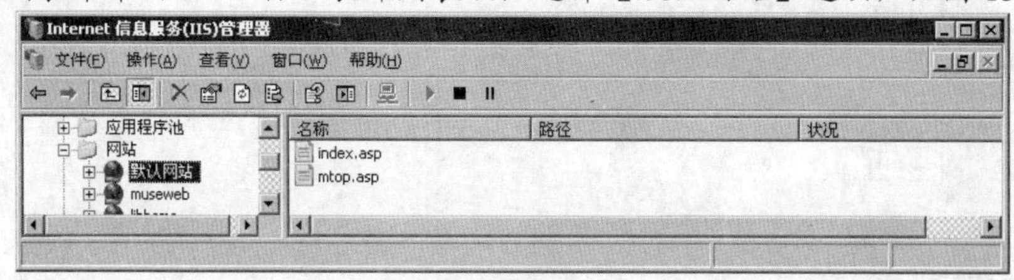

图13-3　设置 IP 地址

4. 接着单击鼠标右键，在弹出的快捷菜单中选择【属性】命令，打开【默认网站 属性】对话框，切换到【网站】选项卡，在【IP 地址】文本框中输入可以使用的 IP 地址，如图 13-4 所示。

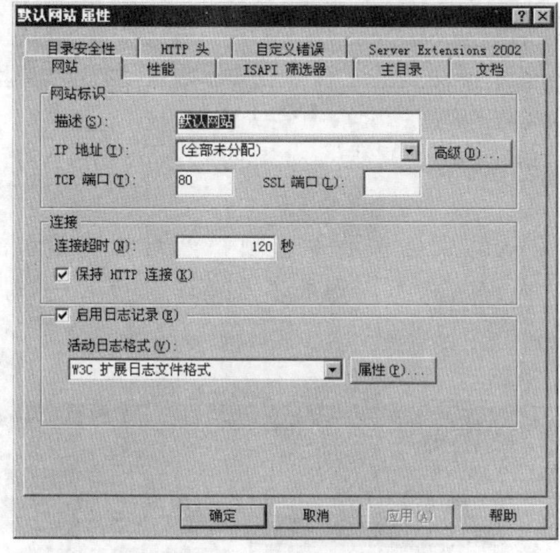

图13-4　【网站】选项卡

5. 切换到【主目录】选项卡，在【本地路径】文本框中设置网站所在的文件夹，如刚刚创建的“mengxiang”，如图 13-5 所示。

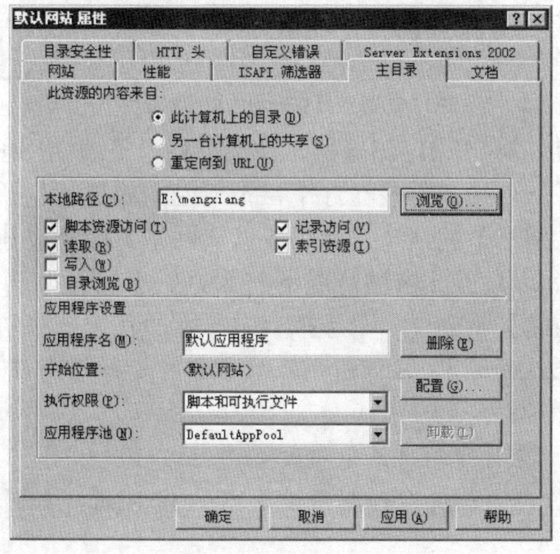

图13-5　【主目录】选项卡

6.　切换到【文档】选项卡，添加默认的首页文档名称，如图 13-6 所示。

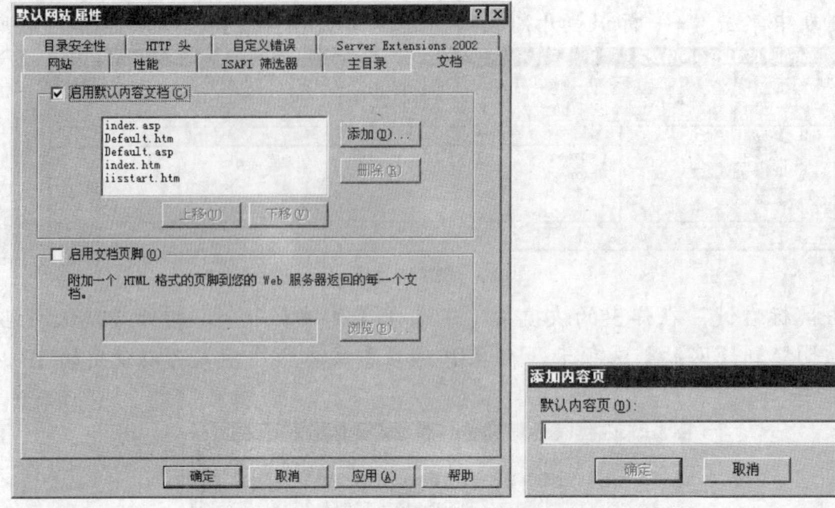

图13-6　【文档】选项卡

【默认网站 属性】对话框配置完毕后，如果网站需要运用 ASP 网页，还需要继续进行下面的配置。

7.　在左侧列表中选择【Web 服务扩展】选项，然后检查右侧列表中【Active Server Pages】选项是否是“允许”状态，如果不是（即“禁止”）需要选择【Active Server Pages】选项，接着单击 允许 按钮，使服务器能够支持运行 ASP 网页，如图 13-7 所示。

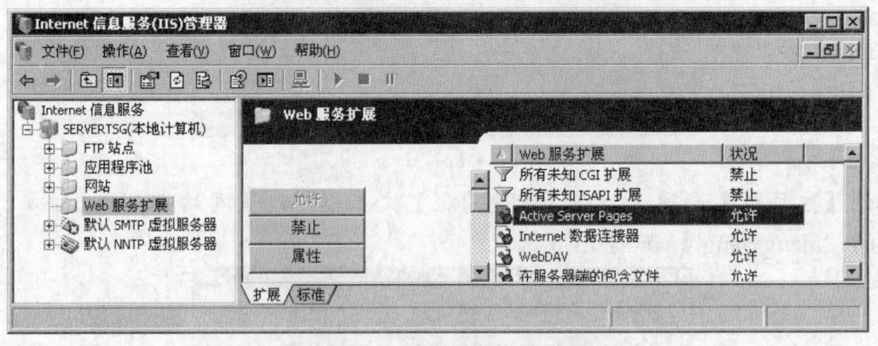

图13-7　设置【Web 服务扩展】选项

配置完 Web 服务器后，打开 IE 浏览器，在地址栏中输入 IP 地址后按 Enter 键，这样就可以打开网站的首页了。前提条件是在这个目录下已经放置了包括主页在内的网页文件。上面介绍的是配置【默认网站】的情况，如果【默认网站】已经被其他网站使用了，显然就不能再直接使用【默认网站】了，这种情况下怎么办？有两种办法，一种是再创建一个网站，另一种是在【默认网站】下创建一个虚拟目录。下面首先介绍创建一个新网站的方法。

1.　用鼠标右键单击【默认网站】，在弹出的快捷菜单中选择【新建】/【网站】命令，打开【网站创建向导】对话框。

2.　单击 下一步(N) > 按钮，在打开的对话框中设置网站名称，如图 13-8 所示。

3.　单击 下一步(N) > 按钮，在打开的对话框中设置网站 IP 地址，如图 13-9 所示。

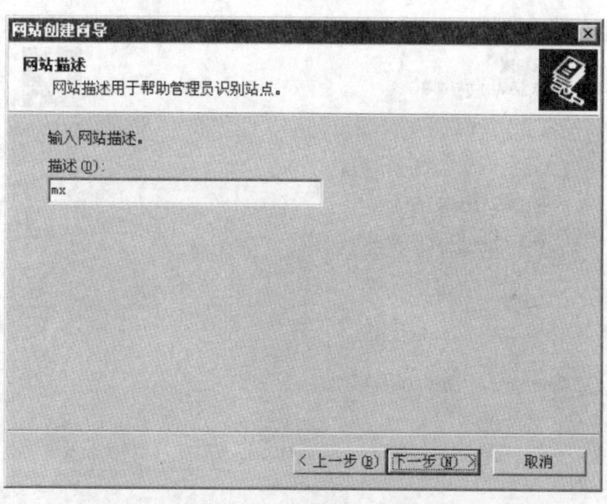

图13-8　设置网站名称

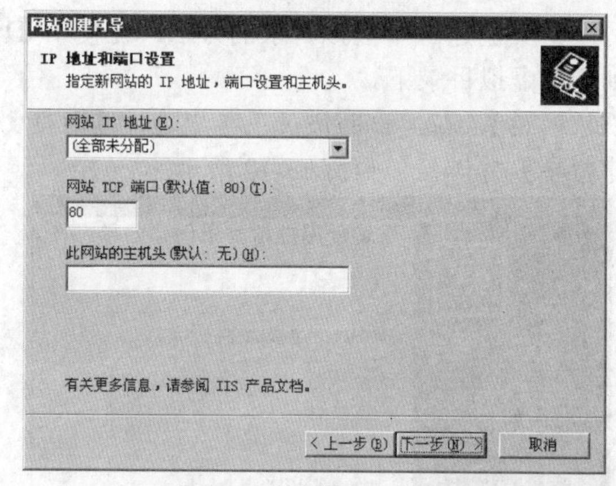

图13-9　设置网站 IP 地址

4. 单击 下一步(N) > 按钮，在打开的对话框中设置网站主目录，如图 13-10 所示。

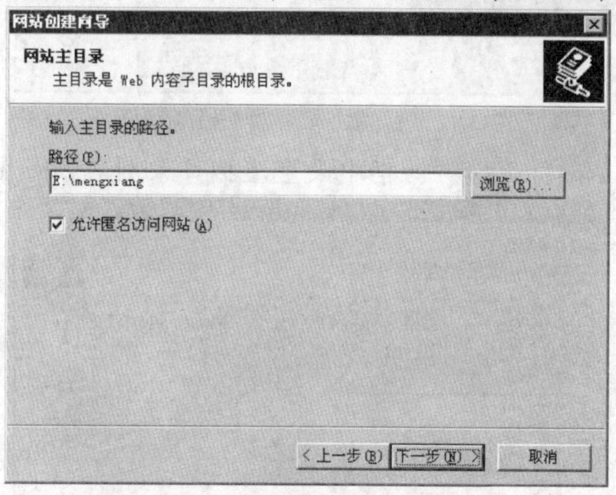

图13-10　设置网站主目录

5. 单击 下一步(N) > 按钮，在打开的对话框中设置网站访问权限，如图 13-11 所示。
6. 单击 下一步(N) > 按钮，提示已完成网站创建，单击 完成 按钮，完成新网站的创建。

网站创建完成后，在【网站】选项下将出现新创建的网站名称，可以像设置【默认网站】属性一样来检查修改新创建的网站属性。打开 IE 浏览器，在地址栏中输入 IP 地址后按 Enter 键，就可以打开网站的首页了。

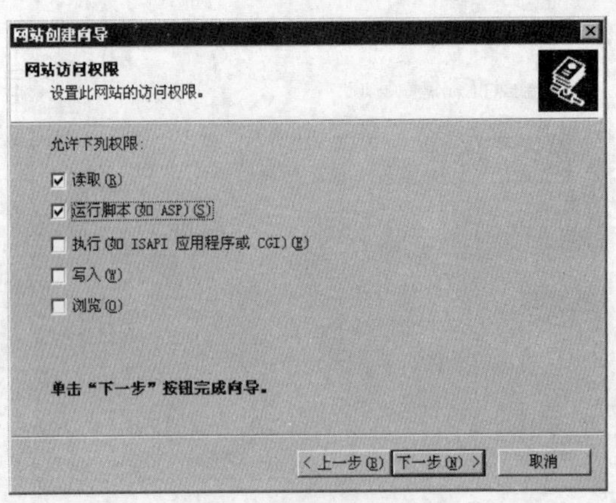

图13-11　设置网站访问权限

下面介绍在【默认网站】下创建一个虚拟目录的方法，在使用 Dreamweaver CS6 发布网站时网站内容就上传到这个虚拟目录下。

1. 用鼠标右键单击【默认网站】，在弹出的快捷菜单中选择【新建】/【虚拟目录】命令，打开【虚拟目录创建向导】对话框，如图 13-12 所示。

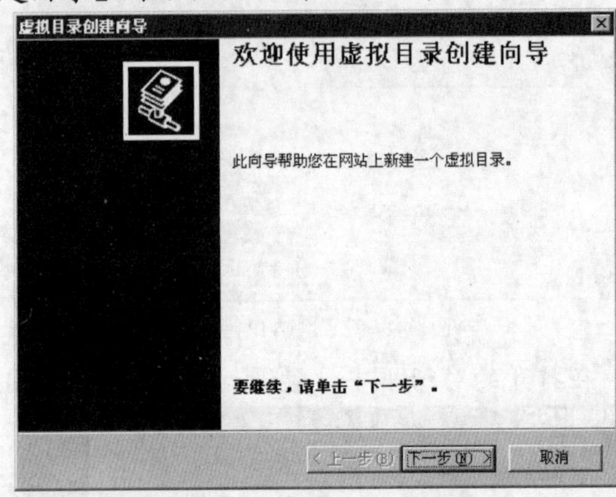

图13-12　【虚拟目录创建向导】对话框

2. 单击 下一步(N) > 按钮，在打开的对话框中设置虚拟目录别名，如图 13-13 所示。

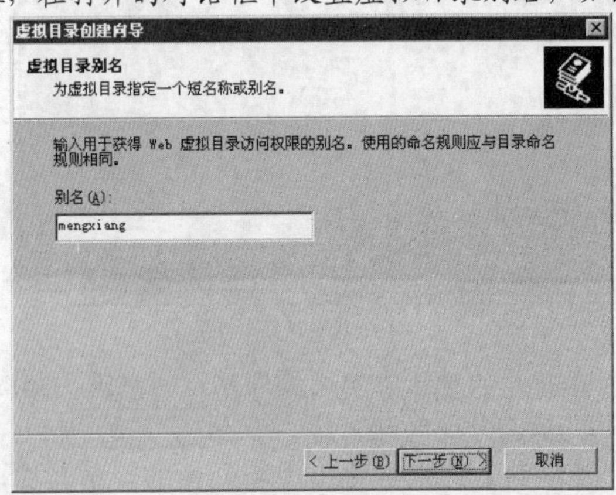

图13-13　设置虚拟目录别名

3. 单击 下一步(N) > 按钮，在打开的对话框中设置网站内容目录，即虚拟目录对应的网站物理路径，如图 13-14 所示。

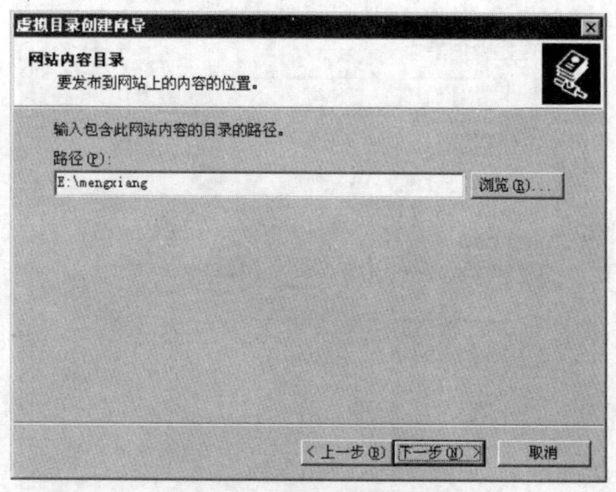

图13-14　设置网站内容目录

4. 单击 下一步(N) > 按钮，在打开的对话框中设置虚拟目录访问权限，如图 13-15 所示。

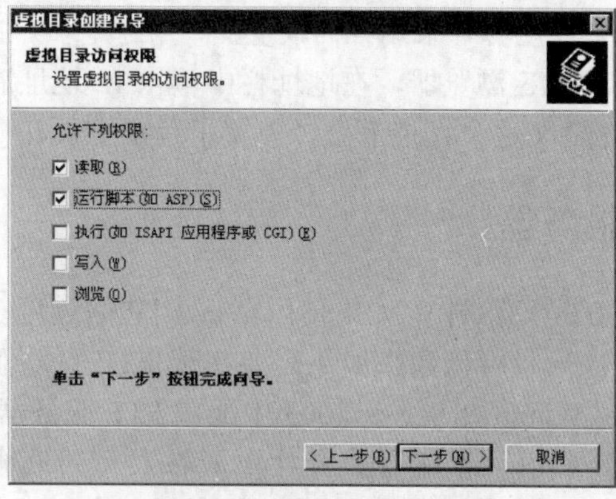

图13-15　设置虚拟目录访问权限

5. 单击 下一步(N) > 按钮，然后单击 完成 按钮，完成虚拟目录的创建。
6. 选中刚刚创建的虚拟目录“mengxiang”，单击鼠标右键，在弹出的快捷菜单中选择【属性】命令，打开【mengxiang 属性】对话框，如图 13-16 所示，可根据需要进行修改。

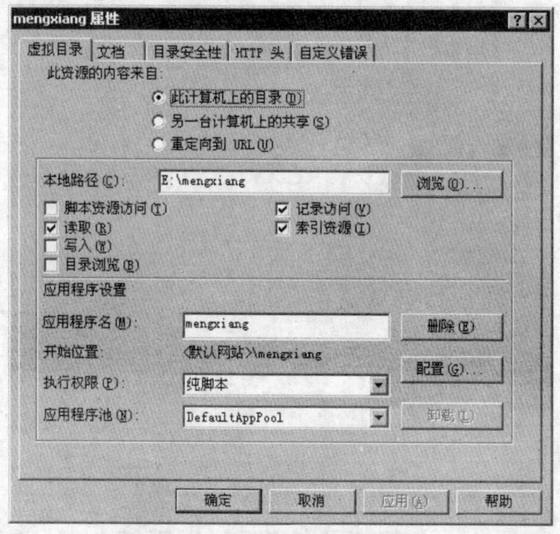

图13-16　【虚拟目录】选项卡

7. 切换到【文档】选项卡，添加首页文档名称，如图 13-17 所示。

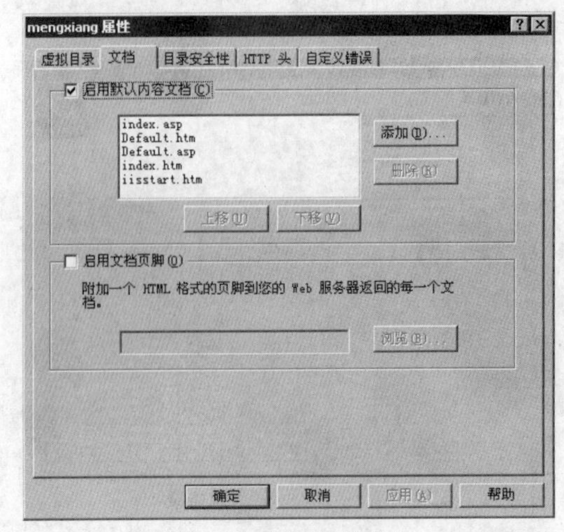

图13-17　【文档】选项卡

8. 单击 确定 按钮，完成虚拟目录属性的设置。

配置完虚拟目录后，打开 IE 浏览器，在地址栏中输入 IP 地址后按 Enter 键，就可以打开网站的首页了。前提条件是在这个目录下已经放置了包括主页在内的网页文件。

13.2.2　配置 FTP 服务器

在 Windows Server 2003 的 IIS 中，如果使用默认 FTP 站点可以直接进行配置，如果需要新建 FTP 站点可以根据向导进行创建，如果需要在某 FTP 站点下新建虚拟目录也可以根据向导进行创建并配置。在 Windows Server 2003 中配置 FTP 服务器的具体操作步骤如下。

1. 在【Internet 信息服务（IIS）管理器】窗口中，在左侧列表中单击“+”标识，展开【FTP 站点】列表项，选择【默认 FTP 站点】选项，然后单击鼠标右键，在弹出的快捷菜单中选择【属性】命令，打开【默认 FTP 站点 属性】对话框，在【IP 地址】文本框中设置 IP 地址，如图 13-18 所示。

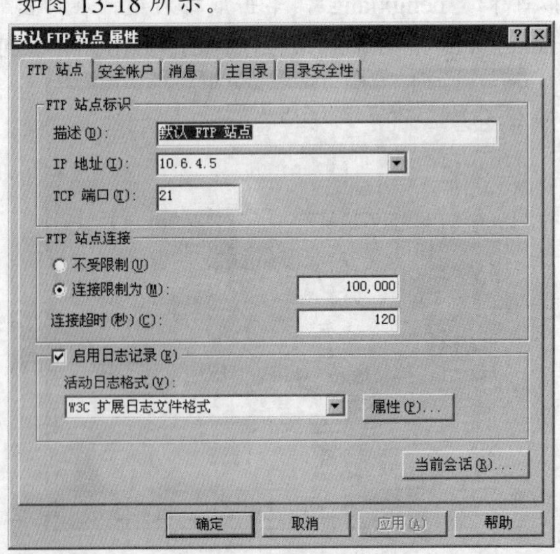

图13-18　【FTP 站点】选项卡

2. 切换到【主目录】选项卡，在【本地路径】文本框中设置 FTP 站点目录，然后选择【读取】、【写入】和【记录访问】复选框，如图 13-19 所示。

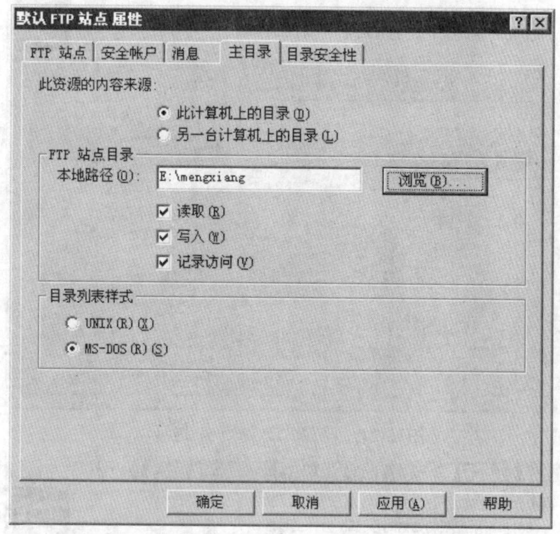

图13-19 【主目录】选项卡

3. 单击 确定 按钮，完成默认 FTP 站点属性的配置。

默认 FTP 站点配置完成后，访问该 FTP 站点的地址是“ftp://10.6.4.5”，用户名和密码没有单独配置，使用系统中的用户名和密码即可。如果【默认 FTP 站点】已经被使用了，显然就不能再直接使用【默认 FTP 站点】了。这时可再创建一个 FTP 站点或者在【默认 FTP 站点】下创建一个虚拟目录。下面首先介绍创建一个新 FTP 站点的方法。

1. 用鼠标右键单击【默认 FTP 站点】，在弹出的快捷菜单中选择【新建】/【FTP 站点】命令，打开【FTP 站点创建向导】对话框。
2. 单击 下一步(N) > 按钮，在打开的对话框中设置 FTP 站点描述，如图 13-20 所示。

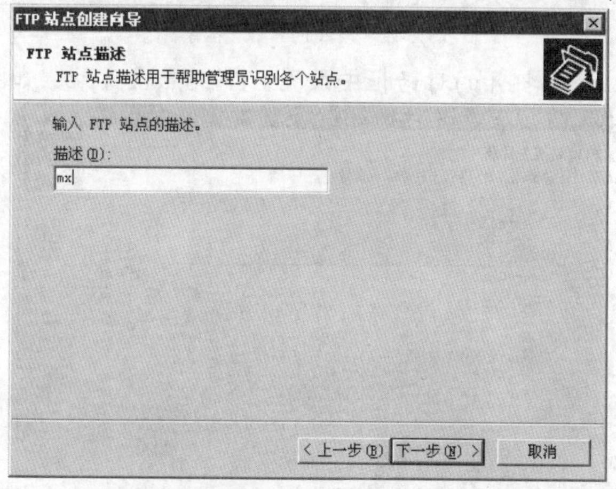

图13-20 设置 FTP 站点描述

3. 单击 下一步(N) > 按钮，在打开的对话框中设置 FTP 站点 IP 地址，如图 13-21 所示。
4. 单击 下一步(N) > 按钮，在打开的对话框中设置 FTP 用户隔离，这里选择【不隔离用户】单选按钮，如图 13-22 所示。

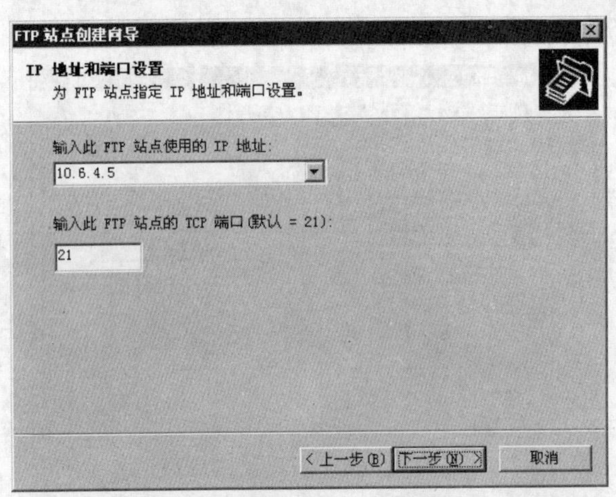

图13-21　设置 FTP 站点 IP 地址

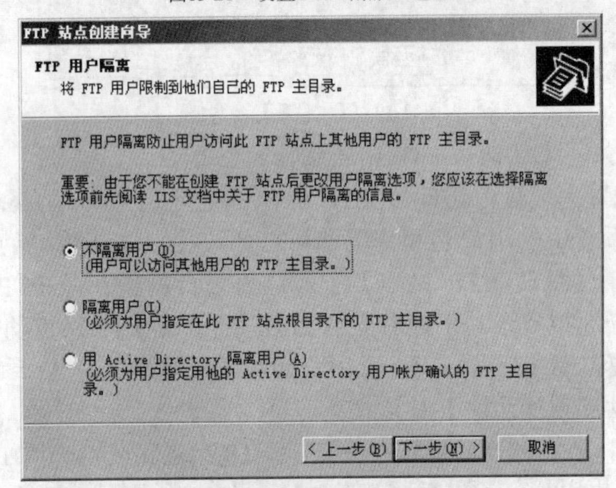

图13-22　设置 FTP 用户隔离

5.　单击下一步(N) >按钮，在打开的对话框中设置 FTP 站点主目录，如图 13-23 所示。

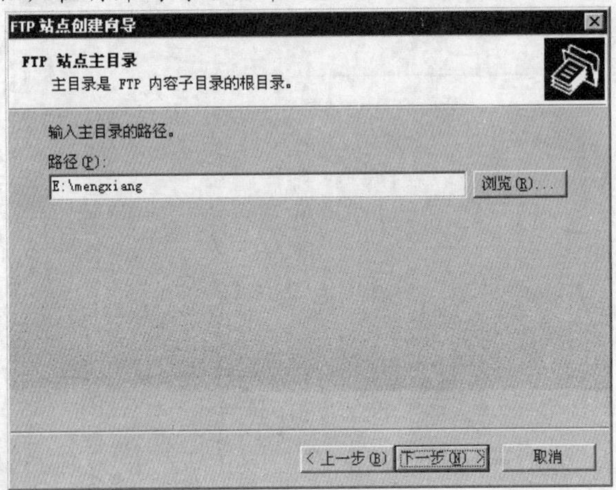

图13-23　设置 FTP 站点主目录

6.　单击下一步(N) >按钮，在打开的对话框中设置 FTP 站点访问权限，如图 13-24 所示。

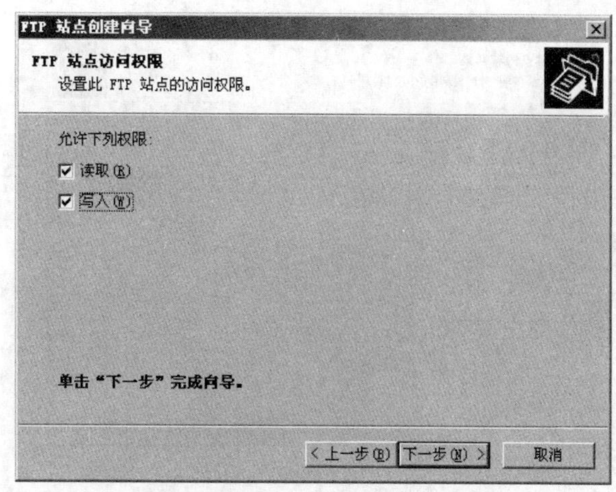

图13-24　设置 FTP 站点访问权限

7. 单击 下一步(N) > 按钮，系统提示已成功完成 FTP 站点创建向导，单击 完成 按钮，完成新 FTP 站点的创建。

FTP 站点创建完成后，在【FTP 站点】选项下将出现新创建的 FTP 站点名称，可以像设置【默认 FTP 站点】属性一样来检查修改新创建的 FTP 站点属性。此时访问该 FTP 站点的地址是“ftp://10.6.4.5”，用户名和密码没有单独配置，使用系统中的用户名和密码即可。下面介绍在【默认 FTP 站点】下创建一个虚拟目录的方法，在 Dreamweaver CS6 定义远程站点信息时将用到这个虚拟目录。

1. 用鼠标右键单击【默认 FTP 站点】，在弹出的快捷菜单中选择【新建】/【虚拟目录】命令，打开【虚拟目录创建向导】对话框，单击 下一步(N) > 按钮，在打开的对话框中设置虚拟目录别名，如图 13-25 所示。

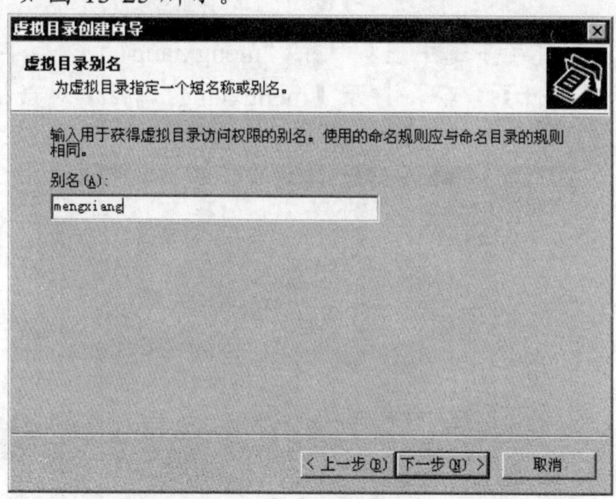

图13-25　设置虚拟目录别名

2. 单击 下一步(N) > 按钮，在打开的对话框中设置 FTP 站点内容目录，如图 13-26 所示。
3. 单击 下一步(N) > 按钮，在打开的对话框中设置虚拟目录访问权限，如图 13-27 所示。
4. 单击 下一步(N) > 按钮，提示已成功完成虚拟目录创建向导，单击 完成 按钮，完成虚拟目录的创建。

虚拟目录创建完成后，在【默认 FTP 站点】选项下将出现新创建的虚拟目录，可以检查或修改虚拟目录的属性。

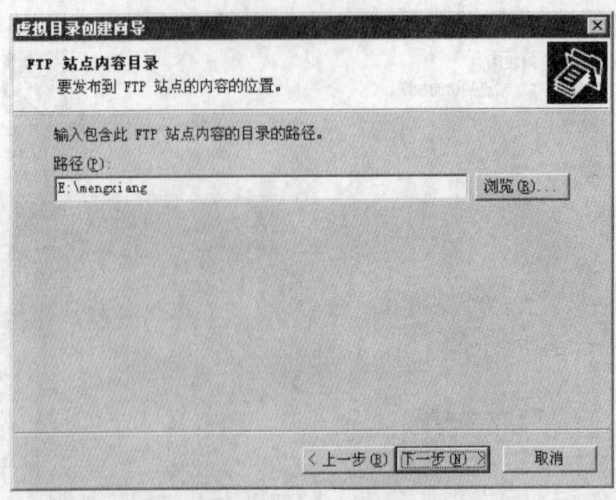

图13-26　设置 FTP 站点内容目录

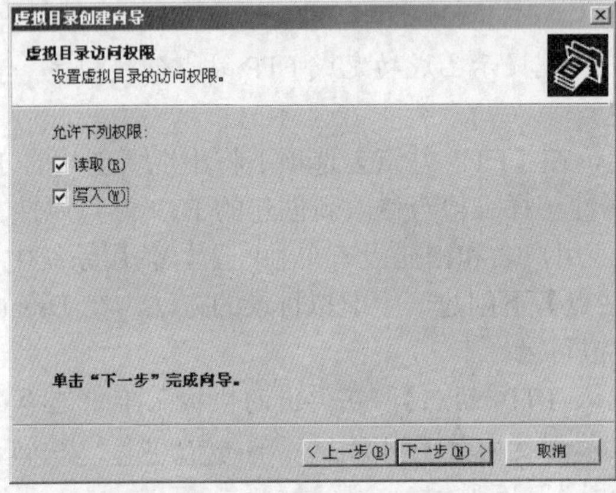

图13-27　设置虚拟目录访问权限

5. 在【默认 FTP 站点】选项下选中虚拟目录"mengxiang"，然后单击鼠标右键，在弹出的快捷菜单中选择【属性】命令，打开【mengxiang 属性】对话框，【虚拟目录】选项卡如图 13-28 所示，可以根据需要进行修改。

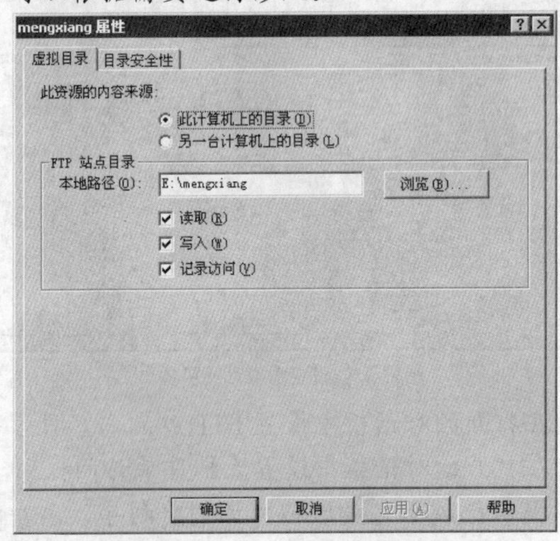

图13-28　【虚拟目录】选项卡

6. 单击 确定 按钮，完成虚拟目录属性的设置。

配置完虚拟目录后，此时访问该 FTP 站点的地址是"ftp:// 10.6.4.5/mengxiang"，用户名和密码没有单独配置，使用系统中的用户名和密码即可。

13.2.3　定义远程服务器

在设置远程服务器时，必须为 Dreamweaver 选择连接方法，以将文件上传和下载到 Web 服务器。最典型的连接方法是 FTP，但 Dreamweaver CS6 还支持本地/网络、FTPS、SFTP、WebDav 和 RDS 连接方法。Dreamweaver CS6 还支持连接到启用了 IPv6 的服务器。所支持的连接类型包括 FTP、SFTP、WebDav 和 RDS。为了让读者能够真正体验通过 Dreamweaver CS6 向远程服务器传输数据的方法，下面在 Dreamweaver CS6 配置 FTP 服务器的过程中所提及的远程服务器均是 Windows Server 2003 系统中的 IIS 服务器。具体操作步骤如下。

1. 选择菜单命令【站点】/【管理站点】，打开【管理站点】对话框，在站点列表中选择站点，然后单击✎按钮，打开【站点设置对象】对话框。
2. 在左侧列表中选择【服务器】选项，单击＋按钮，在弹出的对话框中的【基本】选项卡中进行参数设置，如图 13-29 所示。

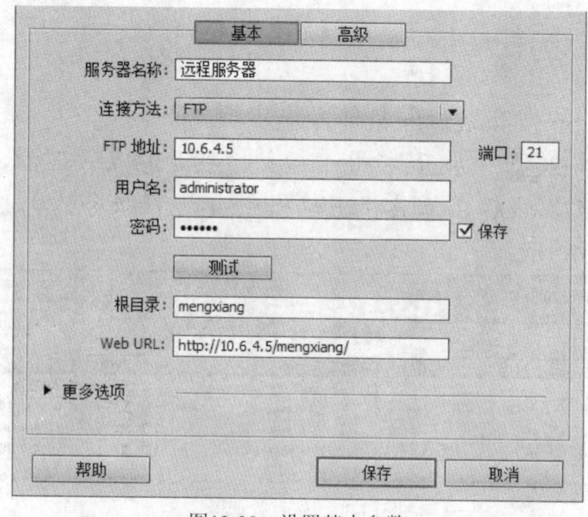

图13-29　设置基本参数

3. 选择【高级】选项卡，根据需要进行参数设置，如图 13-30 所示。

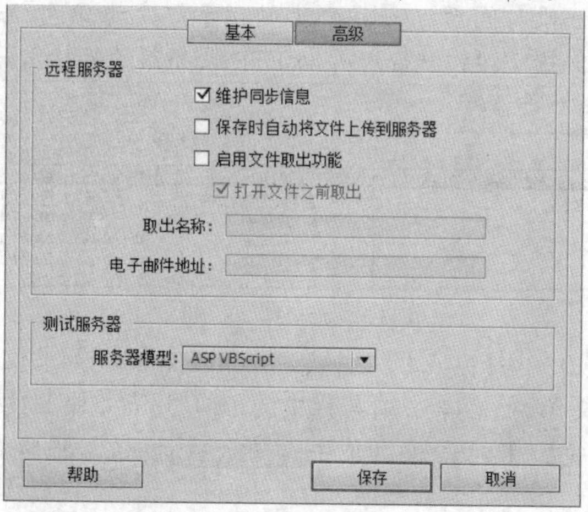

图13-30　设置高级参数

4. 最后单击 保存 按钮完成设置，如图 13-31 所示。

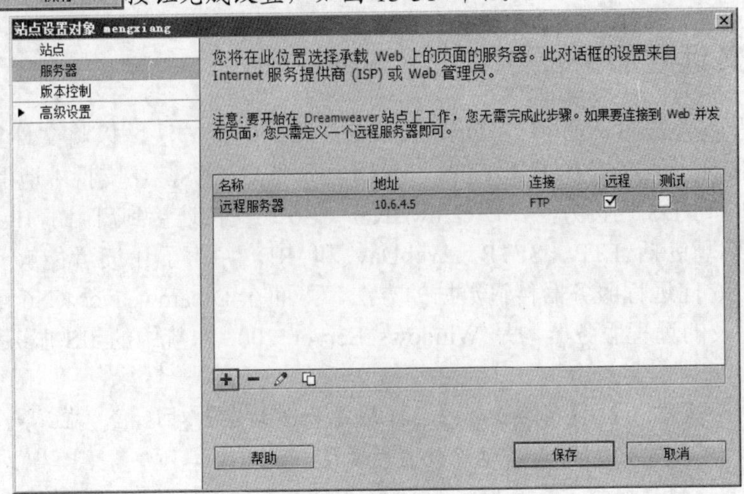

图13-31　设置远程服务器

13.2.4　发布站点

使用 Dreamweaver CS6 发布站点的具体操作步骤如下。

1. 在【文件】面板中单击（展开/折叠）按钮，展开站点管理器，在【显示】下拉列表中选择要发布的站点，然后在工具栏中单击（远程服务器）按钮，切换到远程服务器状态，如图 13-32 所示。

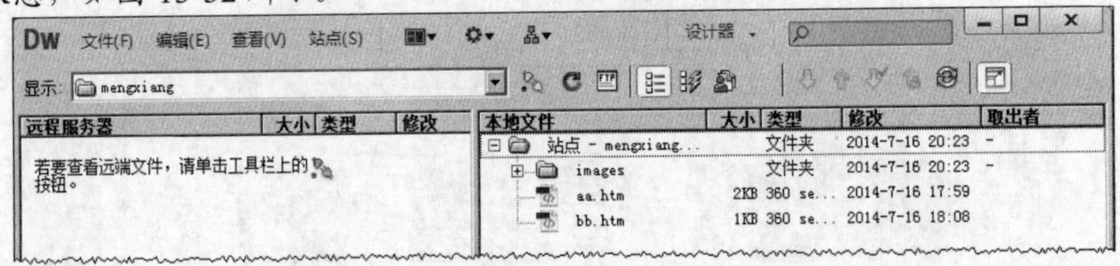

图13-32　站点管理器

2. 单击工具栏上的（连接到远程服务器）按钮，将会开始连接远程服务器，即登录 FTP 服务器。经过一段时间后，按钮上的指示灯变为绿色，表示登录成功了，并且变为按钮（再次单击按钮就会断开与 FTP 服务器的连接），如图 13-33 所示。

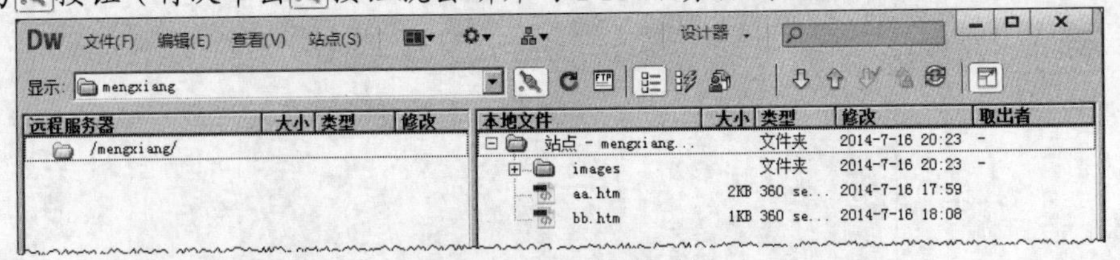

图13-33　连接到远端主机

3. 在【本地文件】列表中选择站点根文件夹“mengxiang”（如果仅上传部分文件，可选择相应的文件或文件夹），然后单击工具栏中的（上传文件）按钮，会出现一个【您确定要上传整个站点吗？】对话框，单击 确定 按钮，将所有文件上传到远程服务器，如图 13-34 所示。

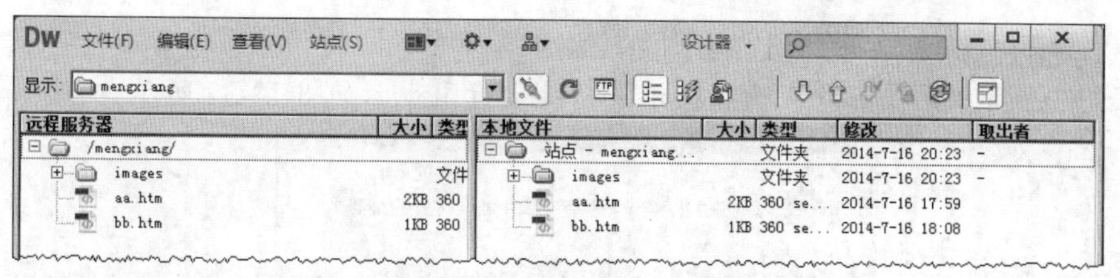

图13-34 上传文件到远程服务器

4. 上传完所有文件后，单击按钮，断开与服务器的连接。

当然，使用 FTP 传输软件上传和下载站点文件非常方便，有兴趣的读者也可以使用 FTP 传输软件进行站点发布和日常维护。

13.2.5 保持文件同步

同步的概念可以这样理解，假设在远程服务器与本地计算机之间架设一座桥梁，这座桥梁可以将两端的文件和文件夹进行比较，不管哪端的文件或者文件夹发生改变，同步功能都将这种改变反映出来，以便决定是上传还是下载。文件同步的具体操作步骤如下。

1. 与 FTP 主机连接成功后，单击工具栏中的（与“远程服务器”同步）按钮，打开【与远程服务器同步】对话框。
2. 在【同步】下拉列表中选择【整个'mengxiang'站点】选项，在【方向】下拉列表中选择【放置较新的文件到远程】选项，如图 13-35 所示。

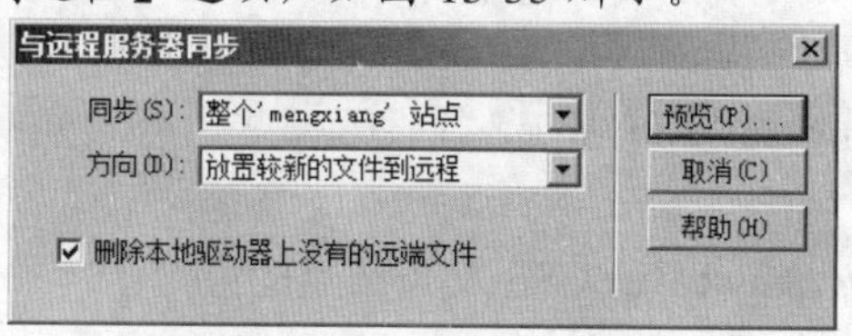

图13-35 【同步文件】对话框

在【同步】下拉列表中主要有两个选项：【整个'×××'站点】和【仅选中的本地文件】。因此可同步特定的文件夹，也可同步整个站点中的文件。

在【方向】下拉列表中共有以下 3 个选项：【放置较新的文件到远程】、【从远程获得较新的文件】和【获得和放置较新的文件】，用户可以根据实际需要进行选择。

如果在远程服务器上有些文件在本地没有需要删除，可以选择【删除本地驱动器上没有的远端文件】选项。

3. 单击预览(P)...按钮，开始在本地计算机与远程服务器之间进行比较，比较结束后如果发现文件不完全一样，将在列表中罗列出需要上传的文件名称，如图 13-36 所示。

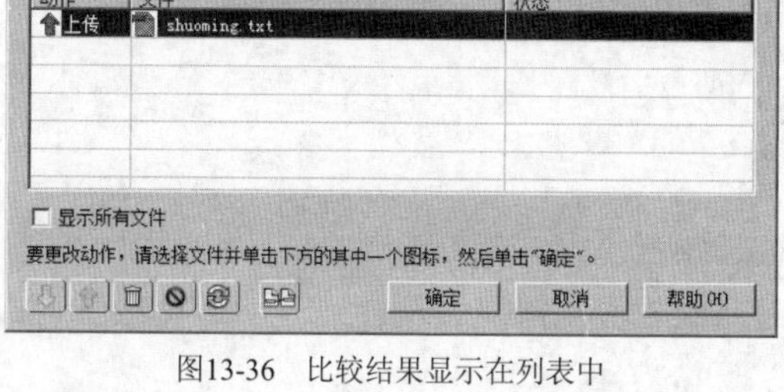

图13-36 比较结果显示在列表中

4. 单击 确定 按钮，系统便自动更新远端服务器中的文件。
5. 如果文件全部相同没有改变，将提示没必要进行同步，如图 13-37 所示。

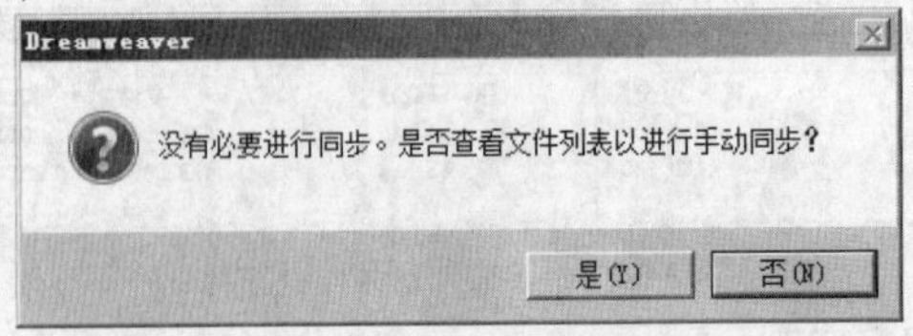

图13-37 提示框

这项功能可以有选择性地进行，在以后维护网站时用来上传已经修改过的网页将非常方便。运用同步功能，可以将本地计算机中较新的文件全部上传至远端服务器上，起到了事半功倍的效果。

13.3 实训

(1) 在本机配置 Web 服务器和 Ftp 服务器。

(2) 在 Dreamweaver CS6 中定义远程站点信息并进行网页发布。

13.4 习题

1. 思考题

   (1) 什么是 IIS？

   (2) 使用 Dreamweaver CS6 发布站点必须设置哪些内容？

2. 操作题

   练习配置 IIS 和使用 Dreamweaver CS6 发布站点的方法。